U0309739

课堂实录

李振 郭旭辉 / 编著

ASP.NET

课堂实录

清华大学出版社

北 京

内 容 简 介

本书结合了课堂教学的特点来编写，将 ASP.NET 软件开发技术以课程的形式讲解。全书共分为 12 课，将理论和实践结合起来。全书内容介绍了 ASP.NET 的基础知识，包括开发工具、基本的服务器控件、内置对象、导航控件，验证控件和用户控件，然后深入到数据库编程，详细介绍了与 ASP.NET 中操作数据库数据时的相关和常用的数据绑定控件。本书还介绍了 Web 服务、ASP.NET 中的目录和文件以及网站如何部署和配置等。最后通过一个简单的网上订餐系统介绍了 ASP.NET 技术在实际开发中的应用。

本书可以作为在校大学生学习和使用 ASP.NET 技术进行课程设计的参考资料，也可以作为非计算机专业学生学习 ASP.NET 技术的参考书。

图书在版编目（CIP）数据

ASP.NET 课堂实录/李振，郭旭辉编著. —北京：清华大学出版社，2016
（课堂实录）
ISBN 978-7-302-40672-3

Ⅰ. ①A… Ⅱ. ①李… ②郭… Ⅲ. ①网页制作工具-程序设计 Ⅳ. ①TP393.092

中国版本图书馆 CIP 数据核字（2015）第 157137 号

责任编辑：夏兆彦
封面设计：张　阳
责任校对：徐俊伟
责任印制：何　芊

出版发行：清华大学出版社
　　　　　网　　　址：http://www.tup.com.cn, http://www.wqbook.com
　　　　　地　　　址：北京清华大学学研大厦 A 座　　　　邮　　编：100084
　　　　　社 总 机：010-62770175　　　　　　　　　　邮　　购：010-62786544
　　　　　投稿与读者服务：010-62776969，c-service@tup.tsinghua.edu.cn
　　　　　质量反馈：010-62772015，zhiliang@tup.tsinghua.edu.cn
印　刷　者：北京鑫丰华彩印有限公司
装　订　者：北京市密云县京文制本装订厂
经　　销：全国新华书店
开　　本：190mm×260mm　　印　张：25　　　　字　　数：706 千字
版　　次：2016 年 2 月第 1 版　　　　　　　　印　　次：2016 年 2 月第 1 次印刷
印　　数：1～3000
定　　价：59.00 元

产品编号：051597-01

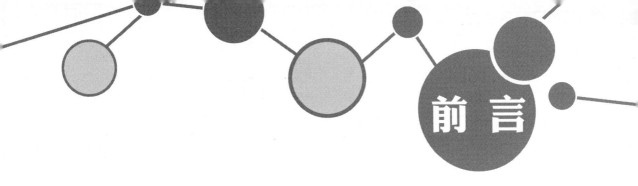

前 言

随着网络技术的快速发展，越来越多的人喜欢依靠个人网站、企业门户网站或系统来实现各种各样的业务和价值。在网站使用的各项技术中，ASP.NET 有着非常重要的作用。ASP.NET 技术的前身是 ASP，而 ASP.NET 技术是 Microsoft 公司于 2010 年 1 月 5 日正式推出的。它是一种建立动态 Web 应用程序的技术，而且是.NET Framework 的一部分，可以使用任何.NET 兼容的语言（如 C#和 C++）编写 ASP.NET 应用程序。

ASP.NET 技术为网络技术的发展起到了推动作用,并且越来越多的程序开发人员对它产生了兴趣。ASP.NET 简单易学、适应性强、运行效率高，并且 ASP.NET 技术包含了许多不同功能的内容。Visual Studio 2010 和 C#是开发 ASP.NET Web 应用程序的最佳拍档，它们也受到了广大开发人员的青睐。

本书内容

全书共分为 12 课，主要内容如下。

第 1 课　ASP.NET 的入门知识。本课首先介绍 ASP.NET 的发展历史、包含内容、技术特性和特色优势等内容；然后介绍.NET Framework 平台的相关知识，接着介绍 ASP.NET 服务器 IIS 的安装和配置；最后介绍了 ASP.NET 开发工具 Visual Studio 2010，以及对该工具的简单操作。

第 2 课　ASP.NET 的内置对象。本课主要介绍 ASP.NET 提供的多种内置对象，包括页面对象 Page 和 ViewState、页面跳转和数据传递对象 Response 和 Request、数据保存对象 Cookie、Session 和 Application，以及与服务器相关的 Server 对象。

第 3 课　ASP.NET 的服务器控件。本课首先介绍与控件有关的知识，然后主要介绍 ASP.NET 中常用的服务器控件，包含文本控件、按钮控件、选择控件、列表控件、容器控件以及其他常用的控件等。

第 4 课　导航与母版页。导航和母版页常用于网站中页面风格的统一。本课首先介绍 ASP.NET 中常用的导航控件，然后介绍与母版页和主题相关的知识，最后通过一个实例介绍使用导航和母版页搭建框架。

第 5 课　ASP.NET 的高级控件。本课着重介绍两部分内容：验证控件和用户控件。验证控件验证用户输入的内容，用户控件则实现了代码和控件的重用性。

第 6 课　ADO.NET 数据库技术。本课主要介绍如何通过 ADO.NET 数据库技术中的常用对象操作数据。其主要包括连接对象 SqlConnection、操作对象 SqlCommand 和 SqlDataReader 以及数据集对象 DataSet、SqlDataAdapter、DataTable 和 DataView 等。

第 7 课　ASP.NET 的数据控件。本课首先介绍数据源控件；接着对数据控件进行简单的介绍；然后分别介绍了 ASP.NET 中常用的数据绑定控件，包括 Repeater、DataList、GridView、DetailsView、

FormView 和 ListVIew 等。

第 8 课　第三方控件应用。本课着重介绍常用的第三方控件，如在线编辑器控件、验证码控件和分页控件。除此之外，还介绍了模块处理的相关内容。

第 9 课　ASP.NET 的目录和文件。本课首先介绍了简单的目录和文件操作，然后介绍了文件读写时常用的对象，最后介绍了如何对文件进行高级操作（如上传和下载文件、加密解密文件）。

第 10 课　Web Service 技术。本课首先介绍 Web Service 概念性的知识，接着介绍 Web Service 的创建和使用，最后介绍了如何设置 Web 服务。

第 11 课　ASP.NET 网站的配置和发布。本课主要包含四个部分：首先介绍常用的 Web.config 配置文件，接着介绍如何在配置文件中进行身份验证和授权，然后介绍配置管理工具，最后介绍了网站部署的三种方式。

第 12 课　网上订餐系统。本课通过一个综合的项目案例介绍了 ASP.NET 技术的使用，本系统以 SQL Server 2008 作为后台数据库，主要包括用户注册、用户登录、系统首页、订餐管理、麻辣评论和发布网站等模块。

本书特色

ASP.NET 主要是针对初学者或中级读者量身订做的，全书以课堂课程学习的方式，由浅入深地讲解 ASP.NET。并且全书突出了开发时的重要知识点，并配以案例讲解，充分体现理论与实践相结合。

❏ 结构独特

全书以课程为学习单元，每课安排基础知识讲解、实例应用、拓展训练和课后练习四个部分讲解 ASP.NET 技术相关的编程知识。

❏ 知识全面

本书紧紧围绕 ASP.NET 技术开发程序展开讲解，具有很强的逻辑性和系统性。

❏ 实例丰富

书中各个实例均经过作者精心设计和挑选，它们都是根据作者在实际开发中的经验总结而来，涵盖了在实际开发中所遇到的各种场景。

❏ 基于理论，注重实践

在讲述过程中，不仅只介绍理论知识，而且在合适位置安排综合应用实例，或者小型应用程序，将理论应用到实践当中来加强读者实际应用能力，巩固开发基础和知识。

❏ 视频教学

本书为实例配备了视频教学文件，读者可以通过视频文件更加直观地学习 ASP.NET 的使用知识。所有视频教学文件均已上传到 www.ztydata.com.cn，读者可自行下载。

❏ 网站技术支持

读者在学习或者工作的过程中，如果遇到实际问题，可以直接登录 www.itzcn.com 与我们取得联系，作者会在第一时间内给予帮助。

读者对象

本书适合作为软件开发入门者的自学用书，也适合作为高等院校相关专业的教学参考书，还可供开发人员查阅和参考。

❏ ASP.NET 技术软件开发入门者。

❑ ASP.NET 技术初学者以及在校学生。

❑ 各大中专院校的在校学生和相关授课老师。

❑ 准备从事软件开发的人员。

除了封面署名人员之外，参与本书编写的人员还有李海庆、王咏梅、康显丽、王黎、汤莉、倪宝童、赵俊昌、方宁、郭晓俊、杨宁宁、王健、连彩霞、丁国庆、牛红惠、石磊、王慧、李卫平、张丽莉、王丹花、王超英、王新伟等。在编写过程中难免会有疏漏，欢迎读者通过清华大学出版社网站 www.tup.tsinghua.edu.cn 与我们联系，帮助我们改正提高。

目录

第 4 课　导航和母版页

第 5 课　ASP.NET 的高级控件

第 11 课　ASP.NET 网站的配置和发布

第 12 课　网上订餐系统

习题答案

第 1 课
ASP.NET 的入门知识

ASP.NET 是微软公司推出的 Web 应用程序技术，该技术是目前最主流的网络编程技术之一，它具有灵活性高、运行效率高和安全性高等特性。从另一方面来说，ASP.NET 技术是.NET Framework 的一部分，开发人员可以使用任何与其兼容的语言编写应用程序。ASP.NET 技术的实现离不开服务器平台 IIS 和开发工具 VS 2010（Visual Studio 2010），本课将详细介绍与它们相关的知识。

通过对本课的学习，读者不仅可以了解 ASP.NET 技术的发展历史、新增功能、特色优势和技术特性，也可以熟悉.NET Framework 的概念、新增内容和主要组件，还可以掌握安装 IIS 服务器和 VS 2010 开发工具。

本课学习目标：
- ❏ 了解 ASP.NET 的发展历史和新增功能
- ❏ 掌握 ASP.NET 所包含的主要内容
- ❏ 熟悉 ASP.NET 的特性和特色优势
- ❏ 熟悉.NET Framework 的概念和新增功能
- ❏ 掌握.NET Framework 的主要组件
- ❏ 掌握如何安装和配置 IIS 服务器
- ❏ 了解 VS 与.NET Framework 的关系
- ❏ 掌握安装 VS 2010 的主要步骤
- ❏ 熟悉 VS 2010 的简单操作
- ❏ 能够熟练使用 VS 2010 创建网站

1.1 ASP.NET 概述

ASP.NET 不是一种语言,而是创建动态 Web 页的一种强大的服务器端技术。ASP.NET 是 Microsoft .NET Framework 中一套用于生成 Web 应用程序和 Web 服务的技术,利用公共语言运行时在服务器端为用户提供建立强大的企业级 Web 应用服务的编程框架。

1.1.1 发展历史

ASP.NET 的前身是 ASP 技术,ASP(Active Server Pages,动态服务器页面)是 Microsoft 公司的一项技术,它是一种使嵌入网页中的脚本可以由因特网服务器执行的服务器端脚本技术。

ASP 是在 IIS 2.0 上首次推出的,当前与 ADO 1.0 一起推出,并且在 IIS 3.0 上发扬光大,成为服务器端应用程序的热门开发工具。但是随着该项技术的发展,ASP 的缺点也逐渐地浮现出来,最大的两个缺点是维护难度提高、延展性不好。为了解决这些问题,Microsoft 公司潜心钻研,在 2000 年的第二季正式推动.NET 策略,ASP.NET 1.0 在 2002 年 1 月 5 日正式亮相。

ASP.NET 的发展速度相当惊人,2003 年将其升级到 1.1 版本,为了达到"减少 70%代码"的目标,2005 年 11 月微软公司又发布了 ASP.NET 2.0,它的发布是 ASP.NET 技术走向成熟的标志。

ASP.NET 对网络技术的发展起到了推动作用,并且引起了越来越多的程序开发人员对它的兴趣。2010 年 ASP.NET 4 以及.NET Framework 4 已经在 Visual Studio 2010 平台内应用。2012 年最新版本 ASP.NET 4.5 以及.NET Framework 4.5 已经在 Visual Studio 2012 平台应用。

> **注 意**
>
> 虽然 ASP.NET 4.5 已经出现,但是.NET Framework 4.5 已经能够在 Visual Studio 2012 平台上应用,使用最广泛的是 ASP.NET 4,因此本书仍然以 ASP.NET 4、.NET Framework 4 和 Visual Studio 2010 为目标来进行介绍。

1.1.2 包含内容

ASP.NET 的发展使网络程序开发更加倾向于智能化,它一般有两种开发语言,分别是 VB.NET 和 C#。VB.NET 语言适合于 VB 程序员,而 C#是.NET 独有的语言,所以开发 ASP.NET 项目时常用 C#语言。

ASP.NET 技术包含许多内容,这些内容可以实现不同的功能,内容如下。

❑ 内置状态管理对象,如 Request、Response、Session 和 Application 等。

❑ 提供了大量的服务器控件,如 Label、Literal、TextBox、Button、Chart、GridView、DataList 和 Repeater 等。

❑ 提供 ASP.NET 页和控件框架。

❑ 提供了配置信息,开发人员可以在 Web.config 文件中配置相关代码。

❑ ASP.NET 中提供了调试机制。

❑ ASP.NET 编译器能够将 ASP.NET 网站的所有内容编译成一个程序集并转换为本机代码,从而提供强类型、性能优化和早期绑定等优点。

❑ ASP.NET 提供了高级的安全基础结构,如 Windows 身份验证、From 身份验证及根据成员资格和角色来验证身份等。

❑ 提供对 Web 服务的支持。

1.1.3　新增功能

　　.NET Framework 4 针对 ASP.NET 4 的几个方面（如 ASP.NET 核心服务、动态数据以及 ASP.NET Chart 控件等）提供了增强功能，用于改进 Web 开发。以下列出了几个主要的功能。

1. Web.config 文件重构

　　.NET Framework 4 中主要配置元素已移动到 machine.config 文件中，应用程序现在可继承这些设置。这样 ASP.NET 4 应用程序中的 Web.config 文件就可以为空，或者仅指定应用程序面向的框架版本，如下面的示例所示。

```xml
<?xml version="1.0"?>
<configuration>
  <system.web>
    <compilation targetFramework="4.0" />
  </system.web>
</configuration>
```

2. 可扩展输出缓存

　　ASP.NET 4 为输出缓存增加了扩展性，使开发人员能够配置一个或多个自定义输出缓存提供程序。借助 ASP.NET 4 中的输出缓存提供程序扩展性，相关人员可以为网站设计更主动且更智能的输出缓存策略。例如，可以创建这样一个输出缓存提供程序，该程序在内存中缓存站点流量"排名前 10"的页面，而在磁盘上缓存流量较低的页面。

3. 自动启动 Web 应用程序

　　ASP.NET 4 在 Windows Server 2008 R2 上的 IIS 7.5 中运行可以使用一项新增的自动启动功能。该功能提供一种可控的方法来启动应用程序池初始化 ASP.NET 应用程序，然后接受 HTTP 请求。通过这种方法，开发人员可以在处理第一项 HTTP 请求之前执行开销很大的应用程序初始化。

4. 扩展允许的 URL 范围

　　ASP.NET 4 引入了一些新选项用于扩展应用程序 URL 的范围。该版本中可以根据应用程序的需要，使用 httpRuntime 配置元素的两个新特性来选择增大（或减小）此限制。

5. 动态数据

　　ASP.NET 4 的动态数据也得到了增强，为开发人员提供快速生成数据驱动网站更强大的功能。开发人员可以在不使用现有的 ASP.NET Web 应用程序中使用动态数据功能，做法是对单个数据绑定控件启用动态数据。动态数据提供了对表示层和数据层的支持以呈现这些控件。

6. Chart 控件

　　ASP.NET 4 提供了对服务器控件 Chart 的支持，该控件可以创建包含用于复杂统计分析或财务分析的简单直观图的 ASP.NET 应用程序。Chart 控件支持多个功能，如数据绑定、统计公式和财务公式、事件和自定义项以及高级图表外观（如三维、抗锯齿、透视以及照明）等。

1.1.4　技术特性

　　ASP.NET 和 ASP 的最大区别在于编程思维的转换，ASP.NET 是真正的面向对象，而不仅仅在于功能的增强，因此 ASP.NET 的性能更高、管理性更强、技术特性更加全面，其特性如下。

1. 强大性和适应性

　　ASP.NET 是基于通用语言编译运行的程序，所以它的强大性和适应性可以运行于支持.NET Framework 的所有平台上。ASP.NET 同时也是 language-independent 语言独立化的，所以可以选择一种最适合自己的语言来编写应用程序，或者可以采用多种语言来编写应用程序。多种程序语言协同工作的能力可以保护基于 COM+开发的程序，并能够完整地移植到 ASP.NET。

2．简单性和易学性

.NET Framework 封装了大量的类库，使 ASP.NET 完成一些常见的任务，如表单的提交、客户端的身份验证、分布系统，并且可以使网站的配置变得非常简单。

3．运行效率高

ASP.NET 使用一种字符基础的、分级的配置系统，使服务器环境和应用程序的设置更加简单。ASP.NET 已经被刻意设计成为一种可以用于多处理器的开发工具，它在多处理器的环境下用特殊的无缝连接技术，可以很大地提高运行速度。即使现在的 ASP.NET 应用软件是为一个处理器开发的，将来多处理器运行时不需要任何改变都能提高运行效能。

1.1.5　特色优势

ASP.NET 只需要设计一次页面，就可以让该页以完全相同的方式显示、工作在任何浏览器上。它的出现是革命性意义的技术改革，每一种技术都有自己独特优势的特色。ASP.NET 的特色优势如下。

1．方便设置断点，易于调试

调试一直是开发人员开发程序最头痛的事情，由于使用的 Web 服务器不受 IDE 的约束，微软有了 IIS 就有了优势，提供了跟踪调试的功能，代码的找错就相当方便了。

2．丰富的控件库

ASP.NET 提供了丰富的控件，开发人员可以直接使用服务器控件来完成页面的设计，这样可以节省大量的开发时间。内置控件可以帮助开发人员实现许多功能，从而减少大量的代码。

3．代码后置

ASP.NET 采用了代码后置技术将 Web 页面元素和程序逻辑分开显示，即前台页面代码保存到.aspx 文件中，后台代码保存到.cs 文件中。可以使代码更加清晰，有利于阅读和维护。

4．先编译，后执行

代码编译是指将代码"翻译"成机器语言，而在 ASP.NET 中先编译成微软的中间语言，然后由编译器进一步编译成机器语言。编译好的代码再次运行时不需要重新编译，极大地提高了 Web 应用程序的性能。

1.2　.NET Framework 平台

.NET Framework 简称为.NET 或.NET 框架，它是由微软开发、致力于敏捷软件开发、快速应用开发、平台性无关和网络透明化的软件开发平台。它提供给程序开发者一个一致的编程环境。无论是本地代码还是网络代码，都会使用户的编程经验在面对类型不相同的应用程序时保持一致。

1.2.1　.NET Framework 概述

.NET Framework 是以一种采用系统虚拟机运行的编程平台，以公共语言运行时为基础，支持多种语言（如 C#、VB、Python 和 C++等）的开发。.NET Framework 是支持生成和运行下一代应用程序和 XML Web Services 的内部 Windows 组件。

.NET Framework 为应用程序接口提供了新功能和开发工具，它主要实现以下目标。

❑ 提供一个一致的面向对象的编程环境。

❑ 提供一个将软件部署和版本控制冲突最小化的代码执行环境。

❑ 提供一个可提高代码(包括由未知的或不完全受信任的第三方创建的代码)执行安全性的代码执行环境。

❑ 提供一个可消除脚本环境或解释环境的性能问题的代码执行环境。

❑ 使开发人员的经验在面对类型大不相同的应用程序(如基于 Windows 的应用程序和基于 Web 的应用程序)时保持一致。

❑ 按照工业标准生成所有通信以确保基于.NET Framework 的代码可与任何其他代码集成。

❑ 提高了 WPF 性能，缩短了启动时间，提供了与位图效果有关的性能。

1.2.2　.NET Framework 新增功能

与之前的.NET Framework 版本相比，.NET Framework 4 引进了改进的安全模式，也添加了许多其他功能，如下所示。

1．诊断和性能

由于操作系统 API 和工具(如 Windows 任务管理器)仅精确到进程级别,所以.NET Framework 的早期版本中并没有提供用于确定特定应用程序域是否影响其他应用程序域的方法。但是从.NET Framework 4.0 开始，程序开发者可以获取每个应用程序域的处理器使用情况和内存使用情况估计值。

2．全球化

.NET Framework 4.0 提供了新的非特定和特定区域性、更新的属性值、字符串处理的改进以及其他一些改进。

3．垃圾回收

.NET Framework 4.0 提供了垃圾回收，此功能替代了之间版本中的并发垃圾回收并提高了性能。

4．动态语言运行时

动态语言运行时（DLR）是一种新运行时环境，它将一组适用于动态语言的服务添加到 CLR。借助于 DLR 可以更轻松地开发要在.NET Framework 上运行的动态语言，而且向静态类型化语言添加动态功能也会更容易。为了支持 DLR，.NET Framework 4.0 中添加了 System.Dynamic 命名空间。

5．BigInteger 和复数

新的 System.Numerics.BigInteger 结构是一个任意精度 Integer 数据类型，它支持所有标准整数运算（包括位操作）。可以通过任何.NET Framework 语言使用该结构。此外，一些新的.NET Framework 语言（例如 F#和 IronPython）对此结构具有内置支持。

1.2.3　.NET Framework 内容

.NET Framework 是 Windows 的一个必要组件，它主要包括两个部分：公共语言运行时(CLR，Common Language Runtime)和.NET Framework 类库。用 C#语言编写的源代码会被编译为一种符合 CLI 规范的中间语言（IL），IL 代码与资源（如位图和字符串）一起作为一种称为程序集的可执行文件存储在磁盘上，通常具有的扩展名为.exe 或.dll（程序集）。

如图 1-1 显示了公共语言运行时.NET Framework 类库与应用程序之间以及与整个系统之间的关系。另外，该图还显示托管代码如何在更大的结构内运行。

1. 公共语言运行时

公共语言运行时是.NET Framework 的基础，开发人员可以将运行时看作一个在执行时管理代码的代理，它提供内存管理、线程管理和远程处理等核心服务，并且还强制实施严格的类型安全以及可提高安全性和可靠性的其他形式的代码准确性。

事实上，代码管理的概念是运行时的基本原则。以运行时为目标的代码称为托管代码，而不以运行时为目标的代码称为非托管代码。托管代码与非托管代码是相对的概念，它的作用是防止一个应用程序干扰另外一个应用程序的执行。程序执行托管代码的过程可以称为托管执行过程，该过程所包含的内容如下。

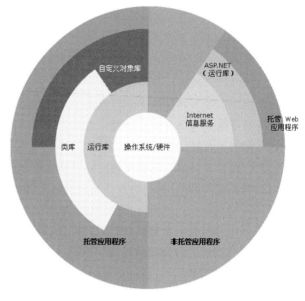

图 1-1　CLR、类库与应用程序以及整个系统之间的关系

（1）选择编译器

为了获得公共语言运行时提供的优点，必须使用一个或多个针对运行库的语言编译器。

（2）将代码编译为 MSIL

编译器将源代码编译为 Microsoft 中间语言（MSIL）并生成所需要的元数据。

（3）将 MSIL 编译为本机代码

执行程序时实时编译器（JIT）将 MSIL 翻译为本机代码。在此编译过程中，代码必须通过验证过程，该过程检查 MSIL 和元数据以查看是否可以将代码确定为类型安全。

（4）运行代码

公共语言运行时提供使执行能够发生以及可在执行期间使用的各种服务的基础结构。

一般情况下，.NET Framework 由两部分组成：公共语言规范（Common Language Specification，CLS）和通用类型系统（Common Type System，CTS）。

公共语言规范是许多应用程序所需要的一套基本语言规范，它通过定义一组开发人员可以确信在多种语言中都可用的功能来增强和确保语言互用性。CLS 的规则定义了通过类型系统的子集，即所有适用于公共类型系统的规则都适用于 CLS，除非 CLS 中定义了更加严格的规则。

CLS 制定了一种以.NET 平台为目标的语言所必须支持的最小特征以及该语言与其他语言之间实现互相操作性所需要的完备特征，它是一种最低的语言的标准。例如，C#语言中的命名是区分大小写的，而在 VB 不区分大小写。CLS 规定编译后的中间代码必须除了大小写之外还有其他不同之处。

通用类型系统是运行库支持跨语言集成的重要组成部分，用于解决不同语言的数据类型不同类型的问题。它定义了如何在运行库中声明、使用和管理类型，所有.NET 语言共享这个类型系统，在它们之间实现无缝操作。

通用类型系统执行的主要功能如下。

❑ 提供一个支持完整实现多种编程语言的面向对象的模型。

❑ 建立一个支持跨语言的集成、类型安全和高性能代码执行的框架。

❑ 定义各语言必须遵守的规则，有助于确保使用不同语言编写的对象能够交互作用。

通用类型系统支持.NET Framework 中所提供的两种数据类型：值类型和引用类型。值类型和引用类型又包含不同的子类型，数据类型的基本结构如图 1-2 所示。

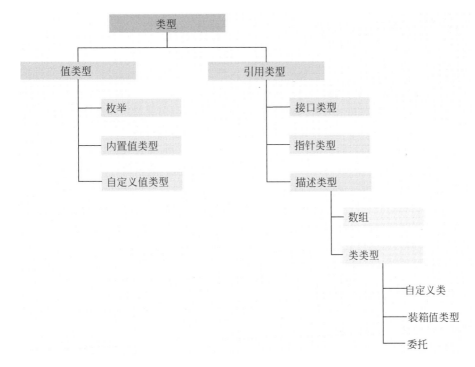

图 1-2 数据类型的基本结构

2．.NET Framework 类库

类库是.NET Framework 的另一个主要组件，它是一个综合性的面向对象的可重用类型集合，开发人员可以使用它开发多种应用程序，这些应用程序包括传统的命令行或图形用户界面（GUI）应用程序，也包括基于 ASP.NET 所提供的最新创新的应用程序（如 Web 窗体和 XML Web Services）。

.NET Framework 包括可加快和优化开发过程并提供对系统功能的访问的类、接口和值类型。.NET Framework 类型是生成.NET 应用程序、组件和控件的基础。.NET Framework 包括的类型可执行下列功能。

❑ 表示基础数据类型和异常。

❑ 封装数据结构。

❑ 执行 I/O。

❑ 访问关于加载类型的信息。

❑ 调用.NET Framework 安全检查。

❑ 提供数据访问、多客户端 GUI 和服务器端控制的客户端 GUI。

.NET Framework 类库是一个与公共语言运行时紧密集成的可重用的类型集合。该类库是面向对象的，并提供自己的托管代码可以从中导出功能的类型。这不但使.NET Framework 类型易于使用，而且还减少了学习.NET Framework 的新功能所需要的时间。此外，第三方组件可以与.NET Framework 中的类无缝集成。

.NET Framework 类型使开发人员能够完成一系列常见编程任务（例如字符串管理、数据收集、数据库连接以及文件访问等任务等）。除这些常规任务之外，类库还包括支持多种专用开发方案的类型。例如，开发人员还可以使用.NET Framework 开发下列类型的应用程序和服务。

❑ 控制台应用程序。

❑ Windows GUI 应用程序（Windows 窗体）。

- ❏ Windows Presentation Foundation（WPF）应用程序。
- ❏ ASP.NET 应用程序。
- ❏ Web 服务。
- ❏ Windows 服务。
- ❏ 使用 Windows Communication Foundation（WCF）的面向服务的应用程序。
- ❏ 使用 Windows Workflow Foundation（WF）的启用工作流程的应用程序。

开发人员还可以使用.NET Framework 类库提供的类，且选择公共语言运行库兼容的任何语言来编写应用程序代码。.NET Framework 类库由多个命名空间组成，每个命名空间都包含可以在程序中使用的类型，如类、结构、枚举、委托和接口。

命名空间提供了一个范围，即两个同名的类只需要位于不同的命名空间并且其名称符合命名空间的要求，就可以在应用程序中使用。Microsoft 提供的所有的命名空间都是以 System 或 Microsoft 开头的。如表 1-1 列出了.NET Framework 类库中所提供的常见命名空间。

表 1-1   .NET Framework 中提供的常见命名空间

命 名 空 间	说　　明
Microsoft.JScript	Microsoft.JScript 命名空间包含具有以下功能的类：支持用 JScript 语言生成代码和进行编译
Microsoft.Win32	Microsoft.Win32 命名空间提供具有以下功能的类型：处理操作系统引发的事件、操纵系统注册表、代表文件和操作系统句柄
System	包含允许将 URI 与 URI 模板和 URI 模板组进行匹配的类
System.Collections	该命名空间包含具有定义各种标准的、专门的和通用的集合对象等功能的类
System.Data	该命名空间包含访问和管理多种不同来源的数据
System.Dynamic	该命名空间提供支持动态语言运行时的类和接口
System.Drawing	包含了提供与 Windows 图形设备接口的接口类
System.IO	该命名空间包含支持输入和输出的类，包括以同步或异步方式在流中读取和写入数据、压缩流中的数据、创建和使用独立存储区以及处理出入串行端口的数据流等
System.Windows.Forms	定义包含工具箱中的控件及窗体自身的类
System.Net	包含了用于网络通信的类或命名空间
System.Linq	该命名空间下的类支持使用语言集成查询（LINQ）的查询
System.Text	System.Text 命名空间包含用于字符编码和字符串操作的类型
System.XML	该命名空间包含用于处理 XML 类型的数据

1.3　ASP.NET 服务器——IIS

IIS（Internet Information Server）也叫互联网或网络信息服务，它是由 Microsoft 公司提供的基于运行 Microsoft Windows 操作系统的互联网基础服务，也是发布网站最常用的工具。通过 IIS 可以把网站发布到 Internet，使得网络上的其他用户可以访问网站。本节主要介绍如何安装和配置 IIS。

1.3.1　安装 IIS

IIS 最初是 Windows NT 版本的可选包，随后内置在 Windows 2000、Windows XP Professional 和 Windows Server 2003 一起发行。IIS 其实是一种 Web 服务组件，其中包括 Web 服务器、FTP 服务器、NNTP 服务器和 SMTP 服务器。它提供 ISAPI（Intranet Server API）作为扩展 Web 服务

器功能的编程接口。

通常情况下，默认安装系统完成后不包括 IIS 组件，安装 IIS 之前需要准备系统安装光盘或准备一份安装包解压备用。下面以在 Windows XP 操作系统中安装 IIS 为例介绍安装 IIS 的具体步骤。

（1）运行系统然后单击【开始】菜单，选择【设置】|【控制面板】选项，打开【控制面板】的提示框，如图 1-3 所示。

图 1-3 【控制面板】对话框

（2）在【控制面板】窗口中双击【添加和删除程序】图标弹出【添加和删除程序】对话框，在弹出的对话框中左侧单击【添加/删除 Windows 组件】按钮，弹出【Windows 组件向导】对话框，如图 1-4 所示。

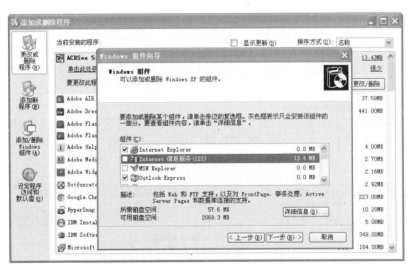

图 1-4 【Windows 组件向导】对话框

（3）如果系统安装过 IIS，则【Internet 信息服务（IIS）】选项是被启用的，如果没有安装则该选项没有被选中。单击选中该项将操作系统的安装光盘插入光驱中，单击【下一步】按钮按照提示操作即可安装 IIS，如图 1-5 所示。

（4）在安装过程中可能会因为开发人员准备的安装程序目录和安装系统时的系统盘目录不一致而导致系统不能自动找到安装文件，弹出【所需文件】对话框，如图 1-6 所示。单击图中的【浏览】按钮，找到安装光盘里的 I386 目录或者 IIS 安装包解压目录，选择相应的文件，单击【确定】按钮，如图 1-7 所示。如果有需要，重复该步骤。

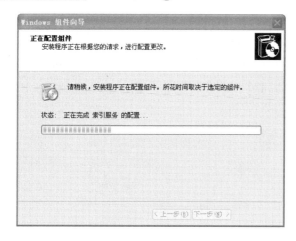

图 1-5　安装 IIS

图 1-6　【所需文件】对话框

（5）稍等片刻，即可完成安装，如图 1-8 所示。

图 1-7　【查找文件】对话框

图 1-8　完成安装组件向导

（6）安装 IIS 完成后在【控制面板】窗口的【管理工具】中发现有【Internet 信息服务】图标。

（7）双击该图标打开【Internet 信息服务】的提示框，从该对话框中展开【网站】|【默认网站】节点，再右击选择【浏览】命令，如果能打开如图 1-9 所示的画面，则说明 IIS 安装成功。也可直接打开 IE 浏览器，在地址栏中输入 HTTP://localhost，验证 IIS 安装是否成功。

图 1-9　验证 IIS

1.3.2 配置 IIS

在 Internet 上，服务器其实也是一台电脑。只要开放足够多的权限，网络上的其他用户就可以象操作自己的电脑一样操作服务器。安装 IIS 完成后最重要的一个步骤便是配置，开发人员可以配置计算机下网站的配置，也可以配置网站下的某一个虚拟目录，如果配置网站则对所有的虚拟目录都有用。配置 IIS 时的主要步骤如下。

（1）打开 IIS 信息服务，在【Internet 信息服务】对话框中找到【Internet 信息服务】目录下的【本地计算机】|【网站】|【默认网站】选项。

（2）右击【默认网站】选项并选择【属性】选项，打开默认网站属性的对话框，如图 1-10 所示。该对话框显示【网站】选项卡的配置信息，如网站标识和连接信息。

（3）单击【主目录】选项卡，该选项卡可以配置资源的目的地、本地路径、资源的访问权限以及应用程序配置等信息，效果如图 1-11 所示。

图 1-10 【网站】选项卡

图 1-11 【主目录】选项卡

（4）单击【ASP.NET】选项卡，该选项卡可以配置 ASP.NET 版本、虚拟路径、文件位置、文件创建日期以及上次修改文件的时间等信息。运行效果如图 1-12 所示。

（5）单击【目录安全性】选项卡，该选项卡可以配置身份验证和访问控制、IP 地址和域名限制以及安全通信等信息。运行效果如图 1-13 所示。

图 1-12 ASP.NET 选项卡

图 1-13 【目录安全性】选项卡

（6）单击【文档】选项卡，该选项卡可以配置启用默认内容文档和启用文档页脚等信息。效果如图 1-14 所示。

（7）单击【自定义】选项卡，该选项卡可以设置 HTTP 错误消息。效果如图 1-15 所示。

图 1-14 【文档】选项卡　　　　　　　　　　图 1-15 【自定义错误】选项卡

1.3.3 IIS 站点权限

很多情况下，有一些不法分子会攻击网站，因此还需要对 IIS 的站点配置权限。在图 1-11 中，【主目录】选项卡中提供了一些基本的 Web 服务器安全配置选项。通过这些选项可以控制站点的权限，如下所示。

❑ **脚本资源访问**　选中这项时可以让用户访问程序源代码，即页面脚本。几乎没有人愿意源代码暴露给访客，所以这项一般不要选择。

❑ **读取**　允许用户访问站点的文件，目录及相关属性。该项必须被选中，如果取消则任何资源将不能被访问。

❑ **写入**　允许用户将文件直接写入服务器目录中。如果开启此项，在最早的支持 HTTP1.1 协议标准的 PUT 功能的浏览器中，可以直接用浏览器把文件上传到 Web 服务器上。这时候网站就不是特别安全了。

❑ **目录浏览**　如果开启了目录浏览，那么客户就能像在本地目录一样，在浏览器查看网站目录了，他还能看到站点里的所有文件，但是 App_Data 目录里的内容有专门的设置。

❑ **记录访问**　选中该项可以将在日志里记录所有用户的访问信息，以备以后查看。这个根据实际需求决定是否选择。

❑ **索引资源**　使用系统提供的 Microsoft Indexing Service（微软索引服务）对整个站点建立索引，一般小企业网站没有必要，这里可以不选择。

❑ **执行权限**　执行权限是最重要的一个设置，该项有三个选项："无"代表只能访问静态的文件；"纯脚本"是指只可以运行脚本代码，不可以运行可执行程序；而"脚本和可执行文件"就什么都可以了。

1.4 ASP.NET 开发工具——VS 2010

俗话说："巧妇难为无米之炊"。ASP.NET 程序的运行环境是 IIS，那么是从哪里来的，没有程序又怎么运行呢？开发人员使用 ASP.NET 开发应用程序时需要使用

Microsoft 公司开发的一个非常强大的集成开发环境：Visual Studio，简称 VS。

1.4.1　VS 与.NET Framework 的关系

VS 是一套完整的开发工具，它用来生成 ASP.NET Web 应用程序、XML Web Services、桌面应用程序和移动应用程序等。Visual Basic、Visual C#和 Visual C++都使用相同的集成开发环境（IDE），这样可以进行工具共享，并且能够轻松地创建混合语言解决方案。另外，这些语言使用.NET Framework 的功能，它提供了可简化的 ASP Web 应用程序和 XML Web Services 开发的关键技术。

Visual Studio 可以调用.NET Framework 所提供的服务，这些服务包括 Microsoft 公司或者第三方提供的语言编译器，开发人员在安装 Visual Studio 时会自动安装.NET Framework。如图 1-16 所示为 Visual Studio 与.NET Framework 的关系。

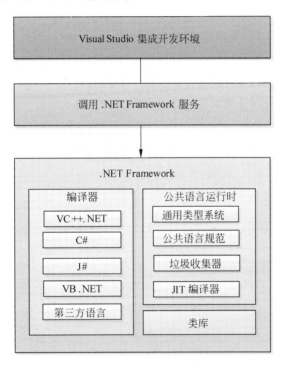

图 1-16　VS 与.NET Framework 的关系

1.4.2　安装 VS 2010

VS 的最新的版本是 Visual Studio 2012，但是 Visual Studio 2012 还需要一段磨合期，使用最广泛的还是 Visual Studio 2010。下面以 Windows XP 平台详细介绍 Visual Studio 2010 的安装过程。

（1）在 CSDN 的官方网站（http://msdn.microsoft.com/zh-CN/）上下载 Visual Studio 2010 工具的中文版本，下载完成后进行解压。

（2）打开下载的 Visual Studio 2010 的安装包找到 setup.exe 文件，双击该文件弹出【Microsoft Visual Studio 2010 安装程序】对话框，效果如图 1-17 所示。

（3）单击图 1-17 中的第一个安装选项弹出【Microsoft Visual Studio 2010 旗舰版】对话框，效果如图 1-18 所示。

图 1-17　Visual Studio 2010 安装程序界面　　　　图 1-18　Visual Studio 2010 旗舰版安装界面

（4）直接单击【下一步】按钮继续安装弹出【Microsoft Visual Studio 2010 旗舰版 安装程序-起始页】对话框，如图 1-19 所示。

（5）选中【我已阅读并接受许可条款】选项后单击【下一步】按钮弹出【Microsoft Visual Studio 2010 旗舰版 安装程序-选项卡】对话框，效果如图 1-20 所示。

图 1-19　Visual Studio 2010 程序起始页　　　　图 1-20　Visual Studio 2010 程序选项页

在图 1-19 所示的对话框中，左侧的上部分显示了程序检测到的已经安装的组件；下部分显示了即将要安装的组件；右侧显示了用户许可协议。

在图 1-20 中，默认情况下 Visual Studio 2010 会安装到 C 盘，为了不影响系统速度可以将它的安装路径更改为其他磁盘，如 D 盘、E 盘或 F 盘。

（6）在图 1-20 中选择好安装路径后单击【下一步】按钮进入选择安装组件的界面，效果如图 1-21 所示。在该图中用户可以根据需要选择要安装的组件，只需要将要安装的复选框选中，不安装的内容取消选中即可。

（7）选择安装的组件完成后单击【安装】按钮开始复制文件进行组件安装，效果如图 1-22 所示。图 1-22 中上方表示正在安装的组件，下方表示当前组件的安装进度。

（8）Visual Studio 2010 安装完成后的效果如图 1-23 所示，该图包含安装建议、成功提示和其他的超链接信息。

（9）单击图 1-23 中的【完成】按钮结束 Visual Studio 2010 的安装过程，再次弹出初始安装的对话框，此时两个链接都可用，效果如图 1-24 所示。

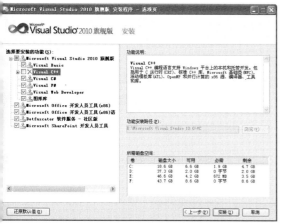

图 1-21　Visual Studio 2010 程序安装项　　　　　图 1-22　Visual Studio 2010 程序安装页

图 1-23　Visual Studio 2010 程序成功页　　　　　图 1-24　Visual Studio 2010 程序完成安装

1.4.3　VS 2010 的基本操作

一般情况下，Visual Studio 2010 安装完成后就可以使用了。但是在某些情况下，还需要对 Visual Studio 2010 进行其他操作，如注册、卸载或者修复等。

1. 注册 Visual Studio 2010

首先需要开发人员打开 Visual Studio 2010，打开完成后单击【帮助】|【注册产品】选项弹出 Microsoft Visual Studio 对话框，如果已经注册过会显示相关内容，其效果如图 1-25 所示。

图 1-25　已经注册 Visual Studio 2010 效果

如果 Visual Studio 2010 没有注册，那么注册时需要 Microsoft Passport Network 凭据（即 Microsoft Passport Network 上的电子邮件地址和密码）和产品标识号（即 PID），PID 会显示在【帮助】|【关于】选项的对话框中。另外，开发人员还可以使用产品包装盒中的注册卡完成注册。

2. 卸载 Visual Studio 2010

如果要卸载 Visual Studio 2010，则需要下载并运行 Microsoft Visual Studio 2010 卸载实用工具，默认情况下会删除 Visual Studio 和支持组件，但不会删除与计算机上的其他应用程序共享的组件。

如果相关人员不能通过使用卸载实用程序卸载 Visual Studio，则可以通过删除 Visual Studio 执行手动卸载，然后删除相关文件。手动卸载 Visual Studio 2010 的主要步骤如下。

（1）单击【开始】|【设置】|【控制面板】|【添加或删除程序】选项，在弹出的对话框中找到要删除的程序，选中后单击【卸载】按钮。

（2）单击【卸载】按钮后会删除 Visual Studio 2010 产品的所有实例。

（3）某些情况下，还需要相关人员在注册中删除与 Visual Studio 2010 相关的内容，这个步骤不是必需的。

3．修复 Visual Studio 2010

根据电脑系统的不同其修复 Visual Studio 2010 的方法也略有不同，如需要修复 Windows XP 或早期版本上的 Visual Studio 2010，主要步骤如下。

（1）单击【开始】|【设置】|【控制面板】|【添加或删除程序】选项，选择要修复的产品版本，然后单击【更改/删除】按钮。

（2）在安装向导中单击【下一步】按钮。

（3）单击【修复或重新安装】按钮。

> **注 意**
>
> 操作系统不同，要对 Visual Studio 2010 执行卸载和修复的操作可能也不相同，但是它们的操作方式大同小异。

1.5 实例应用：创建第一个 ASP.NET 网站

1.5.1 实例目标

虽然使用 ASP.NET 技术可以创建不同的应用程序，但是一般情况下，使用该技术创建应用程序时只是建立一个网站，本节实例首先在新建的解决方案中创建网站，然后在 Web 窗体页中添加基本控件和代码模拟实现简单的计算器功能。

1.5.2 技术分析

本节实例应用非常简单，因此使用的技术也非常简单，如下所示。

❑ 使用 TextBox 控件接收用户输入的两个数字。

❑ 使用 DropDownList 控件获取用户选择要进行的操作。

❑ 使用 Button 控件提交用户输入的内容并获取结果。

❑ 使用变量存储用户输入的内容并计算相关结果。

❑ 使用 switch 语句判断用户输入的结果。

❑ Page 对象的相关属性和方法完成内容输出的功能。

1.5.3 实现步骤

完成计算器功能的主要步骤如下。

（1）打开 Visual Studio 2010 单击【起始页】中的【新建项目】选项，或者单击【文件】|【新建项目】选项，还可以直接单击新建项目的 Ctrl+Shift+N 快捷键。单击完成后弹出【新建项目】对话框，在该对话框中找到【Visual Studio 解决方案】选项输入名称和位置后进行添加，效果如图 1-26

所示。

图 1-26　添加解决方案

（2）选中新建的解决方案单击右键，然后选择【添加】|【新建网站】选项，弹出【添加新网站】
对话框，效果如图 1-27 所示。

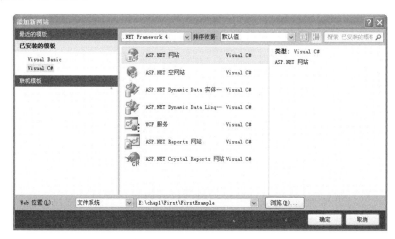

图 1-27　添加网站

（3）在弹出的对话框中选择需要创建网站的位置，完成后单击【确定】按钮，其最终效果如图
1-28 所示。

图 1-28　添加网站完成后的效果

（4）选中新建的网站单击右键，然后选择【添加新项】选择弹出【添加新项】对话框，如图 1-29 所示。在对话框中输入选择 Web 窗体后输入窗体名，输入完成后单击【添加】按钮。

图 1-29　添加新窗体

（5）在新添加的 Count.aspx 页面中添加控件，从【工具箱】中拖动两个 TextBox 控件、一个 DropDownList 控件和一个 Button 控件到设计窗口。拖动完成时自动向源窗口中添加代码，然后在 DropDownList 控件中添加集合项。

```
<form runat="server" id="form1">
    第一个数字: <asp:TextBox ID="txtNumber1" runat="server"></asp:TextBox><br
    /><br />
    操 作 符 号: <asp:DropDownList ID="DropDownList1" runat=
    "server"  Width="150">
        <asp:ListItem Value="+">+</asp:ListItem>
        <asp:ListItem Value="-">-</asp:ListItem>
        <asp:ListItem Value="*">*</asp:ListItem>
        <asp:ListItem Value="/">/</asp:ListItem>
        <asp:ListItem Value="%">%</asp:ListItem>
    </asp:DropDownList><br /><br />
    第二个数字: <asp:TextBox ID="txtNumber2" runat="server"></asp:TextBox><br
    /><br />
    <asp:Button ID="btnSubmit" runat="server" Text=" 计 算 " OnClick=
    "btnSubmit_Click" />
</form>
```

（6）双击 Button 控件自动向后台文件中添加 Click 事件，在该事件中添加代码完成计算两个数字结果的功能。

```
protected void btnSubmit_Click(object sender, EventArgs e)
{
    int num1 = Convert.ToInt32(txtNumber1.Text);
    int num2 = Convert.ToInt32(txtNumber2.Text);
    int result = 0;
    string selectvalue = DropDownList1.SelectedValue;
    switch (selectvalue)
    {
```

```
case "+":
    result = num1 + num2;
    Page.ClientScript.RegisterClientScriptBlock(GetType(), "",
    "<script>alert('两个数字相加，结果是: " + result + "')</script>");
    break;
case "-":
    result = num1 - num2;
    Page.ClientScript.RegisterClientScriptBlock(GetType(), "",
    "<script>alert('两个数字相减，结果是: " + result + "')</script>");
    break;
/* 省略其他操作符号的判断 */
    }
}
```

（7）运行页面输入内容并且选择操作符后单击【计算】按钮弹出结果，效果如图 1-30 所示。

图 1-30　实例运行效果

注意

本节实例应用 Button 控件的 Click 事件代码中只是简单的对数字的结果进行计算，并没有严格地进行判断（如判断 TextBox 控件是否为空或操作符为 "/" 或 "%" 时第二个数字不能为 0），因此用户在输入内容时一定要保证数字的合法性。

1.6 拓展训练

1. 练习安装和配置 IIS 服务器

虽然更新版本的 Windows 服务器系统和与其配套的 Web 服务器都在推出，但是创建 Web 应用程序时熟练地使用和配置 IIS 还是很有必要的。读者可以根据 1.3 节中的内容亲自动手对 IIS 进行安装和配置，并且对 IIS 中的站点设置权限。

2. 练习安装 VS 2010

VS 2010 是 ASP.NET 技术的开发工具，熟练地安装和卸载是每个程序员必须掌握的。读者可以根据 1.4.2 节和 1.4.3 节中 VS 2010 的安装和卸载步骤亲自动手试一试，如果效果和图 1-23 一样表示安装成功。

3．创建用于用户登录的网站

无论是系统还是网站，用户登录都是不可缺少的一部分，本次拓展训练完成用户登录页面。读者需要创建新的网站，然后在该网站的 Web 窗体页中添加三个 TextBox 控件、两个 RadioButton 控件和一个 ImageButton 控件，效果如图 1-31 所示。

图 1-31　拓展训练 3 运行效果

1.7 课后练习

一、填空题

1. _____ 是创建动态 Web 页的一种强大的服务器端技术。

2. .NET Framework 的基础是 _____。

3. 公共语言运行时包括两部分：_____ 和通用类型系统。

4. ASP.NET 开发的首选语言是 _____ 语言。

5. _____ 是由 Microsoft 公司提供的基于运行 Microsoft Windows 操作系统的互联网基础服务。

二、选择题

1. .NET Framework 的两个核心组件是 _____。

 A．通用类型系统和.NET Framework 类库

 B．Microsoft 中间语言和通用类型系统

 C．公共语言运行时和通用类型系统

 D．公共语言运行时和.NET Framework 类库

2. .NET Framework 类库是由一系列的命名空间组成的，其中 _____ 命名空间包含用于字符编码和字符串操作的类型。

 A．System.Drawing

 B．System.Data

 C．System.Text

 D．System.Collections

3. 下面关于 ASP.NET 的说法，选项 _____ 是正确的。

 A．ASP.NET 采用了代码后置技术将 Web 页面元素和程序逻辑分开显示，这样可以使用代码更加清晰，有利于阅读和维护

B. ASP.NET 与 ASP 最大的区别在于功能上的增强，它们都是真正的面向对象

C. ASP.NET 的功能非常强大，它包含了丰富的控件库，但是并没有包含 Chart 控件和用户控件

D. ASP.NET 与 ASP 一样，都不支持调试的功能，因此不能够在页面中设置断点

4. 通用类型系统功能不包括_____。

A. 定义各语言必须遵守的规则，有助于确保用不同语言编写的对象能够交互作用

B. 建立一个支持跨语言的集成、类型安全和高性能代码执行的框架

C. 它指定了函数参数列表的规则，以及参数传递给函数的方式

D. 提供一个支持完整实现多种编程语言的面向对象的模型

5. .NET Framework 将_____定义为一组规则，所有的.NET 语言都应该遵循这个规则，这样开发人员才能创建与其他语言互相操作的应用程序。

A. 公共语言运行时

B. 公共语言规范

C. 中间代码

D. 通用类型系统

三、简答题

1. 请简述 ASP.NET 的新增功能、技术特性以及特色优势。

2. 说出.NET Framework 的主要内容，并具体说明。

3. 请说明.NET Framework 与 VS 之间的关系。

4. 请简述安装 VS 2010 的一般步骤。

第 2 课
ASP.NET 的内置对象

ASP.NET 系统为开发人员提供了完善的开发技术和运行机制。在 ASP.NET 中，系统提供了一系列不同类型的内置对象，以管理网站中的请求、状态和配置。

本课根据系统内置对象的不同应用，将详细介绍系统中内置对象的使用方法，具体包括 Request、Response、Session、Application 和 Cookie 等对象。

本课学习目标：

❏ 了解 ASP.NET 的运行机制

❏ 了解 Page 对象的常用属性、方法及应用

❏ 掌握 Request 对象的常用属性、方法及应用

❏ 掌握 Response 对象的常用属性、方法及应用

❏ 掌握 Session 对象的常用属性、方法及应用

❏ 掌握 Application 对象的常用属性、方法及应用

❏ 掌握 Cookie 对象的常用属性、方法及应用

❏ 掌握 Server 对象的常用属性、方法及应用

❏ 了解 ViewState 对象的常用属性、方法及应用

❏ 掌握 Cookie、Session 和 Application 对象的区别

2.1 内置对象概述

ASP.NET 内置对象是 ASP.NET 系统中内置类的实例,供开发人员直接使用。内置对象的用法与类对象的用法一样。

在 ASP.NET 中根据网站开发的需求定义了便利的内置对象,如用于页面跳转的对象、负责页面间数据的传递和接收的对象以及用于页面间信息存储的对象等。

2.1.1 常用内置对象

内置对象将 ASP.NET 项目中的常用功能封装起来,大大提高了项目开发的效率。ASP.NET 项目的开发是围绕网站页面的,ASP.NET 内置对象同样围绕着页面进行页面间的跳转及信息处理。常用的内置对象及其说明如表 2-1 所示。

表 2-1 ASP.NET 内置对象

对　象	说　明
Page 对象	用于页面操作
ViewState 对象	保存页面状态信息
Response 对象	向浏览器输出信息
Request 对象	获取客户端信息
Server 对象	提供服务器端的一些属性和方法
Application 对象	用于应用程序内所有用户的共享信息
Session 对象	存储特定用户的会话信息
Cookies 对象	设置或获取 Cookie 信息

表 2-1 列举了 ASP.NET 中的常用内置对象,其中 Page 对象和 ViewState 对象是 ASP.NET 项目执行中不可缺少的。

❑ **Page 对象**　每一个页面的.cs 文件中都有页面被激活时需要执行的类,它们都需要继承类 System.Web.UI.Page。该类是所有页面的基类,有实例对象 Page 对象。Page 对象拥有页面相关的属性和方法,如包含页面是否被加载属性、页面验证是否通过属性、页面初始化执行事件等。

❑ **ViewState 对象**　HTTP 协议是一种无状态的协议,因此页面的运行状态无法被保存。ViewState 对象用于保存页面的状态信息,也确保控件操作执行的准确性。ViewState 是存放页面服务器控件的属性和值的集合。

2.1.2 页面生存周期

页面的生存周期揭示了 ASP.NET 窗体运行的实现。ASP.NET 项目的运行可视为项目中各个页面的初始化、导入、运行及撤销。因此了解页面的生存周期能够帮助读者对 ASP.NET 项目更好的认识及开发。

页面的生存周期必须需要页面对象 Page 对象和视图状态对象 ViewState 对象的参与,可以分为 10 个阶段。

❑ **页面初始化**　服务器收到客户端的请求,产生相应页面的 Page 对象。通过 Page_Init 事件进行 page 对象及其控件的初始化。

❑ **加载视图状态**　页面的呈现需要加载页面视图状态。默认情况下,页面状态被保存在页面的隐藏控件_ViewState 中，由 ASP.NET 自动加载至页面，为 ViewState 对象的属性赋值。

- ❑ **处理回发数据** 处理传入窗体的数据，从第一步里的客户请求里找到_ViewState，为页面的控件赋值。
- ❑ **页面加载** 执行 Load()事件。页面加载的第一步即为执行页面 Load()事件。
- ❑ **回发更改通知** 客户端引发更改事件。此时客户端控件被赋予一个 bool 值，标识是否被更新了。
- ❑ **回传事件处理** 处理客户端触发的事件。如在用户单击 Button 后，执行开发人员定义的命令。
- ❑ **页面预呈现** 对控件的状态做最后修改。
- ❑ **保存视图状态** 把服务器控件的属性和值保存在 ViewState 中，供下一次页面请求时使用。
- ❑ **页面返回阶段** 把刚刚生成的页面发送到客户端，呈现页面。
- ❑ **销毁对象** 页面发出卸载事件，销毁页面，释放资源。

页面的生存周期与 ASP.NET 的运行机制不同。在了解到页面生存周期之后，了解一下 ASP.NET 的运行机制，如图 2-1 所示。

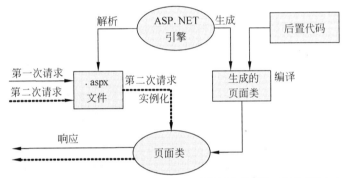

虚线部分表示第二次请求及响应

图 2-1　ASP.NET 运行机制

在图 2-1 中仅仅展示了 Web 服务器将请求提交给 ASP.NET 处理程序的过程。ASP.NET 页面有.aspx 文件和.cs 文件构成，两者是局部类的关系。用户访问时只能访问.aspx 文件（Web 服务器会屏蔽不合适的后缀名请求），此时 ASP.NET 引擎会编译.aspx 文件和.cs 文件并合并成页面类。用户请求经处理后，返回处理结果，这是第一次的请求过程。第二次请求该页面时，由于页面类已经存在于内存中，所以省略了编译的环节只剩下执行和输出。

> **注意**
> .aspx 页面在第一次执行时会有一个编译的过程,页面在执行之前需要将 aspx 页及其后台代码编译成页面类,然后再执行页面中的处理方法。而第二次执行时,页面类已经存在不再执行编译过程,所以执行时间比第一次短。

2.2 页面

ASP.NET 项目离不开页面，每一个 ASP.NET 网站至少需要一个页面。系统的执行需要页面的初始化和导入，离不开用于页面操作的 Page 对象和拥有页面状态信息和控件信息的 ViewState 对象。

2.2.1 Page 对象

Page 对象是由 System.Web.UI 命名空间中的 Page 类来实现的，Page 类与扩展名为.aspx 的文件相关联，这些文件在运行时被编译为 Page 对象，并缓存在服务器内存中。

学习 Page 对象，首先要了解 Page 对象的常用属性、方法及事件。Page 对象包含了页面相关的所有数据及数据操作。Page 对象的属性和方法繁多，列举部分属性和方法，分别如表 2-2、表 2-3 和表 2-4 所示。

表 2-2　Page 对象部分属性

属 性 名 称	说　　明
Application	为当前 Web 请求获取 HttpApplicationState 对象
AutoPostBackControl	获取或设置页面中用于执行回发的控件
Cache	获取与该页驻留的应用程序关联的 Cache 对象
ChildControlsCreated	获取一个值，该值指示是否已创建服务器控件的子控件
ClientID	获取由 ASP.NET 生成的服务器控件标识符
ClientIDSeparator	获取一个字符值，该值表示 ClientID 属性中使用的分隔符字符
ClientQueryString	获取请求的 URL 的查询字符串部分
ClientScript	获取用于管理脚本、注册脚本和向页面添加脚本的 ClientScriptManager 对象
ClientTarget	获取或设置一个值，该值使您得以重写对浏览器功能的自动检测，并指定针对特定的浏览器客户端页的呈现方式
Controls	获取 ControlCollection 对象，该对象表示 UI 层次结构中指定服务器控件的子控件
DesignMode	获取一个值，该值指示是否正在使用设计图面上的一个控件
EnableEventValidation	获取或设置一个值，该值指示页面验证回发事件，还是验证回调事件
EnableViewState	获取或设置一个值，该值指示当前页请求结束时该页是否保持其视图状态以及它包含的任何服务器控件的视图状态
ErrorPage	获取或设置错误页，在发生未处理的页异常的事件时，请求浏览器将被重定向到该页
Form	获取页的 HTML 窗体
IsCallback	获取一个值，该值指示页请求是否是回调的结果
IsCrossPagePostBack	获取一个值，该值指示跨页回发中是否涉及该页
IsPostBack	获取一个值，该值指示该页是否正为响应客户端回发而加载，或者它是否正被首次加载和访问
IsPostBackEventControlRegistered	获取一个值，该值指示页中执行回发的控件是否经过注册
IsValid	获取一个值，该值指示页验证是否成功
MaintainScrollPositionOnPostBack	获取或设置一个值，该值指示回发后是否将用户返回到客户端浏览器中的同一位置
Master	获取确定页的整体外观的母版页
MasterPageFile	获取或设置母版页的文件名
MaxPageStateFieldLength	获取或设置页状态字段的最大长度
NamingContainer	获取对服务器控件的命名容器的引用，此引用创建惟一的命名空间，以区分具有相同 Control.ID 属性值的服务器控件
Page	获取对包含服务器控件的 Page 实例的引用
Parent	获取对页 UI 层次结构中服务器控件的父控件的引用
PreviousPage	获取向当前页传输控件的页
Request	获取请求的页的 HttpRequest 对象

属 性 名 称	说　　明
Response	获取与该 Page 对象关联的 HttpResponse 对象。该对象得以将 HTTP 响应数据发送到客户端，并包含有关该响应的信息
Server	获取 Server 对象，它是 HttpServerUtility 类的实例
Session	获取 ASP.NET 提供的当前 Session 对象
StyleSheetTheme	获取或设置应用于此页的样式表的名称
Theme	获取或设置页主题的名称
Title	获取或设置页的标题
User	获取有关发出页请求的用户的信息
Validators	获取请求的页上包含的全部验证控件的集合
ViewState	获取状态信息的字典，这些信息可以在同一页的多个请求间保存和还原服务器控件的视图状态
ViewStateUserKey	将一个标识符分配给与当前页关联的视图状态变量中的单个用户
Visible	获取或设置指示是否呈现 Page 对象的值

表 2-3　Page 对象的常用方法

方 法 名 称	说　　明
ApplyStyleSheetSkin()	将页样式表中定义的样式属性应用到控件
DataBind()	将数据源绑定到被调用的服务器控件及其所有子控件
DeterminePostBackMode()	返回使用 POST 或 GET 命令回发到页的数据的 NameValueCollection
Dispose()	使服务器控件得以在从内存中释放之前执行最后的清理操作
Focus()	为控件设置输入焦点
GetDataItem()	获取位于数据绑定上下文堆栈顶部的数据项
RegisterClientScriptBlock()	向页面发出客户端脚本块
FindControl()	在页命名容器中搜索带指定标识符的服务器控件
RegisterStartupScript()	在页响应中发送客户端脚本块
OnInitComplete()	在页初始化后引发 InitComplete 事件
OnLoad()	引发 Load 事件
OnLoadComplete()	在页加载阶段结束时引发 LoadComplete 事件
OnPreInit()	在页初始化开始时引发 PreInit 事件
OnPreLoad()	在回发数据已加载到页服务器控件之后但在 OnLoad 事件之前，引发 PreLoad 事件
OnSaveStateComplete()	在已将页状态保存到持久性介质中之后引发 SaveStateComplete 事件
SaveViewState()	保存自页回发到服务器后发生的任何服务器控件视图状态更改
SetFocus()	将浏览器焦点设置为指定控件
ToString()	返回表示当前 Object 的 String
Validate()	指示该页上包含的所有验证控件验证指派给它们的信息

表 2-4　Page 对象事件

事 件 名 称	说　　明
AbortTransaction	当用户中止事务时发生
CommitTransaction	当事务完成时发生
DataBinding	当服务器控件绑定到数据源时发生
Disposed	当从内存释放服务器控件时发生，这是请求 ASP.NET 页时服务器控件生存期的最后阶段
Error	当引发未处理的异常时发生
Init	当服务器控件初始化时发生；初始化是控件生存期的第一步

事 件 名 称	说 明
InitComplete	在页初始化完成时发生
Load	当服务器控件加载到 Page 对象中时发生
LoadComplete	在页生命周期的加载阶段结束时发生
PreInit	在页初始化开始时发生
PreLoad	在页 Load 事件之前发生
PreRender	在加载 Control 对象之后、呈现之前发生
PreRenderComplete	在呈现页内容之前发生
SaveStateComplete	在页已完成对页和页上控件的所有视图状态和控件状态信息的保存后发生
Unload	当服务器控件从内存中卸载时发生

表 2-2 列举了 Page 对象的部分属性。Page 对象的属性包含了页面中的所有数据信息，以部分属性为例，介绍 Page 对象的属性用法。

IsPostBack 属性用来获取一个布尔值，如果该值为 true，则表示当前页是为响应客户端回发而加载或表示当前页是首次加载和访问。

IsValid 属性用来获取一个布尔值，该值指示页验证是否成功，如果页验证成功，则为 true；否则为 false。一般在包含有验证服务器控件的页面中使用，只有在所有验证服务器控件都验证成功时，IsValid 属性的值才为 true。

详细了解 Page 对象的 IsPostBack 属性和 IsValid 属性后，在 Page 对象的 Load 事件和按钮单击事件中使用这两种属性，如练习 1 所示。

【练习 1】

创建网站并添加网页，添加 Label 控件 Label1 和 Button 控件 Button1。要求页面第一次加载时，Label1 的 Text 值为"欢迎光临！"；再次加载时，Label1 的 Text 值为"感谢再次光临！"；Button1 按钮验证页面是否通过，若页面通过验证，在页面中显示"页面通过验证"字样，具体的步骤如下。

（1）创建网站并添加空白页面，添加一个 Label 控件 Label1 和一个按钮控件 Button1。将 Button1 的 Text 属性定义为"点击验证"，可以使用设计页面或源代码界面。在源代码界面中，body 下的代码如下。

```
<div>
    <asp:Label ID="Label1" runat="server" Text="Label"></asp:Label>
    <asp:Button ID="Button1" runat="server" onclick="Button1_Click" Text="点
    击验证" />
</div>
```

（2）在页面第一次加载时，将 Label1 的 Text 属性定义为"欢迎光临"；否则将 Label1 的 Text 属性定义为"感谢再次光临！"。验证页面是否为首次加载，需要在 Load 事件中验证，在页面的.cs 文件中使用代码如下。

```
public partial class WebForm1 : System.Web.UI.Page
{
    protected void Page_Load(object sender, EventArgs e)
    {
        if (!Page.IsPostBack)              //页面是否首次加载
        {
            Label1.Text = "欢迎光临！";
```

```
    }
    else                    //页面非首次加载
    {
        Label1.Text = "感谢再次光临！";
    }
    }
}
```

（3）为按钮 Button1 添加 Button1_Click 事件，用于检测页面是否通过验证。在步骤（2）WebForm1 类中添加代码如下。

```
protected void Button1_Click(object sender, EventArgs e)
{
    if (IsValid)  //页面是否验证成功
    {
        Response.Write("页面通过验证");
    }
}
```

执行上述代码，如图 2-2 所示。由于页面首次加载，因此 Label1 的 Text 属性为 "欢迎光临"。

单击按钮，如图 2-3 所示，此时页面出现 "页面通过验证" 字样；同时，Label1 的 Text 属性被修改为 "感谢再次光临！"，说明在单击按钮之后，页面被再次加载，并通过验证。

图 2-2 页面首次加载

图 2-3 页面再次加载

2.2.2 ViewState 对象

ViewState 对象用于存储单个用户的状态信息，是一种特殊的状态保持对象。ViewState 对象的生存期与页面的生存期一致，其在页面中的作用相当于一个隐藏控件。

ViewState 对象实现了同页面的数据传递，其保存的数据在页面刷新后不会被清除，所有的 Web 服务器控件都使用 ViewState 对象在页面回发期间保存自己的状态信息。

ViewState 对象可以获取类型为 StateBag 的示例，该类提供了多种属性和方法，ViewState 对象的属性、方法及其说明如表 2-5 和表 2-6 所示。

表 2-5 StateBag 类的常用属性

属 性 名 称	说　　　明
Count	获取 StateBag 对象中的 StateItem 对象的数量
Keys	获取表示 StateBag 对象中项的集合
Values	获取表示 StateBag 对象中的视图状态值的集合

表 2-6　StateBag 类的常用方法

方 法 名 称	说　　明
Add()	将新的 StateItem 对象添加到视图状态中
Clear()	清除视图状态中的所有项
SetItemDirty()	设置指定项的 Dirty 属性的值
IsItemDirty()	判断指定项是否被修改

ViewState 对象的常用方式是信息的写入和读取，其用法和变量的用法类似，语法格式如下。

```
//存放信息
ViewState["key"]="value";
//读取信息
string key=ViewState["key"].ToString();
```

ViewState 对象可用于页面.cs 文件的任意位置，由任意事件触发，其简单用法如练习 2 所示。

【练习 2】

创建网站并添加空白页面，分别在页面的 Page_Load 事件和按钮单击事件中为 ViewState 对象执行写入和读取操作，具体步骤如下。

（1）创建空白页面并添加一个 Label 控件 show 和两个按钮控件 first 和 second。将 show 标签的 Text 属性定义为"未获取 ViewState 值"；将 first 按钮的 Text 属性定义为"读取 first 值"；将 second 按钮的 Text 属性定义为 "读取 second 值"。在源代码界面中，body 下的代码如下。

```
<div>
    <asp:Label ID="show" runat="server" Text="未获取 ViewState 值"></asp:Label>
    <br /><br />
    <asp:Button ID="first" runat="server" OnClick="first_Click" Text="读取 first
    值" />
    <asp:Button ID="second" runat="server" OnClick="second_Click" Text="读取
    second 值" />
</div>
```

（2）在页面的 Page_Load 事件中为 ViewState 对象传递信息，将值"firstValue"赋给 ViewState 对象，使用代码如下。

```
protected void Page_Load(object sender, EventArgs e)
{
    ViewState["first"] = "firstValue";
}
```

（3）添加 first 按钮的 first_Click 事件，读取 ViewState 对象 first 的值，并赋给 show 标签的 Text 属性；为 ViewState 对象传递新的值 secondValue，使用代码如下。

```
protected void first_Click(object sender, EventArgs e)
{
    show.Text = ViewState["first"].ToString();
    ViewState["second"] = "secondValue";
}
```

（4）添加 second 按钮的 second_Click 事件，读取 ViewState 对象 second 的值，并赋给 show 标签的 Text 属性，使用代码如下。

```
protected void second_Click(object sender, EventArgs e)
{
    show.Text = ViewState["second"].ToString();
}
```

执行上述代码，页面如图 2-4 所示。此时 ViewState 对象的值没有被显示读取，因此 show 标签的 Text 属性为未获取 ViewState 值。

单击【读取 first 值】按钮，如图 2-5 所示。show 标签的 Text 属性成功获取了 ViewState 对象的一个值。

图 2-4　练习 2 初始页面　　　　　　图 2-5　获取 ViewState 值

单击【读取 second 值】按钮，如图 2-6 所示。可见在【读取 first 值】按钮中设置的 ViewState 对象值可被【读取 second 值】按钮获取，ViewState 对象是整个页面共享的。

再次单击【读取 first 值】按钮，如图 2-7 所示。show 标签的 Text 属性再次被改为 firstValue。【读取 second 值】按钮中设置的 ViewState 对象值，并没有将首次设置的值替换。

图 2-6　获取 ViewState 对象 second 值　　　图 2-7　获取 ViewState 对象 first 值

技巧

并不是所有的应用程序都需要保存控件状态信息，通过给 @Page 指令添加"EnableViewState=false"属性可以禁止整个页面的 ViewState。

2.3　页面跳转与数据传递

了解到同一个页面之间的数据传递，接下来介绍页面的跳转和页面之间数据的传递。由 Request 对象和 Response 对象实现。

页面间的数据传递，需要在页面跳转时指定目标页面和需要传递的数据信息，并在新的页面中进行接收。在 ASP.NET 中，通过 Response 对象跳转至目标页面并传递数据信息，在新的页面使

用 Request 对象接收信息。

2.3.1 Response 对象

Response 对象可以实现页面的跳转和刷新，可以向浏览器输出数据，将数据重定向指定页面或指定的数据存储对象。

与 ViewState 对象一样，Response 对象也可以在页面的任何地方使用。常用方法和属性，及其说明如表 2-7 和表 2-8 所示。

表 2-7 Response 对象的常用方法

方 法 名 称	说　　明
AddCacheDependency()	将一组缓存依赖项与响应关联，这样如果响应存储在输出缓存中并且指定的依赖项发生变化，就可以使该响应失效
AddCacheItemDependencies()	使缓存响应的有效性依赖于缓存中的其他项
AddCacheItemDependency()	使缓存响应的有效性依赖于缓存中的其他项
AddFileDependencies()	使缓存响应的有效性依赖于缓存中的其他项
AddFileDependency()	将单个文件名添加到文件名集合中，当前响应依赖于该集合
AddHeader()	将一个 HTTP 标头添加到输出流。提供 AddHeader 是为了与 ASP 的先前版本保持兼容
AppendCookie()	基础结构。将一个 HTTPCookie 添加到内部 Cookie 集合
AppendHeader()	将 HTTP 头添加到输出流
AppendToLog()	将自定义日志信息添加到 Internet 信息服务(IIS)日志文件
ApplyAppPathModifier()	如果会话使用 Cookieless 会话状态，则将该会话 ID 添加到虚拟路径中，并返回组合路径。如果不使用 Cookieless 会话状态，则 ApplyAppPathModifier 返回原始的虚拟路径
BinaryWrite()	将一个二进制字符串写入 HTTP 输出流
Clear()	清除缓冲区流中的所有内容输出
ClearContent()	清除缓冲区流中的所有内容输出
ClearHeaders()	清除缓冲区流中的所有头
Close()	关闭到客户端的套接字连接
DisableKernelCache()	禁用当前响应的内核缓存
End()	将当前所有缓冲的输出发送到客户端，停止该页的执行，并引发 EndRequest 事件
Equals()	确定指定的 Object 是否等于当前的 Object
Finalize()	允许 Object 在"垃圾回收"回收 Object 之前尝试释放资源并执行其他清理操作
Flush()	向客户端发送当前所有缓冲的输出
GetHashCode()	用于特定类型的哈希函数
GetType()	获取当前实例的 Type
MemberwiseClone()	创建当前 Object 的浅表副本
Pics()	将一个 HTTPPICS-Label 标头追加到输出流
Redirect()	将客户端重定向到新的 URL
RemoveOutputCacheItem()	从缓存中移除与指定路径关联的所有缓存项。此方法是静态的
SetCookie()	基础结构。更新 Cookie 集合中的一个现有 Cookie
ToString()	返回表示当前 Object 的 String
TransmitFile()	将指定的文件直接写入 HTTP 响应输出流，而不在内存中缓冲该文件
Write()	将信息写入 HTTP 响应输出流
WriteFile()	将指定的文件直接写入 HTTP 响应输出流
WriteSubstitution()	允许将响应替换块插入响应，从而允许为缓存的输出响应动态生成指定的响应区域

表 2-8　Response 对象的常用属性

属 性 名 称	说　　明
Buffer	获取或设置一个值，该值指示是否缓冲输出并在处理完毕整个响应之后发送它
BufferOutput	获取或设置一个值，该值指示是否缓冲输出并在处理完整个页之后发送它
Cache	获取网页的缓存策略
Cookies	获取响应 Cookie 集合
Filter	获取或设置一个包装筛选器对象，该对象用于在传输之前修改 HTTP 实体主体
Headers	获取响应标头的集合
IsClientConnected	获取一个值，通过该值指示客户端是否仍连接在服务器上
IsRequestBeingRedirected	获取一个布尔值，该值指示客户端是否正在被传到新的位置
Output	启用到输出 HTTP 响应流的文本输出
OutputStream	启用到输出 HTTP 内容主体的二进制输出
RedirectLocation	获取或设置 HttpLocation 标头的值
Status	设置返回到客户端的 Status 栏
StatusCode	获取或设置返回给客户端的输出的 HTTP 状态代码
StatusDescription	获取或设置返回给客户端的输出的 HTTP 状态字符串
SubStatusCode	获取或设置一个限定响应的状态代码的值
SuppressContent	获取或设置一个值，该值指示是否将 HTTP 内容发送到客户端
TrySkipIisCustomErrors	获取或设置一个值，该值指定是否禁用 IIS7.0 自定义错误

Response 对象只负责数据的传递，并不能进行数据的读取。数据读取需要使用 Request 对象。使用 Response 对象实现页面跳转，格式如下所示。

```
Response.Redirect("目标页面地址");
```

使用 Response.Redirect()方法跳转页面需要执行两次页面 postback 事件，因此页面跳转速度较慢。但 Response.Redirect()方法可以跳转至任意页面。该方法首先发送一个 http 请求到客户端，之后客户端发送跳转请求到服务器端，如练习 3 所示。

【练习 3】

创建两个空白页面 WebFirst.aspx 和 WebSecond.aspx，在 WebFirst.aspx 页面中写入红色文字"这是第一个页面"和一个跳转按钮；在 WebSecond.aspx 页面中写入红色文字"这是第二个页面"；在 WebFirst.aspx 页面单击按钮，使其跳转至 WebSecond.aspx 页面，步骤如下。

（1）创建页面 WebFirst.aspx 和 WebSecond.aspx，在 WebFirst.aspx 页面中写入红色文字"这是第一个页面"和一个跳转按钮；在 WebSecond.aspx 页面中写入红色文字"这是第二个页面"。省略 WebSecond.aspx 页面的代码，WebFirst.aspx 页面的代码如下。

```
<div>
    <h1 style="font-size: xx-large; color: #FF0000"> 这是第一个页面</h1>
    <asp:Button ID="Button1" runat="server" Text="跳转" onclick=
    "Button1_Click" />
</div>
```

（2）在 WebFirst.aspx 页面的 Button1_Click 事件中定义跳转命令，使用代码如下。

```
protected void Button1_Click(object sender, EventArgs e)
{
    Response.Redirect("WebSecond.aspx");
}
```

将 WebFirst.aspx 页面设为第一启动页面，执行上述代码，如图 2-8 所示。单击【跳转】按钮，如图 2-9 所示，可见页面发生了跳转。

图 2-8　WebFirst.aspx 页面　　　　　图 2-9　WebSecond.aspx 页面

由表 2-7 可以看出，Response 对象的常用方法很多，除了将网页转向执行地址，还可以读取一个文件，并且写入客户端输出流，可向当前网页中发送字符串信息，可终止当前页的运行，如练习 4 所示。

【练习4】

在练习 3 中 WebFirst.aspx 页面的基础上，添加按钮 show 名称为"添加文字"、添加按钮 end 名称为"关闭"。分别在页面的 Page_Load 事件和 show 按钮 show_Click 事件中使用 Write() 方法向网页中添加文字；在 end 按钮 end_Click 事件中，使用 Close() 方法关闭响应流，并释放资源的连接以供其他请求使用，具体步骤如下。

（1）分别在页面的 Page_Load 事件中和在 show 按钮的 show_Click 事件中使用 Write() 方法向网页中添加文字，代码如下。

```
protected void Page_Load(object sender, EventArgs e)
{
    Response.Write("在页面加载时输出");
}
protected void show_Click(object sender, EventArgs e)
{
    Response.Write("**在按钮单击时输出");
}
```

（2）在 end 按钮 end_Click 事件中使用 Close() 方法关闭响应流，代码如下。

```
protected void end_Click(object sender, EventArgs e)
{
    Response.Close();
}
```

执行结果如图 2-10 所示，可见页面加载时可以使用 Write() 方法添加文字。单击【添加文字】按钮，如图 2-11 所示，文字被直接添加在页面加载时添加的文字后。

图 2-10　页面添加文字　　　　　　　图 2-11　按钮添加文字

单击【关闭】按钮，如图 2-12 所示。对页面的连接被中断时，刷新后重现如图 2-10 所示的页面。

图 2-12 被中断的页面

使用 Response.Redirect()方法跳转后，内部空间保存的所有数据信息将会丢失。此时需要使用 session 对象保存数据信息。

2.3.2 Request 对象

与 Response 对象互补，Request 对象使服务器取得客户端浏览器的数据信息。Response 对象可获取多种类型的数据，包括 HTML 表单传递的参数和 HTTP 查询字符串变量集合。

Request 对象是 System.Web.HttpRequest 类的对象，它的常用属性、常用方法及其说明如表 2-9 和表 2-10 所示。

表 2-9 Request 对象的常用属性

属 性 名 称	说　　明
QueryString	获取 HTTP 查询字符串变量集合，主要用于收集 HTTP 协议中 Get 请求发送的数据
Form	获取窗体或页面变量的集合，用于收集 Post 方法发送的请求数据
ServerVarible	环境变量集合包含了服务器和客户端的系统信息
Params	它是 QueryString、Form 和 ServerVarible 三种方式的集合，不区分是由哪种方式传递的参数
Url	获取有关当前请求的 URL 信息
UserHostAddress	获取远程客户端的 IP 主机地址
UserHostName	获取远程客户端的 DNS 名称
IsLocal	获取一个值，该值指示该请求是否来自本地计算机
Browser	获取或者设置有关正在请求的客户端的浏览器功能信息

图 2-10 Request 对象的常用方法

方 法 名 称	说　　明
BinaryRead()	执行对当前输入流进行指定字节数的二进制读取
Equals()	确定指定的 Object 是否等于当前的 Object
Finalize()	允许 Object 在"垃圾回收"回收 Object 之前尝试释放资源并执行其他清理操作
GetHashCode()	用于特定类型的哈希函数
GetType()	获取当前实例的 Type

续表

方法名称	说明
MapImageCoordinates()	将传入图像字段窗体参数映射为适当的 x 坐标值和 y 坐标值
MapPath()	已重载。为当前请求将请求的 URL 中的虚拟路径映射到服务器上的物理路径
MemberwiseClone()	创建当前 Object 的浅表副本
SaveAs()	将 HTTP 请求保存到磁盘
ToString()	返回表示当前 Object 的 String
ValidateInput()	对通过 Cookies、Form 和 QueryString 属性访问的集合进行验证

Request 对象通过其属性获取数据，有两种数据传递的方式。

❑ 数据的显式传递，提交方式为 "Get"，传输的数据将会在网址信息中出现，使用 QueryString 属性获取。

❑ 数据的隐式传递，提交方式为 "Post"，传输信息不会出现在网址，使用 Form 属性获取。与 Get 方法相比较，使用 Post 方法可以将大量数据发送到服务器端。

QueryString 是一种非常简单的传值方式，可以将传送的值显示在浏览器的地址栏中。通常用于传递一个或多个安全性要求不高或是结构简单的数值，如练习 5 所示。

【练习 5】

在练习 4 中的 WebFirst.aspx 页面添加文本框，接收用户输入的姓名信息；在【跳转】按钮中，实现网页跳转至 WebSecond.aspx 并传递用户姓名，在 WebSecond.aspx 页面进行接收，查看运行效果，步骤如下。

（1）在 WebFirst.aspx 页面添加文本框，如图 2-13 所示。在【跳转】按钮中，添加对文本框内容的验证，实现网页跳转至 WebSecond.aspx 并传递用户姓名信息，按钮的代码如下。

```
protected void Button1_Click(object sender, EventArgs e)
{
    if (nameBox.Text == "")
    {
        nameBox.Text = "不能为空";
    }
    else
    {
        Response.Redirect("WebSecond.aspx?name=" + nameBox.Text);
    }
}
```

图 2-13　WebFirst.aspx 页面效果

（2）在 WebSecond.aspx 页面 Page_Load 事件中，添加对数据的接收。为了显示接收数据，使用 Response.Write()方法将接收数据显示在页面上。WebSecond.aspx 页面 Page_Load 事件代码如下。

```
protected void Page_Load(object sender, EventArgs e)
{
    Response.Write("欢迎 "+Request.QueryString["name"]);
}
```

运行 WebFirst.aspx 页面，在文本框中输入"林飞"，单击【跳转】按钮，如图 2-14 所示。

图 2-14　WebSecond.aspx 页面接收用户姓名

图 2-14 中，页面输出了"欢迎 林飞"的文字，说明 WebFirst.aspx 页面传递的信息传递成功。在 WebSecond.aspx 页面的地址栏中，地址为 http://localhost:5926/WebSecond.aspx?name=%e6%9e%97%e9%a3%9e，有 name 信息的传递显示。

> **注意**
> 使用 QueryString 传值操作简单，缺乏安全性，而且只能传递数据，无法传递对象。

2.4 数据信息保存

网页中的数据虽然可以使用 Request 对象和 Response 对象进行传递，但对于每个页面都需要使用的数据，这种传递必须在页面的各种跳转中使用，复杂且容易出错。

ASP.NET 提供了网站中数据传递的另一种方式，即将多个页面间共享的数据以另一种方式进行保存，以供网站中多页面共同获取使用。

这种方式简化了页面间数据的传递，并提供多种形式供开发人员选取。如 Session 对象、Application 对象和 Cookie 对象分别以不同侧重点保存网站共享数据。

2.4.1　Session 对象

Session 对象是用于保存特定用户的会话信息，即保存每个用户的专用信息。在用户运行页面时，为用户分配一个惟一的会话 ID，即 Session ID，其信息保存在 Web 服务器中。其 Session 信息将会在用户停止使用后保持一段时间，通常为 20 分钟。

当 Session 超时或被关闭时将自动释放保存的数据信息。由于用户停止使用应用程序后它仍然在内存中保持一段时间，因此使用 Session 对象保存用户数据的方法效率很低，通常只用于保存小量的数据。

Session 对象同样有自己的属性和方法，其属性、方法及其说明如表 2-11 和表 2-12 所示。

表 2-11　Session 对象的属性

属 性 名 称	说　明
CodePage	获取或设置当前会话的字符集标识符
Contents	获取对当前会话状态对象的引用
CookieMode	获取一个值,该值指示是否为无 Cookie 会话配置应用程序
Count	获取会话状态集合中的项数
IsCookieless	获取一个值,该值指示会话 ID 是嵌入在 URL 中还是存储在 HTTPCookie 中
IsNewSession	获取一个值,该值指示会话是否是与当前请求一起创建的
IsReadOnly	获取一个值,该值指示会话是否为只读
IsSynchronized	获取一个值,该值指示对会话状态值的集合的访问是否是同步（线程安全）的
Item	已重载。获取或设置个别会话值
Keys	获取存储在会话状态集合中所有值的键的集合
LCID	获取或设置当前会话的区域设置标识符(LCID)
Mode	获取当前会话状态模式
SessionID	获取会话的惟一标识符
StaticObjects	获取由 ASP.NET 应用程序文件 Global.asax 中的<objectRunat="Server"Scope="Session"/>标记声明的对象的集合
SyncRoot	获取一个对象,该对象可用于同步对会话状态值的集合的访问
Timeout	获取并设置在会话状态提供程序终止会话之前,各个请求之间所允许的时间（以分钟为单位）

图 2-12　Session 对象的方法

方 法 名 称	说　明
Abandon()	取消当前会话
Add()	向会话状态集合添加一个新项
Clear()	从会话状态集合中移除所有的键和值
CopyTo()	将会话状态值的集合复制到一维数组中（从数组的指定索引处开始）
Equals()	确定指定的 Object 是否等于当前的 Object
Finalize()	允许 Object 在"垃圾回收"回收 Object 之前尝试释放资源并执行其他清理操作
GetEnumerator()	返回一个枚举数,可用来读取当前会话中所有会话状态的变量名称
GetHashCode()	用于特定类型的哈希函数
GetType()	获取当前实例的 Type
MemberwiseClone()	创建当前 Object 的浅表副本
Remove()	删除会话状态集合中的项
RemoveAll()	从会话状态集合中移除所有的键和值
RemoveAt()	删除会话状态集合中指定索引处的项
ToString()	返回表示当前 Object 的 String

使用 Session 对象保存和读取信息的语法格式与 ViewState 对象格式类似,如下所示。

```
//存放信息
Session["key"]="value"
//读取数据
string UserName=Session["key"].ToString();
```

Session 对象保存的数据是应用程序之间共享的,因此不需要在页面跳转时添加,如练习 6 所示。

【练习 6】

创建 First.aspx 页面、Second.aspx 页面和 Third.aspx 页面，在 First.aspx 页面添加两个文本框，分别接收用户输入的用户名和真实姓名。添加按钮 addBut 名称为【添加】，用于将用户信息添加至 Session 对象；添加两个按钮 ToSec 和 ToThi 名称为【第二页面】和【第三页面】，分别转向 Second.aspx 页面和 Third.aspx 页面。在 Second.aspx 页面接收用户名信息；在 Third.aspx 页面接收用户真实姓名信息，具体步骤如下。

（1）添加 First.aspx 页面、Second.aspx 页面和 Third.aspx 页面，其中 First.aspx 页面有 first 字样、Second.aspx 页面有 second 字样、Third.aspx 页面有 third 字样。创建方法省略。

在 First.aspx 页面添加两个文本框，并通过 addBut 按钮验证文本框是否为空，不为空则将文本框中的信息添加至 Session 对象，页面如图 2-15 所示，使用代码如下。

图 2-15　First.aspx 页面

```
protected void addBut_Click(object sender, EventArgs e)
{
    if (name.Text == "" || realname.Text == "")
    {
        name.Text = "不能为空";
        realname.Text = "不能为空";
    }
    else
    {
        Session["name"] = name.Text;
        Session["realname"] = realname.Text;
    }
}
```

（2）在 First.aspx 页面添加两个按钮 ToSec 和 ToThi，名称为【第二页面】和【第三页面】，分别转向 Second.aspx 页面和 Third.aspx 页面。页面代码省略，有 sec_Click 事件和 third_Click 事件代码如下。

```
protected void sec_Click(object sender, EventArgs e)
{
    Response.Redirect("Second.aspx");
}
protected void third_Click(object sender, EventArgs e)
{
    Response.Redirect("Third.aspx");
}
```

（3）Second.aspx 页面需要显示接受的用户名信息，可以使用 Response.Write()方法；在 Second.aspx 页面中添加按钮，转向 Third.aspx 页面，代码如下。

```
protected void Page_Load(object sender, EventArgs e)
{
```

```
        Response.Write("您的用户名为 " + Session["name"].ToString());
    }
    protected void thirdBut_Click(object sender, EventArgs e)
    {
        Response.Redirect("Third.aspx");
    }
```

（4）Third.aspx 页面同样可以使用 Response.Write() 方法接收用户的真实姓名，代码省略。运行 First.aspx 页面，在两个文本框中分别输入"我心飞翔"和"张林涛"，单击【添加】按钮。此时用户的用户名和真实姓名已经保存，如图 2-16 所示。为验证是否保存成功和是否能被读取，单击【第二页面】按钮，如图 2-17 所示。

图 2-16　First.aspx 页面添加数据

图 2-17　Second.aspx 页面

（5）由图 2-17 可见，用户名信息被 Second.aspx 页面直接使用，而不需要在跳转时指出。在 Second.aspx 页面单击【第三页面】按钮，如图 2-18 所示，再次验证了应用程序内用户信息的共享。

图 2-18　Third.aspx 页面

由于 Session 对象保存的是用户个人信息，因此对服务器内存资源的占用量大，过量的存储会导致服务器内存资源的耗尽。

> **提示**
>
> Session 对象使用简单，除了能传递简单数据，还能传递对象，对传递数据量没有限制。但 Session 对象存储数据消耗服务器资源，并且保存数据容易丢失。

2.4.2　Application 对象

同样是网站数据的共享，Session 对象侧重于保存用户的个人信息，在用户的浏览器中实现数据共享；而 Application 侧重于保存所有用户的公共数据信息。

Session 对象可用来在用户个人浏览器共享用户个人信息，而 Application 对象可以用来统计访问人数、历史访问次数和用户在线时长等问题，是每个用户共享的。

使用 Application 对象，应用程序中的任何写操作都需要在 Application_OnStart 事件中完成，并记录在 global.asax 文件中。

Global.asax 文件是一个全局应用程序类，它主要用于监控应用程序、会话和请求等对象的运行状态。该文件存储存在于应用程序的根目录下，为 System.Web.HttpApplication 类的子类。

Global.asax 文件同样包含可以直接使用的方法，常用方法及其说明如表 2-13 所示。

表 2-13　Global.asax 文件的常用方法

方 法 名 称	说　明
Application_AuthenticateRequest()	认证请求时候触发该方法
Application_BeginRequest()	开始一个新的请求时触发事件，每次 Web 服务器被访问都执行该方法
Application_End()	应用程序结束事件，在这里可以做一些停止应用程序的善后工作
Application_Error()	应用程序出现错误时触发，可以做一些错误处理操作
Application_Start()	应用程序启动事件，可以在这里做一些全局对象初始化操作
Session_Start()	创建一个会话时执行该方法，在 Session 对象创建时触发
Session_End()	结束一个会话时执行该方法，在 Session 对象销毁时触发

Application 对象是 System.Web.HttpApplicationState 类的实例，该对象常用的属性和方法如表 2-14 和表 2-15 所示。

表 2-14　Application 对象的常用属性

属 性 名 称	说　明
Application	获取应用程序的当前状态
Context	获取关于当前请求的 HTTP 特定信息
Events	获取处理所有应用程序事件的事件处理程序委托列表
Modules	获取当前应用程序的模块集合
Request	获取当前请求所对应的内部请求对象
Response	获取当前请求所对应的内部响应对象
Server	获取当前请求所对应的内部服务器对象
Session	获取提供对会话数据的访问的内部会话对象
Site	获取或设置 IComponent 实现的网站接口
User	获取当前请求的内部用户对象

表 2-15　Application 对象的常用方法

方 法 名 称	说　明
Add()	将新的对象添加到 HttpApplicationState 集合中
BaseAdd()	将具有指定键和值的项添加到 NameObjectCollectionBase 实例中
BaseClear()	移除 NameObjectCollectionBase 实例中的所有项
BaseGetAllKeys()	返回 String 数组，该数组包含 NameObjectCollectionBase 实例中的所有键
BaseGetKey()	获取 NameObjectCollectionBase 实例的指定索引处的项键
BaseHasKeys()	获取一个值，通过该值指示 NameObjectCollectionBase 实例是否包含键不为 null 的项
BaseRemove()	移除 NameObjectCollectionBase 实例中具有指定键的项
BaseRemoveAt()	移除 NameObjectCollectionBase 实例的指定索引处的项
Clear()	从 HttpApplicationState 集合中移除所有对象
Equals()	确定指定的 Object 是否等于当前的 Object
Finalize()	允许 Object 在"垃圾回收"回收 Object 之前尝试释放资源并执行其他清理操作
Get()	通过名称或索引获取 HttpApplicationState 对象
GetEnumerator()	返回循环访问 NameObjectCollectionBase 的枚举数
GetHashCode()	用于特定类型的哈希函数
GetKey()	通过索引获取 HttpApplicationState 对象名
GetObjectData()	实现 ISerializable 接口，并返回序列化 NameObjectCollectionBase 实例所需的数据
GetType()	获取当前实例的 Type
Lock()	锁定对 HttpApplicationState 变量的访问以促进访问同步

方 法 名 称	说　　明
MemberwiseClone()	创建当前 Object 的浅表副本
OnDeserialization()	实现 ISerializable 接口，并在完成反序列化之后引发反序列化事件
Remove()	从 HttpApplicationState 集合中移除命名对象
RemoveAll()	从 HttpApplicationState 集合中移除所有对象
RemoveAt()	按索引从集合中移除一个 HttpApplicationState 对象
Set()	更新 HttpApplicationState 集合中的对象值
ToString()	返回表示当前 Object 的 String
UnLock()	取消锁定对 HttpApplicationState 变量的访问以促进访问同步

　　由于 Application 对象保存所有用户的共享信息，因此 Application 对象在整个应用程序生存周期中都有效。

　　由于每个用户对服务器的操作没有规律，其存储数据的写操作可能同步进行，即多个用户对同一个 Application 对象信息进行修改，造成数据的不一致性，需要使用 Application.Lock() 和 Applicaiton.Unlock() 方法来避免。

　　Lock() 方法和 Unlock() 方法限制对 Application 对象的访问，一次只允许一个线程访问应用程序状态变量。Lock() 方法和 Unlock() 方法必须成对出现，其用法如下。

```
//锁定
Application.Lock();
//访问 Application 对象
Application["键名"]=值;
//解锁
Application.Unlock();
```

　　对 Application 对象的读取和写入的语法格式与 Session 语法类似，不同的是在访问之前需要锁定，如练习 7 所示。

【练习 7】

　　利用练习 6 中的 First.aspx 页面、Second.aspx 页面和 Third.aspx 页面。在 First.aspx 页面添加 Application 对象，记录 Second.aspx 页面登录次数；在 Second.aspx 页面添加标签，接收 Second.aspx 页面访问次数并执行加 1 操作，具体步骤如下。

　　（1）在 First.aspx 页面的【添加】按钮中，定义 1 个 Application 对象并初始化为 0，在 addBut_Click 事件中添加代码如下。

```
Application["name.Text"] = "0";
```

　　（2）在 Second.aspx 页面中添加标签 Label1，并在 Page_Load 事件中接收 Application 对象并执行该值加 1 的操作。由于页面有多种加载方式，为确保页面是首次加载，需要使用条件语句，Page_Load 事件代码如下。

```
protected void Page_Load(object sender, EventArgs e)
{
    if (!Page.IsPostBack)
    {
        Application.Lock();
        int num = Convert.ToInt32(Application["name.Text"].ToString()) + 1;
```

```
        Application["name.Text"] = num;
        Application.UnLock();
        Label1.Text = "这是第 " + num + " 次登录";
    }
}
```

在代码中首先执行对 Application 对象的锁定，在执行了加 1 操作和赋值操作后解锁。由 Label1 接收页面的登录次数并显示出来。

（3）运行 First.aspx 页面，输入用户名"辣椒天子"和真实姓名"黄霏霏"，单击【添加】按钮如图 2-19 所示。单击【第二页面】按钮，如图 2-20 所示。

图 2-19　First.aspx 页面添加用户

图 2-20　Second.aspx 页面首次登录

在图 2-20 的页面中单击【第三页面】按钮，如图 2-21 所示，在页面中单击【第二页面】按钮，如图 2-22 所示。

图 2-21　Third.aspx 页面接收真实姓名

图 2-22　Second.aspx 页面二次登录

由图 2-20 和图 2-22 比较，可以看出 Application 对象值被成功加载并改变。本案例只针对单个用户的信息共享，对于多用户共享的情况，可以将 Application 对象后中括号"[]"内的变量名命名为共享的名称，即可实现多个用户的共享。

 注意

　　Lock() 方法和 Unlock() 方法控制了对 Application 对象信息的修改，但是它串行化了对 Application 对象的请求，若网站访问量大则会产生严重性能瓶颈，因此不能使用 Application 对象保存大的数据集合。

2.4.3 Cookie 对象

Cookie 对象是一种常用的较为复杂的信息存储对象，它将用户的信息储存在用户客户端硬盘上，并在用户使用网站时提供用户信息。

Cookie 对象保存用户对服务器的请求信息，通常用于保存非敏感的用户信息，如用户常用链接、上次登录时间等。Cookie 对象在创建时通常设置其失效时间。Cookie 对象有以下几点需要注意。

- ❏ 并非所有的浏览器都支持 Cookie。
- ❏ Cookie 对象有效时间默认为保存至用户关闭浏览器，此时 Cookie 对象将不会被保存至用户硬盘。
- ❏ 将 Cookie 对象的 Expires 属性设置为 Minvalue，则表示 Cookie 永远不会过期。
- ❏ Cookie 对象数据信息是以明文文本的形式保存在客户端的计算机中，因此不能保存敏感的和未加密的数据，以确保网站的安全性。
- ❏ Cookie 对象存储数据量有限，大多数浏览器支持最大容量为 4KB，因此不能保存数据集及其他大量数据。

在介绍 Cookie 对象的具体使用方法前，先介绍 Cookie 对象的常用方法、属性及其说明，如表 2-16 和表 2-17 所示。

表 2-16　Cookie 对象的方法

方 法 名 称	说　　明
Equals()	确定指定的 Object 是否等于当前的 Object
Finalize()	允许 Object 在"垃圾回收"回收 Object 之前尝试释放资源并执行其他清理操作
GetHashCode()	用于特定类型的哈希函数
GetType()	获取当前实例的 Type
MemberwiseClone()	创建当前 Object 的浅表副本
ToString()	返回表示当前 Object 的 String

表 2-17　Cookie 对象的常用属性

属 性 名 称	说　　明
Domain	获取或设置将此 Cookie 与其关联的域
Expires	获取或设置此 Cookie 的过期日期和时间
HasKeys	获取一个值，通过该值指示 Cookie 是否具有子键
HttpOnly	获取或设置一个值，该值指定 Cookie 是否可通过客户端脚本访问
Item	获取 HttpCookie.Values 属性的快捷方式。此属性是为了与以前的 ActiveServerPages(ASP)版本兼容而提供的
Name	获取或设置 Cookie 的名称
Path	获取或设置要与当前 Cookie 一起传输的虚拟路径
Secure	获取或设置一个值，该值指示是否使用安全套接字层(SSL)（即仅通过 HTTPS）传输 Cookie
Value	获取或设置单个 Cookie 值
Values	获取单个 Cookie 对象所包含的键值对的集合

Cookie 对象保存数据的语法格式简单，不同的是 Cookie 对象保存的信息将作为.txt 文件的内容，以.txt 文件的形式添加在用户计算机硬盘中。

由于 Cookie 对象可以使用默认的，不设置保存时间的形式，因此 Cookie 对象的写入分为两种形式。一种类似于 Session 对象可直接赋值使用；另一种则需要定义新的对象名，如定义类的新对象一样使用。

在关闭浏览器时消除 Cookie 对象，其对信息数据的写入和读取格式如下。

```
//存放信息
Response.Cookies["key"].Value="value";
//读取信息
string UserID=Response.Cookies["key"].Value;
```

有效时间的 Cookie 对象，其创建和对信息数据的写入格式如下。

```
HttpCookie hcCookie = new HttpCookie("Cookie 的名称","值");
Response.Cookies.Add(hcCookie);
```

有了存储个人信息的 Session 对象和存储多用户信息的 Application 对象之后，Cookie 对象显得有些多余。其实，在退出网站后将 Cookie 对象保存在用户个人计算机硬盘中，其作用是无法取代的。

如电子图书类的网站可以在用户使用过程中，记录用户在离开网站时的阅读进度，并在该用户再次进入网站时直接转至该进度，而无须用户逐页跳转。该方法无须注册登录，无需通过数据库储存进度。

Cookie 对象还可用于限制用户对网购商品的限购，如练习 8 通过【确认购买】按钮对 Cookie 对象的写入和读取，实现特价商品的限购。

【练习 8】

创建商品展示的页面，添加【确认购买】按钮，在按钮中实现对 Cookie 对象的写入和读取，以确保每个 IP 地址只能购买一次，步骤如下。

（1）创建页面 Shop.aspx 用于展示商品，添加商品信息及【确认购买】按钮，如图 2-23 所示，页面步骤省略。

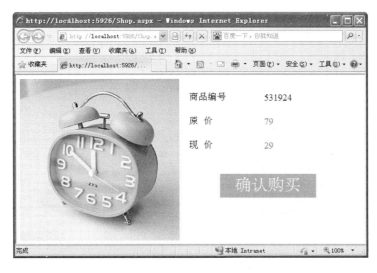

图 2-23　Shop.aspx 页面效果

（2）获取用户 IP 地址，并创建 Cookie 对象获取该地址的 Cookie 对象值，使用代码如下。

```
string userip = Request.UserHostAddress.ToString();
HttpCookie hcCookie = Request.Cookies["UserIP"];
```

（3）添加条件语句，当获取的 Cookie 值为空时，创建 Cookie 对象，并提示已加入购物车，使用代码如下。

```
if (hcCookie == null)
{
    HttpCookie newCookie = new HttpCookie("UserIP");    //创建新的 Cookie 并写入
    newCookie.Expires = DateTime.MaxValue;              //设置失效日期
    newCookie.Values.Add("AddressIP", userip);          //加入当前 IP
    Response.AppendCookie(newCookie);                   //将 Cookie 添加到内部 Cookie 集合
    Label1.Text = "已成功加入购物车";
}
```

（4）并不是 Cookie 值为空就能判断该 IP 是否参与过购买，还要判断当前 IP 的 Cookie 值与读取的值是否一致，因此在第（3）步代码的 if 语句后需要使用 else 语句，代码如下。

```
else
{
    string oldip = hcCookie.Values[0];    //读取原有 Cookie 值
    if (userip.Trim() == oldip.Trim())    //将原有的 Cookie 值与当前 Cookie 值比较
    {
        Label1.Text = "一个 IP 限购一件，谢谢您的参与！";
    }
    else
    {
        HttpCookie newCookie = new HttpCookie("UserIP");//重新写入 Cookie
        newCookie.Expires = DateTime.MaxValue;          //设置失效日期
        newCookie.Values.Add("AddressIP", userip);
        Response.AppendCookie(newCookie);
        Label1.Text = "已成功加入购物车";
    }
}
```

（5）执行上述代码，单击【确认购买】按钮，如图 2-24 所示。再次单击【确认购买】按钮，如图 2-25 所示。

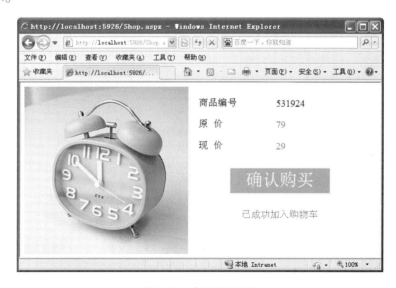

图 2-24 首次购买效果

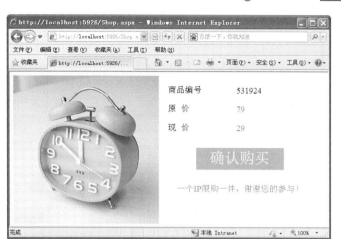

图 2-25　非首次购买效果

而在用户计算机硬盘上，保存了刚刚生成的、包含 Cookie 信息的文本文档，如图 2-26 所示。

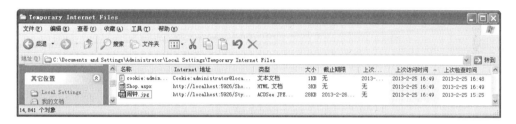

图 2-26　硬盘中保存 Cookie 的文件

试一试

硬盘中保存 Cookie 的文件是可以删除的。通过 HttpCookie 的 Values.Remove()方法可移除指定键值的值；或改变 Cookie 的到期时间，使其自动消除。

2.5　Server 对象

Server 对象用于处理服务器相关信息，如获取应用程序的物理路径、计算机名称或者对字符串进行编码解码操作等。

Server 对象是 System.Web.HttpServerUtility 类的对象，可以在页面的任何地方使用该对象。Server 对象中包含多个属性和方法，具体说明如表 2-18 和表 2-19 所示。

表 2-18　Server 对象的常用属性

属 性 名 称	说　　明
MachineName	获取服务器的计算机名称
ScriptTimeout	获取和设置请求的超时值（以秒计）

表 2-19　Server 对象的常用方法

方 法 名 称	说　　明
ClearError()	清除前一个异常
CreateObject()	创建 COM 对象的一个服务器实例
CreateObjectFromClsid()	创建 COM 对象的服务器实例，该对象由对象的类标识符(CLSID)标识

方法名称	说　　明
Equals()	确定指定的 Object 是否等于当前的 Object
Execute()	在当前请求的上下文中执行指定资源的处理程序，然后将执行返回给调用它的页
Finalize()	允许 Object 在"垃圾回收"回收 Object 之前尝试释放资源并执行其他清理操作
GetHashCode()	用于特定类型的哈希函数
GetLastError()	返回前一个异常
GetType()	获取当前实例的 Type
HtmlDecode()	对已被编码以消除无效 HTML 字符的字符串进行解码
HtmlEncode()	对要在浏览器中显示的字符串进行编码
MapPath()	返回与 Web 服务器上的指定虚拟路径相对应的物理文件路径
MemberwiseClone()	创建当前 Object 的浅表副本
ToString()	返回表示当前 Object 的 String
Transfer()	终止当前页的执行，并为当前请求开始执行新页
TransferRequest()	异步执行指定的 URL
UrlDecode()	对字符串进行解码，该字符串针对 HTTP 传输进行了编码并在 URL 中发送到服务器
UrlEncode()	编码字符串，以便通过 URL 从 Web 服务器到客户端进行可靠的 HTTP 传输
UrlPathEncode()	对 URL 字符串的路径部分进行 URL 编码并返回编码后的字符串
UrlTokenDecode()	将 URL 字符串标记解码为使用 64 进制数字的等效字节数组
UrlTokenEncode()	将一个字节数组编码为使用 Base64 编码方案的等效字符串表示形式，Base64 是一种适于通过 URL 传输数据的编码方案

如果用户想要获得某个页面的物理路径，可以使用 MapPath()方法。在该方法中传入一个参数，如果将 null 作为参数，则返回应用程序所在目录的物理路径。如返回根目录下 Default.aspx 的路径，具体实现如下。

```
Server.MapPath("~/Default.aspx");
```

2.6　实例应用：常用网址记忆

2.6.1　实例目标

创建网站包含两个页面，在首页展示网址集，在用户单击常用的网址后将网址记录下载，以便用户在此进入网站时使用。第二个页面显示用户常用的网址及上次登录时间。具体要求如下。

- ❑ 首页 IndexWeb 页面显示多个网址链接按钮和进入第二个页面 ShowWeb 页面的按钮。
- ❑ 在用户单击网址链接按钮后进入该链接，并将该链接记录下来。
- ❑ ShowWeb 页面显示用户常用的网址和返回首页的按钮。

2.6.2　技术分析

为了在用户下次登录时获取用户常用网址，需要使用 Cookie 对象将用户单击过的链接保存在用户本机，以便对 Cookie 对象的识别和读取。

IndexWeb 页面实现 Cookie 对象的写入，ShowWeb 页面实现 Cookie 对象的读取。但用户单击的网址可能不止一个，因此将创建多个 Cookie 对象，并需要将这些 Cookie 按照一定规律命名，以确保 Cookie 完整读取。

为了将不同用户的 Cookie 名称区分，可以用 IP 和序号的形式定义网址的 Cookie 对象。在读取时可使用循环语句根据 Cookie 名称读取。

2.6.3 实现步骤

（1）首先创建网站和页面，在 IndexWeb 页面显示多个网址链接按钮和进入第二个 ShowWeb 页面的按钮。创建方法省略，效果如图 2-27 所示。

图 2-27　IndexWeb 页面效果图

（2）在链接按钮中，需要添加对网址的保存语句。但在网址保存的同时，需要进入用户选择的网址。为了使网站顺利进行，在打开新页面时保留当前页，使用 window.open() 方法和 Response.Write() 方法，代码如下。

```
Response.Write("<script>window.open('http://www.baidu.com')</script>");
```

由于网站中有多个链接按钮，其添加的网址和 Cookie 不同，但步骤和代码类似，因此这里列举【百度】链接按钮和【搜房网】链接按钮的代码，【百度】链接按钮使用代码如下。

```
protected void LinkButton1_Click(object sender, EventArgs e)
{
    string userip = Request.UserHostAddress.ToString();      //获取用户 IP
    HttpCookie newCookie = new HttpCookie(userip + "1");      //创建 Cookie 对象
                                                             newCookie
    newCookie.Expires = DateTime.MaxValue;
    newCookie.Values.Add(userip + "1", "http://www.baidu.com");
    Response.AppendCookie(newCookie);
    Response.Write("<script>window.open('http://www.baidu.com')</script>");
}
```

【搜房网】链接按钮的代码如下。

```
protected void LinkButton14_Click(object sender, EventArgs e)
{
    string userip = Request.UserHostAddress.ToString();
    HttpCookie newCookie = new HttpCookie(userip + "14");
```

```
newCookie.Expires = DateTime.MaxValue;
newCookie.Values.Add(userip + "14", "http://zz.soufun.com/");
Response.AppendCookie(newCookie);
Response.Write("<script>window.open('http://zz.soufun.com/')</script>");
}
```

（3）在 ShowWeb 页面显示用户常用的网址。由于首页中显示的网址可能已经被单击，也可能没有，因此产生的 Cookie 是不连续的。可以使用循环语句读取 Cookie，并在执行中判断 Cookie 是否为空，代码如下。

```
protected void Page_Load(object sender, EventArgs e)
{
    //获取用户IP，以便读取Cookie
    string userip = Request.UserHostAddress.ToString();
    for (int i = 1; i <= 21; i++)
    {
        HttpCookie hcCookie = Request.Cookies[userip + i.ToString()];
        if (hcCookie == null)
        {
            continue;
        }
        else
        {
            Response.Write(hcCookie.Values[0]+"    ");
        }
    }
}
```

（4）执行 IndexWeb 页面，单击【百度】按钮，如图 2-28 所示。再单击 IndexWeb 页面中的【搜房网】按钮，将百度和搜房网的网址记录在 Cookie 中。

图 2-28　IndexWeb 页面运行效果

（5）单击 IndexWeb 页面中的【常用网址】按钮，呈现出来的 ShowWeb 页面如图 2-29 所示。

图 2-29　ShowWeb 页面

本实例中没有定义 ShowWeb 页面的样式和结构，但图 2-29 中的显示数据表明页面成功获取了该 IP 的 Cookie。将所有页面关闭，并直接运行 ShowWeb 页面，显示结果与图 2-29 所示一样。可见 Cookie 保存在硬盘，没有失效。

试一试

读者可将实例中的 ShowWeb 页面添加控件和样式，规范页面对网址的显示或者将网址重新定义为链接按钮，供用户单击进入。

2.7 拓展训练

实现购物车

网络购物作为一个商品交易的平台被越来越多的人接受和使用，用户可以在网店中一次性挑选多个商品，放在购物车中进行统一支付。

购物车在用户单击按钮时将选定的商品信息保存起来，与其他购物车内的商品放在一起，并在交易结束后将商品信息删除。尝试使用 ASP.NET 内置对象，解决网络购物系统中购物车的作用。

2.8 课后练习

一、填空题

1. 在 ASP.NET 内置对象中，用于在应用程序中，用户个人信息共享的是＿＿＿＿＿＿对象。

2. 在 ASP.NET 内置对象中，用于在应用程序中，多个用户信息共享的是＿＿＿＿＿＿对象。

3. 能够把信息保存在用户系统中的是＿＿＿＿＿＿对象。

4. 用于服务器信息管理的是＿＿＿＿＿＿对象。

5. Cookie 对象能够将信息以后缀名为＿＿＿＿＿＿的文件形式保存。

6. 处理页面相关内容的是＿＿＿＿＿＿对象。

7. 保存页面空间状态的是＿＿＿＿＿＿对象。

二、选择题

1. 下列说法正确的是_____。

    A. Response 对象可实现信息的接收

    B. Request 对象可实现页面信息的发送

    C. Request 对象可实现页面的跳转

    D. Response 对象可实现页面的跳转

2. 下列对象中，通常用于操作用户个人信息的是_____。

    A. Application 对象

    B. Server 对象

    C. Cookie 对象

    D. Page 对象

3. 下列对象中，通常用于操作多个用户信息的是_____。

    A. ViewState 对象

    B. Server 对象

    C. Application 对象

    D. Session 对象

4. 下列对象中，在页面的生存周期内一定会使用到的是_____。

    A. Session 对象

    B. ViewState 对象

    C. Response 对象

    D. Server 对象

5. 下列不能实现页面间数据共享的是_____。

    A. Session 对象

    B. Application 对象

    C. Cookie 对象

    D. Response 对象

6. 能够将文字在网页中输出的对象是_____。

    A. Response 对象

    B. Request 对象

    C. Session 对象

    D. Cookie 对象

三、简答题

1. 简要概述系统页面的生存周期。

2. 简要概述系统的运行机制。

3. 总结页面跳转和数据传递的方式。

4. 总结页面间数据共享的几种方式。

5. 总结 ASP.NET 对用户信息保存的几种方式。

第 3 课
ASP.NET 的服务器控件

ASP.NET 向页面提供了一系列相关的服务器控件包括标准控件、数据绑定控件和验证控件等，开发人员可以通过这些控件完成对页面的设计操作，本课将主要介绍 ASP.NET 中的标准服务器控件。

标准服务器控件包括 Label 控件、Literal 控件、TextBox 控件、TextBox 控件、DropDownList 控件、Panel 控件、Image 控件以及 Calendar 控件等。通过对本课的学习，读者可以了解常用的服务器控件分类，也可以了解这些控件的常用属性和事件，还可以通过这些控件熟练地构建 ASP.NET 页面。

本课学习目标：

❑ 熟悉控件的分类和 HTML 服务器控件

❑ 掌握文本控件的基本使用

❑ 掌握按钮控件的基本使用

❑ 掌握与选择类控件相关的属性和事件

❑ 掌握与列表类控件相关的属性和事件

❑ 熟悉容器控件 MultiView 和 Panel

❑ 掌握如何使用 Image 控件和 Calendar 控件

❑ 了解 ImageMap 控件的基本使用

❑ 掌握如何使用 Web 服务器控件搭建基本的 Web 窗体页面

3.1 控件概述

ASP.NET 服务器控件是一种服务器端的组件，它封装了用户界面及其相关的功能。ASP.NET 服务器控件直接或间接的从 System.Web.UI.Control 类派生，下面将简单介绍控件的基本知识。

3.1.1 控件分类

在很多情况下，用户无法将可执行代码与 HTML 本身进行分离，使页面难以阅读，也难以维护。ASP.NET 服务器控件很好地解决了这个问题。通常情况下，服务器控件是可以被服务器理解的标签。

常用的服务器控件有三种类型。

（1）HTML 服务器控件

HTML 服务器控件是一种最传统的 HTML 标签，它提供了对标准 HTML 元素类的封装，在 HTML 控件中添加了一个在服务器端运行的属性，即可以由通用的客户端 HTML 控件转变为服务器端的 HTML 控件，使开发人员可以对其进行编程。

（2）Web 服务器控件

Web 服务器控件是一种新型的 ASP.NET 标签控件，比 HTML 服务器控件具有更多的功能。Web 服务器控件不仅包括窗体控件（即标准控件，如按钮和文本框），也包括特殊用途的控件（如日历、菜单和树视图控件）。

（3）Validation 服务器控件

Validation 服务器控件方便用户的输入验证，例如 RequiredFieldValidator 控件和 CompareValidator 控件等。

(提 示)

> 本书主要介绍 Web 服务器控件和 Validation 控件，在本课将详细介绍 Web 服务器控件，后面将会介绍 Validation 控件。

从某种意义上来讲，Validation 服务器控件也属于 Web 服务器控件。因此，下面从三个方面来说明 HTML 服务器控件与 Web 服务器控件的区别。

（1）是否映射到 HTML 标签

HTML 服务器控件与 HTML 中的元素存在一一对应的映射关系，runat=server 属性把传统的 HTML 标签转换为服务器控件，使得开发人员可以将 ASP 页面移植到 ASP.NET 平台。而 Web 服务器控件不直接映射到 HTML 中的元素，使得开发人员可以使用第三方控件。

（2）对象模型

HTML 服务器控件使用 HTML 中心对象模型，在该模型中，控件包括一个关键字/值对的属性集合。而 Web 服务器控件使用基于组件的对象模型，该模型要求使用一致的对象类型。

（3）是否能自适应输出

HTML 服务器控件不能根据浏览器的不同，调整所输出 HTML 文档的显示效果。而 Web 服务器控件可以自动根据浏览器的不同，调整输出 HTML 文档的显示效果。

3.1.2 HTML 服务器控件

HTML 服务器控件一般被服务器理解为 HTML 标签，在 ASP.NET 中，HTML 元素是作为文本来进行处理的。传统的 HTML 元素不能被 ASP.NET 服务器端直接使用，但是通过将这些 HTML 元素的功能进行服务器端的封装，开发人员就可以在服务器端使用这些 HTML 元素。

如果要将 HTML 元素标记为 HTML 服务器控件,则需要在 HTML 元素代码中添加 runat=server 属性。runat 属性指示 HTML 元素是一个服务器控件，它需要添加 id 属性来标识该服务器控件，id 属性引用可用于操作运行时的服务器控件。

例如，将普通的用于用户输入的 input 元素设置为服务器控件。

```
<input id="ipName" name="ipName" runat="server" value="陈想芳" />
```

注意

所有的 HTML 服务器控件必须放在带有 runat=server 属性的<form>标签内，将 HTML 元素添加该属性后会指示该表单应该在服务器进行处理，该属性同时指示其包括在内的控件可以被服务器脚本访问。

HTML 服务器控件有多个优点，如下所示。

❑ HTML 服务器控件映射一对一的，与它们对应的 HTML 标记。

❑ 当编译 ASP.NET 应用程序时，HTML 服务器控件与 runat=server 属性被编译成程序集。

❑ 大多数控件包含最常用的控件事件 OnServerEvent。

❑ 未实现作为特定 HTML 服务器控件的 HTML 元素仍然可以用于服务器端；但是作为 HtmlGenericControl 的程序集添加。

❑ 当 ASP.NET 页重新发布时，HTML 服务器控件保留它们的值。

ASP.NET 要求所有的 HTML 元素必须正确关闭和嵌套。如表 3-1 所示描述了一些常用的 HTML 服务器控件。

表 3-1 常用的 HTML 服务器控件

HTML 服务器控件	说　　明
HtmlAnchor	控制 HTML 中的<a>元素
HtmlForm	控制 HTML 中的<form>元素
HtmlButton	控制 HTML 中的<button>元素
HtmlImage	控制 HTML 中的<image>元素
HtmlSelect	控制 HTML 中的<select>元素
HtmlTable	控制 HTML 中的<table>元素
HtmlTableCell	控制 HTML 中的<td>和<th>元素
HtmlTableRow	控制 HTML 中的<tr>元素
HtmlTextArea	控件 HTML 中的<textarea>元素

HTML 服务器控件具有相同的 HTML 输出和作为其对应的 HTML 标记相同的属性,也提供了自动状态管理和服务器端事件。如 InnerHtml 属性获取或设置控件的开始标记和结束标记之间的内容，但不自动将特殊字符转换为等效的 HTML 实体；InnerText 获取或设置控件的开始标记和结束标记之间的内容，并自动将特殊字符转换为等效的 HTML 实体；onclick 当鼠标单击控件时触发该事件，如按钮的单击；onchange 在内容改变时被触发，如文本框内容发生变化时触发该事件。

3.1.3 ASP.NET 服务器控件

ASP.NET 服务器控件即 Web 服务器控件，由于 ASP.NET 服务器控件的对象模型不一定能够反映 HTML 语法，因此比 HTML 服务器控件更加抽象。

ASP.NET 服务器控件可以自动检测客户端浏览器的类型，产生一个或者多个适当的 HTML 控件，并且自动调整为适合浏览器的输出。该类型的控件支持数据绑定技术，可以和数据源进行连接，用来显示或修改数据源数据，其优点如下所示。

❏ 使制造商和开发人员能够生成容易的工具或者自动生成用户的应用程序接口。

❏ 简化创建交互式 Web 窗体的过程。

1. 语法形式

每一个 Web 服务器控件都有一个<asp:>的前缀，该前缀表示此控件为 Web 服务器控件，其语法格式如下。

```
<asp:Control id="name" runat="server" />
```

在上述语法中 id 表示控件的惟一标识，而 runat 属性则指示该控件为服务器控件，这两个属性的含义与 HTML 控件中相应的属性含义一致。例如下面代码表示在 ASP.NET 页面中添加 Buttor 控件。

```
<form id="form1" runat="server">
    <asp:Button ID="Button1" runat="server" Text="Button" /></div>
</form>
```

2. 常用的服务器控件

ASP.NET 中提供了许多常用的服务器控件，如 Label 控件、TextBox 控件、Button 控件、DropDownList 控件、Panel 控件、Image 控件以及 Calendar 控件等。

3. 服务器控件的常用属性

ASP.NET 中的服务器控件继承自 System.Web.UI.WebControls 类，该类提供了大多数 Web 服务器控件的公共属性、方法和事件。如表 3-2 对服务器控件的最常用的一些属性进行了说明。

表 3-2　服务器控件的常用属性

属 性 名 称	说　　明
AccessKey	获取或设置快速导航到控件的快捷键，可以指定这个属性的内容为数字或者是英文字母
BackColor	设置对象的背景颜色，其属性的值可以是颜色名称，也可以是#RRGGBB 格式
Enabled	获取或设置一个值，该值指示是否启用 Web 服务器控件
Visible	指定控件是否可见
ToolTip	小提示。在设置该属性时，当使用者停留在 Web 控件上时就会出现提示的文字
ID	所有控件的惟一标识列
FailureText	获取或设置当前登录尝试失败时显示的文本

设置控件的属性有两种方法，分别为在设计时通过【属性】窗口设置控件的属性和在运行时以编程方式动态设计控件的属性。

4. 服务器控件的事件

事件是一种在满足某种条件（如鼠标单击）后开始运行的一种程序，大部分的 ASP.NET 控件都可以引发服务器端事件完成某些功能，页面事件是在页面加载和撤销时所引发的事件。

页面级别的事件主要有三种：Page_Load、Page_Init 和 Page_Unload。Page_Init 事件和 Page_Load 事件都是在页面加载时引发并用来执行初始化程序的事件，前者只是在页面第一次加载时执行的事件，而 Page_Load 事件在每次加载都执行。Page_Unload 事件执行最后的清理工作，例如关闭打开的文件和数据库连接等。

（提示）

除了以上的三种页面事件外，服务器控件还有其他许多公共的事件（如 click 事件），有兴趣的读者可以查找相关资料进行总结。

向 ASP.NET 服务器控件添加客户端事件有三种方法，如下所示。

（1）以声明方式向 ASP.NET 服务器控件添加客户端事件处理程序，即在资源视图中直接为控件添加事件属性，如 onmouseover 或 onclick 等。添加事件属性时需要针对不同的属性添加要执行的客户端脚本。

（2）以编程方式向 ASP.NET 控件添加客户端事件处理程序，即在页面的 Init 或 Load 事件中调用控件的 Attributes 集合的 Add()方法来动态添加客户端事件处理程序。

（3）向按钮控件添加客户端 onclick 事件。例如在按钮控件(Button、LinkButton 和 ImageButton)中要添加客户端 onclick 事件，可以在设计视图中将按钮控件的 onclientclick 属性设置为要执行的客户端脚本，也可以在源视图中直接添加该属性。

5．向 Web 窗体中添加服务器控件

将服务器控件添加到 Web 窗体中非常简单，最常用的方法有三种，如下所示。

（1）从【工具箱】中拖动控件到窗体或直接双击控件进行添加。

（2）在资源视图中，直接添加控件的声明代码。

（3）以编程方式动态创建 Web 服务器控件。

> **注意**
> 所有的 ASP.NET 控件必须定义在.aspx（ASP.NET 页面文件）文件中，如果采用代码隐藏技术设计程序，其事件程序一般定义在代码文件（如.cs 或.vb）中。

3.2 文本控件

文本控件是 Web 窗体中经常使用的控件之一，该类型的控件包含多个子控件，如 Label 控件、Literal 控件、HyperLink 控件和 TextBox 控件。

3.2.1 Label 控件

Label 控件是一种最基本的控件，它提供了一种以编程方式设置 Web 窗体页面中文本的方法。Label 控件中的文本是静态的，用户无法在该控件中进行编辑，它经常在页面固定位置显示文本时使用。

Label 控件通常在列表 Web 服务器控件（如 Repeater、DataList 和 GradList 等）中使用，用来显示数据库中的只读信息，还可以将 Label 控件绑定到数据源。声明 Label 控件有两种语法形式，如下所示。

```
<asp:Label ID= "lblName" runat = "server" Text = "文本内容"></asp:Label>
```

或者

```
<asp:Label ID= "lblName" runat = "server">文本内容</asp:Label>
```

从上述语法中可以看出，ID 和 Text 属性是 Label 控件最常用的属性，其中 ID 用来设置控件的惟一标识列；Text 属性向用户显示文本信息，该属性的值可以是 HTML 格式的内容。

Label 控件的 Text 属性可以设置为任何字符串（包括包含标记的字符串），如果字符串包含标记，Label 控件将解释标记，如下代码所示。

```
<form id="form1" runat="server">
    <asp:Label ID="userName" runat="server" Text="<b><font color='red'>名称:
```

```
    </font></b>" />
</form>
```

运行上述代码时 Label 控件将以红色粗体呈现文本内容的名称。

注意

一般情况下，为了避免安全性问题（例如脚本注入的可能性），开发人员最好不要将 Text 属性的值设置为不受信任源的标记字符串。如果对 Text 属性的字符串不信任，则应该对该字符串进行编码。

【练习1】

Label 控件可以用于另一个 Web 服务器控件之前的活动标题，虽然该控件无法接收用户输入的焦点，但是可以将该控件与另一个控件相关联，然后用户可以同时按下 Alt 键和 Label 控件定义的访问键导航到相关联的控件。以下通过步骤演示如何将 Label 控件与 Button 控件结合实现将 Label 控件作为标题的功能，主要步骤如下。

（1）添加新的 Web 窗体页，然后从【工具箱】中分别拖动 Label 控件和 Button 控件到窗体页中。

（2）将 Label 控件的 AssociatedControlID 属性设置为要以 Label 控件作为标题控件的 ID。

（3）将 Label 控件的 AccessKey 属性设置为要定义为访问键的单个字母或数字。

（4）设置 Label 控件的 Text 属性，其属性值显示指示访问键的带有下划线的字符。

（5）设置 Button 控件的 ID 属性和 Text 属性，结合前几个步骤，完成以后的具体代码如下。

```
<form id="form1" runat="server">
    <asp:Label AccessKey="T" AssociatedControlID="btnTest" ID="Label1" runat=
"server"
        Text="<u>T</u>est:">
    </asp:Label> 
    <asp:Button ID="btnTest" runat="server" Text="Names" />
</form>
```

（6）运行页面进行测试，页面呈现时用户可以通过按 Alt+N 键实现单击按钮的提交功能。

3.2.2 Literal 控件

对于静态内容不需要使用容器，可以将标记作为 HTML 直接添加到页面中。如果要动态添加内容，则必须将内容添加到容器中。这时可以使用 Label 控件、Literal 控件、Panel 控件或 PlaceHolder 控件。

Literal 控件表示用于向页面添加内容的几个选项之一，它与 Label 控件最大的区别在于：Literal 控件不向文本中添加任何 HTML 元素（Label 控件呈现一个 span 元素）。因此，Literal 控件不支持包括位置特性在内的任何样式特性。但是该控件允许指定是否对内容进行编码。

通常情况下，如果开发人员希望文本和控件直接呈现在页面中而不使用任何附加标记时可以使用 Literal 控件。除了 ID 和 Text 属性外，Literal 控件最常用的属性是 Mode，该属性用于指定控件对所添加标记的处理方式，其值如下所示。

❑ **Transform** 将对添加到控件中的任何标记进行转换，以适应请求浏览器的协议。如果向使用 HTML 外的其他协议的移动设备呈现内容，设置该值时非常有用。该值为 Mode 属性的默认值。

❑ **PassThrough** 添加到控件中的任何标记都将按原样呈现在浏览器中。

❑ **Encode** 使用 HtmlEncode()方法对添加到控件中的任何标记进行编码，会将 HTML 编码转换为其文本表示形式。例如<b>将呈现为<b>。当开始人员希望浏览器显示而不解释标记时，该方式将非常有用。

如下代码演示了如何在页面加载时通过动态编码的形式添加 Literal 控件。

```
protected void Page_Load(object sender, EventArgs e)
{
    Literal liter = new Literal();              //通过 Literal 创建 liter 对象
    liter.ID = "literText";                     //设置 ID 属性
    liter.Text = "我想要添加的内容有很多";       //设置 Text 属性
    form1.Controls.Add(liter);                  //将 lister 添加到表单中
}
```

3.2.3　HyperLink 控件

HyperLink 控件用于创建文本或图片的超链接。声明该控件的语法格式如下。

```
<asp:HyperLink ID="hlName" runat="server"></asp:HyperLink>
```

HyperLink 控件有两个优点，如下所示。

❑ 可以在服务器代码中设置链接属性，例如开发人员可以根据页面中的条件来动态更改链接文本或目标页。

❑ 可以使用数据绑定来指定链接的目标 URL（以及必要时与链接一起传递的参数）。

除了 ID 属性和 Text 属性外，HyperLink 控件中包含多个属性。如表 3-3 所示对其他常用的属性进行了说明。

表 3-3　HyperLink 控件的常用属性

属 性 名 称	说　　明
ImageUrl	获取或设置该控件显示的图像的路径
NavigateUrl	获取或设置单击控件时链接到的 URL
Target	获取或设置单击控件时显示链接到的网页内容的目标窗口或框架。该属性的值包括 _blank、_self、_top、_parent 和 _search

与大多数 Web 服务器控件不同，当用户单击 HyperLink 控件时并不会在服务器代码中引发事件，该控件只执行导航操作。

【练习 2】

本次练习演示了 HyperLink 控件的基本使用，当用户单击页面中的文本内容时打开 Default.aspx 页面，主要步骤如下所示。

（1）添加新的 Web 窗体页，然后在页面中添加 HyperLink 控件，接着设置 Text 属性的值为 click me。

（2）通过【属性】窗口分别设置 NavigateUrl 和 Target 属性的值。

（3）运行窗体，单击呈现的文本内容进行测试，最终效果不再显示。

试一试

如果同时设置了 LinkButton 控件的 ImageUrl 和 Text 属性的值，则 ImageUrl 属性优先，读者可以更改练习 2 中的代码，更改完成后重新查看窗体效果。

3.2.4　TextBox 控件

无论是 Label 控件，还是 Literal 或 HyperLink 控件，它们都通过 Text 属性来显示文本，如果用户需要根据自身的需要进行输入时，这些控件就不能满足需要，在 ASP.NET 中提供了一种新的控件为 TextBox 控件。

1. TextBox 控件的常用属性

TextBox 控件是一种基本控件，它为用户提供了一种在 Web 窗体中输入信息（包括文本、数字和日期等）的方法。该控件包含多个属性，如 Text 属性、ID 属性和 ReadOnly 属性等，如表 3-4 所示对常用的属性进行了说明。

表 3-4 TextBox 控件的常用属性

属 性 名 称	说　　明
AutoPostBack	获取或设置当 TextBox 控件上的内容发生改变时，是否自动将窗体数据回传到服务器，默认为 false。该属性通常和 TextChanged 事件配合使用
MaxLength	获取或设置文本框中最多允许的字符数。当 TextMode 属性设为 MultiLine 时，此属性不可用
ReadOnly	获取或设置 TextBox 控件是否为只读。默认值为 false
TextMode	获取或设置文本框的行为模式。默认值 SingleLine
Wrap	布尔值，指定文本是否换行。默认值为 true

TextBox 控件可以通过 TextMode 属性设置单行、多行和密码三种形式的文本框。TextMode 属性的值如下所示。

- ❑ **SingleLine**　默认值，单行输入模式。用户只能在一行中输入信息，还可以限制控件接受的字符数。
- ❑ **Password**　密码框，用户输入的内容将以其他字符代替（如"*"和"●"等），以隐藏真实信息。
- ❑ **Multiline**　多行输入模式，用户在显示多行并允许换行的文本框中键入信息。

开发人员可以通过 Text 属性获取或设置 TextBox 控件中的值，例如获取控件 ID 为 txtName 的属性值，代码如下。

```
protected void Page_Load(object sender, EventArgs e)
{
    TextBox2.Text = Server.HtmlEncode(TextBox1.Text);
}
```

网页中的用户可能会输入存在有潜在有害的客户端脚本。在默认情况下，Web 窗体页验证用户是否不包括脚本或 HTML 元素。在上述代码中通过 Server 对象的 HtmlEncode() 方法对输入的文本内容进行 HTML 编码。

2. TextBox 控件的事件

TextBox 控件最常用的事件是 TextChanged 事件，当用户离开 TextBox 控件时就会引发该事件。在默认情况下并不会立即引发该事件，而是当下次发送窗体时在服务器代码中引发此事件，这是由于默认情况下 AutoPostBack 属性的值为 false。将该属性的值设置为 true，用户离开 TextBox 控件后可以将页面提交给服务器。

例如为 TextBox 控件添加 TextChanged 事件，当用户离开 TextBox1 文本框后触发该事件将值赋予 Label 控件进行显示，代码如下所示。

```
protected void TextBox1_TextChanged(object sender, EventArgs e)
{
```

```
Label1.Text = Server.HtmlEncode(TextBox1.Text);
}
```

3．TextBox 控件的自动完成功能

许多浏览器都支持自动完成功能，该功能可以帮助用户根据以前输入的值向文本框中填充信息。自动完成的精确行为取决于浏览器，通常浏览器根据文本框的 name 特性存储值。任何同名的文本框（即使是在不同页上）都将为用户提供相同的值。有些浏览器还支持 vCard 架构，该架构允许用户使用预定义的名、姓、电话号码和电子邮件地址等值在浏览器中创建配置文件。

TextBox 控件支持 AutoCompleteType 属性，该属性为用户提供了用于控制浏览器如何使用自动完成的选项，如下所示。

❑ 禁用自动完成。如果开发人员不想让浏览器为文本框提供自动完成功能，可以将其禁用。

❑ 指定 vCard 值以方便用于字段的自动完成后，浏览器必须支持 vCard 架构。

3.3 按钮控件

ASP.NET 中提供了三种向服务器端提交表单的按钮控件：Button、LinkButton 和 ImageButton。这三种控件拥有同样的功能，但是每一种控件的外观截然不同，下面将分别对这三种控件进行介绍。

3.3.1　Button 控件

Button 控件是最常用的一种按钮控件，它通常被称为标准命令按钮。Button 控件显示了一个标准命令按钮，该按钮呈现为一个 HTML 的 input 元素。

Button 控件常用的属性除了 ID、Text 和 Width 属性外，Button 控件还有一些自身的属性。如表 3-5 所示了 Button 控件的特有属性。

表 3-5　Button 控件的特有属性

属 性 名 称	说　　明
CommandArgument	获取或设置可选参数，该参数与关联的 CommandName 一起被传递到 Command 事件
CommandName	获取或设置命令名，该命令名与传递给 Command 事件的 Button 控件相关联
CausesValidation	获取或设置一个值，该值指示在单击控件时是否执行验证
OnClientClick	获取或设置在引发某一个 Button 控件的 Click 事件时所执行的客户端脚本
PostBackUrl	获取或设置单击控件时从当前页发送到网页的 URL
UseSubmitBehavior	获取或设置一个布尔值，该值指示 Button 控件使用客户端浏览器的提交机制还是 ASP.NET 的回发机制。默认值为 true

Button 控件最常用的是 Click 事件和 Command 事件，它们都是在单击 Button 控件时引发。例如为 Button 控件添加常用的 Click 事件，在该事件中将文本框 txtUserName 的值赋予 Button 控件的 Text 值，代码如下所示。

```
protected void Button1_Click(object sender, EventArgs e)
{
    Button1.Text = txtUserName.Text;
}
```

【练习3】

Button 控件不仅可以引发服务器事件，也可以引发客户端事件。服务器事件在回发后出现，这些事件在服务器端（即后台.CS 页面）进行处理。客户端事件在客户端脚本 JavaScript 中处理并在提交页面前引发。下面通过一个简单的示例步骤演示如何向 Button 控件中添加处理事件的客户端脚本，步骤如下。

（1）添加新的窗体页，在页面中添加 Button 控件并更改相关属性，如 ID 和 Text。

（2）添加 JavaScript 脚本函数，代码如下。

```
<script type="text/javascript">
    function confirm() {
        alert("执行向 Button 控件中添加处理 OnClientClick 事件的客户端脚本");
    }
</script>
```

（3）设置 Button 控件的 OnClientClick 属性，该属性设置要运行的客户端脚本，代码如下。

```
<asp:Button ID="Button1" runat="server" OnClientClick="confirm()" Text=
"Button" />
```

（4）运行页面单击按钮进行测试，效果不再显示。

如果开发人员希望可以取消提交，需要将 OnClientClick 属性设置为字符串 Return 和函数名称。这样客户端脚本可以通过返回 false 取消提交。

3.3.2　LinkButton 控件

LinkButton 控件通常会被称为超级链接式按钮，它呈现为页面中的一个超链接。该控件的外观与 HyperLink 控件相同，但是它实现了与 Button 控件有关的功能，因此 LinkButton 控件的属性、事件以及用法可以参考 Button 控件。

3.3.3　ImageButton 控件

ImageButton 控件通常被称为图形化按钮，该控件对于提供丰富的按钮外观非常有用。另外，ImageButton 控件还提供了有关图形内已单击位置的坐标信息。

ImageButton 控件的使用与 Button 和 LinkButton 控件大同小异，因此该控件的主要属性和常用事件也可以参考 Button 控件。ImageButton 控件还有三个的常用属性，如下所示。

❑ **ImageUrl**　需要在 ImageButton 控件中显示图像的路径。

❑ **ImageAlign**　获取或设置 Image 控件相对于网页上其他元素的对齐方式。

❑ **AlternateText**　图像无法显示时显示的文本；如果图像可以显示则表示提示文本。

例如，在 Web 窗体页中添加 ImageButton 控件，然后在页面加载的 Load 事件中添加代码，ImageUrl 和 AlternateText 分别设置显示的图片路径和提示文本，代码如下所示。

```
protected void Page_Load(object sender, EventArgs e)
{
    ImageButton1.ImageUrl = "~/1.jpg";
    ImageButton1.AlternateText = "新图片";
}
```

3.4 选择控件

选择控件常常为用户提供选择,用户可以根据这些选择项来选择一个或多个内容。本节将详细介绍 ASP.NET 中提供的与选择相关的服务器控件。

3.4.1 RadioButton 控件

开发人员向 ASP.NET 网页中添加单选按钮时,可以使用两种 Web 服务器控件:单个 RadioButton 控件或 RadioButtonList 控件。RadioButton 控件通常被称做单选按钮,开发人员可以向页面中添加单个 RadioButton 控件,并且单独使用这些控件。单个 RadioButton 控件可以使读者更好地控制单选按钮的布局。

开发人员可以通过 RadioButton 控件的相关属性来设置显示的外观,常用的属性如表 3-6 所示。

表 3-6 RadioButton 控件的常用属性

属 性 名 称	说 明
CausesValidation	获取或设置一个值,该值指示选中控件时是否激发验证。默认值是 false
Checked	控件选中的状态,如果选中该值为 true;否则为 false
GroupName	指定单选按钮所属的组名,在一个组内每次只能选中一个单选按钮
TextAlign	获取或设置与控件关联的文本标签的对齐方式。其值有 Left 和 Right
Text	获取或设置与控件关联的文本标签

单个 RadioButton 控件在用户单击该控件时引发 CheckedChanged 事件。默认情况下,该事件并不导致向服务器发送页面,但是通过将 AotoPostBack 属性设置为 true 可以使该控件强制立即发送。

 若要在选中 RadioButton 控件时将其发送到服务器,浏览器必须支持 ECMAScript(如 Jscript 和 JavaScript),并且用户的浏览器要启用脚本撰写。

【练习 4】

用户在某些网站注册时常常会看到关于性别的选项(如"男"和"女")。下面通过一个示例完成 RadioButton 控件的简单使用,步骤如下所示。

(1)创建新的 Web 窗体页并向页面添加内容和样式,在页面的合适位置添加 4 个 TextBox 控件、两个 RadioButton 控件和一个 Button 控件。

(2)将两个 RadioButton 控件设置 GroupName 属性相同的值,然后设置其他控件的相关属性,主要代码如下所示。

```
<form id="form1" runat="server">
    <table align="center" width="500px" border="0" height="150">
        <tr>
            <td align="right">用户名</td>
            <td><asp:TextBox ID="txtUserName" runat="server"></asp:TextBox>
            </td>
        </tr>
        <%--省略其他相关代码--%>
        <tr>
            <td align="right">性别</td>
```

```
              <td>
                    <asp:RadioButton ID="rbBoy" GroupName="sex" Checked="true"
                    runat="server"
AutoPostBack="True" oncheckedchanged="rbBoy_CheckedChanged" />男  
<asp:RadioButton ID="rbGirl" GroupName="sex" oncheckedchanged="rbBoy_
CheckedChanged" AutoPostBack="True" runat="server" />女
              </td>
          </tr>
          <tr>
              <td colspan="2" style="padding-left:150px;"> <asp:Button ID=
              "Button1" runat="server" Text="立即注册" width="120px" height=
              "36px" style= "background-color: #009933; list-style: none; border:
              0px;" /></td>
          </tr>
      </table>
</form>
```

（3）分别为两个 RadioButton 控件添加 CheckedChanged 事件，根据用户的提示选择不同的内容，代码如下所示。

```
protected void rbBoy_CheckedChanged(object sender, EventArgs e)
{
    if (Page.IsPostBack)                    //页面回发
    {
        if (rbBoy.Checked)
            Page.ClientScript.RegisterStartupScript(Page.GetType(), "",
            "<script>alert('您选择了男! ')</script>");
        else if (rbGirl.Checked)
            Page.ClientScript.RegisterStartupScript(Page.GetType(), "",
            "<script>alert('您选择了女! ')</script>");
    }
}
```

上述代码中首先使用 Page 对象的 IsPostBack 属性判断页面是首次加载还是页面回发，如果是页面回发则根据控件的 Checked 属性值进行判断，然后通过 RegisterStartupScript()方法提示不同的内容。

（4）运行页面单击 RadioButton 控件进行测试，运行效果如图 3-1 所示。

图 3-1　RadioButton 控件示例

技巧

无论 RadioButton 控件是否发送到服务器，通常都没有必要为 CheckedChanged 事件创建事件处理程序，上面的示例仅仅作为练习。相反，更常见的做法是在窗体已被某个控件（如 Button 控件）发送到服务器时测试选定了哪个按钮。

3.4.2 RadioButtonList 控件

RadioButton 控件和 RadioButtonList 控件都允许用户从一组互相排斥的预定义选项中进行选择，并且它们允许开发人员定义任意数目带标签的单选按钮，并将它们水平或垂直排列。

与 RadioButton 控件不同，RadioButtonList 控件是单个控件，它可以作为一组单选按钮列表项的父控件。由于 RadioButtonList 控件派生自 ListControl 基类，因此工作方式与列表控件（如 ListBox、DropDownList 和 BulletedList 等）很相似。

RadioButtonList 控件可以包含 RadioButton 控件的多个属性，同时由于该控件可以动态地绑定数据源，因此与 RadioButton 控件相比，RadioButtonList 控件可以拥有一些特有的属性。如表 3-7 所示对这些属性进行了说明。

表 3-7　RadioButtonList 控件的常用属性

属 性 名 称	说　　明
DataSourceID	获取或设置控件的 ID，数据绑定控件从该控件中检索其数据项列表
DataSource	指定该控件绑定的数据源
DataTextField	获取或设置为列表项提供文本内容的数据源字段
DataValueField	获取或设置为各列表项提供值的数据源字段
Item	列表控件项的集合
SelectedIndex	获取或设置列表中选中项的最低序号索引
SelectedItem	获取列表控件中索引最小的选定项
SelectedValue	获取列表控件中选定项的值，或选择列表控件中包含指定值的项
RepeatColumns	获取或设置在该控件上显示的列数
RepeatDirection	获取或设置组中单选按钮的显示方向，它的值有 Vertical（默认值）和 Horizontal
RepeatLayout	获取或设置一个值，该值指定是否使用 table 元素、ul 元素、ol 元素或 span 元素呈现列表。其值分别是 Table、Flow、UnorderedList 和 OrderedList

与单个 RadioButton 控件相反，RadioButtonList 控件在用户更改列表中选定的单选按钮时会引发 SelectedIndexChanged 事件。默认情况下，该事件并不导致向服务器发送页面，但是可以通过将 AutoPostBack 属性设置为 true 来指定此选项。

单选按钮很少单独使用，单选按钮分组时有两种方式，如下所示。

❑ 首先向页中添加单个 RadioButton 控件，然后将所有这些控件手动分配到一个组中。

❑ 向页中添加 RadioButtonList 控件，该控件中的列表将自动分组。

上一节已经介绍过 RadioButton 控件的使用，下面通过一个简单的示例演示如何使用 RadioButtonList 控件进行分组。

【练习 5】

本次练习根据用户对图书类型的选择显示相应的选择内容，主要步骤如下。

（1）添加新的 Web 窗体页，在页面的合适位置添加 RadioButtonList 控件，然后设置将控件的 AutoPostBack 属性设置为 true，RepeatLayout 属性设置为 UnorderedList。

（2）在【属性】窗口中找到 Item 属性，然后在弹出的提示框中单击【添加】按钮完成多个图

书类型的添加，完整代码如下所示。

```
<asp:RadioButtonList ID="RadioButtonList1" RepeatLayout="UnorderedList"
AutoPostBack="True" onselectedindexchanged="RadioButtonList1_
SelectedIndexChanged" runat="server" >
    <asp:ListItem Selected="True">言情小说</asp:ListItem>
    <asp:ListItem>军事小说</asp:ListItem>
    <asp:ListItem>穿越小说</asp:ListItem>
    <asp:ListItem>悬疑小说</asp:ListItem>
    <asp:ListItem>武侠小说</asp:ListItem>
    <asp:ListItem>励志小说</asp:ListItem>
    <asp:ListItem>古典小说</asp:ListItem>
    <asp:ListItem>其他小说</asp:ListItem>
</asp:RadioButtonList>
```

（3）接着向页面中添加 Label 控件，然后设置该控件的 ID 属性和 Text 属性等，代码如下所示。

```
<asp:Label ID="lblAnswer" Text="选择结果: " runat="server" style="padding-left:
25px;"></asp:Label>
```

（4）为 RadioButtonList 控件添加 SelectedIndexChanged 事件，在该事件中将用户的选择内容显示到 Label 控件中，代码如下。

```
protected void RadioButtonList1_SelectedIndexChanged(object sender, EventArgs e)
{
    lblAnswer.Text = "选择结果: " + RadioButtonList1.SelectedValue;
}
```

（5）运行本次练习的代码进行测试，最终效果如图 3-2 所示。

图 3-2　RadioButtonList 控件示例

3.4.3　CheckBox 控件

CheckBox 控件也叫复选框，它在 Web 窗体页面上显示为一个复选框，常用于为用户提供多项选择。使用该控件比使用 CheckBoxList 控件能够更好地控制页面上各个复选框的布局，例如可以在各个复选框之间包含文本（即非复选框的文本）。

CheckBox 控件的一般形式如下所示。

```
<asp:CheckBox ID="控件名称" runat="server" AutoPostBack="true | false" Checked=
"true | false" Text="控件文字" TextAlign="left | right" OnCheckedChanged="事件
程序名称" />
```

从语法形式中可以看出,除了 ID 和 runat 属性外,CheckBox 控件最常用四个属性和一个事件,属性的说明如下所示。

- ❑ **AutoPostBack** 默认值为 false,设置当使用者选择不同的项目时,是否自动触发 CheckedChanged 事件。
- ❑ **Checked** 该属性传回或设置是否该项目被选取。
- ❑ **TextAlign** 该属性设置控件所显示的文字是在按钮的左方还是右方。
- ❑ **Text** 该属性设置 CheckBox 控件所显示的文本内容。

单个 CheckBox 控件在用户单击该控件时会引发 CheckedChanged 事件,但是由于 AutoPostBack 属性的值为 false,因此默认情况下,该事件并不导致向服务器发送页面。

【练习6】

新招聘的员工向人事部门报道的时候,主管通常会要求他们填写自己的住宅电话和工作电话,一般情况下员工的住宅电话和工作电话都是一致的。下面通过简单的练习完成对 CheckBox 控件的训练,当用户选中该控件时自动将工作电话和住宅电话保持一致,主要步骤如下所示。

(1)添加新的页面,然后在页面中添加两个 TextBox 控件和一个 CheckBox 控件,代码如下所示。

```
<form id="form1" runat="server">
    <p>
        家庭电话:
        <asp:TextBox ID="homeTel" runat="server" /><br />
        工作电话:
        <asp:TextBox ID="workTel" runat="server" />
        <asp:CheckBox ID="check1" Text="与家庭电话一致" TextAlign="Right"
        AutoPostBack="True" OnCheckedChanged="Check" runat="server" />
    </p>
</form>
```

(2)用户选中 CheckBox 控件时会引发 CheckedChanged 事件,在事件中通过 Checked 属性进行判断,代码如下所示。

```
protected void check1_CheckedChanged(object sender, EventArgs e)
{
    if (check1.Checked)
        workTel.Text = homeTel.Text;
    else
        workTel.Text = "";
}
```

(3)运行页面输入的内容进行测试,最终效果不再显示。

【练习7】

在许多企业网站或系统的后台会看到一系列的列表,用户可以选中某个复选框或单击类似于名称"是否全选"的按钮实现所有复选框的全选和全不选效果。实现该功能的主要步骤如下。

（1）添加新的 Web 窗体页，在页面的合适位置添加全选和不选的 CheckBox 控件，并且设置 AutoPostBack 属性的值为 true，代码如下。

```
<asp:CheckBox ID="CheckBox1" runat="server" oncheckedchanged="CheckBox1_
CheckedChanged" AutoPostBack="True" />
```

（2）添加详细列表内容，在该段内容中通过 for 语句循环添加，主要代码如下。

```
<% for (int i = 0; i < 8; i++) { %>
    <tr>
        <td height="20" bgcolor="#FFFFFF">
            <div align="center"><asp:CheckBox ID="CheckBoxNo" runat="server"
            /></div>
        </td>
        <td height="20" bgcolor="#FFFFFF">
            <div align="center" class="STYLE1"><div align="center">0<%=i+1
            %></div></div>
        </td>
        <td height="20" bgcolor="#FFFFFF">
            <div align="center"><span class="STYLE1">13813916585</span></div>
        </td>
        <td height="20" bgcolor="#FFFFFF">
            <div align="center"><span class="STYLE1">2007-11-16 15:00:20
            </span></div>
        </td>
        <td bgcolor="#FFFFFF">
            <div align="center"><span class="STYLE1">tiezhu0902@163.com
            </span></div>
        </td>
        <td height="20" bgcolor="#FFFFFF">
            <div align="center"><span class="STYLE4"><img src="images/edt.
            gif" width="16" height="16" />编辑   <img src="images/del.
            gif" width="16" height="16" />删除</span></div>
        </td>
    </tr>
<% } %>
```

（3）为全选和全不选的 CheckBox 控件（ID 是 CheckBox1）添加 CheckedChanged 事件，根据 Checked 属性完成全选和全不选的功能，代码如下所示。

```
protected void CheckBox1_CheckedChanged(object sender, EventArgs e)
{
    if (CheckBox1.Checked)                //实现全选效果
        CheckBoxNo.Checked = true;
    else                                  //实现全不选效果
        CheckBoxNo.Checked = false;
}
```

（4）运行页面代码选中 CheckBox 控件进行测试，全选效果如图 3-3 所示。

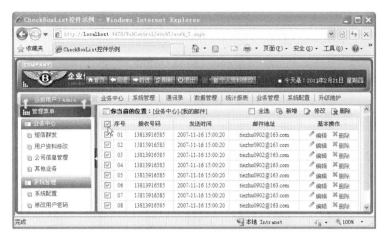

图 3-3　CheckBox 控件的全选效果

3.4.4　CheckBoxList 控件

除了 CheckBox 控件外，CheckBoxList 控件也能够将复选框添加到 Web 窗体页中，而且这两种控件都为用户提供了一种输入布尔型数据（例如真或假、是或否以及开或关等）的方法。

如果想用数据库中的数据创建一组复选框，则 CheckBoxList 控件是较好的选择。另外，由于 CheckBoxList 控件可以动态地绑定数据源，因此该控件比 CheckBox 控件有一些不同的属性。如表 3-8 所示对这些属性进行了说明。

表 3-8　CheckBoxList 控件的常用属性

属 性 名 称	说　　　明
DataSourceID	获取或设置控件的 ID，数据绑定控件从该控件中检索其数据项列表
DataSource	指定该控件绑定的数据源
DataMember	用户绑定的表或视图
DataTextField	获取或设置为列表项提供文本内容的数据源字段
DataTextFormatString	获取或设置格式化字符串，该字符串用来控制如何显示绑定到列表控件的数据
DataValueField	获取或设置为各列表项提供值的数据源字段
Items	获取列表项的集合
SelectedIndex	获取或设置列表中选中项的最低序号索引
SelectedItem	获取列表控件中索引最小的选定项
SelectedValue	获取列表控件中选定项的值，或选择列表控件中包含指定值的项
RepeatColumns	获取或设置在该控件上显示的列数
RepeatDirection	获取或设置组中单选按钮的显示方向，它的值有 Vertical（默认值）和 Horizontal
RepeatLayout	获取或设置一个值，该值指定是否使用 table 元素、ul 元素、ol 元素或 span 元素呈现列表

除了上述属性外，CheckBoxList 控件与 CheckBox 控件的事件也不相同，CheckBoxList 控件会引发 SelectedIndexChanged 事件。默认情况下，该事件并不导致向服务器发送窗体，但是可以通过 AutoPostBack 属性的值来控制。

【练习 8】

本次练习演示了 CheckBoxList 控件的简单使用，主要步骤如下所示。

（1）添加新的 Web 窗体页，在页面的合适位置添加 CheckBoxList 控件和其他内容，并向该控件中添加集合项，代码如下所示。

```
<asp:CheckBoxList ID="CheckBoxList1" runat="server" AutoPostBack="True"
epeatLayout="OrderedList" onselectedindexchanged="CheckBoxList1_
SelectedIndexChanged">
    <asp:ListItem Selected="True">中国</asp:ListItem>
    <asp:ListItem>中国台湾</asp:ListItem>
    <asp:ListItem>中国香港</asp:ListItem>
    <asp:ListItem>法国</asp:ListItem>
    <asp:ListItem>美国</asp:ListItem>
    <asp:ListItem>泰国</asp:ListItem>
    <asp:ListItem>韩国</asp:ListItem>
    <asp:ListItem>新加坡</asp:ListItem>
    <asp:ListItem>马来西亚</asp:ListItem>
    <asp:ListItem>其他国家</asp:ListItem>
</asp:CheckBoxList>
<asp:Label ID="lblAnswer" Text="您想要去的地方: " runat="server" Style="padding-
left: 25px;"></asp:Label>
```

（2）为 CheckBoxList 控件添加 SelectedIndexChanged 事件，在事件的代码中遍历全部的集合项，然后再根据 Selected 属性判断某项是否选中，如果选中则显示文本内容，代码如下所示。

```
protected void CheckBoxList1_SelectedIndexChanged(object sender, EventArgs e)
{
    lblAnswer.Text = "您想要去的地方: ";
    foreach (ListItem item in CheckBoxList1.Items)          //遍历集合项
    {
        if (item.Selected)                                   //某项是否选中
            lblAnswer.Text += item.Value + "、";
    }
    lblAnswer.Text = lblAnswer.Text.Trim('、');
}
```

（3）运行页面选择内容进行测试，运行效果如图 3-4 所示。

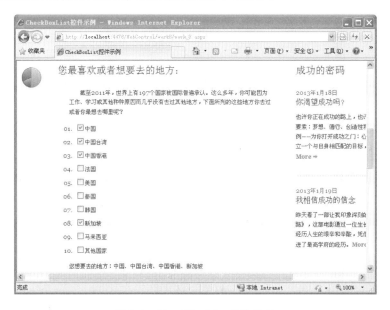

图 3-4　CheckBoxList 控件示例

3.5　列表控件

　　ASP.NET 提供了一系列的列表控件，这些控件可以将多个数据以列表的形式进行呈现。常见的列表控件包括：ListBox 控件、DropDownList 控件和 BulletedList 控件。下面将简单介绍这些控件的相关属性、事件和使用方法。

3.5.1　BulletedList 控件

　　BulletedList 控件创建一个无序或有序（编号的）的项列表，它们分别呈现为 HTML 的 ul 或 ol 元素。通过 BulletedList 控件可以实现以下效果。

- ❑ 可以指定项、项目符号或编号的外观。
- ❑ 静态定义列表项或通过将控件绑定到数据来定义列表项。
- ❑ 也可以在用户单击项时作出响应。

　　通过创建静态项或将控件绑定到数据源，可以定义 BulletedList 控件的列表项。而且通过该控件的相关属性可以设置其外观效果，如表 3-9 所示了 BulletedList 控件的常用属性，并对这些属性进行说明。

表 3-9　BulletedList 控件的常用属性

属 性 名 称	说　　明
AppendDataBoundItems	获取或设置一个值，该值指示是否在绑定数据之前清除列表项。默认值为 false
BulletImageUrl	获取或设置为控件中的每个项目符号显示的图像路径，把 BulletStyle 的值设置为 CustomImage 时有效
BulletStyle	获取或设置控件的项目符号样式
DataSource	获取或设置对象，数据绑定控件从该对象中检索其数据项列表
DataTextField	获取或设置为列表项提供文本内容的数据源字段
DataValueField	获取或设置为列表项提供值的数据源字段
DisplayMode	获取或设置控件中的列表内容的显示模式。其值包括 Text（默认值）、HyperLink 和 LinkButton
FirstBulletMember	获取或设置排序控件中开始列表项编号的值
Items	获取列表控件项的集合

　　BulletedList 控件可以通过 BulletStyle 属性自定义列表项外观，如果将控件设置为呈现项目符号，则可以选择与 HTML 标准项目符号样式匹配的预定义项目符号样式字段。BulletStyle 属性的值有 10 个，同一个值在不同的浏览器中呈现项目符号的方式会不同，甚至有些浏览器不支持特定的项目符号样式（如 Disc 字段）。BulletStyle 属性的值如下所示。

- ❑ **NotSet**　未设置。
- ❑ **Numbered**　数字。
- ❑ **LowerAlpha**　小写字母。
- ❑ **UpperAlpha**　大写字母。
- ❑ **LowerRoman**　小写罗马数字。
- ❑ **UpperRoman**　大写罗马数字。
- ❑ **Disc**　实心圆。
- ❑ **Circle**　圆圈。
- ❑ **Square**　实心正方形。

□ **CustomImage** 自定义图像。

通过 BulletedList 控件添加集合项时有多种方法。例如，在【属性】窗口中找到 Items 属性，然后单击后面的按钮弹出【ListItem 集合编辑器】对话框，如图 3-5 所示。在对话框中分别设置 Text 属性和 Value 属性。Text 属性定义控件在页上显示的内容；Value 属性定义第二个值，该值不会显示，但用户在选择某个项时能返回该值。

所有项添加完成后单击图 3-5 中的【确定】按钮进行添加，添加完成后的主要代码所示。

图 3-5　为 BulletedList 控件添加集合项

```
<asp:BulletedList ID="BulletedList1" runat="server" BulletStyle="Circle">
    <asp:ListItem>新建项 1</asp:ListItem>
    <asp:ListItem>新建项 2</asp:ListItem>
    <%--省略其他相关 ListItem 代码--%>
</asp:BulletedList>
```

BulletedList 控件的 Items 属性返回所有集合项的列表对象，该对象包含多个方法，通过这些方法可以添加指定的项、删除项或查找项等，它们的具体说明如表 3-10 所示。

表 3-10　集合列表项的常用方法

方 法 名 称	说　　明
Add()	将表示指定字符串的 ListItem 项添加到集合的结尾
AddRange()	将 ListItem 数组中的项添加到集合
Clear()	从集合中移除所有的 ListItem 项
CopyTo()	将集合中的项复制到 Array 中，从指定的索引开始复制
Insert()	将指定的 ListItem 插入到集合中的指定索引位置
Remove()	从集合中移除指定的 ListItem
RemoveAt()	从集合中移除指定索引位置的 ListItem

集合列表项除了上面列举的方法外，还有一个最常用的属性 Count，该属性获取集合中 ListItem 的对象总数。例如开发人员分别通过 Add()、AddRange() 和 Insert() 方法向集合中添加 3 项，然后分别通过 RemoveAt() 进行删除。

```
BulletedList1.Items.Add(new ListItem("Add()方法添加内容", "Add()方法添加内容"));
ListItem[] li = { new ListItem("AddRange()添加 1", "AddRange()添加 1"), new
ListItem("AddRange()添加 2", "AddRange()添加 2") };
BulletedList1.Items.AddRange(li);
BulletedList1.Items.Insert(0, new ListItem("插入到第 1 位", "插入到第一位"));
BulletedList1.Items.RemoveAt(1);
```

【练习 9】

细心的用户可以发现许多网站中的内容都可以使用 BulletedList 控件来实现，例如在某个图书网站中需要对一个月内的图书进行排行，统计本月内销售 1-10 名的图书。首先在 Web 页面中添加 BulletedList 控件，然后将该控件 BulletStyle 属性的值设置为 Numbered，DisplayMode 属性的值设置为 HyperLink，接着向该控件中依次添加前 10 名的销售图书，主要代码如下。

```
<asp:BulletedList ID="BulletedList1" runat="server" BulletStyle="Numbered"
DisplayMode="HyperLink">
    <asp:ListItem>中国古建筑艺术大观 1 门窗艺术</asp:ListItem>
```

```
    <asp:ListItem>中国美术字体图说</asp:ListItem>
    <asp:ListItem>巨匠的艺术</asp:ListItem>
    <asp:ListItem>中国古代艺术论著集注与研究</asp:ListItem>
    <asp:ListItem>拍摄自然图案</asp:ListItem>
    <asp:ListItem>水彩技法百科全书</asp:ListItem>
    <asp:ListItem>现代生活的英雄：论现实主义</asp:ListItem>
    <asp:ListItem>破除迷信十三讲-汉字书法通解...</asp:ListItem>
    <asp:ListItem>世界艺术欣赏--日本绘画艺术</asp:ListItem>
    <asp:ListItem>魔幻与科幻绘画技法百科全书</asp:ListItem>
</asp:BulletedList>
```

添加完成后运行页面进行测试，最终效果如图 3-6 所示。

图 3-6　BulletedList 控件示例

> **注意**
>
> BulletedList 控件可以动态地绑定数据源，如果需要将这些数据源添加到静态项的后面，可以将该控件 AppendDataBoundItems 属性的值设置为 true，这样就可以将静态列表项与绑定数据的列表项组合起来。

3.5.2　DropDownList 控件

DropDownList 控件使用户可以从单项选择下拉列表框中进行选择，该控件通常被称做下拉列表。开发人员也可以把 DropDownList 控件看做是容器，这些列表项都属于 ListItem 类型，每一个 ListItem 对象都是带有单独属性（如 Text 属性、Selected 属性和 Value 属性）的对象。

开发人员可以通过 DropDownList 控件的 Width 和 Height 控制其外观，部分浏览器不支持以像素为单位设置的高度和宽度时，这些浏览器将使用行计数设置。除了 Width 和 Height 外，表 3-11 显示了其他的常用属性。

表 3-11　DropDownList 控件的常用属性

属 性 名 称	说　明
AutoPostBack	获取或设置一个值，该值指示用户更改列表中的内容时是否自动向服务器回发
DataSource	获取或设置对象，数据绑定控件从该对象中检索其数据项列表
DataTextField	获取或设置为列表项提供文本内容的数据源字段
DataValueField	获取或设置各列表项提供值的数据源字段
Items	获取列表控件项的集合
SelectedIndex	获取或设置列表中选定项的最低索引
SelectedItem	获取列表控件中索引最小的选定项
SelectedValue	获取列表控件中选定项的值，或选择列表控件中包含指定值的项

除了属性外，DropDownList 控件经常使用 SelectedIndexChanged 事件，当用户使用某一项时将会引发该事件。

【练习 10】

许多网站都会对用户进行了权限设置，因此用户在登录时常常会根据不同的角色或者不同的身份进行登录。下面以简单的登录为例，当用户选择以不同的方式登录时，向 TextBox 控件中添加不同的内容，主要步骤如下。

（1）添加新的 Web 窗体页，在页面的合适位置添加两个 DropDownList 控件、一个 Button 控件、一个 CheckBox 控件和 3 个 TextBox 控件。

（2）分别为添加的控件设置属性，将第一个 DropDownList 控件（ID 为 ddlSelRole）的 AutoPostBack 属性的值设置为 true，主要代码如下所示。

```
<form method="post" name="login" id="loginform" class="gateform" runat=
"server">
    <table cellspacing="0" cellpadding="0" class="formtable">
        <tbody>
            <tr>
                <th>
                    <asp:DropDownList ID="ddlSelRole" runat="server"
                    AutoPostBack="true" OnSelectedIndexChanged="ddlSelRole_
                    SelectedIndexChanged">
                        <asp:ListItem>用户名</asp:ListItem>
                        <asp:ListItem>UID</asp:ListItem>
                        <asp:ListItem>Email</asp:ListItem>
                    </asp:DropDownList>
                </th>
                <td><asp:TextBox ID="txtName" runat="server"></asp:TextBox>
                </td>
            </tr>
            <%--省略其他内容项代码--%>
        </tbody>
    </table>
</form>
```

（3）为 ID 是 ddlSelRole 的 DropDownList 控件添加 SelectedIndexChanged 事件，在该事件中通过 SelectedIndex 属性判断用户选择登录的方式，然后为 TextBox 控件赋值，代码如下所示。

```
protected void ddlSelRole_SelectedIndexChanged(object sender, EventArgs e)
{
    if (ddlSelRole.SelectedIndex == 0)              //通过用户名登录
    {
        txtName.Text = "ForverLove";
    }
    else if (ddlSelRole.SelectedIndex == 1)         //通过UID登录
    {
        txtName.Text = "2993414";
    }
    else if (ddlSelRole.SelectedIndex == 2)         //通过Email登录
    {
```

```
        txtName.Text = "2982145@163.com";
    }
}
```

（4）运行页面选择内容进行测试，当用户选择 Email 时的效果如图 3-7 所示。

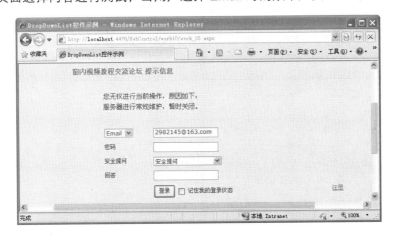

图 3-7　DropDownList 控件示例

3.5.3　ListBox 控件

ListBox 控件允许用户从预定义的列表中选择一项或多项，它类似于 DropDownList 控件，但是它们之间也存在着不同，ListBox 控件可以一次显示多个项，还可以使用户能够选择多个项。

ListBox 控件通常用于一次显示一个以下的项，读者可以通过两个方法控制列表的外观，如下所示。

- ❑ **显示的行数**　可以将该控件设置为显示特定的项数，如果该控件中包含比设置的项数更多的项，则显示一个垂直滚动条。
- ❑ **宽度和高度**　可以以像素为单位设置控件的大小。在这种情况下，控件将忽略已设置的行数，而是显示足够多的行直至填满控件的高度。

1. ListBox 控件的属性

ListBox 控件中有许多常用的属性，如 DataSource、AutoPostBack、SelectedIndex 和 SelectedValue 等。表 3-12 对常用的属性进行了说明。

表 3-12　ListBox 控件的常用属性

属 性 名 称	说　　明
AutoPostBack	获取或设置一个值，该值指示当用户更改列表中的选定内容时是否自动向服务器回发
DataSource	获取或设置对象，数据绑定控件从该对象中检索其数据项列表
DataTextField	获取或设置为列表项提供文本内容的数据源字段
DataValueField	获取或设置各列表项提供值的数据源字段
Items	获取列表控件项的集合
Rows	获取或设置该控件中显示的行数
SelectedIndex	获取或设置列表中选定项的最低索引
SelectedItem	获取列表控件中索引最小的选定项
SelectedValue	获取列表控件中选定项的值，或选择列表控件中包含指定值的项
SelectionMode	获取或设置控件的选择模式，它的值有两个，分别为 Single 和 Multiple。默认为 Single

通常情况下，用户可以通过单击列表中的单个项来选择。如果将 ListBox 控件 SelectionMode

属性的值设置为 Multiple（即允许进行多重选择），则用户可以在按住 Ctrl 或 Shift 键的同时，单击以选择多个项。

以下通过 SelectedIndex 属性设置了 ListBox 控件的索引项。

```
ListBox1.SelectedIndex = 2;
```

2．ListBox 控件的事件

当用户选择某一项时，ListBox 控件就会引发 SelectedIndexChanged 事件。但是默认情况下，该事件不会导致将页发送到服务器。例如，在 ListBox 的 SelectedIndexChanged 事件中判断某一项是否选中，代码如下所示。

```
protected void ListBox1_SelectedIndexChanged(object sender, EventArgs e)
{
    foreach (ListItem item in ListBox1.Items)
    {
        if (item.Selected)
        {
            //省略代码
        }
    }
}
```

3．向 ListBox 控件添加选项

ASP.NET 可以使用三种方式向 ListBox 控件添加项，如下所示。

❑ 在设计时添加静态项。

❑ 使用编程的方式在运行时添加项。

❑ 使用数据绑定添加项。

如下代码通过 DataSource、DataTextField 和 DataValueField 属性演示了如何通过编程动态绑定数据。

```
ListBoxShow.DataSource = GetPlaceList();      //该方法可以返回 DataTable 对象
ListBoxShow.DataTextField = "placeName";      //对应后台数据库中的字段名
ListBoxShow.DataValueField = "placeId";       //对应后台数据库的字段名
```

4．确定 ListBox 控件的所选内容

使用 ListBox 控件最常见的内容是确定用户已选择了哪一项或哪些项，主要取决于该控件允许单项选择还是多重选择。有两种方式确定单项选择列表控件的选定内容，如下所示。

❑ 如果获取选择项的索引值，需要使用 SelectedIndex 属性的值。该属性的索引是从 0 开始的，如果没有选择任何项，则该属性的值是-1。

❑ 如果获取选择项的内容，需要使用 SelectedItem 属性，该属性返回一个 ListItem 类型的对象。通过该对象的 Text 属性或 Value 属性可以获取选择项的内容。

如果 ListBox 控件允许多重选择时，确定 ListBox 控件所选中的内容，需要依次通过控件的 Items 集合，分别测试每一项的 Selected 属性，主要代码如下。

```
Protected void Button1_Click(object sender, System.EventArgs e)
{
    string msg = "" ;
    foreach(ListItem li in ListBox1.Items)            //遍历集合中的内容
```

```
    {
        if(li.Selected == true)                          //判断某一项是否选中
        {
            msg += "<br>" + li.Text + " is selected.";
        }
    }
    Label1.Text = msg;
}
```

5．ListBox 控件简单示例

上面已经了解过与 ListBox 控件相关的属性、事件以及简单操作等内容，下面通过一个简单的示例对 ListBox 控件进行演示。

【练习 11】

下面通过一个简单的练习使用 ListBox 控件，用户可以分别向该控件中添加内容，也可以清空每个 ListBox 控件的内容，还可以向左或向右移动一项或多项，主要步骤如下。

（1）添加新的 Web 窗体页，在页面中的合适位置添加两个 ListBox 控件、6 个 Button 控件和一个 TextBox 控件。然后分别设置这些控件的相关属性，页面的最终设计效果如图 3-8 所示。（注意：将左侧的 ListBox 控件的 SelectedMode 属性设置为 Multiline）

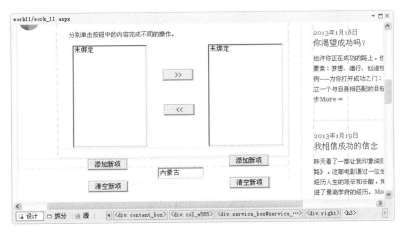

图 3-8　ListBox 控件示例

（2）分别为两个 ListBox 控件的【添加新项】按钮添加 Click 事件，在该事件中判断新添加的项是否存在，如果存在则弹出提示，否则调用 Add()方法进行添加。以左侧的 ListBox 控件为例，代码如下。

```
protected void btn1New_Click(object sender, EventArgs e)
{
    string str = Server.HtmlEncode(txtAddName.Text);    //对文本框中输入的内容进
                                                          行编码

    ListItem lv = new ListItem(str);
    if (ListBox1.Items.Contains(lv))
        Page.ClientScript.RegisterStartupScript(GetType(), "", "<script>alert
        ('已经存在该项，请重新添加！');</script>");
    else
        ListBox1.Items.Add(lv);
}
```

（3）分别单击两侧的【清空新项】按钮，在按钮的 Click 事件中调用控件的 Clear()方法清空每个 ListBox 控件中的所有内容。以左侧的 ListBox 控件为例，代码如下。

```
protected void btn1Clear_Click(object sender, EventArgs e)
{
    ListBox1.Items.Clear();
}
```

（4）选中左侧的内容一项或多项后单击【>>】按钮实现将左侧内容添加到右侧，代码如下。

```
protected void btnRight_Click(object sender, EventArgs e)
{
    if (ListBox1.Items.Count > 0 && ListBox1.SelectedIndex >=0)//判断 ListBox
                                                   控件中的元素个数
    {
        for (int i = ListBox1.Items.Count - 1; i >= 0; i--)//遍历 ListBox 控件中
                                                   的所有元素
        {
            if (ListBox1.Items[i].Selected == true)      //判断某一项是否选中
            {
                ListBox2.Items.Add(ListBox1.Items[i]);     //向右侧列表添加选中的项
                ListBox1.Items.Remove(ListBox1.Items[i]);//删除左侧列表中选中的项
            }
        }
    }
    ListBox2.ClearSelection();                //清除右侧列表中所有选中的项
    if (ListBox2.Items.Count > 0)
        ListBox2.Items[ListBox2.Items.Count - 1].Selected = true;//将最后一项选中
}
```

上述代码首先判断 ListBox 控件中的元素个数和选中索引，接着遍历该控件中的所有元素，调用 Selected 属性判断是否选中，如果选中向 ListBox2 控件中添加，同时删除 ListBox1 中的选中项。

（5）选中右侧 ListBox 控件中的内容，然后单击【<<】按钮将右侧内容项添加到左侧，同时将 ListBox2 的选中项删除。因为该控件只能选中一项，因此代码比上一步简单得多，如下所示。

```
protected void btnLeft_Click(object sender, EventArgs e)
{
    if (ListBox2.SelectedIndex != -1)
    {
        Page.ClientScript.RegisterStartupScript(GetType(), "", "<script>alert
        ('已经存在该项，请重新添加！');</script>");
        ListBox1.Items.Add(new ListItem(ListBox2.SelectedItem.Text));
        ListBox2.Items.Remove(new ListItem(ListBox2.SelectedItem.Text));
    }
}
```

（6）运行页面添加内容进行测试，添加完成后选中左侧内容的多个内容项，然后单击按钮，最终效果如图 3-9 和图 3-10 所示。

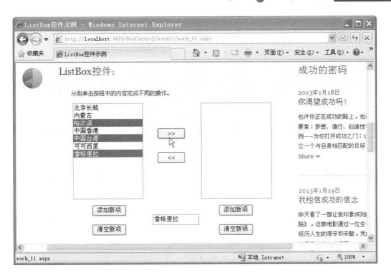

图 3-9　选中左侧内容项的效果

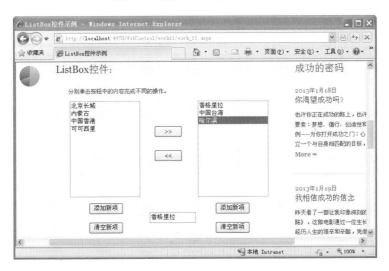

图 3-10　添加选项完成后的效果

3.6 容器控件

顾名思义，容器控件是能够将其他控件放置在该控件中，即该控件中可以放置 0 个、1 个或多个其他控件。容器控件可以作为 Web 服务器控件、HTML 服务器控件和 HTML 元素对象的父控件。ASP.NET 中提供了多个与容器相关的控件，本节将介绍最常用的两个控件：MultiView 控件和 Panel 控件。

3.6.1　MultiView 控件

MultiView 控件表示用做 View 控件组容器的控件。它允许开发人员定义一组 View 控件，其中每个 View 控件均包含子控件，例如在联机调查应用程序中。然后开发人员的应用程序可以根据用户标识、用户喜好或传递到查询字符串参数的信息等条件，向客户端呈现一个特定的 View 控件。

MultiView 控件和 View 控件可以用做其他控件和标记的容器，并提供了一种可以方便地显示信息的替换视图的方式。可以执行以下两个任务，如下所示。

❑ 根据用户选择或其他条件提供备选控件集。

❑ 创建多页窗体。

由于 MultiView 控件通常和 View 控件一起使用，因此该控件通常被称做多视图控件。一个 MultiView 控件中可以包含多个 View 控件，但是 MultiView 控件的活动控件只能是这些 View 控件中的一个。无论是 MultiView 控件还是各个 View 控件，除了当前 View 控件的内容外，都不会在页面中显示任何标记。

MultiView 控件最常用的属性有两个：ActiveViewIndex 和 Views。ActiveViewIndex 用来获取或设置 MultiView 控件的活动 View 控件的索引；而 Views 控件用来获取 MultiView 控件的 View 控件的集合。

设置 MultiView 控件的 ActiveViewIndex 属性可以在视图之间移动。另外，MultiView 控件还支持可以添加到每个 View 控件的导航按钮。如果要创建导航按钮，可以向每个 View 控件添加一个按钮控件（Button、LinkButton 或 ImageButton），然后将每个按钮的 CommandName 和 CommandArgument 属性设置为保留值，这些保留值可以使 MultiView 控件移动到另一个视图。如表 3-13 列出了保留的 CommandName 值和相对应的 CommandArgument 值。

表 3-13 CommandName 和 CommandArgument 值

CommandName 值	CommandArgument 值
NextView	（没有值）
PrevView	（没有值）
SwitchViewByID	要切换到的 View 控件的 ID
SwitchViewByIndex	要切换到的 View 控件的索引号

【练习 12】

网站中的个人空间相册，用户单击某张图片后可以直接查看下一张，下面通过 MultiView 控件和导航按钮模拟实现其效果。首先向 Web 窗体页中添加 MultiView 控件，接着向该控件中添加 4 个 View 控件，每个 View 控件都分别包含一个 Image 控件和 Button 控件，主要代码如下所示。

```
<asp:MultiView ID="MultiView1" runat="server">
    <asp:View ID="View1" runat="server">
        <asp:Image ID="img1" runat="server" ImageUrl="images/images_01.jpg">
        </asp:Image><br />
        <asp:Button ID="btnNext1" runat="server" Text="下一张" CommandArgument=
        "View2" CommandName="SwitchViewByID"></asp:Button>
    </asp:View>
    <%--省略中间 3 个项的内容--%>
    <asp:View ID="View4" runat="server">
        <asp:Image ID="img4" runat="server" ImageUrl="images/images_04.jpg">
        </asp:Image><br />
        <asp:Button ID="btnNext4" runat="server" Text="重新开始"
        CommandArgument="View1" CommandName="SwitchViewByID"></asp:Button>
    </asp:View>
</asp:MultiView>
```

在上述代码中为每一个 View 控件中的 Button 控件都添加 CommandName 属性和 CommandArgument 属性，并且对它们进行了赋值。完成后运行页面进行测试，最终运行效果如图 3-11 所示。

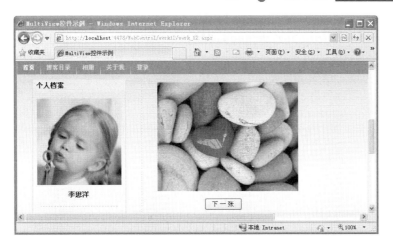

图 3-11　MultiView 控件示例

3.6.2　Panel 控件

Panel 控件也是一种容器控件，可以将该控件作为其他控件的容器，该控件通常会被称做面板。当开发人员需要以编程的方式创建内容并需要一种将内容插入到页中的方法时，Panel 控件最为合适。该控件的三种常用方式如下。

❑ 对于一组控件和相关的标记可以通过把其放置在 Panel 控件中，然后操作该控件的方式将它们作为一个单元进行管理。

❑ 可将 TextBox 控件和 Button 控件放置在 Panel 控件中，然后通过将 Panel 控件的 DefaultButton 属性设置为面板中某个按钮的 ID 来定义一个默认的按钮。如果用户在面板内的文本框中进行输入时按 Enter，这与用户单击特定的默认按钮具有相同的效果。

❑ 部分控件（如 TreeView）没有内置的滚动条，通过在 Panel 控件中放置滚动条控件可以添加滚动行为。可以通过该控件的 Height 和 Width 属性添加滚动条，将 Panel 控件设置为特定的大小，然后再设置 ScrollBars 属性。

与其他控件一样，Panel 控件也包含多个属性，通过这些属性可以设置控件的外观和文本方向等。如表 3-14 所示了 Panel 控件的常用属性。

表 3-14　Panel 控件的常用属性

属 性 名 称	说　　　明
BackImageUrl	控件背景图像文件和 URL
DefaultButton	控件中默认按钮的 ID
Direction	控件中内容的显示方向，默认值为 NoSet，其他的值有 LeftToRight 和 RightToLeft
GroupingText	获取或设置控件中包含的控件组的标题，如果指定了滚动条则设置该属性将不显示滚动条
ScrollBars	获取或设置控件中滚动条的可见性和位置
HorizontalAlign	获取或设置面板内容的水平对齐方式
Wrap	获取或设置一个指示面板中内容是否换行的值

注意

不能在 Panel 控件中同时指定滚动条和分组文本，如果设置了分组文本，其优先级高于滚动条。

【练习 13】

例如向 Web 窗体页中添加两个 Panel 控件，接着分别设置 GroupingText 和 ScrollBars 属性，然后分别向这两个控件中添加不同的内容，添加完成后运行页面观察效果，代码如下。

```
<asp:Panel ID="Panel1" runat="server" GroupingText="必填信息" BackColor=
"AliceBlue" Width="300">
    用户名: <asp:TextBox ID="TextBox1" runat="server"></asp:TextBox><br /><br /
    密   码: <asp:TextBox ID="TextBox2" runat="server"></asp:
    TextBox>
</asp:Panel>
<asp:Panel ID="Panel2" runat="server" ScrollBars="Both" BackColor="AliceBlue
Width="300">
    联系电话: <asp:TextBox ID="TextBox3" runat="server"></asp:TextBox><br /><br /
    联系地址: <asp:TextBox ID="TextBox4" runat="server" Height="68px"
            Width="148px"></asp:TextBox>
</asp:Panel>
```

3.7 其他常用控件

除了上面介绍的控件之外，ASP.NET 中还提供了其他的一些常用控件，
如日历控件 Calendar、广告控件 AdRotator、与图像相关的 Image 控件和 ImageMap 控件等。

3.7.1 Image 控件

Image 控件可以在 ASP.NET 网页上显示图像，它常被称为图像控件。与其他控件不同，Image
控件不支持任何事件。通常情况下，将通过使用 ImageMap 或 ImageButton 控件来创建交互式图像。

Image 控件通常使用四个属性设置相关的样式，如表 3-15 对 ImageButton 控件的常用属性进
行了说明。

表 3-15　Image 控件的常用属性

属 性 名 称	说　　　明
Width	显示图像的宽度
Height	显示图像的高度
ImageAlign	图像的对齐方式
ImageUrl	要显示图像的 URL

除了显示图像外，Image 控件还可以为图像指定各种类型的文本。与之相关的属性如下所示。

❑ **ToolTip**　在一些浏览器中作为工具提供显示的文本。

❑ **AlternateText**　在无法找到图形文件时显示的文本。如果没有指定任何 ToolTip 属性，某些
　　浏览器将使用 AlternateText 值作为工具提示。

❑ **GenerateEmptyAlternateText**　该属性的值如果为 true，所呈现的图像元素的 alt 特性将设
　　置为空字符串。

ImageUrl 属性可以显示指定的文本，还可以通过该属性绑定数据源，以显示数据库后台的图像。
Image 控件的简单使用代码如下。

```
<asp:Image ID="imgShow" ImageUrl="~/sg_icon.png" runat="server" Width="200px"
Height="200px" />
```

3.7.2　ImageMap 控件

ImageMap 控件创建具有用户可以单击单个区域的图像，这些单个的区域点称为作用点。每一个作用点都可以是一个单独的超链接或回发事件。

ImageMap 控件由两个元素组件：一个是图像，它可以是任何标准的 Web 图形格式的图形（如.jpg、.gif 或.png）；另一个是 HotSpot 的集合，每个作用点都是一个类型为 CircleHotSport、RectangleHotSpot 和 PolygonHotSport 的不同项。

ImageMap 控件可以包含 Image 控件的属性，除了那些属性外，该控件还有两个重要属性：HotSpots 和 HotSpotMode。HotSpotMode 属性表示获取或设置单击 HotSpot 对象时该控件对象的默认行为。它的值是 HotSpotMode 枚举的值之一，具体说明如下。

- ❑ **NotSet**　未设置。默认情况下控件会执行导航操作，即导航到指定的网页；如果未指定导航的网页，则导航到当前网站的根目录。
- ❑ **Navigate**　导航到指定的网页，如果未指定导航的网页，则导航到当前网站的根目录。
- ❑ **PostBack**　执行回发操作，用户单击区域时执行预先定义的事件。
- ❑ **Inactive**　无任何操作，这时该控件和 Image 控件的效果一样。

【练习 14】

向 Web 窗体页中添加 ImageMap 控件，然后向该控件中分别添加 CircleHotSport、RectangleHotSpot 和 PolygonHotSport，并且分别设置 HotSpotMode 属性、PostBackValue 属性和 PostBackValue 属性，代码如下所示。

```
<asp:ImageMap ID="ImageMap1" ImageUrl="images/images_03.jpg" runat="server"
ImageAlign="Left" style="border:none" onclick="ImageMap1_Click" Width="500">
    <asp:CircleHotSpot Radius="80" X="100" Y="100" AlternateText="圆形区域"
    HotSpotMode="PostBack" PostBackValue="CH" />
    <asp:RectangleHotSpot Bottom="200" Left="300" Right="500" Top="0"
    HotSpotMode="PostBack" AlternateText="方形区域" PostBackValue="RH" />
    <asp:PolygonHotSpot Coordinates="100,100,300,300,200,300" HotSpotMode=
    "PostBack" PostBackValue="PH" AlternateText="多边形区域" />
</asp:ImageMap>
```

为 ImageMap 控件添加 Click 事件，用户单击不同部分的区域时弹出提示，代码如下所示。

```
protected void ImageMap1_Click(object sender, ImageMapEventArgs e)
{
    String region = "";
    switch (e.PostBackValue)
    {
        case "CH":
            region = "圆形区域";
            break;
        case "RH":
            region = "方形区域";
            break;
        case "PH":
            region = "多边形区域";
            break;
    }
```

```
Page.ClientScript.RegisterStartupScript(GetType(), "", "<script>alert
('"+region+"');</script>");
}
```

添加完成后运行页面查看鼠标悬浮时的效果，然后单击区域查看弹出的提示，其具体效果不再
显示。

3.7.3 Calendar 控件

Calendar 控件也叫日历控件，它显示日历中的可选日期，并显示与特定日期关联的数据。使用
该控件可以执行以下操作。

❑ 捕获用户交互（例如在用户选择一个日期或一个日期范围时）。

❑ 自定义日历的外观。

❑ 在日历中显示数据库中的信息。

Calendar 控件可以显示某个月的日历，也允许用户选择日期，还可以跳转日期到前一个或下一
个月。如表 3-16 对 Calendar 控件的主要属性进行了具体说明。

表 3-16　Calendar 控件的主要属性

属 性 名 称	说　　明
Caption	日历的标题
CaptionAlign	日历标题文本的对齐方式。其值包含 NotSet（默认值）、Bottom、Left、Right 和 Top
DayNameFormat	获取或设置一周中各天的名称格式。其值包括 Short(默认值)、Full、FirstTwoLetters 、FirstLetter 和 Shortest
FirstDayOfWeek	获取或设置要在控件的第一天列中显示的一周中的某天。默认值为 Default
NextMonthText	获取或设置为下一个月导航控件显示的文本
NextPrevFormat	获取或设置控件的标题部分中下个月和上个月导航元素的格式。其值包括 CustomText（默认值）、FullMonth 和 ShortMonth
PrevMonthText	获取或设置为前一个月导航控件显示的文本
SelectedDate	获取或设置选定的日期
SelectionMode	获取或设置日期的选定模式。其值包括 Day（默认值）、DayWeek、DayWeekMonth 和 None
SelectMonthText	获取或设置为选择器列中月份选择元素显示的文本
SelectWeekText	获取或设置为选择器列中周选择元素显示的文本
ShowDayHeader	获取或设置一个值，该值指示是否显示一周中每天的标头。默认值为 true
ShowGridLines	获取或设置一个值，该值指示是否用网格线分隔控件上的日期。默认值为 false
ShowNextPrevMonth	获取或设置一个值，该值指示控件是否在标题部分显示下个月和上个月导航元素。默认值为 false
TitleFormat	获取或设置标题部分的格式。默认值为 MonthYear

读者在调用 SelectedDate 属性获取选定的日期时，该属性返回一个 DateTime 对象，通过
DateTime 对象的各个方法可以获取不同的内容。例如调用 Add()方法可以返回一个新的日期对象；
调用 ToShortDateString()方法将 DateTime 对象的值转换为等效的短日期字符串表示形式。

> **提示**
>
> 除了上述属性外，Calendar 控件还可以使用其他属性指定外观内容。如 ForeColor 属性设置文本的颜色；
> DayHeaderStyle 属性设置标头行的样式；以及 BackColor 设置背景颜色等。

Calendar 控件主要使用两个事件：DayRender 和 SelectionChanged。当控件创建要发送到浏
览器的输出时引发 DayRender 事件，在准备要显示的日期时将为每个日期引发该事件；当用户通

单击日期选择器控件选择一天、一周或整月时引发该事件。

在 DayRender 事件的方法中有两个参数：包括对引发事件 Calendar 控件的引用和 DayRenderEventArgs 类型的对象。该对象提供对另外两个对象的访问。

❑ **Cell** 它是一个 TableCell 对象，可以用于设置个别日的外观。

❑ **Day** 可以用于查询关于呈现日的信息。该对象不仅支持各种可用于了解有关日的信息的属性（如 IsSelected 和 IsToday 等），还支持 Controls 集合，可以操作该集合以将内容添加到日中。

【练习 15】

在本次练习中，分别演示了 DayRender 和 SelectionChanged 事件的使用，用户选定某个日期后重新向页面显示选定的日期，步骤如下所示。

（1）在 Web 窗体页中添加一个 Calendar 控件和两个 Label 控件，这两个 Label 控件分别显示选中日期和当前日期是本年的第几天。

（2）为 Calendar 控件添加 DayRender 事件，在该事件中通过代码自定义个别日的外观，代码如下所示。

```
protected void Calendar1_DayRender(object sender, DayRenderEventArgs e)
{
    Style vacationStyle = new Style();                          //设置外观样式
    vacationStyle.BackColor = System.Drawing.Color.Yellow;
    vacationStyle.BorderColor = System.Drawing.Color.Purple;
    vacationStyle.BorderWidth = 3;
    Style weekendStyle = new Style();                           //设置周样式
    weekendStyle.BackColor = System.Drawing.Color.Green;
    if ((e.Day.Date >= new DateTime(2000, 11, 23)) && (e.Day.Date <= new DateTime
    (2000,11, 30)))
    {
        e.Cell.ApplyStyle(vacationStyle);
    }
    else if (e.Day.IsWeekend)
    {
        e.Cell.ApplyStyle(weekendStyle);
    }
}
```

（3）为该控件添加 SelectionChanged 事件，在该事件中分别通过 SelectedDate 属性返回的 DateTime 对象的相关方法显示内容，代码如下所示。

```
protected void Calendar1_SelectionChanged(object sender, EventArgs e)
{
    Label1.Text = Calendar1.SelectedDate.ToLongDateString();
    Label2.Text = "2013 年的第 " + Calendar1.SelectedDate.DayOfYear.ToString()
    + " 天";
}
```

（4）运行示例代码选定日期进行测试，最终效果不再显示。

3.8 实例应用：图书作者注册

3.8.1 实例目标

在本节之前，已经通过大量的知识和练习介绍了 Web 服务器控件，这些控件通常在添加或修改内容时使用，如某个论坛网站的用户注册、修改某个会员的基本资料或用户登录等。熟悉腾讯图书的用户可以知道，如果想要发表自己的某篇小说，必须通过图书作者的注册，才能发表原创作品。

本节以用户在腾讯图书注册的作者为例，介绍如何使用常用的 Web 服务器控件，最终的运行效果如图 3-12 所示。

图 3-12　实例应用运行效果

3.8.2 技术分析

读者可以分析效果图 3-12，根据该图可以总结所使用的相关技术，主要技术如下所示。

❑ 使用 Panel 控件分别显示用户注册时的必填内容和选填信息。

❑ 使用 TextBox 控件完成用户的输入内容，如作者笔名、真实姓名、身份证号以及出生日期等。

❑ 使用 RadioButton 控件表示用户注册时的性别"男"和"女"。

❑ 单击出生日期文本框时显示 Calendar 控件，否则不显示。

❑ 使用 3 个 DropDownList 控件分别表示省份、城市和县/区。

❑ 使用 CheckBoxList 控件表示用户的一系列兴趣爱好。

□ 使用按钮控件 Button 和 LinkButton 分别表示名称为 "提交" 和 "取消" 的按钮。

□ 当用户选择 Calendar 控件的日期后，将选中的日期显示到出生日期文本框中。

3.8.3　实现步骤

用户注册成为作者时的主要步骤如下。

（1）添加新的 Web 窗体页，首先添加第一个 Panel 面板控件，接着在该控件中分别添加 6 个 TextBox 控件和两个 RadioButton 控件，设置其相关属性，主要代码如下。

```
<asp:Panel ID="Panel1" runat="server" GroupingText="必填内容" BorderColor="red"
Width="620">
    <li><span class="tit">笔名</span><asp:TextBox ID="txtBiName" class="txt"
    min="1" MaxLength="12" runat="server"></asp:TextBox><em>*</em><span
    class="note">最多 12 个字符，且笔名不能为空</span> </li>
    <li><span class="tit">性别</span>
        <asp:RadioButton ID="rbBoy" GroupName="sex" runat="server" />男 
            <asp:RadioButton ID="rbGirl" GroupName="sex"
        Checked="true" runat="server" />女 <em>*</em></li>
    <%--省略其他相关代码--%>
</asp:Panel>
```

（2）接着在合适的位置添加第二个 Panel 控件，分别向 Panel 控件中添加 4 个 TextBox 控件、一个 DropDownList 控件、一个 CheckBoxList 控件和 Calendar 控件。其相关主要代码如下。

```
<asp:Panel ID="Panel2" GroupingText="选填信息" runat="server" Width="620">
    <li><span class="tit">出生日期</span>
        <asp:TextBox ID="txtBirth" class="txt" MaxLength="6" runat="server"
        AutoPostBack="true" onfocus="javascript:ShowCalendar();" onblur=
        "javascript:NoneCalendar();"></asp:TextBox><br />
        <div id="showrili" runat="server" style="display: none;position:
        absolute;">
            <asp:Calendar OnSelectionChanged="Calendar1_SelectionChanged"
            ID="Calendar1" runat="server" BackColor="#92FAD2"></asp:Calendar>
        </div>
    </li>
    <li><span class="tit">所在地</span><span id="homeTownSelect">
        <asp:DropDownList ID="ddlCountry" name="addr_c" runat="server">
            <asp:ListItem Value="1" Selected="True">中国</asp:ListItem>
            <asp:ListItem Value="2">北美洲</asp:ListItem>
            <%--省略添加其他内容--%>
        </asp:DropDownList>
            <%--省略添加其他城市和地区--%>
    </span></li>
    <li><span class="tit">兴趣爱好</span>
        <asp:CheckBoxList ID="CheckBoxList1" runat="server" RepeatColumns=
        "10">
            <asp:ListItem Value="写作" Selected="True"> 写作 </asp:ListItem>
            <asp:ListItem Value="爬山"> 爬山 </asp:ListItem>
            <asp:ListItem Value="唱歌"> 唱歌 </asp:ListItem>
```

```
                    <asp:ListItem Value="跳舞"> 跳舞 </asp:ListItem>
                    <asp:ListItem Value="其他"> 其他 </asp:ListItem>
            </asp:CheckBoxList>
        </li>
        <%--省略邮政编码和详细地区代码--%>
        <li><span class="tit">作者简介</span><asp:TextBox ID="txtIntro" class=
        "txt" MaxLength="100" Columns="100" runat="server" Height="100px"
        TextMode="MultiLine"></asp:TextBox>100 个字符以内</li>
</asp:Panel>
```

（3）分别为出生日期文本框添加焦点和离开焦点事件，这两个事件分别调用 JavaScript 中不同的函数，在函数中通过 display 属性的值来控制，主要代码如下所示。

```
<script type="text/javascript">
    function ShowCalendar() {
        document.getElementById("showrili").style.display = "block";
    }
    function NoneCalendar() {
        document.getElementById("showrili").style.display = "none";
    }
</script>
```

（4）为 Calendar 控件添加 SelectionChanged 事件，在该事件中将选中的值赋予 txtBirth 控件并且将隐藏包含 Calendar 控件的 div 元素，代码如下。

```
protected void Calendar1_SelectionChanged(object sender, EventArgs e)
{
    txtBirth.Text = Calendar1.SelectedDate.ToShortDateString();
    showrili.Style.Add("display", "none");
}
```

（5）在合适的位置分别添加 Button 控件和 LinkButton 控件，然后设置相关属性，主要代码如下。

```
<asp:Button ID="btnJiao" runat="server" Style="cursor: hand" class="btn2" Text=
"提    交" />
<asp:LinkButton ID="lbtnXiao" runat="server" class="gray">取消</asp:
LinkButton>
```

（6）运行页面将鼠标移动至出生日期文本框中进行测试，具体效果不再显示。

3.9 拓展训练

1. BulletedList 控件的显示使用

大部分的网站中都包括一些帮助内容，这些内容提示用户如何进行简单的操作。本次练习主要通过设置 BulletedList 控件的 BulletStyle 属性显示帮助内容，页面的最终效果如图 3-13 所示。

图 3-13　拓展训练 1 运行效果

2．多个 Web 服务器控件的使用

添加新的 Web 窗体页，在页面的合适位置依次添加本节介绍的控件，然后运行页面查看效果。感兴趣的读者也可以更改某个控件某个属性的多个不同值，这些控件的最终运行效果不再显示。

3.10 课后练习

一、填空题

1. _____控件不支持包括位置特性在内的任何样式特性。

2. Button 控件的_____属性表示与控件相关联的命令名。

3. 读者可以将 RadioButton 控件_____属性的值设置为 true 表示向服务器发送页面。

4. CheckBox 控件的_____属性表示某一项是否被选取。

5. 如果 Image 控件设置的图像路径不存在，可以通过_____属性设置无法显示图像时的文本。

6. 将 ListBox 控件的 SelectionMode 属性的值设置为_____时允许用户选择多个项目。

7. MultiView 控件通常和 View 控件一起使用，该控件常用的两个属性是 Views 和_____。

二、选择题

1. BulletedList 控件的 BulletStyle 属性的值_____表示呈现的项目符号是实心圆。

    A．Circle

    B．Disc

    C．Square

    D．Numbered

2. 下面关于 Image 和 ImageMap 控件的说法，选项_____是正确的。

    A．Image 控件比 ImageMap 控件的功能更加强大，所有使用 ImageMap 的地方都可以使用 Image 控件来代替

    B．ImageMap 控件比 Image 控件的功能更加强大，所有使用 Image 控件的地方都可以使用 ImageMap 控件来代替

    C．Image 控件不支持任何事件，通常情况会通过 ImageMap 控件或 ImageButton 控件创建交互式图像

    D．ImageMap 控件不支持任何事件，通常情况会通过 Image 控件或 ImageButton 控件来创建交互式图像

3. 关于服务器控件的说法，_____选项是正确的。

    A．服务器控件必须分为 HTML 服务器控件和 Web 服务器控件

    B．Validation 服务器控件属于 Web 服务器控件，但是它与 Web 服务器控件最大的不同在于 Validation

控件不包含 runat=server 属性

C. HTML 服务器控件包含了 runat=server 属性，将属性去掉后就是一般的 HTML 元素

D. Web 服务器控件中包含了 runat=server 属性，可以将该属性去掉，去掉后该类控件就是一般的 HTML 元素

4. 如果用户需要获取当前日期（即该天）是这一年中的第几天时，需要通过_____属性获取。

    A. FirstDayOfWeek

    B. Caption

    C. SelectedDate.DayOfMonth

    D. SelectedDate.DayOfYear

5. _____选项对于选择控件的说法是错误的。

    A. RadioButton 控件和 RadioButtonList 控件属于单选按钮控件，而 CheckBox 控件和 CheckBoxList 控件则属于复选框控件

    B. 选择控件都有多个共同的属性，如 RepeatColumns、RepeatDirection 以及 RepeatLayout 属性等

    C. 由于选择控件的 AutoPostBack 属性的默认值为 false，因此默认情况下，选择控件的事件并不会向服务器发送页面

    D. 多个 RadioButton 控件需要指定其 GroupName 属性，该控件表示在一个组内只能选中一个单选按钮

三、简答题

1. 请从三个方面详细说明 HTML 服务器控件与 Web 服务器控件的区别。

2. 简单说明 Image 控件和 ImageMap 控件的区别。

3. 请简答 Button 控件、LinkButton 控件和 ImageButton 控件的适用情况。

4. 请口述如何向 ASP.NET 服务器控件添加客户端事件。

第4课
导航和母版页

　　导航和母版页常用于网站页面风格的统一。其中，导航使得各个页面之间的跳转灵活易操作；而母版页将各个页面统一起来，如同 Word 文档中的页眉页脚，与 PowerPoint 中的母版作用类似。除了导航和母版页，ASP.NET 系统还可以使用主题文件和外观文件统一管理页面样式。

　　本课主要介绍导航相关的控件、母版页的使用、主题和外观文件的使用以及通过导航控件和母版页搭建网站的整体框架。

本课学习目标：
- ☐ 了解导航的相关控件
- ☐ 掌握导航控件的使用
- ☐ 掌握母版页和内容页的使用
- ☐ 了解主题的概念和动态加载主题的方式
- ☐ 掌握如何使用导航控件和母版页搭建框架

4.1 导航与母版页

导航是网站中常见的形式，通常将网站的页面，根据其功能作为链接名称放在页面的上方或左边，方便用户进入需要的页面。

使用过 PowerPoint 母版的用户对于母版页的理解会比较容易，母版页将网站中相同模块的页面风格统一起来，提高网站的视觉效果。

导航和母版页是可以结合使用的，如果在母版页中使用导航，那么同一个模块的页面除了视觉上的统一，页面之间的跳转也变得容易。

在 Visual Studio 2010 中新建 ASP.NET Web 应用程序，其默认新建页面如图 4-1 所示。该页面使用了链接【主页】和【关于】，但默认页面中并没有它们的相关代码，可见链接按钮被放在母版页中被直接使用。

图 4-1 ASP.NET 应用程序默认页

4.2 导航

导航的使用简单，不易出错，在开发中主要以控件的形式被使用。掌握了站点导航和导航控件的使用，即可实现网站中的导航功能。导航的类型不止一种，因此 ASP.NTE 中提供的导航控件也不止一种。

4.2.1 导航控件

导航控件是实现导航的基础和重点。导航有多种样式，但导航的实现并不是利用导航控件就能完成，导航的实现需要有以下步骤。

❑ 将所有页面的链接存储在一个站点地图中。

❑ 使用 SiteMapDataSource 数据源控件读取站点信息。

❑ 使用导航控件显示导航链接，包括 SiteMapPath 控件、Menu 控件和 TreeView 控件。

导航将页面根据层次分类，如在新闻网站中首先进入首页，接着进入娱乐新闻，再进入自己感兴趣的新闻详细内容页。这样的导航中有 3 个页面，3 个导航链接：新闻首页、娱乐新闻和展示新闻的详情页面。而同样的网站，在进入首页后，还可以进入体育新闻页，接着单击进入感兴趣的新闻查看详情。对链接的管理和使用步骤如下。

（1）系统首先将这些链接根据层次储存起来，需要用到站点地图，它是一个名称为 Web.sitemap 的 XML 文件，描述站点的逻辑结构。

（2）接下来需要使用 SiteMapDataSource 数据源控件读取站点信息，SiteMapDataSource 自动将 Web.sitemap 文件作为站点地图，读取链接数据。

（3）最后使用导航控件显示链接。ASP.NTE 提供了 3 种导航控件显示导航链接：SiteMapPath 控件常用于在页面头部单行显示当前页的路径；Menu 控件可提供类似下拉列表的链接；TreeView 控件常用于页面的左侧，显示网站中页面的分层。

4.2.2 站点地图

站点地图的创建是实现导航的第一步。站点地图描述了系统中页面的逻辑结构，在确定逻辑结构之后，由其他控件直接读取。

网站的逻辑结构表现在页与页之间，每一个大中型的网站都会有页面间的逻辑结构。如一个网上购物系统，首页中包含多种商品的分类，在首页中选择需要的分类，进入某一类的商品。

网购中商品信息多，其分类的级别也多。如图 4-2 所示了网购系统中的部分页面结构。

在首页可以选择进入服装类页面还是数码类页面，在数码类页面又可以选择进入相机类页面还是手机类页面。

页面的逻辑结构将页面之间的关系和页面执行路径描绘了出来，除了在导航中的作用，对于开发人员来说，对网站的整体结构的认识也变得清晰。

站点地图的创建需要在项目中添加 Web.sitemap 文件，具体

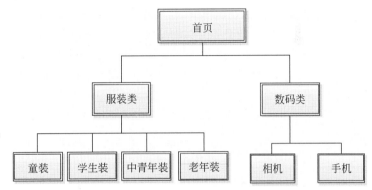

图 4-2　网购系统中的部分页面逻辑结构

方法是打开【解决方案资源管理器】，在项目名称上单击，选择【添加】|【新建项】命令，打开【添加新项】对话框，如图 4-3 所示。选择【站点地图】选项并单击【添加】按钮，完成站点地图的添加。

图 4-3　添加站点地图

93

在站点地图中编辑，可以双击站点地图名称，在打开的窗口中进行编辑。新建的站点地图通常由如下代码所示。

```xml
<?xml version="1.0" encoding="utf-8" ?>
<siteMap xmlns="http://schemas.microsoft.com/AspNet/SiteMap-File-1.0" >
    <siteMapNode url="" title="" description="">
        <siteMapNode url="" title="" description="" />
        <siteMapNode url="" title="" description="" />
    </siteMapNode>
</siteMap>
```

对于上述代码的解释如下。

❑ **siteMap**　根节点，一个站点地图只能有一个 siteMap 元素。

❑ **siteMapNode**　对应于页面的节点，一个节点描述一个页面。

❑ **title**　页面描述，通常用于定义页面的标题。

❑ **url**　文件在解决方案中的路径。

❑ **description**　指定链接的描述信息。

虽然 Web.sitemap 文件的内容非常简单，但是编写时需要注意以下四点。

（1）站点地图的根节点为<siteMap>，每个文件有且仅有一个根节点。

（2）<siteMap>下一级有且仅有一个<siteMapNode>节点。

（3）<siteMapNode>下面可以包含多个新的<siteMapNode>节点。

（4）每个站点地图中同一个 URL 只能出现一次。

如果将图 4-2 所示的页面逻辑结构在站点地图中描述，则站点地图中使用代码如下。

```xml
<?xml version="1.0" encoding="utf-8" ?>
<siteMap xmlns="http://schemas.microsoft.com/AspNet/SiteMap-File-1.0" >
  <siteMapNode url="Shop.aspx" title="网购首页" description="首页">
    <siteMapNode url="Clothes.aspx" title="服装类" description="服装类">
      <siteMapNode url="Child.aspx" title="童装" description="童装" />
      <siteMapNode url="Student.aspx" title="学生装" description="学生装" />
      <siteMapNode url="Young.aspx" title="中青年装" description="中青年装" />
      <siteMapNode url="elderly.aspx" title="老年装" description="老年装" />
    </siteMapNode>
    <siteMapNode url="Digital.aspx" title="数码类" description="数码类">
      <siteMapNode url="Camera.aspx" title="相机" description="" />
      <siteMapNode url="Phone.aspx" title="手机" description="" />
    </siteMapNode>
  </siteMapNode>
</siteMap>
```

每一个有子节点的<siteMapNode>节点都要以</siteMapNode>结尾，没有子节点的<siteMapNode>节点可以在其<siteMapNode>尖括号内使用"/"，如<siteMapNode url="Phone.aspx" title="手机" description="" />。

Web.sitemap 文件的路径不能更改，必须存放在站点的根目录中，URL 属性必须相对于该根目录。

4.2.3　SiteMapPath 控件

SiteMapPath 控件是导航显示控件中使用方式最简单的。SiteMapPath 控件不需要使用

SiteMapDataSource 数据源控件读取站点地图中的数据，在站点地
图包含的页面中直接添加即可显示。

　　SiteMapPath 控件也叫站点地图导航、痕迹导航或眉毛导航，
SiteMapPath 控件显示的是一个导航路径，该路径包含了页面的所
有上级页面，直至站点地图中的根节点页面。用户可以在导航中单
击进入上级页面或该导航路径中的其他页面，如图 4-4 所示。

　　图 4-4 描述了在网站中，由团购首页进入服装类页面，再进入

图 4-4　春装的导航路径

春装类页面。通过 SiteMapPath 控件的属性可设置链接的顺序、样式等内容，SiteMapPath 控件常
用属性的具体说明如表 4-1 所示。

表 4-1　SiteMapPath 控件的常用属性

属 性 名 称	说　　　明
CurrentNodeStyle	获取用于当前节点显示文本的样式
CurrentNodeTemplate	获取或设置一个控件模板，用于代表当前显示页的站点导航路径的节点
NodeStyle	获取用于站点导航路径中所有节点的显示文本样式
NodeStyleTemplate	获取或设置一个控件模板，用于站点导航路径的所有功能站点
ParentLevelsDisplayed	获取或设置控件显示的相对于当前显示节点的父节点级别数
PathDirection	获取或设置导航路径节点的呈现顺序
PathSeparator	获取或设置一个字符串，该字符串在呈现的导航路径中分隔 SiteMapPath 的节点，导航默认的分隔符是">"
PathSeparatorStyle	获取用于 PathSeparator 字符串的样式
PathSeparatorTemplate	获取或设置一个控件模板，用于站点导航路径的路径分隔符
RootNodeStyle	获取根节点显示文本的样式
RootNodeTemplate	获取或设置一个控件模板，用于站点导航路径的根节点

　　由表 4-1 可以查询，SiteMapPath 控件的 ParentLevelsDisplayed 属性可以获取父节点的级别
数；PathDirection 可以设置导航路径节点的呈现顺序以及 PathSeparator 属性用于设置分隔字符串
等，如练习 1 所示。

【练习 1】

　　创建网站并添加站点地图，使用 SiteMapPath 控件显示导航链接。网站的页面逻辑如图 4-5 所
示，运行子页面查看效果。

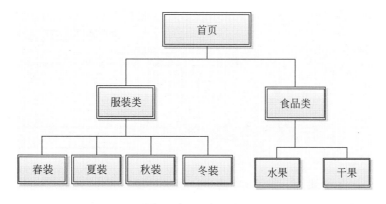

图 4-5　网站网页结构

　　（1）首先添加网页和站点地图，添加方法省略。接着是站点地图的代码编写，根据图 4-5 所示
的页面结构，使用代码如下。

```xml
<?xml version="1.0" encoding="utf-8" ?>
<siteMap xmlns="http://schemas.microsoft.com/AspNet/SiteMap-File-1.0" >
  <siteMapNode url="Shop.aspx" title="网购首页"  description="首页">
    <siteMapNode url="Clothes.aspx" title="服装类"  description="服装类">
      <siteMapNode url="Spring.aspx" title="春装"  description="春装" />
      <siteMapNode url="Summer.aspx" title="夏装"  description="夏装" />
      <siteMapNode url="Autumn.aspx" title="秋装"  description="秋装"/>
      <siteMapNode url="Winter.aspx" title="冬装"  description="冬装"/>
    </siteMapNode>
    <siteMapNode url="Food.aspx" title="食品类"  description="食品类">
    <siteMapNode url="Fruit.aspx" title="水果"  description="" />
    <siteMapNode url="Nuts.aspx" title="干果"  description=""  />
    </siteMapNode>
  </siteMapNode>
</siteMap>
```

（2）在 Winter.aspx 页面中添加 SiteMapPath 控件，如图 4-6 所示。在页面的上部呈现了导航的样式，右边的三角箭头处单击，显示 SiteMapPath 任务列表。在该列表中选择【自动套用格式】选项，如图 4-7 所示，可以选择导航的显示样式。

图 4-6　SiteMapPath 控件效果

图 4-7　导航格式套用

（3）在添加 SiteMapPath 控件后，页面的源代码窗口有了两行代码，在这两行代码之间，添加 SiteMapPath 控件的属性，如导航中根节点、父节点的字体样式。SiteMapPath 控件直接添加即可使用，其代码定义如下。

```
<asp:SiteMapPath runat="server">
    <CurrentNodeStyle ForeColor="#FF0000" />
    <NodeStyle Font-Bold="True" ForeColor=
    "#0066FF" />
    <PathSeparatorStyle Font-Bold="True"
    ForeColor="#0000FF" />
    <RootNodeStyle Font-Bold="True" ForeColor=
    "#FF00FF" />
</asp:SiteMapPath>
```

图 4-8　Winter.aspx 页面运行效果

（4）运行 Winter.aspx 页面，如图 4-8 所示。因为步骤（3）重新定义了各个节点的样式，所以该页面的节点颜色有明显变化。

 注 意

如果同时设置了分隔符属性和分隔符模板，那么显示时以模板为主。另外如果将该控件置于未在站点地图列出的网页上，则该控件将不会在客户端显示任何信息。

4.2.4 TreeView 控件

　　TreeView 控件能够搭建系统的框架，也叫树形视图控件。TreeView 控件能够以层次或树形结构显示数据，通常与母版页结合，放在网站的左侧作为网站的框架。

　　TreeView 控件可以使用 XML 格式文件作为数据源，与站点地图相比 XML 格式文件没有条件限制，只要符合 XML 的标准即可。但 TreeView 控件若使用站点地图作为数据源，则需要借助 SiteMapDataSource 数据源控件获取站点地图中的页面结构。TreeView 控件常用的功能如下。

- ❏ 站点导航，即导航到其他页面的功能。
- ❏ 以文本或链接方式显示节点的内容。
- ❏ 可以将样式或主题应用到控件及其节点。
- ❏ 数据绑定，允许直接将控件的节点绑定到 XML、表格或关系数据源。
- ❏ 可以为节点实现客户端的功能。
- ❏ 可以在每一个节点旁边显示复选框按钮。
- ❏ 可以使用编程方式动态设置控件的属性。

　　出现在导航中的页面通常以其功能或分类作为名称，但网站在使用过程中，可能需要扩展业务或增加、合并功能及页面分类，因此导航的结构需要改变。

　　TreeView 控件能够执行节点的添加、填充。在讲解之前，首先需要认识表 4-2 所示的 TreeView 控件的常用属性及其说明。

表 4-2　TreeView 控件的常用属性

属 性 名 称	说 明
CheckedNodes	获取 TreeNode 对象的集合，这些对象表示在该控件中显示选中了复选框的节点
CollapseImageToolTip	获取或设置可折叠节点的指示符所显示的图像的工具提示
CollapseImageUrl	获取或设置自定义图像的 URL，该图像用作可折叠节点的指示符
DataSource	获取或设置对象，数据绑定控件从该对象中检索其数据项列表
ExpandDepth	获取或设置第一次显示 TreeView 控件时所展开的层次数
ExpandImageToolTip	获取或设置可展开节点的指示符所显示图像的工具提示
ExpandImageUrl	获取或设置自定义图像的 URL，该图像用做可展开节点的指示符
LineImagesFolder	获取或设置文件夹的路径，该文件夹包含用于连接子节点和父节点的线条图像
MaxDataBindDepth	获取或设置要绑定到 TreeView 控件的最大树级别数
Nodes	获取 TreeNode 对象的集合，它表示该控件中的根节点
NodeWrap	获取或设置一个值，它指示空间不足时节点中的文本是否换行
NoExpandImageUrl	获取或设置自定义图像的 URL，该图像用做不可展开节点的指示符
PathSeparator	获取或设置用于分隔由 TreeNode.ValuePath 属性指定的节点值的字符
SelectedNode	获取表示该控件中选定节点的 TreeNode 对象
SelectedValue	获取选定节点的值
ShowExpandCollapse	获取或设置一个值，它指示是否显示展开节点指示符

　　TreeView 控件由节点组成，包括父节点、子节点、叶节点和根节点，以树的形式在页面的左侧显示，如果在页面中添加 TreeView 控件，设计窗口如图 4-9 所示。

　　TreeView 控件节点类型为 TreeNode，TreeNode 提供了许多常用的属性，如表示节点文本的 Text 属性、是否选中该节点的 Selected 属性和节点显示图像的 URL 路径等。TreeNode 对象的常用属性如表

图 4-9　TreeView 控件

4-3 所示。

表 4-3　TreeNode 对象的常用属性

属 性 名 称	说　　明
Text	获取或设置控件中节点的文本
Value	获取或设置控件中节点的值
Checked	获取或设置一个值，该值指示节点的复选框是否被选中
ChildNodes	获取 TreeNodeCollections 集合，该集合表示第一级节点的子节点
Depth	获取节点的深度
ShowCheckBox	表示是否选择复选框
Expanded	获取或设置一个值，该值指示是否展开节点
ImageUrl	获取或设置节点旁显示的图像的 URL
NavigateUrl	获取或设置单击节点时导航到的 URL
ShowCheckBox	获取或设置一个值，该值指示是否在节点旁显示一个复选框
Selected	获取或设置一个值，该值指示是否选择节点
Target	获取或设置用来显示与节点关联的网页内容的目标窗口或框架

TreeNode 对象在执行中有两种模式，选择模式和导航模式。这是 TreeView 控件节点特有的，内容如下。

❑ **选择模式**　单击节点会回发页面并引发 TreeView.SelectedNodeChanged 事件，这是默认的模式。

❑ **导航模式**　单击导航后到新页面，不会触发上述事件。只要 NavigateUrl 属性非空，TreeNode 就会处于导航模式。

由于在站点地图中，每一个 <siteMapNode> 节点都要提供一个 URL 信息，因此绑定到站点地图的 TreeNode 都属于导航模式。通过练习 2 描述 TreeView 控件通过站点地图的导航作用。

【练习 2】

使用练习 1 中的站点地图和页面，在 Summer.aspx 页面通过 TreeView 控件、SiteMapDataSource 数据源控件和站点地图显示导航，步骤如下。

（1）向 Summer.aspx 页面中添加 SiteMapDataSource 数据源控件 SiteMapDataSource1 和 TreeView 控件，在 TreeView 控件右上角的箭头处单击，选择以 SiteMapDataSource1 作为数据源，如图 4-10 所示。

（2）由图 4-10 可以看出，站点地图中的内容被 SiteMapDataSource1 控件自动获取，并在 TreeView 控件中读取。运行 Summer.aspx 页面如图 4-11 所示。单击页面中的链接，将进入指定的页面。

图 4-10　Summer.aspx 页面导航效果
图 4-11　Summer.aspx 页面

利用 TreeView 控件可以添加导航节点，以根节点为例，向页面中添加根节点，如练习 3 所示。

【练习 3】

在练习 2 的基础上，为页面添加热门团购根节点。需要在当前页面添加按钮，并添加 Button1_Click 事件的代码如下。

```
TreeNode tn = new TreeNode();               //创建节点
tn.Text ="热门团购";                         //为节点名称赋值
tn.NavigateUrl = "More.aspx";
TreeView1.Nodes.Add(tn);                     //将节点添加为 TreeView1 的根节点
```

执行页面并单击【添加节点】按钮，执行结果如图 4-12 所示。

由于热门团购节点下没有子节点，因此节点前没有可展开或可合并的符号。该节点只在当前页被添加，查看站点地图，页面的结构并没有随着改变。

除了使用站点地图中的数据，TreeView 控件还可以显示 XML 数据，甚至可以绑定一个普通的数据源来填充 TreeView。TreeView 控件用法简单，如练习 4 中使用 TreeView 控件显示 XML 文件中的数据。

【练习 4】

创建会员页面 WebVIP 和 XML 文件，将会员常用功能页面在 XML 文件中定义，在 WebVIP 页面通过 TreeView 控件显示导航信息，步骤如下。

（1）首先创建页面和 XML 文件，页面的步骤省略，添加 XML 文件，需要在项目名称处右击，在【添加新项】窗体左侧选择【数据】选项，右侧选择【XML 文件】选项，如图 4-13 所示。将文件命名为 XMLvip 并单击【添加】按钮完成添加。

图 4-12　添加根节点

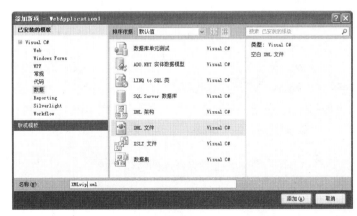

图 4-13　添加 XML 文件

（2）编写 XML 文件内容。XML 文件内容的添加没有条件限制，符合 XML 标准即可，添加代码如下。

```xml
<?xml version="1.0" encoding="utf-8" ?>
<siteMapNode url="" title="系统菜单" description="系统菜单">
  <siteMapNode url="" title="帐户管理" description="帐户管理">
    <siteMapNode url="" title="未处理信息" description=""></siteMapNode>
    <siteMapNode url="" title="交易记录" description=""></siteMapNode>
    <siteMapNode url="" title="修改密码" description=""></siteMapNode>
  </siteMapNode>
  <siteMapNode url="" title="常用功能" description="">
```

```
        <siteMapNode url="" title="缴费" description=""></siteMapNode>
        <siteMapNode url="" title="转账" description=""></siteMapNode>
    </siteMapNode>
</siteMapNode>
```

（3）XML 文件添加后，需要将该文件与页面的 TreeView 控件绑定，使页面 WebVIP 中的 TreeView 控件获取数据。在 WebVIP 页面添加 TreeView 控件，在其右上角的箭头处单击，如图 4-14 所示。

图 4-14　绑定 XML 文件

单击【选择数据源】后的下拉框，在【数据源配置】对话框中选择 XML 文件，单击【确定】按钮打开如图 4-15 所示的对话框。

如图 4-15 所示，单击【数据文件】后的【浏览】按钮，打开对话框如图 4-16 所示。选择需要绑定的文件 XMLvip 文件，单击【确定】按钮完成绑定。

图 4-15　选择 XMLvip 文件

图 4-16　绑定 XMLvip 文件

（4）由于在 XMLvip 文件中，代码的编辑没有限制，在站点地图中有着明确的根节点、根节点属性、父节点、父节点属性，因此需要将 XMLvip 文件中的节点名称、链接地址等内容进行绑定。

在 WebVIP 页面打开 TreeView 控件的 TreeView 任务如图 4-17 所示。单击图 4-17 中鼠标所指位置，打开如图 4-18 所示的对话框。

如图 4-18 所示，NavigateUrlField 属性即为节点的链接地址，需要对应 XML 文件中节点的 uml

属性，可以在下列框中选择对应的属性进行绑定。TextField 属性即为节点的名称，需要与 XML 文件中的 title 属性绑定。回到页面的设计窗口，如图 4-19 所示。

图 4-17　TreeView 任务　　　　　　　　　　　图 4-18　绑定节点属性

（5）运行 WebVIP 页面，如图 4-20 所示。

图 4-19　绑定效果　　　　　　　　　　　图 4-20　WebVIP 页面

4.2.5　TreeView 样式

TreeView 控件的样式效果并不难，但样式决定了页面效果，是不能忽略的。如练习 3、练习 4 中的页面效果，这样的效果并不能很好地让用户满意。而 TreeView 有一个细化的样式模型，通过对样式的设置，可以完全控制 TreeView 外观。

TreeView 是每个样式作用于一种节点，样式由 TreeNodeStyle 类表示，它继承自更常规的 Style 类。除了设置导航的前景色、背景色、字体和边框，还能引入如表 4-4 所示的样式属性。

表 4-4　TreeNodeStyle 样式属性

属 性 名 称	说　　明
ImageUrl	节点旁边显示的图片
NodeSpacing	当前节点与相邻节点的垂直距离
VerticalPadding	节点文字与节点边界内部的垂直距离
HorizontalPadding	节点文字与节点边界内部的水平距离
ChildNodesPadding	展开的父节点的最后一个子节点和其下一个兄弟节点的间距

TreeView 导航节点可以用表格呈现，因此可以设置文字边距和节点间距。除了表 4-4 中列举的属性以外，还有 TreeView 的以下几个高级属性。

❏ **TreeView.NodeIndent 属性**　用于设置树结构里各个子层级间缩进的像素数。

❏ **TreeView.ShowExpandCollapse 属性**　用于关闭树中的节点列。

❏ **CollapseImageUrl 属性**　TreeView 导航中表示折叠的符号或图片。

❏ **ExpandImageUrl 属性**　TreeView 导航中表示展开的符号或图片。

❏ **NoExpandImageUrl 属性**　设置没有子节点的节点旁显示的图片。

❏ **TreeView.ShowCheckBoxes 属性**　设置节点边是否显示复选框。

❏ **TreeNode.ShowCheckBox 属性**　设置单个节点边是否显示复选框。

整体来说，导航样式可分为节点的样式、节点层次的样式和节点处的图片设置三种样式用法，内容如下。

1. 节点样式

对树的所有节点应用样式，可以使用 TreeView.NodeStyle 属性，而要以更特定的样式独立设置 TreeView 的区域，如表 4-5 所示。

表 4-5　节点样式

属 性 名 称	说　　明
NodeStyle	应用到所有节点
RootNodeStyle	仅应用到第一层（根）节点
ParentNodeStyle	应用到所有包含其他节点的节点，但不包括根节点
LeafNodeStyle	应用到所有不包含子节点而且不是根据点的节点
SelectedNodeStyle	应用到当前选中的节点
HoverNodeStyle	应用到鼠标停留的节点

样式的执行优先级与页面元素的样式优先级类似，遵循从通用到特定的规律，如 SelectedNodeStyle 样式将覆盖 RootNodeStyle 的样式设置。

2. 层级样式

TreeView 控件支持节点层次的样式，导航中的节点有着层次之分，如父节点层次的样式与子节点层次上的样式不同，如练习 5 所示。

【练习 5】

将练习 4 中的导航，根据节点层次的不同，使用不同的背景色和样式，在控件中使用样式代码如下。

```
<LevelStyles>
    <asp:TreeNodeStyle ChildNodesPadding="10" Font-Bold="true" Font-Size=
    "12pt" ForeColor="black" BackColor="#CCCCFF" />
    <asp:TreeNodeStyle ChildNodesPadding="5" Font-Bold="true" Font-Size=
    "10pt" ForeColor="black" BackColor="#FFCCFF"/>
    <asp:TreeNodeStyle ChildNodesPadding="5" Font-Underline="true" Font-Size=
    "10pt"ForeColor="black" BackColor="#FFFFCC" />
</LevelStyles>
```

执行 WebVIP 页面，效果如图 4-21 所示。

3. TreeView 节点图片

可以通过 TreeViewNode.ImageUrl 为单个节点设置图片。通常需要为整个树形导航设置一组风格一致的图片，因此可定义的节点属性有四种，如表 4-6 所示。

表 4-6　节点指示符属性

属 性 名 称	说　　明
CollapseImageUrl	可折叠节点的指示符所显示图像。默认为一个减号
ExpandImageUrl	可展开节点的指示符所显示图像。默认为一个加号
LineImagesFolder	包含用于连接父节点和子节点的线条图像的文件夹的图像
NoExpandImageUrl	不可展开节点的指示符所显示的图像

ASP.NET 系统中提供了 16 种内置的节点图片以供选择，可以在设计界面中，TreeView 控件的 ImageSet 属性中直接选择，如练习 6 所示。

【练习 6】

使用练习 5 中的导航，设置 TreeView 控件的 ImageSet 属性，如将 ImageSet 属性定义为 Inbox，则 TreeView 控件的代码如下。

```
<asp:TreeView ID="TreeView1" runat="server" DataSourceID="XmlDataSource1"
    LeafNodeStyle-ChildNodesPadding="10" ImageSet="Inbox">
</asp:TreeView>
```

执行 WebVIP 页面，效果如图 4-22 所示。

图 4-21　节点层次样式　　　　图 4-22　节点的图片效果

注意

若设置了标示符属性，并通过 TreeViewNode.ImageUrl 属性为特定节点指定了图片，节点的特定图片将优先使用。

4.2.6　Menu 控件

Menu 控件又称做动态菜单控件，是一种可动态显示的控件。Menu 控件有两种显示模式，动态模式和静态模式。

- ❑ 静态模式表示 Menu 控件始终是完全展开的，及所有的导航节点都是可视的，用户可以直接单击进入。
- ❑ 动态模式表示只有指定的部分是静态可视的，被合并的节点通常在用户移动鼠标至父节点时显示。

静态模式和动态模式并不是独立的，而是可以相互结合的。Menu 控件的数据来源可以绑定数据源，也可以在控件中直接添加。Menu 控件的属性及其说明如表 4-7 所示。

Menu 控件与 TreeView 控件都支持层次化数据，既可以绑定数据源，又可以使用 MenuItem 对象填充数据。

表 4-7　Menu 控件的常用属性

属 性 名 称	说　　明
DataSource	获取或设置对象，数据绑定控件从该对象中检索其数据项列表
DynamicBottomSeparatorImageUrl	获取或设置图像的 URL，该图像显示在各动态菜单项底部，将动态菜单项与其他菜单项隔开
DynamicEnableDefaultPopOutImage	获取或设置一个值，该值指示是否显示内置图像，其中内置图像指示动态菜单项具有子菜单
DynamicHorizontalOffset	获取或设置动态菜单相对于其父菜单项的水平移动像素数
Items	获取 MenuItemCollection 对象，该对象包含 Menu 控件中的所有菜单项
ItemWrap	获取或设置一个值，该值指示菜单项的文本是否换行
MaximumDynamicDisplayLevels	获取或设置动态菜单的呈现级别数
Orientation	获取或设置 Menu 控件的呈现方向，默认值是 Vertical
PathSeparator	获取或设置用于分隔 Menu 控件的菜单项路径的字符
ScrollDownText	获取或设置 ScrollDownImageUrl 属性中指定图像的替换文字
ScrollUpText	获取或设置 ScrollUpImageUrl 属性中指定图像的替换文字
SelectedItem	获取选中的菜单项
SelectedValue	获取选中菜单项的值
StaticEnableDefaultPopOutOutImage	获取或设置一个值，该值指示是否显示为内置图像，其中内置图像指示静态菜单项包含的子菜单项
DisappearAfter	获取或设置鼠标指针不再置于菜单上后显示动态菜单的持续

与 TreeNode 对象相比，MenuItem 对象的样式较为简单，没有复选框，也不能通过编程来控制节点的展开和折叠。MenuItem 的属性如表 4-8 所示。

表 4-8　MenuItem 的属性

属 性 名 称	说　　明
Text	菜单中显示的文字
TooTip	鼠标停留菜单项时的提示文字
Value	保存不显示的额外数据（比如某些程序需要用到的 ID）
NavigateUrl	如果设置了值，单击节点会前进至 Url。否则需要响应 Menu.MenuItemClick 事件确定要执行的活动
Target	它设置了链接的目标窗口或框架。Menu 自身也暴露了 Target 属性设置所有的 MenuItem 实例的默认目标
Selectable	如果为 false，菜单项不可选。通常只在菜单项有一些可选的子菜单项时，才设置为 false
ImageUrl	菜单项旁边的图片
PopOutImageUrl	菜单项包含子菜单项时，在菜单项旁的图片，默认是一个小的实心箭头
SeparatorImageUrl	菜单项下面显示的图片，用于分隔菜单项

与 TreeView 控件一样，Menu 控件也支持站点地图和 XML 文件中的数据绑定，以 XML 文件的绑定为例，如练习 7 所示。

【练习 7】

创建网购网站和页面结构 XML 文件，并在首页中使用 Menu 控件展示网站导航，具体步骤如下。

（1）添加 XML 文件，并编辑网购网站网页结构，代码如下。

```
<?xml version="1.0" encoding="utf-8" ?>
<siteMapNode url="" title="导航菜单" description="">
  <siteMapNode url="" title="首页" description=""></siteMapNode>
```

```
<siteMapNode url="" title="服装" description="帐户管理">
  <siteMapNode url="" title="男装" description=""></siteMapNode>
  <siteMapNode url="" title="女装" description=""></siteMapNode>
  <siteMapNode url="" title="童装" description=""></siteMapNode>
  <siteMapNode url="" title="内衣" description=""></siteMapNode>
</siteMapNode>
<siteMapNode url="" title="家居建材" description="">
  <siteMapNode url="" title="家具" description=""></siteMapNode>
  <siteMapNode url="" title="家饰" description=""></siteMapNode>
  <siteMapNode url="" title="布艺" description=""></siteMapNode>
  <siteMapNode url="" title="家纺" description=""></siteMapNode>
</siteMapNode>
<siteMapNode url="" title="促销折扣" description=""></siteMapNode>
<siteMapNode url="" title="在线客服" description=""></siteMapNode>
</siteMapNode>
```

（2）Menu 控件绑定 XML 文件的方式与 TreeView 控件一样，如图 4-23 所示。在选择数据源之后，需要选择视图是动态还是静态。静态视图通常用于页面的上部，放在条形的 div 块中，在鼠标移动时呈现其下级节点。这里以动态视图为例，如图 4-23 所示。

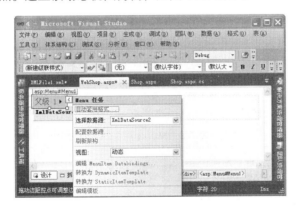

图 4-23　Menu 控件绑定 XML 文件

（3）绑定后的 Menu 控件同样需要指定相关属性对应的 XML 文件数据，可以在页面使用 Menu 控件，代码如下。

```
<asp:Menu ID="Menu1" runat="server" DataSourceID="XmlDataSource2"
    Orientation="Vertical" StaticDisplayLevels="2" >
    <DataBindings>
<%-- 将 url 绑定为 NavigateUrlField 属性; title 绑定为 TextField 属性--%>
        <asp:MenuItemBinding DataMember="siteMapNode" NavigateUrlField="url"
          TextField="title" />
    </DataBindings>
</asp:Menu>
```

（4）执行网购页面，效果如图 4-24 和图 4-25 所示。在图 4-24 中展示的是鼠标放在【导航菜单】节点显示的子菜单项，图 4-25 展示的是鼠标放在【家居建材】节点显示的子菜单项。

（5）如图 4-24 和图 4-25 所示，导航菜单的显示效果与 Windows 经典系统下【开始菜单】中【所有程序】的显示效果一样。将视图设置为静态，则页面的显示效果如图 4-26 所示。

图 4-24　网购页面显示效果

图 4-25　节点展开效果

图 4-26　静态视图显示效果

Menu 控件和 TreeView 控件的呈现方式非常不同，但它们有相似的编程模型。两者的具体区别如下所示。

❑ Menu 每次显示一个子菜单；TreeView 可以一次展开任意多个节点。

❑ Menu 在页面里显示第一层的链接；TreeView 显示页面上内联的所有项。

❑ Menu 不支持按需填充及客户端回调；TreeView 支持。

❑ Menu 支持模板；TreeView 不支持。

❑ Menu 支持水平和垂直布局；TreeView 只支持垂直布局。

Menu 控件的样式属性同样比较完善。与 TreeView 控件一样，Menu 从 Style 基类派生了自定义类，除了与 TreeView 控件类似的属性外，还增加了节点的间距属性。但与 TreeView 控件样式相比，删除了节点的图片设置，即 Menu 控件没有 ImageUrl 属性。

Menu 控件样式在很大程度上和 TreeView 样式相似，它支持不同层级的节点使用不同的菜单样式。但是，由于 Menu 控件的显示方式有动态和静态之分，因此 Menu 控件定义了两组功能类似的属性，如表 4-9 所示。

表 4-9　Menu 控件显示样式

静 态 样 式	动 态 样 式	说　　明
StaticMenuStyle	DynamicMenuStyle	设置总体"盒子"的外观，所有的菜单项出现在这里
StaticMenuItemStyle	DynamicMenuItemStyle	设置单个菜单项的外观
StaticSelectedStyle	DynamicSelectedStyle	设置选择项的外观，选择项指的是前一个被单击的项
StaticHoverStyle	DynamicHoverStyle	设置鼠标停留时项的外观

Menu 控件对特定层次上的样式通过集合的方式进行设置，包括 LevelMenuItemStyles 属性、LevelSubMenuStyles 属性和 LevelSelectedStyles 属性。这些集合分别作用于普通的菜单项，包含其他菜单项的菜单项以及被选择的菜单项。

Menu 控件一个有趣的样式是它允许设置静态层次的数目。静态层次默认只有 1 层，需要在 Menu.StaticDisplayLevels 属性中设置。当该属性值大于 1 时，还可通过 StaticSubMenuIdent 属性控制每层的缩进。

如果将 MaximumDynamicDisplayLevels 的属性值设置为 0，则不会动态显示任何菜单节点；如果将该属性的值设置为负数，则会引发异常。

设置的层次越多，能设置的相关属性也越多，包括菜单消失前的延时（DisappearAfter）、展开图标和分隔符的默认图片和滚动行为等。

Menu 控件还可以支配模板以控制每个菜单要呈现的样式，通过 StaticMenuItemTemplate 和 DynamicMenuItemTemplate 属性。无论是以声明的方式还是编程的方式填充 Menu 类，都能使用模板。

从模板的角度来看，必须要绑定到 MenuItem 对象，再获取节点的值。

Menu 控件在页面的顶部以样式块的形式呈现其所有样式，而不与呈现的 HTML 内联。但是，可以把 Menu.IncludeStyleBlock 属性设为 fasle 以告知 Menu 不要呈现其样式，这样能够完全控制 Menu 样式，甚至可以采用外部样式表的样式。

技 巧
Menu 控件不提倡使用 HTML 表格来呈现，而是把节点呈现为一组无序的条目（使用<ul>和<li>元素），并通过样式规则来创建正确的格式。

4.3 母版页

母版页并不是需要呈现给用户页面，而是供开发人员开发时使用的文件。母版页以"master"作为后缀名，与 Web 页面类似，可存放 HTML 元素和服务器端控件。

母版页总是和内容页结合使用。内容页是指以母版页作为基础的页面。通过在母版页中划分区域的方式，将母版页分割为母版页区域和内容页区域。母版页创建之后，内容页的内容在编译时，会添加在母版页的内容页区域中显示。

4.3.1 创建母版页

母版页是 master 文件，它和 Web 窗体页非常相似，可编辑控件和样式等，并最终呈现在浏览器。但它们之间的差别不容忽视，如下所示。

- 母版页使用@ Master 指令，而 Web 窗体页使用@ Page 指令。
- 母版页可以使用一个或多个 ContentPlaceHolder 控件，用来占据一定的空间，而 Web 窗体页则不允许使用 ContentPlaceHolder 控件。
- 母版页派生自 MasterPage 类，而 Web 窗体页派生自 Page 类。
- 母版页后缀名是.master，普通页面后缀名为.aspx。
- 母版页仅作为网站设计时的中介文件，而 Web 窗体页是可直接在浏览器中显示的文件。

母版页能够将页面上的公共元素（如系统网站的 Logo、导航条和广告条等）整合到一起用来创建一个通用的外观，它的优点如下所示。

（1）有利于站点修改和维护，降低开发人员的工作强度。

（2）提供高效的内容整合能力。

（3）有利于实现页面布局。

（4）提供一种便于利用的对象模型。

在介绍母版页的创建之前，首先了解一下当前网站的常见布局方式。母版页是作为网页的一部分被呈现，而母版区域的划分有多种布局，如下所示。

- **栏式结构布局** 栏式结构是很常见的一种结构，它简单实用、条理分明并且格局清晰严谨，适合信息量大的页面。常见的几种栏式布局如图 4-27 所示。
- **区域结构布局** 区域结构的特点是页面精美、主题突出以及空间感很强，但是它适合信息量比较少的页面，并且在国内使用的比较少。区域机构可以将页面分隔成若干个区域，如图 4-28 所示。

如图 4-27 和图 4-28 所示，母版页区域常用于页面的上部、上部和左侧或用于左侧。母版页的创建需要在项目下添加新建项，与站点地图的添加步骤一样，如图 4-29 所示。

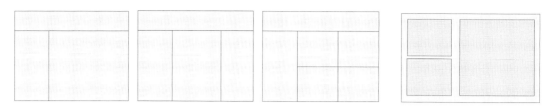

图 4-27　常见的栏式布局　　　　　　　　　　图 4-28　区域结构示例

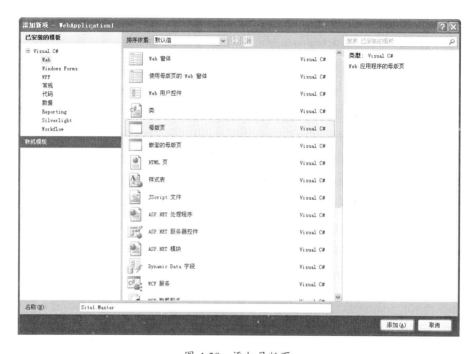

图 4-29　添加母版页

母版页添加后，该页面默认含有一个控件为内容页控件。该控件相当于一个内容页，而控件以外的内容，即为母版页内容。母版页内容的编辑与一般的 Web 网页一样，在 4.3.2 小节中统一介绍实现方法。

4.3.2　内容页

内容页是建立在母版页基础上的页面，所编辑的内容将在母版页的内容页区域显示。内容页的定义有两种方式：一种是在创建时定义为内容页，有两种形式；一种是将现有页面转化为内容页。创建内容页可以在添加新的页面时指定母版页，也可以在母版页进行添加。

在项目中添加内容页，步骤与添加 Web 窗体的步骤类似，如图 4-29 所示。选择【使用母版页的Web 窗体】选项，命名窗体后单击【添加】按钮，如图 4-30 所示的对话框。

如图 4-30 所示，在对话框中选择母版页，单击【确定】按钮完成指定母版页的内容页的添加。母版

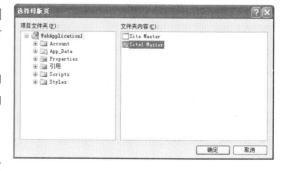

图 4-30　添加内容页

页和内容页的结合如练习 8 所示。

【练习 8】

添加母版页 Site1.Master 和内容页 WebForm1.aspx 和 WebForm2.aspx，为母版页添加头部的链接，包括【收藏】、【注册】、【登录】、【购物车】、【客服】等；添加网站的 Logo 和菜单按钮；为内容页 WebForm1.aspx 添加背景图片和跳转至 WebForm2.aspx 页面的按钮；运行 WebForm1.aspx 查看两个页面的效果，步骤如下。

（1）首先创建母版页 Site1.Master 和内容页首页 WebForm1.aspx 和 WebForm2.aspx，步骤省略。此时母版页部分代码如下。

```
<head runat="server">
    <title></title>
    <asp:ContentPlaceHolder ID="head" runat="server">
    </asp:ContentPlaceHolder>
</head>
<body>
    <form id="form1" runat="server">
    <div>
        <asp:ContentPlaceHolder ID="ContentPlaceHolder1" runat="server">
        </asp:ContentPlaceHolder>
    </div>
    </form>
</body>
```

默认情况下，母版页为内容也定义了一个区域。为了在头部编辑母版页内容，需要在下面的代码前进行添加。

```
<asp:ContentPlaceHolder ID="ContentPlaceHolder1" runat="server">
</asp:ContentPlaceHolder>
```

（2）向母版页中添加链接、网站的 Logo 和菜单按钮。这个步骤属于页面的设计，省去部分代码，页面的代码如下。

```
<div style="text-align:center">
    <div style="width: 100%; height: 0.7cm; background-image: url('Styles/
    head.jpg');
        background-repeat: repeat-x; text-align: center; vertical-align:
        text-bottom;">
        <div style="width: 100%;">
            <div style="text-decoration: none; float: left">
                <asp:LinkButton ID="LinkButton1" runat="server" ForeColor=
                "Black">收藏</asp:LinkButton>   
                <asp:LinkButton ID="LinkButton2" runat="server" ForeColor=
                "Black">注册</asp:LinkButton>
                //此处省略其他链接的代码
            </div>
            <div style="text-decoration: none; float: right">
                <asp:LinkButton ID="LinkButton4" runat="server" ForeColor=
                "Black">我的订单</asp:LinkButton>
                //此处省略其他链接的代码
```

```
            </div>
        </div>
    </div>
    <div style="width: 100%; height: 0.7cm">
        <h1 style="height: 39px">
            企业 Logo</h1>
        <div style="width: 100%; height: 0.7cm; background-color: #8080FF;">
            <asp:Button ID="Button9" runat="server" Text="今日特价" BackColor=
            "#8080FF" Font-Size="Large" BorderStyle="None" ForeColor="White"
            Width="145px" />
            <asp:Button ID="Button1" runat="server" Text="家电" BackColor=
            "#8080FF" Font-Size="Large" BorderStyle="None" ForeColor="White" />
            <asp:Button ID="Button2" runat="server" Text="数码" BackColor=
            "#8080FF" Font-Size="Large" BorderStyle="None" ForeColor="White" />
                //此处省略其他按钮的代码
        </div>
        <asp:ContentPlaceHolder ID="ContentPlaceHolder1" runat="server">
        </asp:ContentPlaceHolder>
    </div>
</div>
```

（3）在首页 WebForm1.aspx 页面添加背景和指向 WebForm2.aspx 页面的按钮，代码如下所示。

页面代码：

```
<asp:Content ID="Content2" ContentPlaceHolderID="ContentPlaceHolder1" runat=
"server">
    <div style="width: 100%; background-image: url('Styles/huahuibeijingchuang
    yishejibizhi02_437201_m.jpg'); height: 497px; background-repeat: repeat-
    y;">
        <asp:Button ID="Button1" runat="server" Text="WebForm2 页面"
            onclick="Button1_Click" />
    </div>
</asp:Content>
```

按钮代码：

```
protected void Button1_Click(object sender, EventArgs e)
{
    Response.Redirect("WebForm2.aspx");
}
```

（4）运行 WebForm1.aspx 页面，效果如图 4-31 所示。

在 WebForm1.aspx 页面中单击【WebForm2 页面】按钮，如图 4-32 所示。母版页被同时用于 WebForm1.aspx 页面和 WebForm2.aspx 页面。

除了在项目中添加内容页，在母版页中也可以添加。打开母版页页面，分别在源代码窗口和设计窗口右击，如图 4-33 和图 4-34 所示，选择【添加内容页】选项，即可产生该母版页新的内容页。

若在普通页面设计之后，打算修改为某母版页的内容页，同样可以在 ASP.NET 中完成，步骤如下所示。

图 4-31　网购首页

图 4-32　WebForm2.aspx 页面

图 4-33　源代码窗口添加内容页　　　　图 4-34　设计窗口添加内容页

（1）在@Page 标记中指定 MasterPageFile 的位置。

（2）去除 form 标记。

（3）去除内容页中多余的 html 标签。

（4）创建<asp:Content>标签设置相应的 ContentPlaceHolderID，然后再放入对应的内容。

4.4 主题

应用程序和页面往往有更换"皮肤"的功能,用户根据个人喜好,将页面或应用程序的颜色风格给替换,这个功能需要使用主题来实现。

4.4.1 主题概述

主题常用来定义一个系统的统一样式或风格,它与母版页都可以作用在多个页面。但主题与母版页不同,主题有以下几个特点。

- ❏ 主题可以有多个文件组成。
- ❏ 页面的主题可以在运行中替换。
- ❏ 主题可以应用于多个页面,也可以用于多个应用程序。

主题可由多个文件组成,包括样式表、外观、图片或文件等。

无论主题是页主题还是全局主题,主题中的内容都是相同的。主题中包含三个重要的概念:主题、外观和样式表,其具体说明如下。

- ❏ 主题(**Theme**) 它是一组属性,包括外观文件、级联样式表(CSS)文件、图像等元素,它可以将这些元素应用于服务器控件并规定样式。
- ❏ 外观(**Skin**) 外观文件的后缀名是.skin,它包含各个服务器控件的属性设置。
- ❏ 样式表(**CSS**) 样式表文件定义控件和块的样式,包括颜色、位置、对齐方式等。

主题并不是一个独立的文件,而是由多个定义样式和外观的文件构成的文件夹。主题的添加需要在项目名称上右击,如图 4-35 所示。

图 4-35　添加主题

分别选择【添加】|【添加 ASP.NET 文件夹】|【主题】选项添加主题。主题将默认被添加在 App_Themes 文件夹下,接着在该主题文件夹下添加外观文件和样式文件等,完成主题创建。

4.4.2　主题的加载

在 ASP.NET 中可以通过多种方式加载主题，如果在页面中设置 Theme 或 StylesheetTheme 属性、通过配置文件以及通过改变页面的 Theme 属性值、SkinID 属性值或 CssClass 属性值动态加载等。下面详细介绍如何使用这些方式加载主题。

1．通过修改配置文件为多个页面批量加载主题

在 Web.config 文件中添加 Theme 属性或者 StylesheetTheme 属性时所有的页面都会自动加载修改主题。该文件中的主要代码如下。

```
<configuration>
   <system.web>
     <pages styleSheetTheme="Theme_XP"/>
   </system.web>
</configuration>
```

注意

在配置文件目录下设置页面主题时必须去掉页面中 Page 指令里的 Theme 属性或者 StylesheetTheme，否则会重写配置文件中的对应属性。

2．通过改变页面的 Theme 属性值动态加载主题

在页面的 PreInit 事件中可以动态的加载主题，这时主题中的皮肤文件和样式表文件会同时被加载。例如用户单击某个链接时更改页面的主题，后台的主要代码如下。

```
protected void Page_PreInit(object sender,EventArgse)
{
  Theme = "Theme_XP";                    //创建 Theme 的实例
  if (Request["theme"] !=null)           //判断传入的主题参数是否为空，如果不为空
  {
    switch (Request["theme"])            //获取传入的主题参数
    {
      case "XP":                         //如果传入的参数为 XP
        Theme = "Theme_XP";
        break;
      case "Win7":                       //如果传入的参数为 Win7
        Theme = "Theme_Win7";
        break;
    }
  }
}
```

3．通过改变控件的 SkinID 属性值动态加载主题中的皮肤

除了可以在 PreInit 事件中动态加载主题外，还可以在该事件中选择加载主题中的皮肤，但皮肤只能是已经命名的皮肤。在后台代码中根据传入的皮肤参数通过 SkinID 设置其属性值即可。

4．通过改变控件的 CssClass 属性值动态加载主题中的样式表

除了动态加载主题和动态加载主题中的皮肤外，还可以在后台页面中直接通过控件的 CssClass 属性值动态加载主题中的样式表。

注意

母版页中不能定义主题，所以不能在@ Master 指令中使用 Theme 属性或 StylesheetTheme 属性。如果需要集中定义所有页面的主题，可以通过在 Web.config 文件中配置来实现。

下面通过案例演示如何实现更改字体的样式。

【练习9】

同一款手机可以有不同的颜色，同一件衣服可以有不同的颜色，同一个网站的字体也可以有不同的颜色。本节案例通过使用主题更换字体的皮肤样式，主要的步骤如下。

（1）在新建网站页面的合适位置添加 DropDownList 控件，然后为该控件添加 4 个选项："默认"、"绿色字体"、"黄色字体"和"蓝色字体"。接着在合适的位置添加 Label 控件，该控件包括正文的所有内容。页面的主要代码如下。

```
更换字体颜色: <asp:DropDownList ID="ddlSelect" runat="server" Width="100"
AutoPostBack="True" OnSelectedIndexChanged="ddlSelect_SelectedIndexChanged">
<asp:ListItem Value="Black" Selected>默认</asp:ListItem>
<asp:ListItem Value="Green">绿色字体</asp:ListItem>
<asp:ListItem Value="Yellow">黄色字体</asp:ListItem>
<asp:ListItem Value="Blue">蓝色字体</asp:ListItem>
</asp:DropDownList>
<asp:Label ID="label1" runat="server">
/* 省略正文的内容 */
</asp:Label>
```

（2）单击【ASP.NET 的文件夹】|【主题】选项添加名称为 UpdateFont 文件夹，它位于 App_Themes 目录下。添加外观文件 Blue.skin 并向该文件添加如下的代码。

```
<asp:Label runat="server" ForeColor="Black"></asp:Label>
<asp:Label runat="server" ForeColor="Green" SkinID="Green"></asp:Label>
<asp:Label runat="server" ForeColor="Yellow" SkinID="Yellow"></asp:Label>
<asp:Label runat="server" ForeColor="Blue" SkinID="Blue"></asp:Label>
```

上述代码中 Label 控件设置了 4 个字体样式主题，第一行为默认的字体样式。其他三行通过 SinkID 和 ForeColor 属性设置字体颜色。

（3）在网站页面的 Page 指令中设置 Theme 属性的值为 UpdateFont，单击下拉列表框选项时根据选中的颜色值实现更改正文字体颜色的功能。页面后台的主要代码如下。

```
protected void Page_PreInit(object sender, EventArgs e)
{
    string name = "Black";                          //声明字体颜色变量
    int id = 0;                                     //声明选中列表框索引 ID
    if (Request.QueryString["name"] != null)        //判断传入的字体颜色
        name = Request.QueryString["name"].ToString();
    if (Request.QueryString["id"] != null)          //判断传入的索引 ID
        id = Convert.ToInt32(Request.QueryString["id"].ToString());
    label1.SkinID = name;                           //更改字体颜色
    ddlSelect.SelectedIndex = id;                   //更改选中索引
}
protected void ddlSelect_SelectedIndexChanged(object sender, EventArgs e)
{
    string name = ddlSelect.SelectedItem.Value;  //获取选中下拉框的 Value 值
    int id = ddlSelect.SelectedIndex;               //获取选中索引的值
    Session["theme"] = name;                        //保存选中下拉框的 Value 值
    Server.Transfer("Default.aspx?name=" + Session["theme"].ToString() + "&id="
```

```
     + id);
   }
```

上述代码中 PreInit 事件首先声明两个变量 name 和 id，它们分别用来保存字体颜色和下拉框的索引，然后根据传入的参数 name 和 id 的值是否为空获取参数值，最后使用 SkinID 属性更改控件中的字体颜色，SelectedIndex 属性设置下拉框的选中索引。SelectedIndexChanged 事件中首先根据 SelectedItems 属性的 Value 获取用户选中的下拉框的值，SelectedIndex 属性获取选中的索引值，最后调用 Server 对象的 Transfer() 方法跳转页面。

（4）运行本案例单击下拉框的列表项进行测试，最终效果如图 4-36 所示。

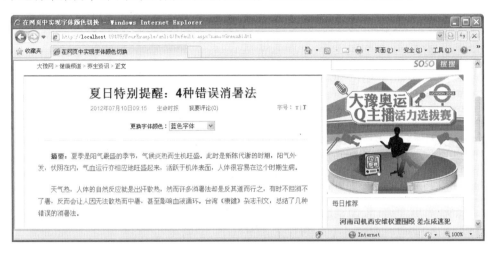

图 4-36　运行效果图

> **注意**
> 加载主题时主题文件中的皮肤或样式表中的样式不会对 HTML 服务器控件起作用。

4.4.3　Theme 和 StylesheetTheme 的比较

在页面的 Page 指令中添加 Theme 或 StylesheetTheme 属性都可以用来加载指定的主题。但是当主题不包含皮肤文件时两者的效果都一样，当主题中包含皮肤文件时两者因为优先级不一样会产生不一样的效果。它们的优先级依次为 StylesheetTheme>Page>Theme。

当加载主题到页面后，因为某些原因需要禁用某个页面或某个控件的主题。这时候可以通过设置 Theme 或 StylesheetTheme 的值为空来完成。另外还可以将控件的 EnableTheming 的属性值设置为 false 指定禁用主题中的皮肤。

> **试一试**
> 读者可以通过添加新的案例比较 Theme 和 StylesheetTheme 的不同。

4.5　实例应用：搭建网购会员模块框架

4.5.1　实例目标

导航控制了页面的逻辑结构，母版页控制了页面的统一样式，结合导航和母版页，为网购系统的会员模块搭建框架。

在网购的实现中，会员与系统的交互是重要环节，其中包括会员收藏、会员购物车、待处理订单等功能页面。

尝试搭建网购中的会员模块框架，实现会员对商品和个人信息的管理。要求包括以下功能页面的链接。

- ❑ **我的交易**　包括待处理订单、购物车、订单记录、我的收藏等功能页面。
- ❑ **账户管理**　包括修改密码、账户余额、我的积分、优惠券、消费记录等。
- ❑ **客服服务**　包括投诉、撤销订单、返修等。

4.5.2　技术分析

使用母版页和导航搭建框架，通常用在网页的上部和左侧。上部是网页的头部，有网站的特色，包括网站的 Logo、导航条和特价商品展示等；左侧是导航，表现网页间的逻辑和链接。

本案例重点讲述母版页、会员首页和修改密码页面的创建步骤，其他页面创建步骤省略。

4.5.3　实现步骤

首先创建母版页，这个步骤与练习 8 中的步骤一样。

（1）创建母版页并编辑页面的头部链接信息，在页面中使用页面代码如下。

```
<div style="width: 100%; height: 0.7cm; background-image: url('Styles/head.
jpg');
    background-repeat: repeat-x; text-align: center; vertical-align: text-
    bottom;">
    <div style="width: 100%;">
        <div style="text-decoration: none; float: left">
            <asp:LinkButton ID="LinkButton1" runat="server" ForeColor="Black">
            收藏</asp:LinkButton>    
            <asp:LinkButton ID="LinkButton2" runat="server" ForeColor="Black">
            设为首页</asp:LinkButton>
        </div>
        <div style="text-decoration: none; float: right">
            <asp:LinkButton ID="LinkButton4" runat="server" ForeColor="Black">
            登录</asp:LinkButton>    
            <asp:LinkButton ID="LinkButton5" runat="server" ForeColor="Black">
            注册</asp:LinkButton>    
            <asp:LinkButton ID="LinkButton6" runat="server" ForeColor="Black">
            客服</asp:LinkButton>    
        </div>
    </div>
</div>
```

（2）接下来是企业 Logo 和导航条，省略导航条中部分链接的代码。在母版页中紧接着步骤（1）的代码如下。

```
<h1 style="height: 39px">
    企业 Logo</h1>
<div style="width: 100%; height: 0.7cm; background-color: #8080FF;">
```

```
    <asp:Button ID="Button9" runat="server" Text="今日特价" BackColor="#8080FF"
    Font-Size="Large"  BorderStyle="None" ForeColor="White" Width="145px" />
    <asp:Button ID="Button1" runat="server"  Text="家电" BackColor="#8080FF"
    Font-Size="Large"  BorderStyle="None" ForeColor="White" />
    <asp:Button ID="Button2" runat="server"  Text="数码" BackColor="#8080FF"
    Font-Size="Large"  BorderStyle="None" ForeColor="White" />
    <asp:Button ID="Button3" runat="server"  Text="服饰" BackColor="#8080FF"
    Font-Size="Large"  BorderStyle="None" ForeColor="White" />
<%--  此处省略运动、食品、家纺、母婴和厨卫的页面代码--%>
</div>
```

（3）接下来是母版页的左侧部分，导航链接。定义之前首先需要将页面的逻辑结构定义保存，可以使用 XML 文件或站点导航。这里以 XML 文件为例，创建左侧部分的导航链接。添加 XML 文件编辑代码如下。

```
<?xml version="1.0" encoding="utf-8" ?>
<siteMapNode url="Member.aspx" title="会员中心" description="">
  <siteMapNode url="" title="我的交易" description="">
    <siteMapNode url="" title="待处理信息" description=""></siteMapNode>
    <siteMapNode url="" title="购物车" description=""></siteMapNode>
    <siteMapNode url="" title="交易记录" description=""></siteMapNode>
    <siteMapNode url="Password.aspx" title="修改密码" description=""></siteMapNode>
  </siteMapNode>
  <siteMapNode url="" title="账户管理" description="">
    <siteMapNode url="" title="修改密码" description=""></siteMapNode>
    <siteMapNode url="" title="账户余额" description=""></siteMapNode>
    <siteMapNode url="" title="我的积分" description=""></siteMapNode>
    <siteMapNode url="" title="优惠券" description=""></siteMapNode>
    <siteMapNode url="" title="消费记录" description=""></siteMapNode>
  </siteMapNode>
  <siteMapNode url="" title="客服服务" description="">
    <siteMapNode url="" title="投诉" description=""></siteMapNode>
    <siteMapNode url="" title="撤销订单" description=""></siteMapNode>
    <siteMapNode url="" title="返修" description=""></siteMapNode>
    <siteMapNode url="" title="退货" description=""></siteMapNode>
  </siteMapNode>
</siteMapNode>
```

（4）接下来是左侧的导航菜单。用于框架的导航菜单通常使用 TreeView 控件，因其结构放在页面的左侧最为合适，且空间样式容易掌握。

本案以 TreeView 控件作为导航控件，在母版页中将前 3 个步骤以下的区域分隔开，分成左右两个 DIV 块，左侧作为母版页区域的导航，右侧作为内容页内容显示区域。在左侧添加 TreeView 控件代码如下。

```
<div style="width: 20%; float: left">
    <asp:TreeView ID="TreeView1" runat="server" DataSourceID="XmlDataSource"
       ImageSet="Inbox">
       <DataBindings>
```

```
            <asp:TreeNodeBinding NavigateUrlField="url" TextField="title" />
        </DataBindings>
        <HoverNodeStyle Font-Underline="True" />
        <NodeStyle Font-Names="Verdana" Font-Size="8pt" ForeColor="Black"
            HorizontalPadding="5px" NodeSpacing="0px" VerticalPadding="0px" /
        <ParentNodeStyle Font-Bold="False" />
        <SelectedNodeStyle Font-Underline="True" HorizontalPadding="0px"
            VerticalPadding="0px" />
    </asp:TreeView>
    <asp:XmlDataSource ID="XmlDataSource" runat="server" DataFile="~/XMLmember.xml">
    </asp:XmlDataSource>
</div>
```

右侧的内容页区域代码如下。

```
<div style="width: 79%; float: right">
    <asp:ContentPlaceHolder ID="ContentPlaceHolder1" runat="server">
    </asp:ContentPlaceHolder>
</div>
```

此时母版页的设计窗口如图 4-37 所示。

图 4-37 母版页设计效果

（5）添加内容页，包括会员中心首页 Member.aspx 和修改密码页面 Password.aspx，添加会员登录后进入会员系统首页，页面使用背景图片和表示欢迎的文字，添加内容页页面的代码如下。

```
<asp:Content ID="Content2" ContentPlaceHolderID="ContentPlaceHolder1" runat=
"server">
    <div style="text-align: center; vertical-align: middle; width: 100%;
    background-image: url('Styles/Dback.jpg'); background-repeat: repeat-y;
```

```
      height: 505px;">
    </div>
</asp:Content>
```

Password.aspx 页面添加 3 个文本框和一个确定按钮，文本框用来输入原密码、新密码和确定新密码，省略确认新密码文本框的代码，Password.aspx 页面的部分代码如下。

```
<asp:Content ID="Content2" ContentPlaceHolderID="ContentPlaceHolder1" runat=
"server">
    <div style="background-image: url('Styles/Pback.jpg'); vertical-align:
    middle; text-align: center;
        background-repeat: repeat-y; height: 596px">
        <table style="background-repeat: repeat-y; width: 100%; height: 100%;
        font-size:larger">
            <tr style="vertical-align: bottom;">
                <td style="text-align: right;">
                    原密码
                </td>
                <td style="text-align: left;">
                    <asp:TextBox ID="TextBox1" runat="server" Font-Size="Larger">
                    </asp:TextBox>
                </td>
            </tr>
            <tr style="vertical-align: bottom;">
                <td style="text-align: right;">
                    新密码
                </td>
                <td style="text-align: left;">
                    <asp:TextBox ID="TextBox2" runat="server" Font-Size="Larger">
                    </asp:TextBox>
                </td>
            </tr>
<%--   此处省略确认新密码文本框的添加--%>
            <tr style="vertical-align:top;">
                <td>
                </td>
                <td style=" text-align:center;">
                    <asp:Button ID="Button1" runat="server" Text="确定" Height=
                    "34px" Width="136px"  BackColor="#A3C6FE" Font-Size="Larger" />
                </td>
            </tr>
        </table>
    </div>
</asp:Content>
```

（6）运行 Member.aspx 页面，效果如图 4-38 所示。单击导航栏的【修改密码】链接，如图 4-39 所示。

图 4-38　Member.aspx 页面

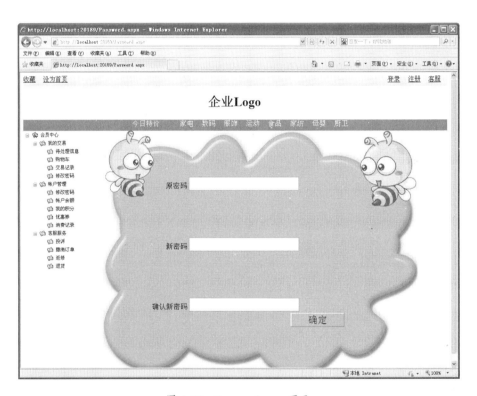

图 4-39　Password.aspx 页面

4.6 拓展训练

搭建网购商家模块框架

网购交易离不开商家对商品和商品交易的管理，商家与网购系统的交互包括了商品信息的增加、删除、修改等，以及对订单的接收和确定商品的出库等。

尝试搭建网购中商家模块的框架，实现商家对商品、订单和个人信息的管理。要求包括以下功能页面的链接。

❏ **账户管理**　包括修改密码、我的积分、我的评价等。

❏ **商品管理**　包括商品添加、商品信息修改、商品信息删除、商品促销等。

❏ **交易管理**　包括待处理订单、交易记录、返修等。

4.7　课后练习

一、填空题

1. 站点地图只能有一个_____元素。

2. 站点地图需要放在项目的_____目录下。

3. 常用的导航数据源有_____和站点地图。

4. 常用的导航控件有 SiteMapPath 控件、_____和 Menu 控件。

5. 典型的页面布局方式有_____和区域布局。

6. 站点地图的默认名称是_____。

7. 母版页的后缀名是_____。

二、选择题

1. 下列说法正确的事是_____。

   A. TreeView 控件只能使用 XML 文件作为数据源

   B. SiteMapPath 控件只能使用 XML 文件作为数据源

   C. Menu 控件只能使用 XML 文件作为数据源

   D. SiteMapPath 控件可以使用站点地图和 XML 文件作为数据源

2. 关于 SiteMapPath 控件 NodeStyle 属性的说法正确的是_____。

   A. 获取根节点显示文本的样式

   B. 获取用于站点导航路径中所有节点的显示文本样式

   C. 获取或设置导航路径节点的呈现顺序

   D. 获取或设置一个控件模板，用于站点导航路径的所有功能站点

3. 下列说法正确的是_____。

   A. 一个网站系统只能有一个默认的站点地图，其他站点地图将不起作用

   B. 一个网站系统只能有一个母版页

   C. 一个网站系统只能有一个 XML 文件

   D. 一个母版页的<body>中只能有一个 ContentPlaceHolder

4. 下列控件中，有动态和静态模式的是_____。

   A. TreeView 控件

   B. Menu 控件

   C. SiteMapPath 控件

   D. SiteMapDataSource 控件

5. 下列说法错误的是_____。

   A. 通过将控件的 EnableTheming 属性的值设置为 false 可以禁用主题中的皮肤

   B. StylesheetTheme 的优先级高于 Theme

C. StylesheetTheme 的优先级低于 Theme

D. 主题一般有两种形式页主题和全局主题

6. 下面是 aspx 页面中的一段代码。其中，关于 MasterPageFile 的值的说法正确的是_____。

```
<%@   Page   Language="C#"   AutoEventWireup="true"   CodeFile="Part.aspx.cs"
MasterPageFile="~/anli/MasterPage.master" Inherits="anli_Part" %>
```

A. 其值表示母版页在当前目录

B. 其值表示母版页在应用程序中的根目录

C. 其值表示站点地图在应用程序中的根目录

D. 其值表示站点地图在应用程序中的当前目录

三、简答题

1. 简要概述导航的特点和功能。

2. 总结导航中保存页面逻辑结构的几种文件。

3. 简单分析不同导航控件的区别。

4. 简单说明导航控件与数据源文件的联系方式。

5. 简单说明母版页的编程机制。

第 5 课
ASP.NET 的高级控件

　　很多时候读者想要对用户输入的内容进行判断，或者想要将网页中的一部分内容提取出来，这时使用前几课介绍的服务器控件和知识并不能够满足开发人员的工作需求。除了常用的标准服务器控件外，ASP.NET 还提供了其他的控件，如验证控件和用户控件。验证控件验证用户输入的内容，用户控件则实现了代码和控件的重用性，本课将详细介绍它们的相关知识。

　　通过对本课的学习，读者可以了解验证与验证控件的基本概念，也可以掌握如何使用验证控件对用户输入的内容进行验证并且显示错误信息，还可以掌握用户控件的概念、如何创建和使用以及注意事项等。

本课学习目标：

❏ 熟悉验证的概念和验证控件的分类
❏ 了解验证控件发生的时间和验证对象模型的相关知识
❏ 掌握验证控件的共同属性
❏ 掌握 RequiredFieldValidator 控件的具体使用
❏ 掌握 RangeValidator 控件的具体使用
❏ 掌握 RegularExpressionValidator 控件的具体使用
❏ 熟悉常用的几种正则表达式
❏ 掌握如何使用 CompareValidator 控件进行比较
❏ 掌握如何使用 CustomValidator 控件执行客户端和服务器端验证
❏ 熟悉 ValidationSummary 控件的常用属性以及如何使用
❏ 了解用户控件的概念、优点以及与母版页的区别
❏ 掌握如何创建和使用用户控件
❏ 熟悉用户控件和窗体页的区别

5.1 验证与验证控件

几乎所有的网站都对用户输入的内容进行了验证，验证就是为所收集的数据制定一系列的规则，它不能够保证输入数据的真实性，只能说明是否满足了一些规则。例如用户输入用户名时提示"用户名必须包含字母和下划线"或者"输入数据的格式必须是合法的电子邮箱地址"等。验证控件则是 ASP.NET 中所提供的一组用于验证用户输入的控件，下面将对验证和验证控件进行介绍。

5.1.1 验证分类

通常情况下将验证分为两类：客户端验证和服务器端验证。客户端验证是指利用 JavaScript 脚本，在数据发送到服务器之前进行验证；服务器端验证是指将用户输入的信息全部发送到 Web 服务器进行验证。如表 5-1 说明了客户端验证和服务器端验证的区别。

表 5-1 客户端验证和服务器端验证的区别

	客户端验证	服务器端验证
实现方式	通过 JavaScript 和 DHTML 实现	通过.NET 的开发语言实现
访问方式	不能访问服务器资源，即时信息反馈	与服务器上存储的数据进行比较验证，需要服务器返回以显示错误信息
是否依赖浏览器	依赖于客户端浏览器版本	与客户端浏览器的版本无关
安全性能	安全性较低	安全性较高
是否允许禁用	允许禁用客户端验证	重复所有的客户端验证
优缺点	不能避免欺骗代码或恶意代码	可以避免欺骗代码或恶意代码

5.1.2 验证控件

ASP.NET 提供了一组验证控件，这是一种易用而且功能强大的检错方式，并且在必要时向用户显示错误信息。

ASP.NET 验证控件集成了常用的客户端验证和服务器端验证的功能。ASP.NET 窗体页生成时，系统会自动检测浏览器是否支持 JavaScript，如果支持则将脚本发送到客户端，在客户端完成验证，否则在服务器端完成验证。因此，开发人员不需要关心使用哪种方式进行验证。

ASP.NET 提供了 5 个验证控件和一个汇总控件，它们分别是 RequiredFieldValidator 控件、RangeValidator 控件、RegularExpressionValidator 控件、CompareValidator 控件、CustomValidator 控件以及 CustomValidator 控件。这些控件分别实现了不同的功能，如 RequiredFieldValidator 控件判断用户输入的内容是否为空。

每个验证控件都引用页面上其他地方的输入控件，处理用户输入时（例如页面提交时），验证控件会对用户输入的内容进行测试，并设置属性以指示该输入是否通过测试。调用了所有验证控件后，会在页面上设置一个属性以指示是否出现验证检查失败。

5.1.3 验证时间

验证控件在服务器代码中执行输入检查，如果用户使用的浏览器支持脚本，则验证控件还可以使用客户端脚本验证，这样可以缩短页面的响应时间。当用户向服务器提交页面之后，服务器将逐个调用验证控件来检查用户输入。如果在任意输入控件中检测到验证错误，则该页面将自行设置为无效状态，以便在代码运行之前测试其有效性。

验证发生的时间是在已对页面进行了初始化（即，处理了视图状态和回发数据），但尚未调用任何更改或单击事件处理程序。

> **提示**
> 即使验证控件已经在客户端执行验证，ASP.NET 仍然会在服务器上执行验证，这样可以在基于服务器的事件处理程序中测试有效性。另外，在服务器上进行重新测试有助于防止用户通过禁用或更改客户端脚本检查来逃避验证。

5.1.4 共同属性

与基本的服务器控件一样，验证控件也有多个共同的属性和事件，如表 5-2 所示了这些验证控件常用的共同属性。

表 5-2　验证控件常用的共同属性

属 性 名 称	说　　明
ControlToValidate	指定所要验证控件的 ID
Display	指定验证控件在页面上显示的方式
EnableClientScript	设置是否启用客户端验证，默认值为 true。如果将值设置为 false，只有当页面往返时才会实现验证控件，这时完全使用服务器端验证
ErrorMessage	设置在 ValidationSummary 控件中显示的错误信息
SetFocusOnError	当验证无效时，确定是否将焦点定位在被验证控件中
Text	设置验证控件显示的信息，如果值为空，则会被 ErrorMessage 属性值代替
ValidationGroup	设置验证控件的分组名

控件的 Display 属性的值是枚举类型 ValidatorDisplay 的值之一，其值有 3 个分别为 Dynamic、Static 和 None，说明如下所示。

- ❑ **Dynamic**　验证失败时动态添加到页面中的验证程序内容。除非显示错误信息，否则验证控件不会占用空间，这允许控件共用同一个位置，但在显示错误信息时，页面的布局将会更改，有时将导致控件更改位置。
- ❑ **Static**　默认值，作为页面布局的物理组成部分的验证程序内容。即使没有可见的错误信息文本，每个验证控件也将占用空间，允许开发人员为页定义固定的布局。多个验证控件无法在页上占用相同空间，因此必须在页上给每个控件留出单独的位置。
- ❑ **None**　从不以内联显示的验证程序内容。

ASP.NET 验证控件可以同时用于 HTML 和 Web 服务器控件。对于一个输入控件，开发人员可以附加多个验证控件。例如，开发人员可以指定某个控件是必需的，并且该控件包含特定范围的值，然后通过主要的属性进行设置。如下示例演示了如何通过设置控件的 ValidationGroup 属性进行分组验证。

```
Name:  <asp:TextBox ID="NameTextBox" runat="Server"></asp:TextBox> 
<asp:RequiredFieldValidator ID="RequiredFieldValidator1" ControlToValidate=
"NameTextBox"  ValidationGroup="PersonalInfoGroup" ErrorMessage="Enter your
name." runat="Server">
</asp:RequiredFieldValidator>
Age:  <asp:TextBox ID="AgeTextBox" runat="Server"></asp:TextBox>
 
<asp:RequiredFieldValidator ID="RequiredFieldValidator2" ControlToValidate=
"AgeTextBox"  ValidationGroup="PersonalInfoGroup" ErrorMessage="Enter  your
```

```
age." runat="Server">
</asp:RequiredFieldValidator>
<asp:Button ID="btOne" Text="Validate1" CausesValidation="true" ValidationGroup=
"PersonalInfoGroup" runat="Server" />
city:  <asp:TextBox ID="CityTextBox" runat="Server"></asp:TextBox> 
<asp:RequiredFieldValidator ID="RequiredFieldValidator3" ControlToValidate=
"CityTextBox" ValidationGroup="LocationInfoGroup" ErrorMessage="Enter a city
name." runat="Server"></asp:RequiredFieldValidator>
<asp:Button ID="btTwo" Text="Validate2" CausesValidation="true" ValidationGroup=
"LocationInfoGroup" runat="Server" />
```

上述代码中添加了 3 个 TextBox 控件、3 个 RequiredFieldValidator 控件以及两个 Button 控件，然后为每个 RequiredFieldValidator 控件和 Button 控件都添加了 ValidationGroup 属性，该属性用于表示验证的分组名。

读者可以运行上面的代码单击不同的按钮进行测试，观察测试效果。也可以更改上面的代码重新为 ValidationGroup 属性赋值，然后亲自运行页面代码观察效果。

5.1.5　验证对象模型

验证控件在客户端上呈现的对象模型与在服务器上呈现的对象模型几乎完全相同。例如无论在客户端还是在服务器端，开发人员都可以通过相同的方式读取验证控件的 IsValid 属性以测试验证。

页面级别上公开的验证信息有所不同，在服务器端，页支持属性；而在客户端，页包含全局变量。如表 5-3 所示了客户端和服务器端在页上公开的信息。

表 5-3　客户端和服务器端的公开信息

服务器端页属性	客户端页变量
IsValid	Page_IsValid
Validators 集合，它包含对所有验证控件的引用	Page_validators 数组，它包含对页上所有验证控件的引用
	Page_ValidationActive，表示是否应进行验证的布尔值

所有与页相关的验证信息都应该被视为只读信息，ASP.NET 通常会通过判断页面的属性 IsValid 值可以确定页面上的控件是否都通过了验证。IsValid 属性的值为 true 表示所有的控件都通过了验证，而 false 表示页面上所有控件没有通过验证。

IsValid 属性的使用非常简单，直接在后台页面中调用 Page 对象的该属性即可，代码如下。

```
if(Page.IsValid)
    //验证成功
else
    //没有通过验证
```

5.2　常用的验证控件

在上一小节已经介绍验证与验证控件，下面将详细介绍常用的 5 种验证控件，以及 5 种控件的属性和常用示例等。

5.2.1 RequiredFieldValidator 控件

RequiredFieldValidator 控件表示必需或必填控件，开发人员通过在页面中添加该控件并将其链接到必需的控件，可以指定某个用户在 ASP.NET 网页上的特定控件中必须提供信息。

RequiredFieldValidator 控件必须通过 ControlToValidate 属性设置被验证控件的 ID，因此该控件要和其他标准控件（如 TextBox 控件和 DropDownList 控件）一起使用，也可以和其他的验证控件一起使用。

RequiredFieldValidator 控件的常用语法形式如下。

```
<asp:RequiredFieldValidator    ID="RequiredFieldValidator1"    runat="server"
ControlToValidate="TextBox1" ErrorMessage="RequiredFieldValidator"></asp:
RequiredFieldValidator>
```

例如，用户登录时验证输入的用户名是否为空，代码如下。

```
UserName:<asp:TextBox ID="txtUserName" runat="server"></asp:TextBox>
<asp:RequiredFieldValidator ID="rfvName" runat="server" ControlToValidate=
"txtUserName" ErrorMessage="用户名不能为空！" Text="请输入用户名！"></asp:
RequiredFieldValidator>
```

在上述代码中同时设置了 ErrorMessage 属性和 Text 属性，如果这两个属性同时存在时 Text 属性优先。

【练习 1】

现在许多的网站都可以充电话费，例如淘宝、拍拍和移动联通电话的官方网站等，用户在给电话充值时必须输入电话号码。本次练习使用 RequiredFieldValidator 控件提示用户进行输入，单击按钮时弹出提示效果。

首先添加 Web 窗体页，在页面的合适位置添加 TextBox 控件、RequiredFieldValidator 控件和 Button 控件，页面代码如下。

```
<form id="Form1" runat="server">
    <div class="PphoneRecharge" style="display: block;">
        <div class="block" style="height: 25px;">
            <label>手机号码: </label>
            <div class="bd"><asp:TextBox ID="txtPhone" runat="server" class=
            "iptW210H24" Style="color: #999"></asp:TextBox></div>
        </div>
        <div class="block" style="height: 15px; padding-top: -10px;">
            <div class="bd">
                <asp:RequiredFieldValidator ID="rfvPhone" ControlToValidate=
                "txtPhone" runat="server" ForeColor="Red" Text="电话号码不能为
                空, 请重新输入! "></asp:RequiredFieldValidator>
            </div>
        </div>
        <div class="block" style="height: 25px;">
            <label>固定金额: </label>
            <div class="bd">
                <asp:DropDownList ID="ddlCode" class="selectMon priceSelect"
                runat="server">
```

```
                    <asp:ListItem value="20">20 元</asp:ListItem>
                    <%--省略其他内容--%>
                </asp:DropDownList>
                <span class="cOrange">折后: <span class="priceZ cOrange">98.5
                </span>元</span>
            </div>
        </div>
        <div class="item" style="height: 30px; margin-top: 5px;">
            <div class="block"><asp:Button ID="ImageButton1" class=
            "rechargeInt ie6Png" Width="77" Height="30" Text="点击充值"
            runat="server" /></div>
        </div>
    </div>
</form>
```

代码完成后运行页面直接单击按钮进行测试，最终运行效果如图 5-1 所示。

图 5-1　RequiredFieldValidator 控件示例

RequiredFieldValidator 控件除了介绍的共用属性外，自身还包括一些其他属性，主要属性有 3 个，如下所示。

❑ **ViewStateMode**　获取或设置控件的试图状态模式。

❑ **IsValid**　获取或设置一个值，该值指示关联的控件是否通过验证。

❑ **InitialValue**　获取或设置关联的输入控件的初始值。

5.2.2　RangeValidator 控件

很多情况下用户输入内容后，需要对输入的内容进行判断。例如，判断某个商品输入的价格是否在 1.0 ~ 9.9 之间；判断用户输入的年龄是否在 18 ~ 30 岁之间；或者随机生成的数字是否在 0 ~ 9 之间等。

ASP.NET 提供了一个新的控件：RangeValidator 控件，该控件用于检查用户的输入是否在指定的上下限内。RangeValidator 控件可以检查数字对、字母对以及日期对限定的范围，因此该控件也常常被称做范围验证控件。

RangeValidator 控件包含多个常用属性，除了公用的常用属性外，表 5-4 所示了特有的常用属性。

表 5-4　RangeValidator 控件的常用属性

属 性 名 称	说　明
IsValid	获取或设置相关联的 RangeValidator 控件是否通过验证
CultrueInvariantValues	获取或设置一个值，该值指示是否在比较之间将值转换为非特定区域性格式。默认值为 false

属 性 名 称	说　　明
MaximumValue	获取或设置验证范围的最大值
MinimumValue	获取或设置验证范围的最小值
Type	获取或设置在比较之间将所比较的值转换到的数据类型，默认为 String

在表 5-4 中，Type 属性指定了比较类型，该属性的值是枚举类型 ValidationDataType 的值之一。这些属性值的说明如下。

❑ **String**　字符串数据类型，默认的类型，其值被视为 System.String。

❑ **Date**　日期数据类型，仅允许使用数字日期，不能指定时间部分。

❑ **Integer**　32 位符号整数数据类型，其值被视为 System.Int32。

❑ **Double**　双精度浮点数数据类型，其值被视为 System.Double。

❑ **Currency**　货币数据类型，其值被视为 System.Decimal，但是仍允许使用货币和分组符号。

在如下示例代码中，通过 RangeValidator 控件的 MaximumValue 属性和 MinimumValue 属性指定允许用户输入日期的最大值和最小值，并且将 Type 类型的值设置为 Date 类型，代码如下。

```
<asp:TextBox ID="TextBox1" runat="server"></asp:TextBox>
<asp:RangeValidator ID="RangeValidator1" runat="server" ControlToValidate=
"TextBox1" ErrorMessage="您输入的内容必须是有效的日期: 1900 年 1 月 1 日到 2300 年 12 月
31 日之间" MaximumValue="2300-12-31" MinimumValue="1900-1-1" Type="Date"></asp:
RangeValidator>
```

【练习 2】

喜欢网购的用户可以发现，当您在网购某件商品时，如果输入的购买数量不合法（例如输入字符串或者购买数量过多等）时都会弹出提示。下面主要通过 RequiredFieldValidator 控件和 RangeValidator 控件来控制用户的输入，完成输入不合法时的提示功能。

首先创建新的 Web 窗体页，在页面的合适位置添加 TextBox 控件、RequiredFieldValidator 控件、RangeValidator 控件和 ImageButton 控件等。其中 TextBox 控件提供用户输入，RequiredFieldValidator 控件验证是否向 TextBox 控件输入内容，RangeValidator 控件验证输入的内容是否在 1～10 之间，页面的主要代码如下。

```
<form runat="server">
    <div class="buyinfo" id="buyArea">
        <dl class="amount" id="buyNumArea">
            <dt>购买数量</dt>
            <dd>
                <asp:TextBox ID="txtNumber" MaxLength="9" runat="server">
                </asp:TextBox>件 <span>剩余<em id="currentStockNum">
                1000</em>件</span><br />
                <asp:RequiredFieldValidator ID="rfvNumber" runat="server"
                ErrorMessage="请输入数量" ControlToValidate="txtNumber"
                Display="Dynamic" ForeColor="Red" ></asp:RequiredFieldValidator>
                <asp:RangeValidator ID="rfNumber" runat="server" ErrorMessage=
                "您必须输入 1-10 之间的整数！" Display="Dynamic" MaximumValue="10"
                MinimumValue="1" ForeColor="Blue" ControlToValidate=
                "txtNumber" Type="Integer"></asp:RangeValidator>
            </dd>
```

```
            </dl>
            <div class="btn">
                <asp:ImageButton ID="ib1" ImageUrl="./images/gotobuy.png" runat=
                "server" />
                <asp:ImageButton ID="ib2" ImageUrl="./images/addcart.png" runat=
                "server" />
            </div>
        </div>
    </form>
```

上述代码主要通过 MaximumValue、MinimumValue 和 Type 属性指定用户输入的数值范围和类型。另外分别为 RequiredFieldValidator 控件和 RangeValidator 控件指定了 Display 属性的值。

页面代码添加完成后运行，输入内容进行测试，输入内容不合法时的最终效果如图 5-2 所示。

图 5-2　RangeValidator 控件示例

> **注意**
>
> 如果开发人员将输入内容的控件保留为空白内容，则 RangeValidator 控件会通过范围验证。因此，如果强制用户输入内容，可以添加 RequiredFieldValidator 控件提示用户进行输入。

5.2.3　RegularExpressionValidator 控件

RegularExpressionValidator 控件通常会被称为正则表达式控件，该控件用于确定用户输入的内容是否与某个正则表达式所定义的模式相匹配。通过验证控件 RegularExpressionValidator，可以检查可预知的字符序列，如身份证号码、电子邮件地址、电话号码以及邮政编码等字符序列。

RegularExpressionValidator 控件除了共用属性外，最常用的属性是 ValidationExpression，该属性用于获取或设置确定字段验证模式的正则表达式。如下通过一个练习来介绍如何使用该属性。

【练习 3】

生活的快速发展使越来越多的用户追求高品质的生活，其中信用卡便是最流行的一种方式。用户通过网上银行申请信用卡时，要求必须输入合法的身份证号，以便确定用户身份，主要步骤如下。

（1）添加新的 Web 窗体页，在页面的合适位置添加两个 TextBox 控件、一个 DropDownList 控件和一个 Button 控件。其中一个 TextBox 控件表示用户输入的证件号码，在该控件之后分别添加 RequiredFieldValidator 控件和 RegularExpressionValidator 控件。页面与证件相关的代码如下。

```
<strong>证件号码: </strong>
```

```
<asp:TextBox ID="txtCard" class="bor bo_150" runat="server"></asp:TextBox>
<asp:RequiredFieldValidator ID="rfvCard" runat="server" ControlToValidate=
"txtCard" Display="Dynamic" ForeColor="Blue">不能为空!</asp:RequiredFieldValidator>
<asp:RegularExpressionValidator ID="revCard" runat="server" Display="Dynamic"
ForeColor="Blue" ControlToValidate="txtCard">请 输 入 合 法 的 证 件 号 码
</asp:RegularExpressionValidator>
<asp:Button ID="Button1" class="part_btn png" runat="server" Text="信息提交" />
```

（2）单击 RegularExpressionValidator 控件，找到
ValidationExpression 属性，单击该属性后面的按钮弹出【正则
表达式编辑器】对话框，如图 5-3 所示。

图 5-3 中提供了多个判断用户输入的正则表达式，找到相
应的内容后单击【确定】按钮进行添加即可。

（3）添加完成后 RegularExpressionValidator 控件相关的
代码如下。

图 5-3 【正则表达式编辑器】对话框

```
<asp:RegularExpressionValidator ID="revCard" runat="server" ControlToValidate=
"txtCard" ValidationExpression="\d{17}[\d|X]|\d{15}" Display="Dynamic"
ForeColor="Blue">请输入合法的证件号码</asp:RegularExpressionValidator>
```

（4）运行页面输入内容进行测试，最终效果如图 5-4 所示。

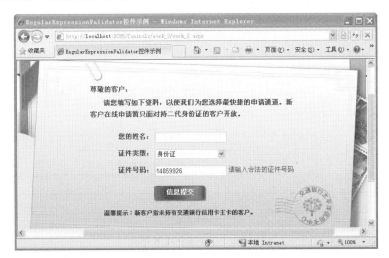

图 5-4 RegularExpressionValidator 控件示例

如果图 5-3 中预定义的正则表达式内容不符合用户所要验证的内容，那么开发人员也可以通过
ValidationExpression 属性，编写自己的正则表达式。以下列出了几种常用的正则表达式。

```
正整数: ^[1-9]\d*$
负整数: ^-[1-9]\d*$
整数: ^-?[1-9]\d*$
非负整数（正整数+0）: ^\d+$
匹配中文字符的正则表达: [\u4e00-\u9fa5]
匹配双字节字符（包括汉字在内）: [^\x00-\xff]
货币（非负数），要求小数点后有两个数字: \d+(\.\d\d)?
货币（正数或负数）: (-)?\d+(\.\d\d)?
匹配国内电话号码: \d{3}-\d{8}|\d{4}-\d{7}     //如 031-87269530 或 0371-68954752
```

匹配腾讯 QQ 号码：[1-9][0-9]{4,}   //QQ 号从 10000 开始

5.2.4 CompareValidator 控件

CompareValidator 控件是常用的一种验证控件之一，通常被称为比较控件。该控件可以用于比较一个控件的值和一个指定的值，如果比较的结果为 true，则验证通过；也可以用于比较一个控件的值和另一个控件的值，如果相等则验证通过。

CompareValidator 控件除了共用属性外，还包含了一些特定的属性，如表 5-5 对这些特定属性进行了说明。

表 5-5　CompareValidator 控件的特定属性

属 性 名 称	说　　明
ControlToCompare	获取或设置要与所验证的输入控件进行比较的输入控件
Operator	获取或设置要执行的比较操作，默认值为 Equal
Type	获取或设置在比较之前所比较的值转换到的数据类型。其值包括 String（默认值）、Integer、Double、Date 和 Currency
ValueToCompare	获取或设置一个常数值，该值需要与由用户输入到所验证的输入控件中的值进行比较

注意

当读者在 ControlToCompare 属性中指定控件时，CompareValidator 控件会将用户输入的内容与其他控件指定的属性进行比较。如果同时设置 ControlToCompare 和 ValueToCompare 属性，则 ControlToCompare 的优先级比较高。

CompareValidator 控件的 Operator 属性执行比较操作，该属性的值有 7 个，具体说明如表 5-6 所示。

表 5-6　Operator 属性的值

值	说　　明
Equal	默认值，进行相等比较
DataTypeCheck	只对数据类型进行比较
GreaterThan	大于比较
GreaterThanEqual	大于或等于比较
LessThan	小于比较
LessThanEqual	小于或等于比较
NotEqual	不等于比较

【练习 4】

喜欢游戏或者在某些网站注册时可以知道，部分特定内容是针对成年人而设置的，必须满足一定的年龄才可以进入，本次练习主要通过 CompareValidator 控件比较用户输入的年龄是否大于等于 18 岁，如果不是则弹出提示。

首先在新创建的 Web 窗体页中添加注册的相关信息，与年龄和控件相关的代码如下。

```
<li>
    <label class="name"><span class="icon">★</span>年龄</label>
    <span class="input_pack">
        <asp:TextBox ID="txtAge" class="input_a" runat="server"></asp:TextBox>
    </span>
    <span class="info">忘记密码可用邮箱索取。 </span></li>
```

```
<li>
    <label class="name"> </label>
    <span class="input_pack">
        <asp:CompareValidator ID="cvAge" ControlToValidate="txtAge" Operator=
        "GreaterThanEqual" Type="Integer" ValueToCompare="18" Display=
        "Dynamic" runat="server"><span class="icon">★年龄不能小于18岁!
        </span></asp:CompareValidator>
    </span>
</li>
```

上述代码 CompareValidator 控件通过 ControlToValidate 属性设置比较的控件；ValueToCompare 属性设置比较的值；Operator 属性设置比较的类型；Type 指定比较之前转换的数据类型。

所有代码添加完成后，运行页面在文本框中输入内容进行测试，最终运行效果如图 5-5 所示。

图 5-5　RequiredFieldValidator 控件示例 1

通常情况下，如果验证控件无法解析另一个控件中的值，它们通常不会引发错误，而是会通过检查。如果其他控件中的值缺失，或者无法转换为 CompareValidator 控件的数据类型，则会发生这种情况。如下所示了特定测试和可能的结果。

❏ 如果在起始控件的 ControlToValidate 属性中输入的目标控件中没有值，则 IsValid 属性被视为 true 并且验证通过。

❏ 如果 ControlToValidate 属性中的目标控件值无法转换为适当的数据类型，则 IsValid 属性被视为 false。

❏ 如果 ControlToCompare 属性中的目标控件值无法转换为适当的数据类型，则 IsValid 属性被视为 true。

【练习 5】

开发人员经常需要比较用户输入在某个区间段的内容（例如商品某段时间的销售量或者某段价格），下面主要通过 CompareValidator 控件演示如何比较两个控件的值。主要代码如下。

（1）在 Web 窗体页的合适位置添加两个 TextBox 控件，分别表示起始价格和结束价格，代码如下。

```
<b class="fPb-item"><i class="ui-price-plain">￥</i>
    <asp:TextBox ID="txtStartPrice" runat="server" class="j_FPInput">
    </asp:TextBox>
```

```
</b>
<b class="fPb-item"><i class="ui-price-plain">¥</i>
    <asp:TextBox ID="txtEndPrice" runat="server" class="j_FPInput"></asp:
    TextBox>
</b>
```

（2）继续添加 CompareValidator 控件，通过 ControlToValidate 属性设置目标控件，ControlToCompare 属性设置被比较的控件，Operator 属性设置比较操作，Type 属性设置将值转换到 Double 类型，代码如下。

```
<asp:CompareValidator ID="cvPrice" ErrorMessage="请您输入合法的价格区间，后者必须
大于前者。" ControlToCompare="txtStartPrice" ControlToValidate="txtEndPrice"
Operator="GreaterThan" Type="Double" Display="Dynamic" ForeColor="Red" runat=
"server"></asp:CompareValidator>
```

（3）运行页面输入的内容进行测试，最终效果如图 5-6 所示。

图 5-6　CompareValidator 控件示例 2

5.2.5　CustomValidator 控件

很多时候用户输入内容后使用上述的控件并不能完成验证，例如判断某个文本框中是否包含文本"CN"或者输入的内容是否是 3 的倍数，就需要开发人员通过自己编写的代码进行验证。ASP.NET 中提供了一种用于开发人员自定义验证的控件——CustomValidator 控件。顾名思义，CustomValidator 控件也叫自定义验证控件，它可以使用自己编写的验证逻辑检查用户输入的内容是否合法。

CustomValidator 控件既支持客户端脚本验证，也支持后台服务器端验证。如表 5-7 所示 CustomerValidator 控件的 CustomValidator 控件特有的常用属性。

表 5-7　CustomValidator 控件的特有属性

属 性 名 称	说　　明
ClientValidationFunction	用户设置客户端验证的脚本函数
ValidateEmptyText	获取或设置一个值，该值指示是否验证空文本。默认值为 false
OnServerValidate	服务器端验证的事件方法
EnableClientScript	指示是否在上级浏览器中对客户端执行验证

开发人员通过设置 ClientValidationFunction 属性的值为客户端验证函数名，并且需要将 EnableClientScript 属性的值设置为 true。

【练习 6】

细心的用户可以发现，用户在注册时通常对用户名进行了限制（例如，用户名必须包含数字和字母，并且必须以字母开头），下面通过 CustomValidator 控件自定义代码完成客户端的验证。页面以练习 4 的页面为主，主要步骤如下。

（1）在 Web 窗体页中添加 JavaScript 脚本代码，创建名称为 Check 的脚本函数，该函数判断用户输入的首个字段是否为字母，在该函数中需要传递两个参数，代码如下。

```javascript
<script type="text/javascript">
    function Check(oSrc, args) {
        var name = document.getElementById("txtUserName").value;
        var first = name.substring(0, 1);
        if ((first >= 'a' && first <= 'z') || (first >= 'A' && first <= 'Z')) {
            args.IsValid = true;
        } else {
            args.IsValid = false;
        }
    }
</script>
```

在上述代码中，首先通过调用 getElementById()方法获取对象的 value 属性，接着调用 substring()方法获取用户输入的第一个字母，然后使用 if else 语句进行判断。如果输入内容合法，则将 IsValid 属性的值设置为 true，否则设置为 false。

（2）在新建的 Web 窗体页中添加用户内容，包括用户名、用户密码和年龄等相关控件。使用 CustomValidator 控件自定义验证的内容，并且向该函数中添加 ClientValidationFunction 属性，该属性的值为上一步中的脚本函数名，相关代码如下。

```html
<li>
    <label class="name"><span class="icon">★</span>用户名</label>
    <span class="input_pack">
        <asp:TextBox ID="txtUserName" class="input_a" runat="server"></asp:
        TextBox>
    </span>
    <span class="info">数字或字母 3-12 个字节,字母开头。</span>
</li>
<li>
    <label class="name"> </label>
    <asp:CustomValidator ID="cvUserName" runat="server" ControlToValidate=
    "txtUserName" ClientValidationFunction="Check" Display="Dynamic"><span
    class="icon">★</span> 输入的用户名不合法，必须以字母开头! </asp:CustomValidator>
</li>
```

（3）运行页面输入的内容进行测试，最终运行效果如图 5-7 所示。

开发人员也可以实现 CustomValidator 控件的服务器端验证，如果要实现服务器端的验证，则需要通过该控件的 ServerValidate 事件触发。在 ServerValidate 事件中包含两个参数：sourse 和 args，说明如下。

❑ **sourse** 该参数是对引发此事件的自定义验证控件的引用。

❑ **args** 它是一个 ServerValidateEventArgs 对象，通过属性 args.Value 的值包含要验证的用户输入内容。如果输入的内容是有效的，则将 args.IsValid 设置为 true；否则设置为 false。

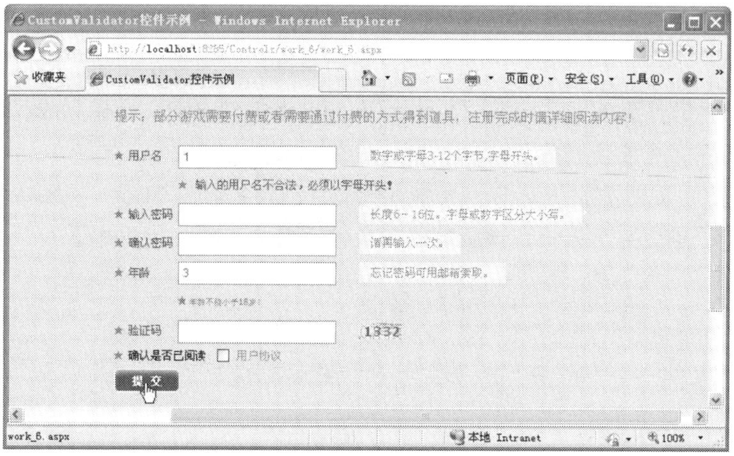

图 5-7　CustomValidator 控件示例

重新更改上面的代码，为 CustomValidator 控件添加 ServerValidate 事件，在该事件中完成对首个字段的判断，事件代码如下。

```
protected void cvUserName_ServerValidate(object source, ServerValidateEventArgs
args)
    {
        string name = txtUserName.Text;
        char first = Convert.ToChar(name.Substring(0, 1));
        if (!((first >= 'a' && first <= 'z') || (first >= 'A' && first <= 'Z')))
        {
            args.IsValid = false;
        }
        else
        {
            args.IsValid = true;
        }
    }
```

上述代码首先获取用户输入的内容，接着调用 Substring() 方法截取第一个字段，将截取的字段通过 ToChar() 方法转换为 char 类型，并保存到 char 类型的变量 first 中，最后判断 first 是否合法，然后设置 IsValid 属性的值。

技巧

无论开发人员使用客户端验证还是服务器端验证，都可以通过判断控件 CustomValidator 的 IsValid 属性的值来确定是否通过验证。

5.3 ValidationSummary 控件

除了上一小节中的五种验证控件外，ASP.NET 还提供了另外一种控件——ValidationSummary。该控件不执行验证内容，但是它经常与其他验证控件一起用于显示来自页上所有验证控件的错误信息。

通过设置 ValidationSummary 控件的属性可以以内联显示和摘要显示错误信息，也可以在消息框中显示错误信息摘要，表 5-8 所示了该控件的常用属性。

表 5-8　ValidationSummary 控件的常用属性

属 性 名 称	说　　明
DisplayMode	获取或设置验证摘要的显示模式。默认值为 BulletList
EnableClientScript	获取或设置一个值，用于指示该控件是否使用脚本更新自新
ShowMessageBox	获取或设置一个值，该值指示是否在消息框中显示摘要信息
ShowSummary	获取或设置一个值，该值指示是否内联显示验证摘要
HeaderText	获取或设置显示在摘要上方的标题文本

ValidationSummary 控件的 DisplayMode 属性的值是枚举类型 ValidationSummaryDisplayMode 的值之一，该枚举的值为 BulletList、List 和 SingleParagraph。它们的说明如下所示。

❏ **BulletedList**　默认值，显示在项目符号中的验证摘要。

❏ **List**　显示在列表中的验证摘要。

❏ **SingleParagraph**　显示在单个段落内的验证摘要。

如果开发人员希望在消息框中显示错误信息摘要时有两个步骤：首先将 ValidationSummary 控件的 ShowMessageBox 属性设置为 true，然后再将 ShowSummary 属性的值设置为 false。

通过设置验证控件的相关属性可以分别以内联、摘要以及内联和摘要三种方式显示错误信息文本，其中后两种方式需要使用 ValidationSummary 控件，如表 5-9 所示了以这些方式显示时需要设置的内容。

表 5-9　设置验证控件的属性以不同方式显示

方 式 名 称	需要设置的验证控件属性
内联	Display = Static 或 Dynamic ErrorMessage = <错误文本> 或 Text = <错误文本>
摘要（含可选消息框）	Display = None ErrorMessage = <错误文本> 或 Text = <错误文本>
内联和摘要（含可选消息框）	Display = Static 或 Dynamic ErrorMessage = <摘要的错误文本> Text = <内联错误文本或标志符号>

ValidationSummary 控件显示错误信息时会显示验证控件的 ErrorMessage 属性所对应的值，下面通过一个简单的练习验证用户登录时的内容。

【练习 7】

在本次练习中，页面包含用户名和用户密码两个信息，判断用户名和密码不能为空，并且密码的长度在 6～12 位之间，主要步骤如下。

（1）在 Web 窗体页中添加两个 TextBox 控件，它们分别用于接收用户输入的名称和密码，接着向合适位置添加两个 RequiredFieldValidator 控件、一个 CustomValidator 控件以及一个 ImageButton 控件，主要代码如下。

```
<ul style="list-style-type: none">
    <li>
        <span class="span_txt">帐户: </span>
        <asp:TextBox ID="txtusername" runat="server" class="inputStyleTips"
        Text=""></asp:TextBox>
        <asp:RequiredFieldValidator ID="rfvname" ControlToValidate="txtusername"
```

```
        Display="Dynamic" ForeColor="Blue" runat="server" ErrorMessage="请输
    入用户名！" Text="用户名不能为空！"></asp:RequiredFieldValidator>
    </li>
    <li>
        <span class="span_txt">密码: </span>
        <asp:TextBox ID="txtuserpass" class="inputStyle01" TextMode="Password"
    runat="server"></asp:TextBox>
        <asp:RequiredFieldValidator ID="rfvpass" ControlToValidate="txtuserpass"
    Display="Dynamic" ForeColor="Blue" runat="server" ErrorMessage="请输
    入密码！" Text="密码不能为空！"></asp:RequiredFieldValidator>
        <asp:CustomValidator ID="cvpass" ControlToValidate="txtuserpass"
    Display="Dynamic" ForeColor="Blue" ClientValidationFunction="CheckLogin"
    runat="server" ErrorMessage="密码在 6-12 位之间！" Text="密码在 6-12 位之间
    "></asp:CustomValidator>
    </li>
    <li class="submit">
        <asp:ImageButton ID="ImageButton1" runat="server" ImageUrl="./images/
    btn_login.jpg" />
    </li>
    <asp:ValidationSummary ID="vsAllInfo" runat="server" />
</ul>
```

（2）为 CustomValidator 控件添加 ClientValidationFunction 属性的值，指定 JavaScript 脚本中的函数名。在函数名为 CheckLogin 的脚本中判断用户输入的密码长度是否在 6～12 位之间，代码如下。

```
<script type="text/javascript">
    function CheckLogin(sourse, args) {
        var pass = document.getElementById("txtuserpass").value;
        if (pass.length < 6 || pass.length > 12)
            args.IsValid = false;
        else
            args.IsValid = true;
    }
</script>
```

（3）运行页面在密码框中输入内容后单击按钮进行测试，页面最终运行效果如图 5-8 所示。

图 5-8　ValidationSummary 控件示例（内联和摘要）

在练习 7 中，将验证控件 Display 属性的值设置为 Dynamic，并且以列表的形式显示错误消息。下面重新更改上述与验证控件相关的代码，将 Display 属性的值设置为 None，这样只会以摘要的方式显示提示内容。重新运行本次练习的代码，在密码框中输入内容后单击按钮进行测试，最终效果如图 5-9 所示。

图 5-9　ValidationSummary 控件示例（摘要）

试一试
设置 ValidationSummary 控件的 ShowMessageBox 属性和 ShowSummary 属性，实现以消息框方式显示错误信息，感兴趣的读者可以动手试一试。

5.4 用户控件

开发人员在设计网站或系统页面时，许多内容在本页面和其他页面是通用的，复制相关的代码可以完成相应的内容。但是如果要更改其中的内容，其他页面与之相关的内容也会改变，这样会导致"牵一发而动全身"的效果。ASP.NET 提供了用户控件，这样可以很好地解释以上问题。

5.4.1　用户控件概述

ASP.NET 中提供了丰富的控件，但是这些控件有时候并不能够满足实际的业务需求。在这种情况下，有两种方法实现业务需求，如下所示。

❑ **用户控件**　它是能够在其中放置标记和 Web 服务器控件的容器，然后将用户控件作为一个单元对待，为其定义属性和方法。

❑ **自定义控件**　自定义控件是编写一个类，该类从 Control 或 WebControl 派生。

用户控件中不仅可以定义显示界面，还可以编写事件处理代码。它是一种自定义的组合控件，通常由系统提供的可视化控件组合而成。

1. 用户控件优点

用户控件实现了代码的重用性，除了该优点外，还包含其他的优点。以下从三个方面进行说明。

❑ 可以将常用的内容或者控件及控件的运行程序逻辑设计为用户控件，然后可以在多个网页中重复使用该用户控件，节省许多重复性工作。

❑ 如果网页中的内容需要改变时，只需要更改用户控件中的内容，其他使用该用户控件的网页会自动随之改变。

❑ 取代了服务器端文件所包含的（<!--#include）指令。

2．何时使用

一般情况下，当内容在逻辑上可以组合在一起，而且又有可能要在多处使用时，才可以使用用户控件。用户控件可以在一个应用程序中重用，但是不能跨应用程序重用。例如，很多网站所有页面的顶部都是一样的，用来显示网站的 Logo 和功能导航等，在这种情况下，就可以把这个相同的顶部做为用户控件；访问不同的网页都必须进行用户注册与登录，这也可以将注册和登录做成用户控件；与内容有关的文件上传和下载等，也可以做成用户控件。如图 5-10 所示将网站的头部设计为用户控件。

图 5-10　用户控件示例

3．与母版页的区别

通过对上一课的学习，读者可以知道在母版页中也包含了系统或网站页的公共部分。它们之间有什么区别呢？其主要区别在于母版页是提取多个页面的外围公共部分，添加的内容是嵌入于母版页中间的，而用户控件则是提取多个页面中间任意一个位置的公共部分，开发时把该部分嵌入到其他窗体页中。

5.4.2　创建用户控件

用户控件是可以重用的，开发人员可以使用两种方式创建用户控件。第一种方式如同创建一个 ASP.NET 页面一样，创建一个用户控件。第二种方式将现有的 Web 窗体页更改为用户控件。

1．直接创建用户控件

开发人员直接创建用户控件的主要步骤如下。

（1）打开 Visual Studio 2010，添加解决方案完成后新建一个项目网站。

（2）打开【解决资源管理器】，右击项目名称单击【添加新项】选项，弹出【添加新项】对话框，效果如图 5-11 所示。

图 5-11　直接创建用户控件

在图 5-11 所示的对话框中选择【Web 用户控件】选项，然后输入要创建的用户控件名称，输入完成后单击【添加】按钮即可。另外从图 5-11 中可以看出，用户控件的后缀名是.ascx。

（3）打开添加的用户控件页，在页面中直接从【工具箱】中拖动相应的控件进行设计，添加完成时的主要代码如下。

```
<%@ Control Language="C#" AutoEventWireup="true" CodeFile="BlogControl.ascx.
cs" Inherits="BlogControl" %>
```

2．将 Web 窗体页更改为用户控件

开发人员可以将创建的 Web 窗体页更改为用户控件，其中主要涉及到 4 个步骤，说明如下。

（1）删除 Web 窗体页中所有与 HTML 相关的标签元素，如<html></html>、<body></body>以及<form></form>等。

（2）将页面的@Page 指令更改为@Control 指令，并且将 CodeFile 属性的后缀名更改以 .ascx.cs 为扩展名的文件。

（3）更改后台页面中声明的类代码，可以更改后台页类的名称为用户控件名称，如果更改则第（2）步中相应的 Inherits 属性也需要进行更改。另外，还需要将类的继承进行更改，需要从 System.Web.UI.Page 更改为 System.Web.UI.UserControl。

（4）在【解决资源管理器】中更改文件的后缀名，将 Web 窗体页的后缀名.aspx 更改为用户控件的后缀名.ascx。

（5）重新生成解决方案，查看整个项目是否出错，该步骤可以直接省略。

5.4.3　用户控件与窗体页的区别

用户控件与 Web 窗体页的设计几乎完成相同，它们之间有许多相似之处。例如常见方式相似，可以添加标准控件和可以添加事件等。但是它们存在着很大的不同，如下所示。

- ❑ **后缀名不同**　窗体页的后缀名是.aspx，而用户控件的后缀名是.ascx。
- ❑ **添加指定不同**　窗体页添加完成后是 Page 指令，而用户控件则是 Control 指令。
- ❑ **后台页类的继承不同**　窗体页后台页面继承 System.Web.UI.Page，而用户控件则继承 System.Web.UI.UserControl。
- ❑ **是否可以被包含**　窗体页中可以包含控件和所有的用户控件，但是不能被其他的页面包含；用户不仅可以包含控件和其他用户控件，还可以被其他的用户控件和窗体页包含。
- ❑ **是否包含 HTML 标签**　窗体页中可以包含所有的 HTML 相关的标签，但是用户控件中不能包含<html></html>和<form></form>等标签元素。
- ❑ **编译和运行方式不同**　窗体页编译完成后可以直接运行进行访问，用户控件可以独立地进行编译，但是不能单独运行。
- ❑ **被访问权限**　窗体页可以直接被访问，而用户控件必须包含在页面中才能发挥作用。

5.4.4　使用用户控件

创建用户控件完成后，需要向用户控件添加相关的控件和代码，添加完成后进行使用，最终效果如图 5-12 所示。

【练习 8】

图 5-12 模拟了 MSDN 网站，在网站顶部通过用户控件进行显示。如下通过主要步骤进行了介绍。

（1）在新添加的用户控件中添加 Image 控件，该控件显示网站的 Logo 信息，相关代码如下。

图 5-12　使用用户控件完成效果

```
<div class="BrandLogo">
    <asp:Image ID="imgLogo" runat="server" ImageUrl="~/work_8/images/logo.
    png" />
</div>
```

（2）添加与语言和登录有关的信息，主要代码如下。

```
<div class="GlobalBar">
    <div id="LocaleSelector"><a id="SelectLocale" href="#">中国（简体中文）</a>
    </div>
    <div class="signIn"><a class="scarabLink" href="#" title="登录">登录 </a>
    </div>
    <div class="Icons">
        <a href="#" title="打印/导出" rel="nofollow">
            <div class="clip26x23"><asp:Image ID="imgPrint" class="isd_print"
            runat="server" ImageUrl="~/work_8/images/ImageSprite.png" /></div>
        </a>
    </div>
</div>
```

（3）添加与导航链接有关的样式和内容，具体代码不再显示。

（4）添加用于用户搜索的文本框，主要代码如下。

```
<asp:TextBox ID="txtHeaderSearchTextBox" runat="server" Width="150px" title="
使用 Bing 搜索 MSDN" Style="color: rgb(170, 170, 170); font-style: italic;
padding-right: -100px;"></asp:TextBox>
<asp:ImageButton       ID="imbSearch"       ImageUrl="~/work_8/images/search.png"
class="header-search-button" runat="server"/>
```

（5）设计用户控件完成后就可以进行使用了，打开添加用户控件的 Web 窗体页面，直接将【解决方案资源管理器】中的用户控件拖动到窗体页的设计视图中。添加完成后会自动向源页面添加代码，代码如下。

```
<%@ Register Src="NewControl.ascx" TagName="NewControl" TagPrefix="uc1" %>
<uc1:NewControl ID="NewControl1" runat="server" />
```

在上述代码中，将用户控件直接拖动到窗体页时会自动在页面顶部添加 Register 指令，并且在合适的位置添加相关用户控件代码。

（6）运行窗体页查看效果,最终效果如图 5-12 所示。

从上个练习可以了解到,在窗体页中注册用户控件时主要涉及到三个属性:Src、TagPrefix 和 TagName,说明如下。

- **Src**　该属性指定资源文件,该资源文件使用虚拟路径（如"NewControl.ascx"）表示,而不能够直接使用物理路径（例如"C:\Program\Control\NewControl.ascx"）表示。
- **TagPrefix**　这个属性定义用户控件所使用的前缀（即命名空间）,有了该前缀就可以在同一个网页中使用不同功能的同名控件了。
- **TagName**　用来定义用户控件的别名,在同一个命名空间里控件名是惟一的,该控件名一般表明了控件的功能。

用户控件注册以后就可以像其他服务器端控件一样被使用,通过定义的目标前缀和目标名来进行使用。通过上面的方法使用用户控件时还会产生一个新的问题,如果在窗体页中包含的用户控件过多,管理起来会非常麻烦。如果读者移动了某个.ascx 文件的路径,那么需要更新所有的注册声明。因此除了上面的方法外,还有一种简单的方法来注册使用用户控件。这种方法不需要开发人员重复注册声明用户控件,只需要在 web.config 文件中进行声明即可,代码如下。

```
<system.web>
  <pages>
    <controls>
        <add tagPrefix="use1" src="~/work_8/NewControl.ascx" tagName=
        "controls"></add>
        <add tagPrefix="use2" src="~/work_8/NewControl2.ascx" tagName=
        "controls"></add>
    </controls>
  </pages>
</system.web>
```

可以在<controls></controls>中添加多个用户控件的注册,这样在窗体页中不必使用 Register 指令,而是直接在页面中使用。

如果使用第二种方式出现如"页/controls/a.aspx 无法使用用户控件/controls/ascx,因为此控件已经在 web.config 中注册并且与该页位于同一个目录中"的错误提示时,通常有两种解决方案,如下所示。

（1）在.aspx 页面通过 Register 指令再次注册更改为用户控件。

（2）为用户控件创建新的目录,避免用户控件和需要引用该用户控件的.aspx 页面在同一级目录。

5.4.5　用户控件的注意事项

通过对上面内容的学习,读者是否感觉到使用用户控件非常方便呢? 虽然简单方便,但是一定要根据实际情况进行使用。另外,读者在使用用户控件时还需要注意两点。如下对这两点进行了说明。

（1）用户控件不可以单独访问。

（2）用户控件可以包含其他用户控件。

用户控件可以包含其他用户控件可能会产生两种情况，即用户控件 1 包含用户控件 2，而用户控件 2 又包含用户控件 1。在这种情况下 IDE 会自动检测到循环提示错误。

5.5 实例应用：验证用户控件中的注册内容

5.5.1 实例目标

通过对前面内容的学习，相信读者一定对验证控件和用户控件有所了解，本节将前面介绍的知识结合起来，完成一个简单的实例。该实例模拟 Google 账户的注册信息，用户在页面输入相关内容后单击【下一步】按钮，然后判断用户输入的信息是否合法，最后通过消息框弹出提示。

5.5.2 技术分析

在实现本实例时可以使用多项技术，如下列出了主要技术。

❏ 用户控件保存用户注册时的相关信息（如用户名、密码和手机号码等）。

❏ 使用常用的标准服务器控件（如 TextBox 控件）设计页面。

❏ 使用验证控件验证用户输入的内容是否合法。

❏ 使用 ValidationSummary 控件显示所有的验证信息。

5.5.3 实现步骤

完成本实例的主要步骤如下所示。

（1）创建名称为 Control 的用户控件，在合适位置分别添加两个 TextBox 控件，它们分别表示用户的姓氏和名字，接着创建两个 RequiredFieldValidator 控件，表示姓氏和名字是必须的。

```
<label id="lastname-label" class="lastname">
    <strong>姓氏</strong>
    <asp:TextBox ID="txtLastName" runat="server" n="1" onblur="BlurName
    ('lastname-placeholder')" onfocus="FocusName('lastname-placeholder')">
    </asp:TextBox>
    <span class="placeholder-text" id="lastname-placeholder" style="display:
    block;">姓氏</span>
    <asp:RequiredFieldValidator ID="rfvLastName" runat="server" ControlToValidate=
    "txtLastName" ErrorMessage="姓氏不能为空！" Display="None"></asp:
    RequiredFieldValidator>
</label>
<label id="firstname-label" class="firstname">
    <strong>名字</strong>
    <asp:TextBox ID="txtFirstName" runat="server" n="2" onblur="BlurName
    ('firstname-placeholder')" onfocus="FocusName('firstname-placeholder')"
```

```
"></asp:TextBox>
<span class="placeholder-text" id="firstname-placeholder" style="display:
block;">名字</span>
<asp:RequiredFieldValidator ID="rfvFirstName" runat="server" ControlToValidate=
"txtFirstName" ErrorMessage="名字不能为空！" Display="None">
</asp:RequiredFieldValidator>
</label>
```

（2）分别为两个 TextBox 控件添加 JavaScript 的脚本函数，当鼠标焦点在控件上时隐藏要显示的内容，当鼠标离开时重新显示提示内容，代码如下。

```
<script type="text/javascript">
    function BlurName(id) {
        document.getElementById(id).style.display = "block";        //显示
    }
    function FocusName(id) {
        document.getElementById(id).style.display = "none";         //隐藏
    }
</script>
```

（3）添加与用户名相关的代码，该字段是必须填写的，代码如下。

```
<strong>选择您的用户名 </strong>
<asp:TextBox ID="txtGmailAddress" runat="server"></asp:TextBox>
<span class="atgmail">@gmail.com</span>
<asp:RequiredFieldValidator          ID="rfvGmailAddress"          runat="server"
ControlToValidate="txtGmailAddress"  ErrorMessage="用 户 名 不 能 为 空 ！ "
Display="None"></asp:RequiredFieldValidator>
```

（4）添加密码和确认密码相关代码，其中密码字段是必须填写的，密码长度在 6～12 位之间，并且密码必须保持一致，代码如下。

```
<label id="password-label">
    <strong>设置密码</strong>
    <asp:TextBox ID="txtPasswd" runat="server" TextMode="Password"></asp:
    TextBox>
    <asp:RequiredFieldValidator ID="rvfPasswd" runat="server" ControlToValidate=
    "txtPasswd" ErrorMessage="密码不能为空！" Display="None"></asp:
    RequiredFieldValidator>
    <asp:CustomValidator ControlToValidate="txtPasswd" ErrorMessage="密码长度
    在 6-12 位之间" ClientValidationFunction="CheckPass" ID="cvPassLength"
    runat="server" Display="None"></asp:CustomValidator>
</label>
<script type="text/javascript">
    function CheckPass(oSrc, args) {
        var pass = document.getElementById("txtPasswd").value;
        if (pass.length < 6 || pass.length > 12)
            args.IsValid = false;
        else
```

```
                args.IsValid = true;
        }
</script>
<label id="confirm-password-label">
    <strong>确认密码</strong>
    <asp:TextBox ID="txtPasswdAgain" runat="server" TextMode="Password">
    </asp:TextBox>
    <asp:CompareValidator ControlToCompare="txtPasswd" ControlToValidate=
    "txtPasswdAgain" Display="None" ErrorMessage="两次密码不一致！" ID="cvPass"
    runat="server"></asp:CompareValidator>
</label>
```

上述代码分别为密码添加了必须添加的 RequiredFieldValidator 控件和验证密码长度的 CustomValidator 控件，该控件的 ClientValidationFunction 属性调用名称为 CheckPass 的脚本函数进行客户端验证，还为确认密码框添加了用于比较密码框的 CompareValidator 控件。在该控件中分别设置 ControlToCompare 和 ControlToValidate 属性。

（5）添加用户输入手机的 TextBox 控件，然后添加 RequiredFieldValidator 控件和 RegularExpressionValidator 控件，代码如下。

```
<asp:TextBox ID="txtRecoveryPhoneNumber" runat="server"></asp:TextBox>
<asp:RequiredFieldValidator           ControlToValidate="txtRecoveryPhoneNumber"
ErrorMessage="手机号码不能为空！" ID="rfvRecoveryPhoneNumber" Display="Dynamic"
runat="server"></asp:RequiredFieldValidator>
<asp:RegularExpressionValidator  ID="revRecoveryPhoneNumber"  runat="server"
ErrorMessage="手机号码格式不正确!" Display="None" ValidationExpression="^((\+86)
|(86))?(13)\d{9}|(15)\d{9}|(18)\d{9}$" ControlToValidate="txtRecoveryPhoneNumber">
</asp:RegularExpressionValidator>
```

上述代码 RegularExpressionValidator 控件验证用户输入的手机号码是否以“13”、“15”和“18”开头，并且允许用户输入内容是以“+86”或“86”开头。

（6）添加用户输入邮件地址的 TextBox 控件，并且添加 RequiredFieldValidator 控件验证邮件不能为空，RegularExpressionValidator 控件验证用户输入的邮件地址是否合法，代码如下。

```
<strong>您当前的电子邮件地址</strong>
<asp:TextBox ID="txtEmailAddress" runat="server"></asp:TextBox>
<asp:RequiredFieldValidator ID="rfvEmailAddress" ControlToValidate=
"txtEmailAddress" runat="server" ErrorMessage="邮件地址不能为空！" Display=
"None"></asp:RequiredFieldValidator>
<asp:RegularExpressionValidator ID="revEmailAddress" ControlToValidate=
"txtEmailAddress" ErrorMessage="邮件地址不合法，请重新输入！" runat="server"
Display="None" ValidationExpression="\w+([-+.']\w+)*@\w+([-.]\w+)*\.\w+
([-.]\w+)*" ></asp:RegularExpressionValidator>
```

（7）添加用于显示所有验证错误信息的 ValidationSummary 控件，将该控件的 ShowMessageBox 属性设置为 true，将 ShowSummary 属性的值设置为 false，实现以消息框的方式弹出错误提示，代码如下。

```
<asp:ValidationSummary   ID="vsShow"   runat="server"   ShowMessageBox="true"
ShowSummary="false" />
```

（8）向用户控件添加与按钮和其他信息相关的控件（如验证码和所在位置等），具体代码不再显示。

（9）拖动用户控件到 Web 窗体页中，拖动完成后的主要代码如下。

```
<%@ Register src="Control.ascx" tagname="Control" tagprefix="uc1" %>
<form id="createaccount" runat="server">
    <uc1:Control ID="Control1" runat="server" />
</form>
```

（10）运行窗体页，在页面中输入内容后单击【下一步】按钮进行测试，运行效果如图 5-13 所示。

图 5-13 实例应用运行效果

图 5-13 只是显示了一部分的运行提示效果，感兴趣的读者可以重新更改文本框中的内容，然后重新单击按钮进行测试。

5.6 拓展训练

1．验证控件的使用

用户注册时如果输入的内容不合法会显示错误提示，如图 5-14 所示了使用手机注册时的页面。根据效果图设计页面，在页面的合适位置添加用户输入的控件和相关验证控件，动态显示错误消息提示。

图 5-14　拓展训练 1 运行效果

2．创建和使用用户控件

图 5-15 所示了本次拓展训练的最终效果，读者将页面顶部的信息提取出来放置到用户控件中，然后将用户控件添加到窗体页中，最后运行页面查看效果。

图 5-15　拓展训练 2 运行效果

5.7 课后练习

一、填空题

1．通常情况下将验证分为＿＿＿＿＿＿验证和服务器端验证。

2．验证控件的＿＿＿＿＿＿属性必须存在，该属性指定了要验证控件的 ID。

3．＿＿＿＿＿＿控件用来验证用户输入的某一项不能为空。

4．如果开发人员要判断用户输入的年龄是否在 15～100 岁之间，它可以使用＿＿＿＿＿＿控件和 RequiredFieldValidator 控件。

5．用户控件的后缀名是＿＿＿＿＿＿。

6. 读者将用户控件拖动到 Web 窗体页时，会自动向页面顶部添加名称为_____的指令。

二、选择题

1. 下面选项_____不是验证控件的共同属性。

 A. Display

 B. ControlToValidate

 C. ControlToValidate

 D. ValidationGroup

2. 如果要求用户输入的 QQ 号码不能为空，并且必须合法。那么李想同学在开发实现该功能时一定不会使用到_____控件。

 A. RequiredFieldValidator

 B. RegularExpressionValidator

 C. CustomValidator

 D. CompareValidator

3. 关于 ASP.NET 中与验证相关的控件，下面说法_____是正确的。

 A. RangeValidator 控件的 MaximumBox 属性表示设置验证范围的最小值

 B. RangeValidator 控件的 MinimizeBox 属性表示设置验证范围的最大值

 C. ValidationSummary 控件不执行验证内容，但是经常与其他验证控件一起用于显示来验证控件的错误信息

 D. ValidationSummary 控件可以单独使用，它与其他验证控件一样，也是用于验证用户输入的控件

4. 关于用户控件在 web.config 和窗体页中的注册，选项_____是不正确的。

 A.

```
<controls>
    <add tagPrefix="test" src="~/MyTest/TestControl.ascx" tagName="adduser">
    </add>
</controls>
```

 B.

```
<%@ Register Src="TestControl.ascx" TagName="adduser" TagPrefix="test" %>
```

 C.

```
<%@ Register Src="F:\MyTest\TestControl.ascx" TagName="adduser" TagPrefix=
"test" %>
```

 D.

```
<%@ Register Src="../MyTest/TestControl.ascx" TagName="adduser" TagPrefix=
"test" %>
```

5. 关于用户控件和窗体页的说法，选项_____是正确的。

 A. 窗体页和用户控件的后缀名不同，窗体页的后缀名是.ascx，而用户控件的后缀名是.aspx

 B. 窗体页可以编译和运行，而用户控件只能编译，不能运行

 C. 窗体页中可以包含 html、form、head 和 span 元素，而用户控件中只能包含 form 元素

 D. 无论是用户控件，还是窗体页，它们的后台页都继承自 System.Web.UI.Page

6. CustomValidator 控件的_____属性指定用于客户端验证。

A. ValidationExpression

B. ClientValidationFunction

C. OnServerValidation

D. EnableClientScript

7. _____控件的作用是比较用户输入数据是否超出范围。

A. RangeValidator

B. CompareValidator

C. ValidationSummary

D. CustomValidator

三、简答题

1. 请说出客户端验证和服务器端验证的不同点，并且举例说明。

2. 请分别说出 RequiredFieldValidator 控件、RangeValidator 控件、CompareValidator 控件、CustomValidator 控件、RegularExpressionValidator 控件以及 ValidationSummary 控件的适用情况，并举例说明。

3. 请简述用户控件的创建和使用过程。

4. 请说明用户控件与窗体页的主要区别。

5. 简要说明用户控件与母版页有哪些区别？

第6课
ADO.NET 数据库技术

　　大多数网站需要处理有一定数据量的数据,而网站本身不能简单的通过内置对象来保存这些数据。这就需要借助数据库系统来统一管理网站数据,包括用户的注册信息,网站本身需要记录和展示的信息等。如网购系统需要有商品信息的统计管理、买家信息的统计管理、商家信息的统计管理,而新闻网站需要有新闻信息的统计、分类和管理等。

　　.NET Framework 提供了一种专门用来处理数据的技术——ADO.NET。通过使用 ADO.NET,技术开发人员能够访问不同的数据源并且实现对数据查看、添加、修改以及删除等功能的操作。

　　本课将详细讲解 ADO.NET 中的基本对象,网页与数据库的结合技术,以及以 SQL Server 数据库系统为例,对数据进行增删改查的操作。

本课学习目标:
- ❏ 了解数据库开发技术和 ADO 技术
- ❏ 理解数据库数据的访问步骤
- ❏ 熟练使用连接对象
- ❏ 掌握 SqlCommand 对象的使用
- ❏ 掌握数据集对象的分类
- ❏ 熟练使用 DataSet 对象和 SqlDataAdapter 对象
- ❏ 熟练使用 DataTable 对象和 DataView 对象
- ❏ 了解 SqlDataReader 对象与 DataSet 对象的区别

6.1 数据库开发技术简介

掌握数据库编程前首先要了解什么是数据库，数据库包含的基本概念有数据、数据管理与处理。

数据是描述事物的符号记录，可以用数字、文字、图形、图像、声音等表示。例如记录学生信息的数据库，包含的学生编号、学生姓名、学生年龄等内容的具体信息，就是数据记录。数据管理与处理是对数据库数据的具体操作，包含数据的存入、读取、计算、修改和删除等。

随着软件产业的发展，在数据库编程技术方面接连推出了 ODBC 技术、DAO 技术、OLE DB 技术和 ADO 技术。而 ADO 技术是建立在微软所提倡的 COM 体系结构之上，它的所有接口都是自动化接口，因此此在 C++、Visual Basic、Delphi 等支持 COM 的开发语言中通过接口都可以访问 ADO。

ADO 通过使用 DLE DB 这一新技术实现了以相同方式可以访问关系型数据库、文本文件、非关系数据库、索引服务器和活跃目录服务等数据，扩大了应用程序中可以使用的数据源范围。其在易用性、运行能力、可扩展性、是否能访问非关系型数据库这几个方面都占有优势，从而成为微软整个 COM 战略体系中访问数据源组件的首选。

6.2 ADO.NET 简介

ADO.NET 是建立在.NET Framework 技术上的类。.NET Framework 数据提供程序用于连接到数据库、执行数据的处理。包括对数据库中数据的输出显示、增加、删除、修改、查询等。

.NET Framework 提供了对多种数据库系统的支持，如提供对 SQL Server 数据库中数据的访问，使用 System.Data.SqlClient 命名空间，具体如表 6-1 所示。

表 6-1   .NET Framework 的数据提供程序

.NET Framework 数据提供程序名	说　　明
SQL Server .NET Framework 数据提供程序	SQL Server 数据库公开的数据源，使用 System.Data.SqlClient 命名空间
OLE DB .NET Framework 数据提供程序	OLE DB 数据库公开的数据源，使用 System.Data.OleDb 命名空间
ODBC .NET Framework 数据提供程序	ODBC 数据库公开的数据源，使用 System.Data.Odbc 命名空间
Oracle .NET Framework 数据提供程序	Oracle 数据库公开的数据源，使用 System.Data.Oracle 命名空间

ADO.NET 体系结构中的对象可以分为两组，.NET Framework 数据提供程序对象和数据集对象。常用对象的具体说明如下。

- ❑ **Connection**　它是 ADO.NET 与数据库的惟一会话，用于建立对数据库连接。
- ❑ **Command**　对数据源执行命令，如对数据的查询、修改。
- ❑ **DataReader**　从数据源中读取数据流。
- ❑ **DataAdapter**　将数据源填充至 DataSet。
- ❑ **DataSet**　提供断开式的数据访问和操作，直接和数据库打交道。
- ❑ **Parameters**　用于处理数据库交互中的参数。

除此之外，.NET Framework 数据提供程序还包含其他常用的对象，如 Exception、Transaction、CommandBuilder 和 ConnectionStringBuilder 对象等。

6.3 连接对象

Web 应用程序与数据库的交互，首先是要建立 Web 应用程序与数据库系统的连接。只有在 Web 应用程序与数据库处于连接状态时，Web 应用程序才能对数据库及数据进行查询、修改或删除等操作。

目前，多种程序开发语言和数据库系统之间，都通过连接对象实现对数据库的连接，例如在 ADO 中使用 Connection 对象连接数据库。

6.3.1 数据库连接对象

连接对象处理网站系统与数据库的连接，包括对数据库的连接、资源释放和断开等。ADO 编程中的连接对象是 Connection。

Connection 是数据库连接对象，可以在多种开发语言中使用，可以连接多种类型数据库。但是对于 SQL Server 数据库来说，使用 SqlConnection 更合适。

本书以 C#语言为例，在.NET Framework 环境下，结合 SQL Server 数据库来开发 Web 应用程序，因此需要使用对于 SQL Server 数据库更为适合的 SqlConnection 连接对象连接数据库。

> **提示**
>
> 在 Web 应用程序的项目中，数据库通常放在 App_Data 文件夹下，可以在数据库服务器开启的情况下，在该文件夹下直接创建 SQL Server 数据库。

6.3.2 SqlConnection 对象

ADO.NET 中提供了一套专门用来访问 SQL Server 数据库的类库，它们都在 System.Data.SqlClient 命名空间下。因此在使用 SqlConnection 对象之前，需要确保对 System.Data.SqlClient 命名空间的使用。该命名空间提供了访问 SQL Server 数据库的所有的类，包括 SqlConnection、SqlCommand、SqlDataAdapter 和 SqlDataReader 等。

SqlConnection 对象提供对 SQL Server 数据库的连接，但并不能对数据库发送 SQL 命令。它包含两个构造方法。

❑ **SqlConnection()** 创建一个 SqlConnection 对象。

❑ **SqlConnection(string connectionString)** 创建一个 SqlConnection 对象并且初始化连接字符串。

SqlConnection 对象作为 SqlConnection 类的对象，拥有用于数据库交互的属性和方法。其常用属性、方法及其说明如表 6-2 和表 6-3 所示。

表 6-2 SqlConnection 对象的常用属性

属 性 名 称	说　　明
ConnectionString	获取或设置用于打开 Sql Server 数据库的字符串
ConnectionTimeout	获取在尝试建立连接时终止尝试并生成错误之前所等待的时间
Database	获取当前数据库或连接打开后要使用的数据库的名称
DataSource	获取要连接的 SQL Server 实例的名称
WorkstationId	获取标识数据客户端的一个字符串
ServerVersion	获取包含客户端连接的 SQL Server 实例版本的字符串

表 6-3　SqlConnection 对象的常用方法

方 法 名 称	说　　明
Close()	关闭与数据库的连接，它是关闭任何打开连接的首选方法
CreateCommand()	创建并返回一个与 SqlConnection 关联的 SqlCommand 对象
Dispose()	释放当前所使用的资源
Open()	使用 ConnectionString 属性所指定的值打开数据库连接

如表 6-2 所示，通过为 ConnectionString 属性赋值，可以将 Web 应用程序与指定的数据库进行连接，创建连接字符串。

提示

连接字符串包含了数据库的详细信息，有数据库的类型、位置和名称等信息。

6.3.3　连接 SQL Server 数据库

与数据库进行连接，通常包括定义连接字符串，创建 SqlConnection 对象并使用连接字符串赋值，资源释放和关闭数据库连接。

对数据库的连接使数据库处于联通状态，这样的状态并不利于数据库的安全及运行效率，因此 ASP.NET 提供了一种数据填充方案，在数据库断开时同样可以访问数据。

连接字符串可以自己定义，也可以通过服务器控件来获取。在建立了连接字符串之后，便可以直接使用该字符串的名称。连接字符串中的属性如表 6-4 所示。

表 6-4　连接 SQL Server 数据库字符串的常用属性

属 性 名 称	说　　明
Data Source	数据源，一般为机器名称或 IP 地址
User ID（Uid）	登录数据库的用户名称
Password（Pwd）	登录数据库的用户密码
Database	数据库或 SQL Server 实例的名称
Initial Catalog	数据库或 SQL Server 实例的名称（与 Database 一样）
Server	数据库所在的服务器名称，一般为机器名称
Pooling	表示是否启用连接池。如果为 true 则表示启用连接池
Connection Timeout	连接超时时间，默认值为 15 秒

由于 SQL Server 服务器的登录方式有两种，因此在建立连接时将要使用不同的连接字符串。如同样是连接 Shop 数据库，有以下两种连接字符串。使用 Windows 身份验证，使用连接字符串代码如下所示。

```
Data Source=.\SQLEXPRESS;AttachDbFilename="D:\work\ASP.NET 源码\6\WebApplication1\
App_Data\Shop.mdf";Integrated Security=True;Connect Timeout=30;User Instance=
True
```

使用 SQL Server 身份验证，使用连接字符串代码如下所示。

```
Data Source=.;Initial Catalog= Shop;User ID=sa;Password=123456
```

连接字符串的获取可以通过控件或 Visual Studio 的服务器资源管理器，通过 Visual Studio 的服务器资源管理器获取连接字符串的步骤如下。

（1）在 Visual Studio 中选择菜单中的【视图】|【服务器资源管理器】选项，快捷键为 Ctrl+Alt+S。

（2）在【服务器资源管理器】中右击【数据连接】选择【添加连接】选项，弹出【添加连接】

对话框。

（3）在【添加连接】对话框中，输入服务器名，选择身份验证，然后选择要连接的数据库，最后单击【确定】按钮。

（4）选择新添加的连接，单击鼠标右键。在【属性】窗口中找到连接的字符串，对该字符串进行复制就可以了。

提示

如果服务器是本机，可以输入"."来代替计算机名称或者 IP 地址；如果密码为空，可以省略 Pwd 这项。

SqlConnection 对象的创建有两种方式：一种是在声明时直接使用连接字符串赋值；一种是创建后另外赋值。分别使用 SqlConnection 对象的两种构造函数，如下所示。

```
//定义连接字符串
string connectionString="Data Source=.\SQLEXPRESS;AttachDbFilename="D:\work\
ASP.NET 源码\6\WebApplication1\App_Data\Shop.mdf";Integrated Security=True;
Connect Timeout=30;User Instance=True"
//创建时直接赋值
SqlConnection connection = new SqlConnection(connectionString);
//创建后赋值
SqlConnection connectin = new SqlConnection(); //创建 SqlConnection 对象
connectin.ConnectionString = connectionString; //设置 ConnectionString 属性
```

赋值后的 SqlConnection 对象并不是出于连接状态的，需要使用 Open()方法打开数据库连接，并在对数据库的操作结束后，释放资源，断开连接，如练习 1 所示。

【练习 1】

新建项目和 Web 窗体，使用 Windows 身份验证模式连接 Shop 数据库，并测试连接是否成功，具体步骤如下。

（1）添加 Web 页面、一个按钮和一个 Label 控件。按钮用来连接数据库，Label 控件用来显示连接信息。页面设计的代码省略，显示效果如图 6-1 所示。

图 6-1　页面显示效果

（2）为按钮添加 Button1_Click 事件，验证数据库连接是否成功。同时将数据库连接的相关数据通过 Label 控件显示，Button1_Click 事件代码如下。

```
protected void Button1_Click(object sender, EventArgs e)
{
    string connectionString = "Data Source=.;Initial Catalog=Shop;Integrated
    Security=True";
    SqlConnection connection = new SqlConnection(connectionString);
                                        //创建 SqlConnection 对象
    try
```

```
    {
        connection.Open();                              //打开数据库连接
        Label.Text = "连接" + connection.Database + "数据库成功! <br/><br/>";
        Label.Text += "连接的字符串: " + connection.ConnectionString + "<br/>";
        Label.Text += "连接状态: " + connection.State.ToString() + "<br/>";
        Label.Text += "主机名称: " + connection.WorkstationId + "<br/>";
        Label.Text += "数据源名称: " + connection.DataSource + "<br/>";
        Label.Text += "数据库名称: " + connection.Database + "<br/>";
        Label.Text += "数据库版本: " + connection.ServerVersion + "<br/>";
        Label.Text += "数据包大小: " + connection.PacketSize.ToString() + "<br/>";
        Label.Text += "超时的等待时间: " + connection.ConnectionTimeout + "<br/>";
    }
    catch (Exception ex)
    {
        Label.Text = ex.Message;
    }
    finally
    {
        if (connection != null)
            connection.Close();
    }
}
```

上述代码首先定义字符串变量 connectionString 保存数据库的连接信息，接着使用 new 和 connectionString 创建。然后调用 connection 对象的 Open()方法打开数据库连接，连接成功后分别调用该对象的 Database、DataSource、ServerVersion 以及 ConnectionString 等属性获取连接内容，最后调用 Close()方法关闭数据库连接。

代码中连接的是 SQL Server 2008 版本的数据库 Shop，首先定义连接字符串保存连接信息，再创建 SqlConnection 对象并赋值。接着打开数据库连接，提取数据库连接中的相关信息。

注意

在对数据库的操作完成之后，需要释放数据库资源并断开数据库连接。

（3）运行页面，效果如图 6-1 所示。单击【链接】按钮，效果如图 6-2 所示。数据库连接的相关信息被显示出来。

图 6-2　数据库连接

操作对象

SqlConnection 对象只负责与数据库的连接，而对数据库中数据的访问和操作，则需要使用操作对象。

ASP.NET 提供了对数据进行添加、修改和删除的对象 SqlCommand，还有对数据进行读取显示的对象 SqlDataReader。

6.4.1 SqlCommand

数据库中对数据的操作有两种方式，执行 Transact-SQL 语句的方式和执行存储过程的方式。

SqlCommand 对象支持对这两种方式的操作。通过对 SqlCommand 对象的属性赋值，及对存储过程的创建，实现对数据库数据的访问。

首先了解 SqlCommand 对象的常用属性和方法，SqlCommand 对象的常用属性、方法及其说明如表 6-5 和表 6-6 所示。

表 6-5　SqlCommand 对象的常用属性

属 性 名 称	常 用 说 明
CommandText	获取或设置要对数据源执行的 Transact-SQL 语句或存储过程
CommandTimeout	获取或设置在终止执行命令的尝试并生成错误之前的等待时间
CommandType	获取或设置一个值，该值指示如何解释 CommandText 属性
Connection	获取或设置 SqlCommand 的此实例使用的 SqlConnection
Container	获取 IContainer，它包含 Component
DesignTimeVisible	获取或设置一个值，该值指示命令对象是否应在 Windows 窗体设计器控件中可见
Notification	获取或设置一个指定与此命令绑定的 SqlNotificationRequest 对象的值
NotificationAutoEnlist	获取或设置一个值，该值指示应用程序是否应自动接收来自公共 SqlDependency 对象的查询通知
Parameters	获取 SqlParameterCollection
Site	获取或设置 Component 的 ISite
Transaction	获取或设置将在其中执行 SqlCommand 的 SqlTransaction
UpdatedRowSource	获取或设置命令结果在由 DbDataAdapter 的"Update"方法使用时，如何应用于 DataRow

表 6-6　qlCommand 对象的常用方法

方 法 名 称	说 明
Cancel()	尝试取消 SqlCommand 的执行
Clone()	创建作为当前实例副本的新 SqlCommand 对象
CreateObjRef()	创建一个对象，该对象包含生成用于与远程对象进行通信的代理所需的全部相关信息
CreateParameter()	创建 SqlParameter 对象的新实例
Dispose()	释放由 Component 占用的资源
EndExecuteNonQuery()	完成 Transact-SQL 语句的异步执行
EndExecuteReader()	完成 Transact-SQL 语句的异步执行，返回请求的 SqlDataReader
EndExecuteXmlReader()	完成 Transact-SQL 语句的异步执行，将请求的数据以 XML 形式返回

续表

方 法 名 称	说　　　明
Equals()	确定两个 Object 实例是否相等
ExecuteNonQuery()	对连接执行 Transact-SQL 语句并返回受影响的行数
ExecuteReader()	将 CommandText 发送到 Connection 并生成一个 SqlDataReader
ExecuteScalar()	执行查询，并返回查询所返回的结果集中第一行的第一列。忽略其他列或行
ExecuteXmlReader()	将 CommandText 发送到 Connection 并生成一个 XmlReader 对象
GetLifetimeService()	检索控制此实例的生存期策略的当前生存期服务对象
GetType()	获取当前实例的 Type
InitializeLifetimeService()	获取控制此实例的生存期策略的生存期服务对象
Prepare()	在 SQLServer 的实例上创建命令的一个准备版本
ReferenceEquals()	确定指定的 Object 实例是否是相同的实例
ResetCommandTimeout()	将 CommandTimeout 属性重置为其默认值
ToString()	返回包含 Component 的名称的 String

创建 SqlCommand 对象时有四种构造函数，这四种构造函数的形式如下。

❑ **SqlCommand()**　直接初始化 SqlCommand 对象的实例。

❑ **SqlCommand(string cmdText)**　用查询文本初始化该对象的实例，cmdText 表示查询的文本。

❑ **SqlCommand(string cmdText, SqlConnection connection)**　初始化具有查询文本和 SqlConnection 的 SqlCommand 对象的实例。

❑ **SqlCommand(string cmdText, SqlConnection connection, SqlTransaction transaction)**　使用查询文本、SqlConnection 以及 SqlTransaction 初始化 SqlCommand 对象的实例。

如果直接创建 SqlCommand 对象的实例，还需要通过指定其他属性，代码如下。

```
SqlCommand command = new SqlCommand();
command.CommandType = CommandType.Text;
command.CommandText = "select count(*) from MyGoodFriend";
command.Connection = connection;
```

6.4.2　操作数据库数据

SqlCommand 对象的使用是建立在数据库已连接的基础上，因此使用 SqlCommand 对象操作数据需要以下步骤。

（1）连接数据库。

（2）创建 SqlCommand 的实例对象。

（3）执行 Transact-SQL 语句或存储过程。

（4）关闭数据库连接。

对数据库的操作有多种，最简单的是没有参数没有返回值的操作，例如对数据的删除操作；最复杂的是既有参数又有返回值的操作，例如对数据有条件性的查询，既需要给出查询条件，又需要返回查询结果。

结合数据库的连接，操作 SQL Server 数据库数据，为了显示数据库的操作效果，首先向数据库添加记录，再查询数据，显示查询结果，如练习 2 所示。

【练习 2】

添加 Web 页面包含两个按钮和两个 Label 控件，分别实现数据的添加和显示，主要步骤如下。

（1）添加 Web 页面包含两个按钮【添加】和【显示】，以及两个 Label 控件 addLab 和 showLab，步骤省略。

（2）为页面的【添加】按钮 addB 添加 addB_Click 事件，为 Shop 数据库中的 Auser 表添加数据，新数据 ID 字段值 5、姓名字段 Aname 值"周贺"、密码字段 Apas 值"ZH"，使用代码如下。

```csharp
protected void addB_Click(object sender, EventArgs e)
{
    string connectionString = "Data Source=.;Initial Catalog=Shop;Integrated
    Security=True";
    SqlConnection connection = new SqlConnection(connectionString);
                                             //创建 SqlConnection 对象
    try
    {
        connection.Open();
        string sql = "INSERT INTO Auser(ID,Aname,Apas) VALUES(5,'周贺','ZH')";
        SqlCommand command = new SqlCommand(sql, connection);
        int result = command.ExecuteNonQuery();
        if (result > 0)
        { addLab.Text = "添加成功"; }
        else
        { addLab.Text = ""; }
    }
    catch (Exception ex)
    {
        addLab.Text = ex.Message;
    }
    finally
    {
        if (connection != null)
        {
            connection.Dispose();        //释放资源
            connection.Close();
        }
    }
}
```

（3）为页面的【查询】按钮 showB 添加 showB_Click 事件，查询刚刚添加的数据。通过 ID 字段查询姓名，使用代码如下。

```csharp
protected void showB_Click(object sender, EventArgs e)
{
    string connectionString = "Data Source=.;Initial Catalog=Shop;Integrated
    Security=True";
    SqlConnection connection = new SqlConnection(connectionString);
                                             //创建 SqlConnection 对象
    try
    {
        connection.Open();
        string sql = "select Aname from Auser where ID= 5";
```

```
        SqlCommand command = new SqlCommand(sql, connection);
        string name = command.ExecuteScalar().ToString();
        if (name==null)
        { showLab.Text = "没有数据"; }
        else
        { showLab.Text = name; }
    }
    catch (Exception ex)
    {
        showLab.Text = ex.Message;
    }
    finally
    {
        if (connection != null)
        {
            connection.Dispose();          //释放资源
            connection.Close();
        }
    }
}
```

（4）运行页面，分别单击【添加】按钮和【显示】按钮，效果如图 6-3 所示。

图 6-3 数据添加

6.4.3 SqlDataReader 对象

SqlCommand 对象主要用于对数据的操作，对于数据在页面中的显示则需要使用 SqlDataReader 对象。SqlCommand 对象只能显示一个数据值，即使用 ExecuteScalar()方法获取首行首列的值，而 SqlDataReader 对象可获取多行数据。

SqlDataReader 对象能够将查询结果数据行数据存放在内存中，其属性和方法如表 6-7 和表 6-8

所示。

表 6-7 SqlDataReader 对象的常用属性

属 性 名 称	说 明
FieldCount	获取当前行中的列数
HasRows	获取一个值，该值指示 SqlDataReader 对象是否包含一行或多行
IsClosed	检索一个布尔值，该值指示是否已关闭指定的 SqlDataReader 实例
RecordsAffected	获取执行 Transact-SQL 语句所更改、插入或删除的行数
VisibleFieldCount	获取 SqlDataReader 中未隐藏的字段的数目

表 6-8 SqlDataReader 对象的常用方法

方 法 名 称	说 明
Close()	关闭 SqlDataReader 对象
CreateObjRef()	创建一个对象，包含生成用于与远程对象进行通信的代理所需要的全部相关信息
Dispose()	释放由 DbDataReader 占用的资源
Equals()	确定两个 Object 实例是否相等
GetName()	获取指定列的名称
GetOrdinal()	在给定列名称的情况下获取列序号
GetSqlValues()	获取当前行中的所有属性列
GetType()	获取当前实例的 Type
GetValues()	获取当前行的集合中的所有属性列
IsDBNull()	获取一个值，用于指示列中是否包含不存在的或缺少的值
NextResult()	当读取批处理 Transact-SQL 语句的结果时，使数据读取器前进到下一个结果
Read()	使 SqlDataReader 前进到下一条记录
ReferenceEquals()	确定指定的 Object 实例是否是相同的实例
ToString()	返回表示当前 Object 的 String

数据的读取可以获取数据库中的数据，但用户查询时，并不是每一种查询条件都有查询结果，而且数据库数据在添加时，并不能保证目标行的每一列都有数据。

ASP.NET 通过 DBNull 对象的 Value 属性来判断，主要代码如下。

```
if(read["st_brithday"] == DBNull.Value)
{
    // st_brithday 列为 null 值
}
```

6.4.4 数据显示

SqlDataReader 对象的使用是建立在数据库连接，SqlCommand 对象获取了数据源的基础上，因此在使用之前首先确保数据库连接和数据源的提取。使用 SqlDataReader 对象的主要步骤如下。

（1）连接数据库。

（2）创建 SqlCommand 对象。

（3）创建 SqlDataReader 对象。

（4）数据显示。

（5）关闭对象。

（6）断开连接。

SqlDataReader 对象建立在数据库连接 SqlCommand 对象创建的基础上，其对数据的显示如

练习 3 所示。

【练习 3】

添加 Web 页面包含一个 <table> 块，用来显示数据。获取 Shop 数据库中的 Auser 表中内容，使用 SqlDataReader 对象显示首行数据。在页面的 Load 事件中添加代码，如下所示。

```
protected void Page_Load(object sender, EventArgs e)
{
    string connectionString = "Data Source=.;Initial Catalog=Shop;Integrated
    Security=True";
    SqlConnection connection = new SqlConnection(connectionString);
    try
    {
        connection.Open();
        string sql = "select * from Auser";
        SqlCommand command = new SqlCommand(sql, connection);
        SqlDataReader reader = command.ExecuteReader();
        if (reader.Read())
        {
            Label1.Text = String.Format("编号 {0}, 姓名 {1} ,密码 {2}", reader[0],
            reader[1], reader[2]);
        }
    }
    catch (Exception ex)
    {
        Response.Write(ex.Message);
    }
    finally
    {
        if (connection != null)
        {
            connection.Dispose();
            connection.Close();
        }
    }
}
```

执行页面，效果如图 6-4 所示。

图 6-4　SqlDataReader 对象显示数据

6.5 数据集对象

数据集对象用于处理查询出来的数据集合，或有其他数据文件获取的数据集合。SqlCommand 对象是依据 SQL 语句和存储过程在数据库中直接处理数据的，而数据集对象可以在获取了数据信息后断开连接，再对数据进行操作。

6.5.1 数据集对象简介

数据集对象包含了对数据库的检索提取、对数据的操作、显示和管理，其在断开数据库连接的情况下对数据的操作，减轻了服务器负担，大大提高了系统的性能。

除了对数据库数据的提取管理，ASP.NET 还提供了多种数据集对象，以满足对数据库信息操作的各种需求。

数据集对象有多种，如填充数据源的对象，保存数据的对象，对数据进行排序、筛选、搜索、编辑的对象等。常见的数据集对象如下所示。

- ❑ **DataSet 对象**　保存数据集，将数据保存在内存。
- ❑ **SqlDataAdapter 对象**　连接数据库与数据集对象，用于检索、填充数据源。
- ❑ **DataTable 对象**　以表的形式保存数据集。
- ❑ **DataView 对象**　用于排序、筛选、搜索、编辑和导航的 DataTable 可绑定数据的自定义列。

6.5.2 DataSet

DataSet 对象通常被称做数据集对象，该对象可以保存数据库中读取的数据，在数据保存之后可以被直接操作；而不需要保持数据库的连接，对读数据库进行操作。

DataSet 对象在支持 ADO.NET 中的断开连接的分布式数据方案起到了至关重要的作用。DataSet 对象是数据驻留在内存中的表示形式，不管数据源是什么，它都可以提供一致的关系编程模型。

DataSet 对象的内容是用 XML 来描述数据的，所以它不依赖于任何数据连接。该对象一般有两种用法。

（1）把文本或 XML 数据流加载到 DataSet 对象。

（2）使用 DataAdapter 对象更新或填充 DataSet 对象。

DataSet 对象的作用是在数据库断开连接的情况下临时存放数据，其工作原理如图 6-5 所示。

（1）向服务器发送请求

（3）返回数据到客户端　　（2）发送数据到DataSet

客户端　　　　DataSet　　　　服务器

（4）客户端修改数据　　（5）将修改后的数据保存到服务器

图 6-5　DataSet 对象的工作原理

当应用程序需要数据时会向数据库发出请求获取数据，服务器先将数据发送到 DataSet 中，然后再将数据集传递给客户端。客户端将数据集中的数据修改后，会统一将修改过的数据集发送到服务器，服务器接收并修改数据库的数据。

1. DataSet 结构模型

DataSet 对象可以用于多种不同的数据源，也可以用于 XML 数据，还可以用于管理应用程序本地的数据。

DataSet 对象可以包含一个或多个 DataTable，每个 DataTable 可以包含对应 DataRow 集合对象的 Rows 属性和对应 DataColumn 集合对象的 Columns 属性，以及对应约束对象集合的 Constraints 属性。除此之外，DataSet 对象还包含 DataRelation 集合的 Relations 属性。DataSet 对象的结构模型如图 6-6 所示。

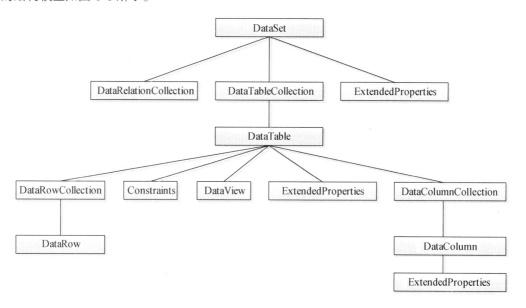

图 6-6   DataSet 对象的模型图

DataSet 对象的方法和对象与关系数据库模型中的方法和对象一致，如下对表 6-6 中的常见对象进行了说明。

（1）DataRelationCollection

DataSet 对象在 DataRelationCollection 对象中包含关系，通过关系可以从 DataSet 中的一个表导航至另一个表。关系由 DataRelation 对象表示，它使一个 DataTable 中的行与另外一个 DataTable 中的行相关联，DataRelation 标识 DataSet 中两个表的匹配列。

（2）DataTableCollection

DataSet 包含由 DataTable 对象表示的零个或多个表的集合，DataTableCollection 包含 DataSet 中的所有 DataTable 对象，这些对象由数据行和数据列以及有关 DataTable 对象中的数据的主键、外键、约束和关系信息组成。

（3）ExtendedProperties

DataSet、Datatable 和 DataColumn 全部具有 ExtendedProperties 属性，该属性是一个 PropertyCollection，其中可以加入自定义信息，例如用于生成结果集的 SELECT 语句或生成数据的时间。ExtendedProperties 集合与 DataSet 的架构信息一起持久化。

（4）DataView

DataView 创建存储在 DataTable 中的数据的不同视图，通过使用 DataView 用户可以使用不同的排序顺序公开表中的数据，并且可以按行状态或基于筛选器表达式来筛选数据。

2. DataSet 对象的创建

创建 DataSet 对象需要使用 new 关键字，其创建方式有两种：一种是直接创建；另一种是直接将创建数据集的名称传入。如果使用第一种方法创建，则数据集的名称默认为 NewDataSet。以下通过两种方式创建 DataSet 对象，代码如下。

```
DataSet ds = new DataSet();                //直接创建
DataSet ds = new DataSet("Customer");      //通过数据集名称创建
```

3. DataSet 对象可以进行的操作

DataSet 主要执行以下操作。

- ❏ 应用程序将数据缓存在本地以便可以对数据进行处理。如果只需要读取查询结果，则 SqlDataReader 是更好的选择。
- ❏ 在数据访问层和业务逻辑层之间使用或从 XML Web Services 对数据进行远程处理。
- ❏ 与数据进行动态交互，例如绑定到 Windows 窗体控件或组合并关联来自多个源的数据。
- ❏ 对数据执行大量处理，而不需要与数据源保持打开的连接，从而将该连接释放给其他客户端使用。

DataSet 对象中的数据在填充之后才能使用。在 ASP.NET 中，使用 SqlDataAdapter 对象为 DataSet 对象填充数据。

6.5.3 SqlDataAdapter

SqlDataAdapter 对象相当于 DataSet 对象与服务器之间的中介机构，用于获取数据库数据并将数据填充至 DataSet 对象。

SqlDataAdapter 对象最常用的属性、方法及其说明如表 6-9 和表 6-10 所示。

表 6-9　SqlDataAdapter 对象的常用属性

属 性 名 称	说　　明
InsertCommand	获取或设置一个 Transact-SQL 语句或存储过程，以在数据源中插入新记录
DeleteCommand	获取或设置一个 Transact-SQL 语句或存储过程，以从数据集删除记录
SelectCommand	获取或设置一个 Transact-SQL 语句或存储过程，用于在数据源中选择记录
UpdateCommand	获取或设置一个 Transact-SQL 语句或存储过程，用于更新数据源中的记录

表 6-10　SqlDataAdapter 对象的常用方法

方 法 名 称	说　　明
CreateObjRef()	创建一个对象，该对象包含生成用于与远程对象进行通信的代理所需要的全部相关信息
Dispose()	释放由 Component 使用的所有资源
Equals(Object)	确定指定的对象是否等于当前对象
Fill()	在指定对象中添加或刷新行
FillSchema()	根据指定的对象，配置架构以匹配数据源中的架构
GetFillParameters()	获取当执行 SQL SELECT 语句时由用户设置的参数
GetLifetimeService()	检索控制此实例的生存期策略的当前生存期服务对象
GetType()	获取当前实例的 Type
ToString()	返回包含 Component 的名称的 String
Update()	为指定的对象中已插入、已更新或已删除的行调用相应的 INSERT、UPDATE 或 DELETE 语句

SqlDataAdapter 对象通常与 SqlConnection 和 SqlCommand 对象一起使用，以便在连接到 Microsoft SQL Server 数据库时提高性能，如练习 4 所示。

【练习4】

连接数据库，创建 SqlCommand 对象查询表 Auser 中所有的数据，并赋值给 SqlDataAdapte 对象填充 DataSet，代码如下。

```
string connectionString = "Data Source=.;Initial Catalog=Shop;Integrated
Security=True";
SqlConnection connection = new SqlConnection(connectionString);
connection.Open();
string sql = "select * from Auser";
SqlCommand command = new SqlCommand(sql, connection);
SqlDataAdapter adapter = new SqlDataAdapter();
DataSet data = new DataSet();
adapter.SelectCommand = command;
adapter.Fill(data);
```

6.5.4 DataTable

DataTable 对象与 DataSet 一样，将数据库中的数据提取出来保存，以提供断开连接时对数据的访问。不同的是 DataTable 对象保存的是单个表，而 DataSet 对象可保存多个表，在对数据进行显示时，使用 DataTable 对象能够更简单地控制数据显示。

DataTable 对象在 System.Data 命名空间中定义，它包含由 DataColumnCollection 表示的列集合以及由 ConstraintCollection 表示的约束集合，这两个集合共同定义表的架构。

DataTable 还包含 DataRowCollection 所表示的行的集合，而 DataRowCollection 则包含表中的数据。DataTable 对象的常用属性、常用方法及其说明，如表 6-11 和表 6-12 所示。

表 6-11 DataTable 对象的常用属性

属 性 名 称	说　明
Columns	获取属于表的所有列的集合
Rows	获取属于表的所有行的集合
DefaultView	获取或能包括筛选视图或游标位置表的自定义视图
HasError	获取一个值，该值指示表所属的 DataSet 的任何表的任何行中是否有错误
MinimumCapacity	获取或设置表最初的起始大小
TableName	获取或设置 DataTable 的名称

表 6-12 DataTable 对象的常用方法

方 法 名 称	说　明
AcceptChanges()	提交自上次调用 AcceptChanges 以来对该表进行的所有更改
BeginInit()	开始初始化在窗体上使用或由另一个组件使用的 DataTable。初始化发生在运行时
BeginLoadData()	在加载数据时关闭通知、索引维护和约束
Clear()	清除所有数据的 DataTable
Clone()	克隆 DataTable 的结构，包括所有 DataTable 架构和约束
Compute()	计算用来传递筛选条件的当前行上的给定表达式
Copy()	复制该 DataTable 的结构和数据
CreateDataReader()	返回与此 DataTable 中的数据相对应的 DataTableReader
CreateInstance()	基础结构。创建 DataTable 的一个新实例
Dispose()	释放由 MarshalByValueComponent 使用的所有资源
EndInit()	结束在窗体上使用或由另一个组件使用的 DataTable 的初始化。初始化发生在运行时

方 法 名 称	说　　明
EndLoadData()	在加载数据后打开通知、索引维护和约束
Equals(Object)	确定指定的对象是否等于当前对象
GetErrors()	获取包含错误的 DataRow 对象的数组
GetHashCode()	用于特定类型的哈希函数
GetObjectData()	用序列化 DataTable 所需的数据填充序列化信息对象
GetService()	获取 IServiceProvider 的实施者
GetType()	获取当前实例的 Type
ImportRow()	将 DataRow 复制到 DataTable 中，保留任何属性设置以及初始值和当前值
Load()	通过所提供的 IDataReader，用某个数据源的值填充 DataTable。如果 DataTable 已经包含行，则从数据源传入的数据将与现有的行合并
LoadDataRow()	查找和更新特定行。如果找不到任何匹配行，则使用给定值创建新行
MemberwiseClone()	创建当前 Object 的浅表副本
Merge()	将指定的 DataTable 与当前的 DataTable 合并，指示是否在当前的 DataTable 中保留更改以及如何处理缺失的架构
NewRow()	创建与该表具有相同架构的新 DataRow
NewRowArray()	基础结构。返回 DataRow 的数组
NewRowFromBuilder()	从现有的行创建新行
ReadXml()	使用指定对象将 XML 架构和数据读入 DataTable
ReadXmlSchema()	使用指定对象将 XML 架构读入 DataTable 中
Reset()	将 DataTable 重置为其初始状态
Select()	获取 DataRow 对象的数组
ToString()	获取 TableName 和 DisplayExpression
WriteXml()	使用指定的对象以 XML 格式写入 DataTable 的当前内容
WriteXmlSchema()	将 DataTable 的当前数据结构以 XML 架构形式写入指定对象

　　DataTable 可以通过其他对象的属性获取，也可以通过代码动态创建。如下为创建该对象的一般步骤。

　　（1）创建 DataTable 的实例对象。

　　（2）通过创建的 DataColumn 对象来构建表结构。

　　（3）将创建好的表结构添加到 DataTable 对象中。

　　（4）调用 NewRow()方法创建 DataRow 对象。

　　（5）向 DataRow 对象中添加多条数据记录。

　　（6）将数据插入到 DataTable 对象中。

　　如下代码遵循上面的步骤动态创建了一个 DataTable 对象。

```
DataTable dt = new DataTable("childTable");
DataColumn column = new DataColumn("ChildID", typeof(System.Int32));
                                        //添加第一列数据
column.AutoIncrement = true;
column.Caption = "ID";
column.ReadOnly = true;
column.Unique = true;
dt.Columns.Add(column);
//省略添加其他列数据
DataRow row;                                    //创建 DataRow 对象
```

```
for (int i = 0; i <= 4; i++)                    //循环添加数据
{
    row = dt.NewRow();                          //调用 NewRow()方法返回 DataRow 对象
    row["childID"] = i;
    row["ChildItem"] = "Item " + i;
    row["ParentID"] = 0;
    dt.Rows.Add(row);
}
```

开发人员可以通过 SqlDataAdapter 对象的 Fill()方法将数据添加到 DataSet 对象中，也可以通过 DataTableCollection 对象的 Add()方法将 DataTable 的数据添加到 DataSet 对象中。主要代码如下。

```
DataSet ds = new DataSet();
ds.Tables.Add(dt);
```

> **注意**
>
> 访问 DataTable 对象时是按条件区分大小写的，如果分别将 DataTable 命名为 "mydt" 和 "MyDt"，则用户搜索其中一个表的字符串是被认为区分大小写的，但是如果其中一个表不存在则会认为搜索字符串不区分大小写。

6.5.5 DataView

用户对数据库数据的需求往往不是直接从数据库中提取的数据，而是进行了排序、筛选或搜索之后的数据，DataView 对象提供这样的操作。

DataView 对象可以用于排序、筛选、搜索、编辑和导航的 DataTable 的可绑定数据的自定义列。它最主要的功能是允许在 Windows 窗体和 Web 窗体上进行数据绑定，另外也可以自定义 DataView 表示 DataTable 中数据的子集。

DataView 对象包含多个属性和方法，如 RowFilter 属性可以用来筛选数据、Sort 属性可以对数据排序。表 6-13 和表 6-14 分别列举了 DataView 对象的常用属性和方法。

表 6-13　DataView 对象的常用属性

属 性 名 称	说　　明
RowFilter	获取或设置用于筛选在 DataView 中查看哪些行的表达式
Sort	获取或设置 DataView 的一个或多个排序列以及排序顺序
Count	在应用 RowFilter 和 RowStateFilter 之后，获取 DataView 中记录的数量
Item	从指定的表中获取一行数据
Table	获取或设置源 DataTable
AllowDelete	获取或设置一个值，该值指示是否允许删除
AllowEdit	获取或设置一个值，该值指示是否允许编辑
AllowNew	获取或设置一个值，该值指示是否可以使用 AddNew()方法添加新行

表 6-14　DataView 对象的常用方法

方 法 名 称	说　　明
AddNew()	将新行添加到 DataView 中
BeginInit()	开始初始化在窗体上使用的或由另一个组件使用的 DataView。此初始化在运行时发生

方 法 名 称	说　　明
Close()	关闭 DataView
ColumnCollectionChanged()	在成功更改 DataColumnCollection 之后发生
Delete()	删除指定索引位置的行
Dispose()	释放 DataView 对象所使用的资源
EndInit()	结束在窗体上使用或由另一个组件使用的 DataView 的初始化。此初始化在运行时发生
Equals()	确定指定的对象或实例是否等于当前对象或实施
Finalize()	允许对象在 "垃圾回收" 回收之前尝试释放资源并执行其他清理操作
Find()	按指定的排序关键字值在 DataView 中查找行
FindRows()	返回 DataRowView 对象的数组，这些对象的列与指定的排序关键字值匹配
GetEnumerator()	获取此 DataView 的枚举数
GetType()	获取当前实例的 Type
Open()	打开一个 DataView
ToString()	返回包含 Component 的名称的 String
ToTable()	根据现有 DataView 中的行，创建并返回一个新的 DataTable
UpdateIndex()	保留供内部使用

　　DataView 对象同样是针对断开连接后的数据进行操作，需要在数据源被填充之后对数据进行操作，如练习 5 所示。

【练习 5】

　　获取表 Auser 中的所有数据，并赋值给 SqlDataAdapter 对象，填充 DataSet 对象和 DataTable 对象，使用 DataView 对象获取记录的总数并通过 Label1 显示，筛选表中人员姓名字段姓章的记录，再次获取记录总数并通过 Label2 显示，代码如下。

```
string connectionString = "Data  Source=.;Initial  Catalog=Shop;Integrated
Security=True";
SqlConnection connection = new SqlConnection(connectionString);
connection.Open();
string sql = "select * from Auser";
SqlDataAdapter da = new SqlDataAdapter(sql, connection);
                                            //创建 SqlDataAdapter 对象
DataSet ds = new DataSet();                 //创建 DataSet 对象
da.Fill(ds);                                //填充数据
connection.Close();                         //关闭数据库连接
DataTable dt = ds.Tables[0];                //获取 DataTable 对象
DataView dv = dt.DefaultView;               //创建 DataView 对象
Label1.Text = String.Format("当前记录的总数为 {0} 条", dv.Count);
                                            //获取当前记录总数
dv.RowFilter = "Aname like '章%'";          //筛选姓名中姓章的记录
Label2.Text = String.Format("姓章的记录总数为 {0} 条", dv.Count);
                                            //筛选后的记录总数
```

　　执行结果如图 6-7 所示。

6.5.6　SqlDataReader 对象与 DataSet 对象的区别

　　ADO.NET 中 SqlDataReader 对象和 DataSet 对象都可以将检索的关系数据存储在内存中。它们的功能相似，但是这两个对象不能相互替换。这两个对象的主要区别如表 6-15 所示。

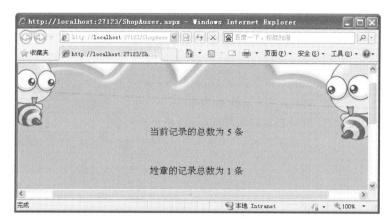

图 6-7　DataView 对象筛选数据

表 6-15　SqlDataReader 和 DataSet 的主要区别

功　能	SqlDataReader 对象	DataSet 对象
数据库连接	必须与数据库进行连接，读表时只能向前读取，读取完成后由用户决定是否断开连接	可以不和数据库连接，把表全部读到 Sql 中的缓冲池，并断开和数据库的连接
处理数据的速度	读取和处理数据的速度较快	读取和处理数据的速度较慢
更新数据库	只能读取数据，不能对数据库中的数据更新	对数据集中的数据更新后，可以把数据库中的数据更新
是否支持分页和排序功能	不支持	支持
内存占用	占用内存较少	占用内存较多

　　开发人员在考虑应用程序是使用 SqlDataReader 还是 Dataset 时，首先应该考虑应用程序所需的功能类型。SqlDataReader 和 DataSet 对象都有各自的适用场合，DataSet 对象的适用场合如下。

　　❏　如果用户想把数据缓存在本地，供程序使用。

　　❏　想要在断开数据库连接的情况下仍然能够使用数据。

　　❏　想要为控件指定数据源或实现分页和排序功能。

　　如果不需要 DataSet 提供的功能，则可以通过使用 SqlDataReader 以只进、只读的方式返回数据，从而提高应用程序的性能。

6.6　实例应用：用户表管理

6.6.1　实例目标

　　ADO.NET 技术的使用主要表现在对数据库表的操作，以用户注册表为例，实现对注册表信息的注册管理。要求如下。

　　❏　设置用户表的主键 Uid 为自动增 1 的标识列。

　　❏　验证用户名是否重复。

　　❏　若用户名可用，将用户信息添加至数据库。

　　❏　注册成功后判断用户的 Uid，显示该用户是第几个注册用户。

❑ 以表的形式，根据姓名顺序显示所有用户信息。

6.6.2 技术分析

用户信息的验证和添加是两个过程，因此需要使用两个按钮，一个是用来判断用户名是否重复；另一个是用来将验证后的用户信息存入数据库。

用来添加的按钮在添加完成后，需要提示该用户是第几名注册用户，因此包含两个过程：添加用户信息；根据用户信息查询用户 Uid。

为了确保用户是经过验证后才添加信息，因此需要一个变量或对象，在用户验证后保存验证信息，并在单击添加功能的按钮后验证该变量或对象的值。

用户信息默认是按照添加顺序排序的，如果根据姓名进行排序，可以使用数据集对象 DataView 对象和用来显示数据的数据控件。

6.6.3 实现步骤

用户表管理系统的进行，首先需要页面的创建和编写。该实例需要两个页面，一个页面用来供用户注册，需要用户名和密码两个文本框，还要【验证】按钮、【添加】按钮和【显示用户信息】按钮，效果如图 6-8 所示。

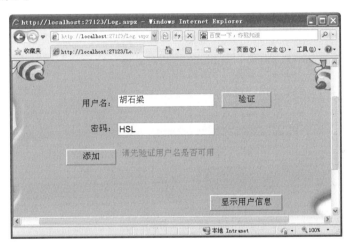

图 6-8　注册页面效果

（1）注册页面 Log 首先需要定义一个对象，用来验证用户是否验证用户名的可用性，因此 Log 页面 Load 事件代码如下。

```
protected void Page_Load(object sender, EventArgs e)
{
    if (!Page.IsPostBack)
    {
        Session["key"] = "";               //用户名是否经过验证的依据
    }
}
```

（2）接着是【验证】按钮的实现。在验证的过程中，需要查询该用户名在数据表中的数量，而且因为用户可能连续几次输入的用户名都无效，所以在判定用户名有效后，才能改变 Session["key"] 的值。

判断用户名已有的数量，使用存储过程代码如下。

```
ALTER PROCEDURE UnameChack
    @name  nvarchar(20)
AS
    select count(Uname) from Users where Uname=@name
    RETURN
```

【验证】按钮使用的代码如下。

```
protected void ChackBut_Click(object sender, EventArgs e)
{
    if (nameBox.Text == "")
    {
        userNum.Text = "用户名不能为空";
    }
    else
    {
        string connectionString = "Data Source=.;Initial Catalog=Shop;Integrated
        Security=True";
        SqlConnection connection = new SqlConnection(connectionString);
        connection.Open();
        SqlCommand comC = new SqlCommand("UnameChack", connection);
        comC.CommandType = CommandType.StoredProcedure;
        SqlParameter[] parm = new SqlParameter[]
         {
             new SqlParameter("@name",nameBox.Text)
         };
        foreach (SqlParameter a in parm)
        {
            comC.Parameters.Add(a);
        }
        int num = Convert.ToInt16(comC.ExecuteScalar().ToString());
        if (num < 1)
        {
            Session["key"] = "已验证";
            userNum.Text = "用户名可用";

        }
        else
        {
            nameBox.Text = "";
            pasBox.Text = "";
            userNum.Text = "用户名重复，请重新输入";
        }
    }
}
```

（3）【添加】按钮首先要获取 Session["key"]的值，判断用户名是否经过验证，接着才能实现添加。添加用户信息，使用存储过程代码如下。

```
ALTER PROCEDURE userAdd
```

```
    @name nvarchar(20),
    @pass nvarchar(20)
AS
    insert into Users
    (
    Uname,
    Upas
    )
    values
    (
    @name,
    @pass
    )
    RETURN
```

接着是验证该用户是第几名注册的用户，需要依据用户名查询该用户的 Uid 数值，使用存储过程代码如下。

```
ALTER PROCEDURE UselectID
    @name nvarchar(20)
AS
    select Uid from Users where Uname=@name
    RETURN
```

【添加】按钮首先判断用户名、密码文本框是否为空，接着获取该用户名是否经过验证，最后实现添加和查询，代码如下。

```
protected void addBut_Click(object sender, EventArgs e)
{
    if (nameBox.Text == "" || pasBox.Text == "")
    {
        userNum.Text = "用户名、密码不能为空";
    }
    else
    {
        if (Session["key"].ToString() == "已验证")
        {
            string connectionString = "Data Source=.;Initial Catalog=Shop;
            Integrated Security=True";
            SqlConnection connection = new SqlConnection(connectionString);
            connection.Open();
            SqlCommand comAdd = new SqlCommand("userAdd", connection);
            comAdd.CommandType = CommandType.StoredProcedure;
            SqlParameter[] parm = new SqlParameter[]
                {
                    new SqlParameter("@name",nameBox.Text),
                    new SqlParameter("@pass",pasBox.Text),
                };
            foreach (SqlParameter a in parm)
            { comAdd.Parameters.Add(a); }
```

```
            comAdd.ExecuteNonQuery();
//查询该用户的Uid字段值，获取该用户是第几名注册用户
            SqlCommand comm = new SqlCommand("UselectID", connection);
            comm.CommandType = CommandType.StoredProcedure;
            SqlParameter[] parmName = new SqlParameter[]
             {
                 new SqlParameter("@name",nameBox.Text)
             };
            foreach (SqlParameter a in parmName)
            {
                comm.Parameters.Add(a);
            }
            userNum.ForeColor = System.Drawing.Color.White;
            userNum.Text = "您是第 " + (int)comm.ExecuteScalar()+"位注册的朋友";
        }
        else
        {
            userNum.Text = "请先验证用户名是否可用";
        }


    }
}
```

（4）【显示用户信息】按钮实现新页面的跳转，使用代码如下。

```
protected void ShowBut_Click(object sender, EventArgs e)
{
    Response.Redirect("ShowUser.aspx");
}
```

（5）ShowUser 实现用户信息的显示，需要为 GridView 控件填充数据表信息，页面代码如下。

```
protected void Page_Load(object sender, EventArgs e)
{
    string connectionString = "Data Source=.;Initial Catalog=Shop;Integrated
    Security=True";
    SqlConnection connection = new SqlConnection(connectionString);
    connection.Open();
    string sql = "select Uid as 编号,Uname as 用户名, Upas as 密码 from Users";
    SqlDataAdapter da = new SqlDataAdapter(sql, connection);
    DataSet ds = new DataSet();
    da.Fill(ds);
    connection.Close();
    DataTable dt = ds.Tables[0];
    DataView dv = dt.DefaultView;
    dv.Sort = "用户名 asc";
    GridView.DataSource = dt;
    GridView.DataBind();
}
```

（6）执行 Log 页面，填入用户名"胡石梁"和密码"HSL"，单击【添加】按钮，如图 6-8 所

示。因为用户没有经过验证，因此无法添加。

（7）单击【验证】按钮，效果如图 6-9 所示，用户名得到了验证。

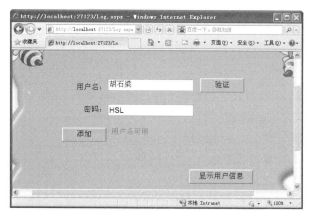

图 6-9　单击【验证】按钮的效果

（8）再次单击【添加】按钮，效果如图 6-10 所示。按钮成功获取了已验证的信息，并在添加完成后，获取了用户的 Uid 信息，该用户是第 9 名注册用户。

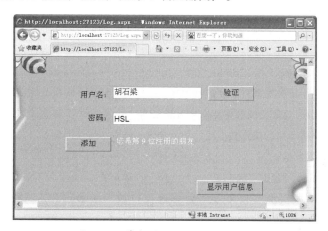

图 6-10　单击【添加】按钮的效果

（9）最后单击【显示用户信息】按钮，效果如图 6-11 所示。显示刚才所添加的胡石梁的信息被添加，该用户是第 9 名注册用户。

图 6-11　用户信息展示

6.7 拓展训练

商品信息管理

超市系统、网购系统和团购系统等都需要有商品的信息管理，这是一个功能相对较强大的系统。尝试使用本章内容，实现对商品信息的管理，要求如下。

- ❏ 设置商品信息表的主键 Uid 为自动增 1 的标识列。
- ❏ 表中设置商品名称、类型、价格、上架时间等字段。
- ❏ 使用 SqlCommand 对象添加商品信息。
- ❏ 使用数据集对象使商品信息按照价格由大到小的顺序排列，并显示商品信息。

6.8 课后练习

一、填空题

1. ADO.NET 中的基本对象包括 Connection、Command、DataReader、_____和 DataSet。

2. 处理断开连接的数据集的对象有 DataSet 对象、SqlDataAdapter 对象、DataTable 对象和_____。

3. 使用 SqlConnection 对象关闭数据库连接时需要调用_____方法。

4. _____对象表示执行操作数据库添加、删除、修改和查询的命令。

5. SqlDataReader 对象的_____方法用来循环读取每一行记录。

6. 动态创建 DataTable 对象时_____方法用于创建新的 DataRow 对象。

7. SqlCommand 对象获取或设置要对数据源执行的 Transact-SQL 语句或存储过程的属性是_____。

二、选择题

1. 下列不是 SqlCommand 对象属性的是_____。

　　A. CommandText

　　B. Connection

　　C. SelectCommand

　　D. CommandType

2. 下列对象可以用于对数据集进行排序的是_____。

　　A. DataSet 对象

　　B. SqlDataAdapter 对象

　　C. DataView 对象

　　D. DataTable

3. 关于 SqlDataReader 对象和 DataSet 对象的说法，下面选项_____是错误的。

　　A. SqlDataReader 对象和 DataSet 对象都只是分页和排序功能

　　B. SqlDataReader 对象读取和处理数据的速度要比 DataSet 对象快

　　C. SqlDataReader 必须和数据库进行连接，而 DadaSet 对象可以断开和数据库的连接

　　D. SqlDataReader 占用内存少，而 DadaSet 对象占用的内存比较多

4. 下列不是 DataView 对象属性的是_____。

    A. Table

    B. Sort

    C. Count

    D. TableName

5. 下面这段代码中，空白部分的代码应该是_____。

```
using (SqlConnection conn = new SqlConnection(connString))
{
    SqlCommand command = new SqlCommand(sql, conn);
    conn.Open();
    SqlDataReader reader = command.ExecuteReader();
    while (_____)
    {
    /* 省略读取的代码 */
    }
    reader.Close();
}
```

    A. reader.ReadResult()

    B. reader.Read()

    C. command.ReadRead()

    D. command.ReadResult()

6. _____对象用于在 DataSet 和 SQL Servaer 数据库之间传递数据。

    A. SqlCommand

    B. DataView

    C. SqlDataReader

    D. SqlDataAdapter

7. DataSet 对象与 DataTable、DataView 之间的关系是_____。

    A. DataTable 既包含 DataView，又包含 DataSet

    B. DataSet 包含 DataTable，DataTable 包含 DataView

    C. DataSet 既包含 DataTable，又包含 DataView

    D. DataSet 包含 DataView，DataView 包含 DataTable

三、简答题

1. 简要概述 SqlDataReader 对象和 DataSet 对象的区别。

2. 简要概述几种数据添加的方法。

3. 简单概括 SqlDataAdapter 对象可以填充的数据集对象。

4. 简单概括断开连接的优点。

5. 简单说明 DataView 对象的功能实现。

第7课
ASP.NET 的数据控件

　　传统的 Web 应用程序，页面每次将数据库中的信息展示给用户时，开发人员都要将页面编写复杂的循环代码列表展示数据集合，或者将一个对象的数个属性信息逐个编写代码展示到页面上。这种方式非常容易出错，而且不利于程序开发过程中的维护和修改。ASP.NET 为我们提供了一系列的服务器端控件，使 Web 应用程序开发人员能够很轻松地在页面上展示信息。

　　本课将详细介绍常用的数据源控件和数据绑定控件。通过对本课的学习，读者可以了解如何使用数据源控件，也可以掌握常用的数据绑定控件，还可以通过不同的控件实现分页的效果。

本课学习目标：
❑ 熟悉常用的数据源控件和数据源控件的层次结构
❑ 掌握如何使用 SqlDataSource 控件配置数据源
❑ 掌握 Eval()方法和 Bind()方法绑定数据的区别
❑ 掌握如何使用 Repeater 控件显示数据
❑ 掌握如何使用 DataList 控件显示数据
❑ 掌握如何使用 GridView 控件处理数据，如删除、查看和修改
❑ 熟练使用 DetailsView 控件和 FormView 控件处理数据
❑ 掌握如何使用 ListView 控件处理数据
❑ 熟练使用 DataPager 控件和 ListView 控件实现分页效果
❑ 掌握如何使用 PagedDataSource 类分页显示信息

7.1 数据源控件

数据源控件通常和数据绑定控件一起使用，例如在站点导航控件中已经使用过 SiteMapDataSource 控件和 XMLDataSource 控件，这两个控件都属于数据源控件。本节将介绍与数据源控件相关的知识。

▌7.1.1 常用的数据源控件

数据源控件可以使用数据库、XML 文件或中间层业务对象作为数据源并且可以检索和处理数据。它一般提供数据而不会显示，因此必须和绑定控件（如 DropDownList、CheckBoxList 以及 GridView 等）一起使用。

ASP.NET 提供了 7 个数据源控件，如表 7-1 列出了常用的数据源控件。

表 7-1　常用的数据源控件

数据源控件名称	说　明
AccessDataSource	它用于检索 Access 数据库（文件后缀名为.mdb 的文件）中的数据
LinqDataSource	它常常用于访问数据库实体类提供的数据
ObjectDataSource	它能够将来自业务逻辑层的数据对象与表示层中的数据绑定，实现数据的显示、编辑和删除等任务
EntityDataSource	允许绑定到基于实体数据模型（EDM）的数据，支持自动生成更新、插入、删除和选择命令，还支持排序、筛选和分页
SiteMapDataSource	专门处理类似站点地图的 XML 数据，默认情况下数据源以.sitemap 为扩展名的 XML 文件
SqlDataSource	它可以使用基于 SQL 关系的数据库（如 SQL Server、Oracle、ODBC 以及 OLE DB 等）作为数据源，并从这些数据源中检索数据
XmlDataSource	它常常用来访问 XML 文件或具有 XML 结构层次数据（如 XML 数据块等），并向数据提供 XML 格式的层次数据

▌7.1.2 数据源控件的层次结构

上一小节中表 7-1 中的所有数据源控件都继承自 System.Web.UI.DataSourceControls 类，该类又分为：DataSourceControl（普通数据源）类控件和 HierarchicalDataBoundControl（层次化数据源）类控件。每一类控件都包括多个常用的控件。如图 7-1 所示了数据源控件的主要层次结构图。

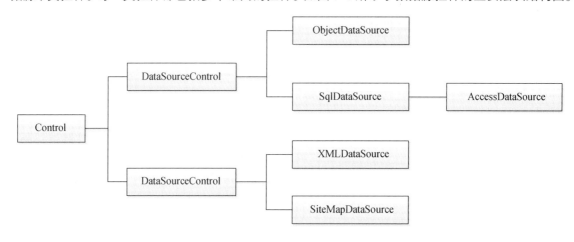

图 7-1　数据源控件的主要层次结构图

7.1.3 SqlDataSource 控件

在数据源控件中，SqlDataSource 控件是最常用的一种控件，该控件可以使用 Web 服务器控件访问位于关系数据库中的数据。其中可以包括 Microsoft SQL Server 和 Oracle 数据库以及 OLE DB 和 ODBC 数据源。开发人员可以将 SqlDataSource 控件与数据绑定控件一起使用，用极少的代码或者不用代码在 ASP.NET 网页上显示和操作数据。

1．SqlDataSource 控件的属性

SqlDataSource 控件包含多个属性，例如是否启用缓存的 EnableCaching 属性，执行添加语句的 InsertCommand 属性，以及筛选相关的 FilterExpression 属性等，表 7-2 对常用属性进行了说明。

表 7-2　SqlDataSource 控件的常用属性

属 性 名 称	说　　明
CacheDuration	获取或设置以秒为单位的一段时间，它是数据源控件缓存 Select 方法所检索到数据的时间
ConnectionString	获取或设置特定于 ADO.NET 提供程序的连接字符串，SqlDataSource 控件使用该字符串连接基础数据库
DataSourceMode	获取或设置 SqlDataSource 控件获取数据所用的数据检索模式
DeleteCommand	获取或设置 SqlDataSource 控件从基础数据库删除数据所用的 SQL 字符串
DeleteCommandType	获取或设置一个值，该值指示 DeleteCommand 属性中的文本是 SQL 语句还是存储过程的名称
DeleteParameters	与 SqlDataSource 控件相关联的 SqlDataSourceView 对象获取包含 DeleteCommand 属性所使用的参数集合
EnableCaching	获取或设置一个值，该值指示 SqlDataSource 控件是否启用数据缓存
FilterExpression	获取或设置调用 Select 方法时应用的筛选表达式
FilterParameters	获取与 FilterExpression 字符串中的任何参数占位符关联的参数的集合
InsertCommand	获取或设置 SqlDataSource 控件将数据插入基础数据库所用的 SQL 字符串
InsertCommandType	获取或设置一个值，该值指示 InsertCommand 属性中的文本是 SQL 语句还是存储过程的名称
InsertParameters	从与 SqlDataSource 控件相关联的 SqlDataSourceView 对象获取包含 InsertCommand 属性所使用的参数集合
SelectCommand	获取或设置 SqlDataSource 控件从基础数据库检索数据所用的 SQL 字符串
UpdateCommand	获取或设置 SqlDataSource 控件更新基础数据库中的数据所用的 SQL 字符串

2．SqlDataSource 控件的方法

SqlDataSource 控件提供了一系列与执行数据操作相关的方法，如表 7-3 列出了常用的方法。

表 7-3　SqlDataSource 控件的常用方法

方 法 名 称	说　　明
Delete()	使用 DeleteCommand SQL 字符串和 DeleteParameters 集合中的所有参数执行删除操作
Focus()	为控件设置输入焦点
Insert()	使用 InsertCommand SQL 字符串和 InsertParameters 集合中的所有参数执行插入操作
ResolveClientUrl()	获取浏览器可以使用的 URL
Select()	通过使用 SelectCommand SQL 字符串以及 SelectParameters 集合中的任何参数，从基础数据库中检索数据
Update()	使用 UpdateCommand SQL 字符串和 UpdateParameters 集合中的所有参数执行更新操作

3．SqlDataSource 控件的示例

了解 SqlDataSource 控件的属性和事件后，下面通过一个简单的练习介绍如何使用该控件。

【练习 1】

本次练习使用 SqlDataSource 数据源控件绑定后台数据库中用户的角色，然后将该控件绑定的数据与 DropDownList 控件结合显示到用户界面中，主要步骤如下。

（1）首先添加新的 Web 窗体页，然后设计页面，在页面的合适位置添加 SqlDataSource 控件。

（2）选中 SqlDataSource 控件后单击后面的按钮，然后选择【配置数据源】选项，效果如图7-2 所示。

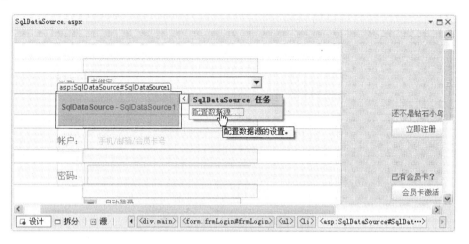

图 7-2　单击【配置数据源】选项

（3）单击图 7-2 中的【配置数据源】选项后弹出【配置数据源】对话框，单击该对话框后的【新建连接】按钮会弹出【添加连接】对话框，其效果如图 7-3 所示。

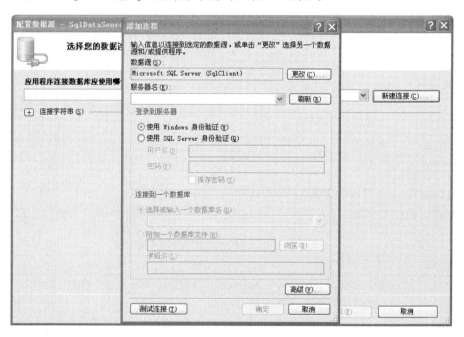

图 7-3　添加数据库连接

（4）单击图 7-3 中的按钮添加数据库连接，添加完成后可以单击【测试连接】按钮进行测试，最后单击【确定】按钮即可，完成后的效果如图 7-4 所示。

（5）单击图 7-4 中的【下一步】按钮弹出相应的对话框提示，效果如图 7-5 所示。在该图的复选框中选择是否将连接字符串保存到应用程序配置文件中，如果不选中则表示不会保存到配置文件中。

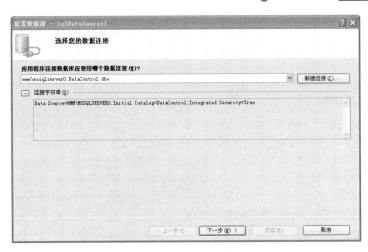

图 7-4　添加数据连接信息

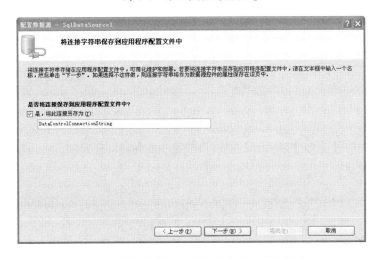

图 7-5　将字符串保存到应用程序配置文件中

（6）单击图 7-5 中的【下一步】按钮弹出【配置 Select 语句】对话框，选择需要显示的字段名称，如果所有的内容全部显示则直接选中"*"即可，效果如图 7-6 所示。在图 7-6 中，如果开发人员需要添加条件，或者根据某些字段进行排序，直接单击右侧相关的按钮（如 WHERE 或 ORDER BY）即可。

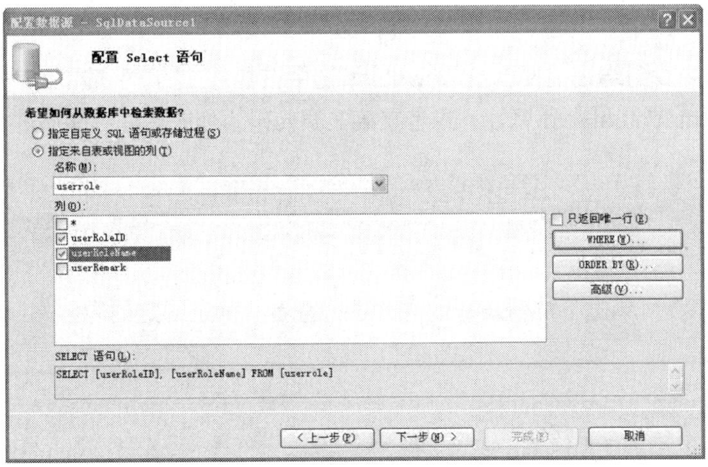

图 7-6　配置 Select 语句

（7）单击图 7-6 中的【下一步】按钮弹出【测试查询】对话框，在该对话框中单击【测试查询】按钮显示所有的查询记录，如图 7-7 所示。

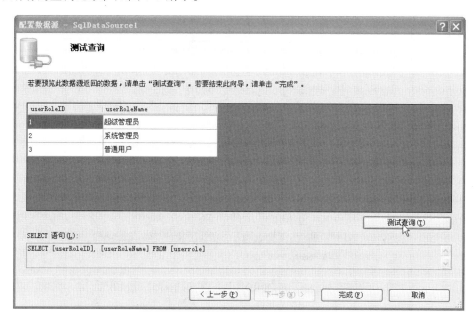

图 7-7　测试查询

（8）单击图 7-7 中的【完成】按钮完成连接，添加完成后会自动在窗体页中生成与 SqlDataSource 相关的代码，如下所示。

```
<asp:SqlDataSource ConnectionString="<%$ ConnectionStrings:DataControlConnectionString
%>" SelectCommand="SELECT [userRoleID], [userRoleName] FROM [userrole]"
ID="SqlDataSource1" runat="server"></asp:SqlDataSource>
```

（9）如果第（5）步选择将字符串保存到应用程序配置文件中则会在 Web.config 文件的 configuration 节点下生成代码，如下所示。

```
<connectionStrings>
    <add connectionString="Data Source=WMM\MSSQLSERVER0; Initial Catalog=Data
    Control; Integrated Security=True" name="DataControlConnectionString"
    providerName="System.Data.SqlClient" />
</connectionStrings>
```

（10）在窗体页中找到绑定控件 DropDownList，选中该控件在【属性】窗口中设置 DataSourceID、DataTextField 和 DataValueField 属性，或者直接在源代码添加或在后台编码进行设置，代码如下。

```
<asp:DropDownList ID="ddlLoginType" runat="server" DataSourceID="SqlDataSource1"
DataTextField="userRoleName" DataValueField="userRoleID" Width="280" Height=
"30"></asp:DropDownList>
```

（11）运行窗体页面单击下拉列表框的内容进行查看，确定绑定的内容是否正确，最终效果如图 7-8 所示。

试一试

细心的读者可以发现，选定绑定控件（如 DropDownList）后也有【配置数据源】选项，单击该选项后在弹出的对话框中选择 SqlDataSource 控件或其他控件也可以通过完成绑定，感兴趣的读者可以动手一试。

图 7-8 SqlDataSource 控件使用效果

7.2 数据控件概述

在实际开发项目过程中,开发人员需要将后台数据库中的数据动态地绑定到控件中,ASP.NET 为开发人员提供了一系列的服务器端控件,使 Web 应用程序开发人员能轻松地在页面上展示信息。通过对上一小节的学习,读者了解到,数据源控件只是绑定了数据,并不能将数据显示到网页中,这时需要使用数据绑定控件。本节将简单介绍数据绑定控件的概念和相关的绑定技术。

7.2.1 数据绑定控件

数据绑定控件是指可绑定的数据源控件,以实现在 Web 应用程序中轻松显示和修改数据的控件。数据绑定控件是将其他 ASP.NET 服务器控件(如 Label 和 TextBox 控件)组合到单个布局中的复合控件。

使用数据绑定控件,开发人员不仅能够将控件绑定到一个数据结果集,还能使用模板自定义控件的布局,而且数据绑定控件还提供了用于处理和取消事件的方便模型。

1. 数据绑定控件分类

通常情况下,数据绑定控件可以分为普通绑定控件(DataBoundControl)和层次化绑定控件(HierarchicalDataBoundControl)。其中普通绑定控件又分为标准控件、广告轮换控件、列表控件以及迭代控件(也叫复合型控件)。如图 7-9 所示了数据绑定控件的主要层次结构。

在图 7-9 中,最常用的迭代控件包括 GridView、DataList 和 Repeater 控件,FormView 和 DetailsView 控件次之。除此之外,有时还可以使用 ListView 控件和 DataPager 控件进行分页显示数据。

2. 数据绑定控件如何绑定数据

数据绑定控件将数据绑定后进行显示,绑定数据最常用的有三种方式,说明如下。

(1)首先配置数据源控件,然后通过绑定控件的 DataSourceID 属性进行绑定。

(2)直接通过绑定控件的【配置数据源】选项进行配置。

(3)通过设置绑定控件的 DataSource 属性动态编码绑定。

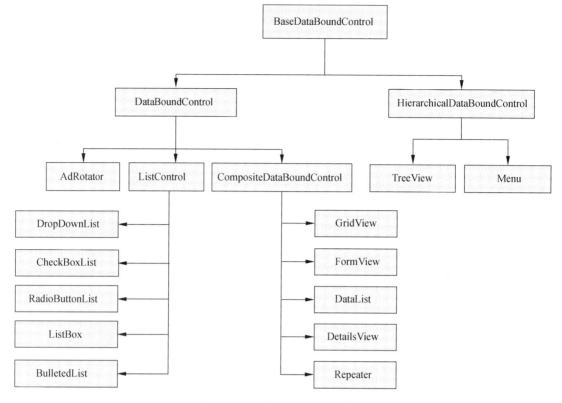

图 7-9　数据绑定控件层次结构图

例如，开发人员连接数据库完成后编写名称为 GetUserRole 的方法获取数据，然后通过相关属性绑定。如下代码的实现效果与练习 1 的实现效果一样，完全可以代替 SqlDataSource 控件实现的内容。

```
ddlLoginType.DataSource = GetUserRole();
ddlLoginType.DataTextField = "userRoleName";
ddlLoginType.DataValueField = "userRoleID";
ddlLoginType.DataBind();
```

注意

在调用页面或控件的 DataBind()方法之前，不会有任何数据呈现给控件，所以必须有父控件调用 DataBind()方法。如 Page.DataBind()或者 Control.DataBind()调用 DataBind()方法后，所有的数据源都将绑定到它们的服务器控件。

7.2.2　数据绑定技术

有些情况下窗体页中的单个内容是动态的，这些内容数据需要通过后台传递的数据或者其他方式进行获取，这时需要使用数据绑定技术。数据绑定技术可以将数据源中的单个值直接绑定到控件的某一个属性中，这些值将会在运行时确定。

常用的数据绑定技术有三种：单值绑定、Eval()方法和 Bind()方法绑定。

1．单值绑定

单值绑定可以绑定公有或受保护的变量，也可以绑定某个方法的结果，还可以绑定某个表达式等。某些情况下开发人员可以使用<%=内容 %>的方式进行输出,，但是这种方法有一定的局限性。

例如开发人员在后台页面中分别声明 3 个公有的全局变量，它们分别表示字符串、方法返回的结果和集合。然后在前台页面中进行调用,最后通过 Request 对象的 Browser 属性返回浏览器相关信息,页面代码如下。

```
<asp:TextBox ID="txtName" runat="server" Text='<% # strName %>'></asp:TextBox>
                                        //字符串
<%# getResult() %>                      //显示方法结果
<asp:ListBox id="lbShow" DataSource='<%# myArrayList %>' runat="server" >
</asp:ListBox>                          //集合
<%# Request.Browser.Browser %>         //系统表达式
```

2. Eval()方法绑定

如果开发人员绑定 DataGrid 控件后返回的是一个列表对象,如何将列表中的某个值绑定到控件所对应的某一列呢? 使用单值绑定的方法不能满足这个要求,但是可以使用 Eval()方法或 Bind()方法。Eval()方法绑定数据的简单语法如下。

```
<asp:Label ID="lblPrice" runat="server" Text='<%# Eval("BookPrice").ToDouble()
%>'></asp:Label>
```

3. Bind()方法绑定

Bind()方法是绑定数据的另外一种方法,其语法与 Eval()方法一样,直接通过该方法绑定即可,如下所示。

```
<asp:Label ID="lblPrice" runat="server" Text='<%# Bind("BookPrice") %>'></asp:Label>
```

4. Eval()方法和 Bind()方法区别

Eval()方法和 Bind()方法虽然都能够实现页面数据的绑定,但是它们之前也存在着区别,如下所示。

❑ Eval()方法支持单向数据绑定,它是只读的方法; Bind()方法支持双向数据绑定,该方法支持读和写的功能。

❑ 当对字符串操作或格式化字符串的时候,必须使用 Eval()方法。如<%#Eval("字段名").ToString().Trim() %>或<%#Eval("BookPrice","{0:C}") %>等。

7.3 Repeater 控件

Repeater 控件是最简单的一个迭代控件,它能够以相似的样式重复显示数据源中的每一项数据,所以通常也被称做重复控件。控件专门用于精确内容的显示,它不会自动生成任何用于布局的代码。

7.3.1 Repeater 控件的属性和事件

Repeater 控件非常简单,因此与其他绑定控件相比,该控件的属性会相对较少,如表 7-4 所示了该控件的常用属性。

表 7-4　Repeater 控件的常用属性

属 性 名 称	说　　明
DataSource	获取或设置为填充列表提供数据的数据源
DataSourceID	获取或设置数据源控件的 ID 属性,Repeater 控件应使用它来检索数据源

续表

属 性 名 称	说　明
Items	获取 Repeater 控件中的 RepeaterItem 对象的集合
Valible	获取或设置一个值，该值指示服务器控件
DataMember	获取或设置 DataSource 中绑定到控件的特定表

Repeater 控件的 Items 属性获取对象的集合，该对象的 Count 属性可以获取集合中的总对象数，IsReadOnly 属性指定某个对象是否可以更改。如下代码所示了两个属性的简单使用方法。

```
int count = Repeater1.Items.Count;
bool read = Repeater1.Items.IsReadOnly;
```

Repater 控件中包含多个事件，最常用的事件有 3 个，其具体说明如表 7-5 所示。

表 7-5　Repeater 控件的常用事件

事 件 名 称	说　明
ItemCommand	当单击 Repeater 控件中的按钮时发生。该事件被设计为允许开发人员在项模板中嵌入 Button、LinkButton 和 ImageButton 控件
ItemCreated	在 Repeater 控件中创建一项时发生
ItemDataBound	该事件在 Repeater 控件中的某一项被数据绑定后但尚未呈现在页面上之前发生

7.3.2　Repeater 控件的模板

Repeater 控件甚至没有一个默认的外观，它完全是通过模板来控制，而且也只能通过源代码视图进行模板的编辑。ASP.NET 的 Repeater 控件提供了 5 种不同的模板，其中 ItemTemplate 和 SeparatorTemplate 经常被使用，如表 7-6 对这 5 种模板进行了说明。

表 7-6　Repeater 控件的模板

模 板 名 称	说　明
HeaderTemplate	头部模板。因为数据列表一般会有表头，为保证代码结构化，表头的内容就可以放在这里
ItemTemplate	项目模板。这里就是普通项的模板，也就是数据列表里每一项在页面上展示的效果就在这里定义
AlternatingItemTemplate	交替项模板。对应 ItemTemplate，如果设置该项则表示偶数项的模板，一般设置列表奇偶项不同背景色时会用到
SeparatorTemplate	间隔符模板。在每一个 ItemTemplate 或 AlternatingItemTemplate 项之间插入的分隔用的内容
FooterTemplate	脚注模板。一般的列表项可能会用脚注说明该列表的信息，这里定义列表脚注的内容

如下代码所示了使用各个模板的方法。

```
<asp:Repeater ID="Repeater1" runat="server">
    <HeaderTemplate><!-- 头部内容 -->
        <div style="background-color:#aaf;">This is heder</div>
    </HeaderTemplate>
    <ItemTemplate><!-- 项目模板 -->
        <span style="background-color:#eef;">This is item</span>
    </ItemTemplate>
    <AlternatingItemTemplate><!-- 交替项 -->
        <span style="background-color:#ddf;">This is Alternating Item</span>
```

```
    </AlternatingItemTemplate>
    <SeparatorTemplate><!-- 项目分隔符 --><br /></SeparatorTemplate>
    <FooterTemplate><!-- 脚部内容 -->
        <div style="background-color:#dde;">This is Footer</div>
    </FooterTemplate>
</asp:Repeater>
```

7.3.3 Repeater 控件的示例

Repeater 控件可以轻松完成数据库中数据的绑定，以下通过一个简单示例演示 Repeater 控件的使用。

【练习 2】

读者阅读不同网站，发现许多内容都可以通过动态绑定与数据库结合起来，如论坛列表和图书列表等。下面通过 Repeater 控件完成一个图书列表的显示，最终运行效果如图 7-10 所示，主要步骤如下所示。

图 7-10　Repeater 控件示例

根据图 7-10 所示的运行效果设计页面，完成显示的功能，主要步骤如下。

（1）添加新的窗体页，在页面的合适位置添加 Repeater 控件和 SqlDataSource 控件，并设置这两个控件的相关属性。

（2）为 SqlDataSource 控件配置数据源，在弹出的【配置 Select 语句】提示框中选择自定义SQL 语句或存储过程选项，然后单击【下一步】按钮，在弹出的提示框中输入 SQL 语句，效果如图 7-11 所示。

图 7-11　自定义 SQL 语句

（3）单击图 7-11 中的【下一步】按钮继续操作，操作完成后会自动添加 SqlDataSource 控件的内容，代码如下。

```
<asp:SqlDataSource ConnectionString="<%$ ConnectionStrings:DataControlConnec
tionString %>" SelectCommand="SELECT book.bookName, book.bookID, book.bookPart,
book.bookPartName, book.bookAuthor, book.bookClick, booktype.bookTypeName FROM
book INNER JOIN booktype ON book.bookTypeID = booktype.bookTypeID" runat="server"
ID="SqlDataSource1"></asp:SqlDataSource>
```

（4）指定 Repeater 控件的 DataSourceID 属性，并且为该控件添加 ItemTemplate 模板，该模板重复显示动态读取的内容，在每一列表项中通过 Eval()方法进行绑定，代码如下。

```
<asp:Repeater ID="Repeater1" runat="server" DataSourceID="SqlDataSource1">
    <ItemTemplate>
        <ul class="articles">
            <li>
                <div class="types">
                    <a href="javascript:JumpToSort(15);"> <%# Eval("bookTypeName")
                    %></a>
                </div>
                <div class="artName1">
                    <a target="_blank" href="#" class=""><%# Eval("bookName")
                    %></a>
                </div>
                <div class="chep1">
                    <a target="_blank" href="#"><%# Eval("bookPart") %></a>
                </div>
                <div><a target="_blank" href="#"><%# Eval("bookPartName").
                ToString().Length > 10 ? Eval("bookPartName").ToString().
                Substring(0,10) + "..." : Eval("bookPartName") %></a></div>
                <div class="author">
                    <a target="_blank" href="#"><%# Eval("bookAuthor") %></a>
                </div>
                <div class="times"><%# Eval("bookClick") %></div>
            </li>
        </ul>
    </ItemTemplate>
</asp:Repeater>
```

上述页面代码显示每一章节名称时，首先通过 Length 属性判断名称的长度是否大于 10，如果大于 10 截取前 10 位内容，其他内容使用省略号代码，否则直接显示。

7.3.4　Repeater 控件发布 RSS

Repeater 控件既可以轻松实现数据的绑定，又不会生成任何无用的代码。所以除了上面练习的数据绑定外，Repeater 控件也可以用于 RSS 文件的发布。

【练习 3】

重新更改上面的内容，将从上面数据库读取的结果发布为 RSS 形式，主要步骤如下。

（1）在窗体页面的 Page 指令中添加 ContentType 属性，将它的值指定为 text/xml，代码如下。

```
<%@ Page Language="C#" AutoEventWireup="true" CodeFile="RepeaterRSS.aspx.cs"
Inherits="lianxi_Repeater_Repeater" ContentType="text/xml" %>
```

（2）删除所有与 HTML 页面相关的元素，如 Html、Body 和 Head 等。向页面添加 SqlDataSource 控件和 Repeater 控件，绑定 SqlDataSource 控件的数据源，代码如下。

```
<asp:sqldatasource connectionstring="<%$ ConnectionStrings:DataControlConnec
```

```
tionString %>" selectcommand="SELECT book.bookName, book.bookID, book.bookPart,
book.bookPartName, book.bookAuthor, book.bookClick, booktype.bookTypeName FROM
book INNER JOIN booktype ON book.bookTypeID = booktype.bookTypeID" id="SqlData
Source1" runat="server"></asp:sqldatasource>
```

（3）指定 Repeater 控件的 DataSourceID 属性，并且在 Repeater 控件的头部和底部模板页中
添加 RSS 的格式文件，代码如下。

```
<HeaderTemplate>
    <?xml version="1.0" encoding="utf-8" ?>
    <rss version="2.0" xmlns:a10="http://www.w3.org/2005/Atom">
        <channel>
            <title>图书名称</title>
            <description>图书章节</description>
            <author>作者</author>
            <link>http://book.qq.com</link>
</HeaderTemplate>
<FooterTemplate>
        </channel>
    </rss>
</FooterTemplate>
```

（4）为 Repeater 控件添加 ItemTemplate 模板页，然后绑定图书相关的内容，代码如下。

```
<ItemTemplate>
    <item>
        <title><%# Eval("bookName") %></title>
        <price><%# Eval("bookPart") %></price>
        <description><%# Eval("bookPartName").ToString() %></description>
        <author><%# Eval("bookAuthor") %></author>
        <link><%# Eval("bookClick") %></link>
    </item>
</ItemTemplate>
```

（5）运行页面查看效果，最终运行效果如图 7-12 所示。

图 7-12　Repeater 控件发布 RSS

7.4 DataList 控件

　　有时候开发人员需要在页面上逐行地展示一些项目，比如产品列表，每行显示固定的数目，或者以多行的形式显示。这样可以使用表格来展示数据项，表格的每一个单元格就是一个数据项。开发人员可以使用 Repeater 实现，它生成列表不添加任何扰乱布局的代码，只要使用 HTML 实现将每一项的内容填充到 Repeater 控件的项模板里就可以。但是，需要开发人员费心编写代码控制 Repeater 每一项的样式。

　　除了 Repeater 控件外，ASP.NET 提供了另外一个实现相关功能的服务器端控件——DataList控件。

7.4.1　DataList 控件概述

　　Repeater 控件和 DataList 控件很容易实现页面中多行单列或单行多列的数据布局。DataList通常被称为数据列表控件，DataList 控件和 Repeater 控件一样，也是迭代控件，它能够以事先指定的样式和模板重复显示数据源中的数据，不过它会默认地在数据项目上添加表格来控制页面布局。

　　DataList 控件比 Repeater 控件相对复杂些，因此该控件可以集成更强大的功能，具体说明如下。

　　❑ 支持 7 种模板，并为所有模板提供了相应的样式。

　　❑ 能够控制数据的显示方向，比如横向或纵向显示列表。

　　❑ 能控制每一行显示数据的最大数量。

　　❑ 提供了对数据选择、编辑、删除等功能。

7.4.2　DataList 控件的属性和事件

　　DataList 控件包含多个属性，如 DataSource、Items 和 RepeatColumns 属性等，表 7-7 对属性进行了说明。

表 7-7　DataList 控件的常用属性

属 性 名 称	说　　明
DataSource	获取或设置源，该源包含用于填充控件中项的值列表
DataSourceID	获取或设置数据源控件的 ID 属性，数据列表控件应使用它来检索其数据
EditItemIndex	获取或设置 DataList 控件中要编辑的选定项的索引号，默认值为–1
GridLines	当 RepeatLayout 属性设置为 Table 时，获取或设置 DataList 控件的网格线样式。其值有 None（默认值）、Both、Vertical 和 Horizontal
HorizontalAlign	获取或设置数据列表控件在其容器内的水平对齐方式
Items	获取表示控件内单独项的 DataListItem 对象的集合
RepeatColumns	获取或设置要在 DataList 控件中显示的列数
RepeatDirection	获取或设置 DataList 控件是垂直显示还是水平显示。其值为 Vertical（默认值）和 Horizontal
RepeatLayout	获取或设置控件是在表中显示还是在流布局中显示。其值有 Table（默认值）、Flow、UnorderedList 和 OrderedList
SelectedIndex	获取或设置 DataList 控件中的选定项的索引
SelectedItem	获取或设置 DataList 控件中的选定项
SelectedValue	获取所选择的数据列表项的键字段的值
ShowHeader	获取或设置一个值，该值指示是否在 DataList 控件中显示页眉节。默认值为 true
ShowFooter	获取或设置一个值，该值指示是否在 DataList 控件中显示脚注部分。默认值为 true

技巧

DataList 控件的 RepeatColumns 属性很有意思，该属性指定了列数，无论排列方向是横向还是纵向，它都会生成这么多列（除非你的项数少于列数）。

DataList 控件支持多种事件，如 ItemCreated 事件可以在运行时自定义项的创建过程，ItemDataBound 事件提供了自定义 DataList 控件的能力，表 7-8 对常用的事件进行了说明。

表 7-8 DataList 控件的常用事件

事 件 名 称	说　　明
DataBinding	当服务器控件绑定到数据源时发生
DeleteCommand	对 DataList 控件中的某项单击 Delete 按钮时发生
EditCommand	对 DataList 控件中的某项单击 Edit 按钮时发生
ItemCommand	当单击 DataList 控件中的任意一个按钮时发生
ItemCreated	当在 DataList 控件中创建项时在服务器上发生
ItemDataBound	当项被数据绑定到 DataList 控件时发生
SelectedIndexChanged	在两次服务器发送之间，在数据列表控件中选择了不同项时发生
UpdateCommand	对 DataList 控件中的某项单击 Update 按钮时发生

如果要引发 CancelCommand、EditCommand、DeleteCommand 和 UpdateCommand 事件，可以将 Button、LinkButton 或 ImageButton 控件添加到 DataList 控件的模板中，并将这些按钮的 CommandName 属性设置为某个关键字，如 cancel、edit、delete 或 update。当用户单击项中的某个按钮时就会向该按钮的容器（DataList 控件）发送事件，按钮具体引发哪个事件将取决于所单击按钮的 CommandName 属性的值。

7.4.3 DataList 控件的模板

DataList 控件自动集成了很强大的功能，并提供了多个模板及样式属性供我们使用。除了与 Repeater 控件所有的 5 个模板之外，它还具有两个新的模板：EditItemTemplate 和 SelectedItem Template。这两个新模板的说明如下。

❑ **EditItemTemplate**　编辑项模板，呈现控件编辑项的内容。应用 EditItemStyle 样式，如果未定义则使用 ItemTemplate。

❑ **SelectedItemTemplate**　选择项模板，呈现控件选择项的内容。应用 SelectedItemStyle 样式，如果未定义则使用 ItemTemplate。

7.4.4 DataList 控件的示例

喜欢听音乐的读者可以知道，许多网站的音乐分类都是在一起的，并且都是以每行 4 个或 5 个音乐类型来排列的，下面通过一个练习演示 DataList 控件的简单使用。

【练习 4】

在本次练习中，使用 DataList 控件以每行显示 5 种音乐类型，并且实现交替显示的效果，主要步骤如下。

（1）添加新的 Web 窗体页，在页面中添加 SqlDataSource 控件和 DataList 控件，并为 SqlDataSource 控件配置数据源，代码如下。

```
<asp:SqlDataSource ConnectionString="<%$ ConnectionStrings:DataControlConnec
tionString %>" SelectCommand="SELECT * FROM [musictype]" ID="SqlDataSource1"
runat="server"></asp:SqlDataSource>
```

（2）为 DataList 控件指定 DataSourceID 属性、RepeatColumns 和 RepeatDirection 属性，然后在 ItemTemplate 和 AlternatingItemTemplate 模板页中添加重复显示的类型内容，代码如下。

```
<asp:DataList ID="dlList" runat="server" DataKeyField="musicTypeID" DataSourceID=
"SqlDataSource1" RepeatColumns="4" RepeatDirection="Horizontal">
    <ItemTemplate>
        <p class="clearfix"><a href="#" class="blue bold"><%# Eval("musicTypeName")
        %></a><i class="module-line"></i></p>
    </ItemTemplate>
    <AlternatingItemTemplate>
        <p class="clearfix">
            <a href="#" class="red"><%# Eval("musicTypeName") %></a>
            <i class="module-line"></i>
        </p>
    </AlternatingItemTemplate>
</asp:DataList>
```

（3）运行页面查看效果，最终运行效果如图 7-13 所示。

图 7-13　DataList 控件示例

▌7.4.5　DataList 控件的其他操作

DataList 控件中包含多个属性，通过这些属性可以实现许多不同的效果，下面主要介绍 DataList 控件其他的常见操作。

1. 指定 DataList 控件的布局

DataList 控件允许使用多种方法显示控件中的项。可以指定控件以流模式（类似于 Word 文档）或以表模式（类似于 HTML 表）呈现项。

流模式适用于简单布局；与流模式相比，表模式可以提供控制更为精确的布局，还允许使用 CellPadding 等表属性。

开发人员可以使用 RepeatLayout 属性的值来指定该控件的布局，主要代码如下。

```
DataList1.RepeatLayout = RepeatLayout.Flow;
```

2. 允许用户控件选择控件中的项

开发人员可以指定用户选择某一项后，给选中的项突出显示，实现的过程也非常简单。其主要步骤如下。

（1）创建一个 SelectedItemTemplate 模板，为选择项定义标记和控件的布局。

（2）设置控件的 SelectedItemStyle 属性。

（3）在 ItemTemplate 和 AlternatingItemTemplate（如果使用）模板中添加一个 Button 或 LinkButton 控件，并将控件的 CommandName 属性设置为 select（区分大小写）。

（4）为 DataList 控件的 SelectedIndexChanged 事件创建一个事件处理程序。在事件代码程序中调用 DataBind()方法刷新控件中的信息。

 更改练习 4 中的内容，按照上面的步骤编写代码，编写完成后选中某一项测试效果。

3．响应 DataList 控件中的按钮事件

如果 DataList 控件中包含 Button、LinkButton 或 ImageButton 控件，则这些按钮可以将它们的 Click 事件发送到 DataList 控件中。使开发人员可以包含实现尚未为 DataList 控件定义的功能(编辑、删除、更新和取消)按钮。

首先为模板中添加按钮控件并设置相关的 CommandName 属性，然后为 DataList 控件添加 ItemCommand 事件，为该事件的代码执行两个操作，如下所示。

（1）检查事件参数对象的 CommandName 属性查看传入什么字符串。

（2）为用户单击的按钮执行相应的逻辑。

如下示例代码演示了如何判断按钮的 CommandName 属性的不同值。

```
protected void DataList1_ItemCommand(object source, DataListCommandEventArgs e)
{
    if (e.CommandName == "AddToCart")
    {
        //add content
    }
}
```

4．为 DataList 控件动态创建模板

模板不必在设计时进行分配，某些情况下可能在设计时布局模板，但是知道在运行时所做的更改非常广泛，以至于在运行时加载新的模板反而可以简化编程。其他情况下可能有几个模板，但要在运行时更改模板。

以下通过三个步骤来介绍如何创建动态模板。

（1）创建一个新的文本文件，其扩展名使用.ascx。

（2）向该模板文件添加模板定义语句并保存该文件（使用的标记应与所有声明性模板中使用的相同）。

（3）向窗体页中添加代码以使用 LoadTemplate()方法加载模板，主要代码如下。

```
protected void Page_Init(object sender, EventArgs e)
{
    DataList1.AlternatingItemTemplate = Page.LoadTemplate("NewTemplate.ascx");
}
```

通过上述代码从文件中读取模板定义，并创建一个 ITemplate 对象，然后可以将此对象分配到 DataList 控件中的任何模板。

7.5 GridView 控件

在开发应用程序的时候，开发人员使用最多的还是以列表的形式展示数据。在所有 ASP.NET 数据展示控件里，GridView 控件将 ASP.NET 最初的设计思想发挥的最为淋漓尽致。下面将详细介绍与 GridView 控件的相关知识，如 GridView 控件的属性、事件、模板以及如何使用等。

7.5.1 GridView 控件概述

GridView 控件是 ASP.NET 中功能非常强大的一个数据处理控件，它能够以网格的形式显示数据，并且为数据提供了编辑、分页、排序以及删除等功能，因此 GridView 控件又被称为网格视图控件。

GridView 控件与 Repeater 控件和 DataList 控件一样，也是一个迭代控件，可以以表格的形式展示数据。同样以表格展示数据，GridView 控件和 DataList 控件却有不同：DataList 控件把每个数据项布局到一个表格中展示；而 GridView 控件把每个数据项作为一个数据行展示，数据项的每个字段，填充行内的单元格里展示到页面上。

与 Repeater 控件和 DataList 控件相比，GridView 控件的功能更加强大，主要功能如下。

❑ 以编程方式访问 GridView 对象模型以动态设置属性、处理事件等。
❑ 可以通过主题和样式进行自定义的外观。
❑ 绑定到数据源控件，如 SqlDataSource 和 ObjectDataSource 等。
❑ 内置排序和分页功能。
❑ 内置更新和删除功能。
❑ 内置行选择功能。
❑ 用于超链接列的多个数据字段。
❑ 多个键字段。

GridView 控件在所有数据展示控件里应该是最容易入门和使用的，因为它很强大，但是同时也是最难用到最好的，同样也是因为它很强大。而且系统 GridView 控件的封装太多，在实现一些特殊效果时或者做一些高性能应用时灵活性会大打折扣，现成的一些东西就成了累赘了。如何做到恰当的使用，还需要开发人员自己把握。

7.5.2 GridView 控件的属性

GridView 控件提供了属性，这些属性可以详细地对其进行设置实现各种功能或效果，常见的属性如表 7-9 所示。

表 7-9 GridView 控件的常见属性

属 性 名 称	说 明
AllowPaging	获取或设置一个值，该值指示是否启用分页功能。默认值为 false
AllowSorting	获取或设置一个值，该值指示是否启用排序功能。默认值为 false
AutoGenerateColumns	获取或设置一个值，该值指示是否为数据源中的每个字段自动创建绑定字段。默认值为 true
AutoGenerateDeleteButton	获取或设置一个值，该值指示是否为每个数据行添加"删除"按钮。默认值为 false
AutoGenerateEditButton	获取或设置一个值，该值指示是否为每个数据行添加"编辑"按钮。默认值为 false
AutoGenerateSelectButton	获取或设置一个值，该值指示是否为每个数据行添加"选择"按钮。默认值为 false

属 性 名 称	说　　明
CellSpacing	获取或设置单元格间的空间量
CellPadding	获取或设置单元格的内容和单元格的边框之间的空间量
Columns	获取表示该控件中列字段的 DataControlField 集合
DataMember	当数据源包含多个不同的数据项列表时，获取或设置数据绑定控件到的数据列表名称
DataKeyNames	获取或设置一个数组，该数组包含显示在 GridView 控件中项的主键字段的名称
DataKeys	获取一个 DataKey 集合，这些对象表示 GridView 控件中的每一行的数据键值
DataSource	获取或设置对象，数据绑定控件从该对象中检索其数据项列表
DataSourceID	获取或设置控件的 ID，数据绑定控件从控件中检索其数据项列表
EditIndex	获取或设置要编辑的行的索引
EmptyDataText	获取或设置 GridView 控件绑定到不包含任何记录数据源时所呈现的空数据行中显示的文本
GridLines	获取或设置 GridView 控件的网格线样式，默认为 Both
HorizontalAlign	获取或设置 GridView 控件在页面上的水平对齐方式
PageCount	获取在 GridView 控件中显示数据源记录所需的页数
PageIndex	获取或设置当前显示页的索引
PageSize	获取或设置 GridView 控件在每页上所显示的记录条数
PagerSettings	设置 GridView 控件中页导航按钮的属性
Rows	获取表示该控件中数据行中 GridViewRow 对象的集合
SelectedIndex	获取或设置 GridView 控件中选中行的索引
SelectedValue	获取 GridView 控件中选中行的数据键值
SelectedDataKey	获取 DataKey 对象，该对象包含 GridView 控件中选中行的数据键值
SelectedRow	获取对 GridViewRow 对象的引用，该对象表示控件中的选中行
SortDirection	获取正在排序的列的排序方向
SortExpression	获取与正在排序的列关联的排序表达式

Repeater 控件和 DataList 控件都不能实现分页和自动排序的功能，但是 GridView 控件提供了 AllowPaging 属性和 AllowSorting 属性实现这两个功能。

（1）AllowPaging 属性

AllowPaging 属性的值是一个布尔值，将值设置为 true 时表示启用分页功能。除此之外，GridView 控件还提供了分页的相关属性，如 PageCount、PageSize、PagerSettings 和 PageIndex 等。

其中 PagerSettings 属性的 Mode 属性不仅指定 GridView 控件的分页模式，还定义了分页经常使用的方向导航控件。Mode 属性的值如下所示：

❑ **NextPrevious**　显示"上一页"和"下一页"分页导航按钮。

❑ **NumericFirstLast**　直接以超链接形式显示页码，同时还显示"首页"和"尾页"超链接。

❑ **NextPreviousFirstLast**　显示"上一页"、"下一页"、"首页"和"尾页"导航按钮。

❑ **Numeric**　默认值，直接以超链接形式显示页码。单击每一个页码就可以导航到相应的页。

（2）AllowSorting 属性

AllowSorting 属性的值也是一个布尔值，将值设置为 true 时，表示启用排序功能。除此之外，GridView 控件还提供了 SortDirection 属性用于获取排序方向，它返回枚举类型 SortDirection 中的一个值。该枚举类型的值如下所示。

❑ **Ascending**　表示从小到大排序，如 A～Z。

❑ **Descending**　表示从大到小排序，如 Z～A。

7.5.3 GridView 控件的事件

GridView 控件可以公开分页事件和排序事件，以及在创建当前行或将当前行绑定至数据时发生的事件。该控件也提供了数十个相关的事件，如与删除指定项相关的 RowDeleted 事件和 RowDeleting 事件，与编辑和更新相关的 RowEditing 事件、RowUpdated 事件和 RowUpdating 事件等，表 7-10 所示了该控件的常见事件。

表 7-10 GridView 控件的常见事件

事 件 名 称	说 明
RowCommand	当单击 GridView 控件中的按钮时发生
PageIndexChanging	在单击某一页导航按钮时，但在控件处理分页操作之前发生
PageIndexChanged	在单击某一页导航按钮时，但在控件处理分页操作之后发生
SelectedIndexChange	发生在单击某一行的"选择"按钮，GridView 控件对相应的选择操作进行处理
SelectedIndexChanging	发生在单击某一行的"选择"按钮之后，GridView 控件对相应的选择操作进行处理之前
RowDataBound	在 GridView 控件中将数据行绑定到数据时发生
RowsCreated	在 GridView 控件中创建行时发生
RowDeleted	在单击某一行的"删除"按钮时，但在 GridView 控件删除该行之后发生
RowDeleting	在单击某一行的"删除"按钮时，但在 GridView 控件删除该行之前发生
RowEditing	发生在单击某一行的"编辑"按钮以后，GridView 控件进入编辑模式之前
RowUpdated	发生在单击某一行的"更新"按钮，并且 GridView 控件对该行进行更新之后
RowUpdating	发生在单击某一行的"更新"按钮以后，GridView 控件对该行进行更新之前
DataBinding	当服务器控件绑定到数据源时发生
DataBound	在服务器控件绑定到数据源后发生

在表 7-10 所示的事件中，经常使用的事件是 RowCommand 事件和 RowDataBound 事件。Command 事件与按钮控件的 CommandName 属性的值有关，该属性的值以及具体说明如下所示。

- **Cancel** 取消编辑操作，并将 GridView 控件返回为只读模式。
- **Delete** 删除当前记录。
- **Edit** 将当前记录置于编辑模式。
- **Select** 选择当前记录。
- **Sort** 对 GridView 控件进行排序。
- **Update** 更新数据源中的当前记录。
- **Page** 执行分页操作，将按钮的 CommandArgument 属性设置为 First、Last、Next 和 Prev 或页码，以指定要执行的分页操作类型。

7.5.4 GridView 控件的字段和模板

GridView 控件为每个字段提供了 7 种字段的展示方式，如表 7-11 所示。

表 7-11 GridView 字段

字 段 名 称	说 明
BoundField	数据绑定字段，以标签的形式绑定展示数据
CheckBoxField	选择框字段，以复选按扭的形式展示数据，一般用于展示 bool 型数据

字　段　名　称	说　　　　明
HyperLinkField	超链接字段，以超链接的形式展示数据，一般用于执行某些操作或跳转页面的时候使用
ImageField	图像字段，以图像的形式展示数据，这里一般显示缩略图片
ButtonField	按钮字段，以链接按钮的方式展示数据，这里一般用于执行一些自定义命令
CommandField	命令字段，GridView 控件内置命令。有添加、修改、取消、选择、删除等三组选项，前三个是一组，后两个各为一组
TemplateField	模板字段，自定义模板的方式展示数据

如表 7-11 中的每个字段列的使用方法都非常简单，以下只介绍了比较常用的几种。

1．BoundField 字段列

BoundField 字段列是默认的数据绑定类型，通常用于显示普通文本。HtmlCode 属性表示字段是否以 HTML 编码的形式显示给用户，默认值为 true；DataFormatString 属性可以设置显示的格式。常见的格式有{0:C}、{0:D}和{0:yy-mm-dd}常见的三种格式，说明如下。

❏ **{0:C}**　设置要显示的内容是货币类型。

❏ **{0:D}**　设置显示的内容是数字。

❏ **{0:yy-mm-dd}**　设置显示的是日期格式。

例如设置要显示用户的生日如下所示。

```
<asp:BoundField DataField="userbirth" HeaderText="用户出生日期" DataFormatString=
"{0:yy-mm-dd}" HtmlEncode="False"/>
```

注意

使用 DataFormatString 属性设置显示内容的格式时必须将 HtmlCode 属性的值设置为 false，否则 DataFormatString 的设置无效。

2．ButtonField 字段列

ButtonField 列一般使用自定义代码实现命令按钮发生之后的操作，该字段列可以通过字段的 ButtonType 属性变更命令按钮的外观，该属性的值有三个：Link（默认值）、Button 和 Image。

3．TemplateField 字段列

TemplateField 允许以模板的形式自定义数据绑定列的内容，它是这 7 种绑定列中最灵活的绑定形式，也是最复杂的。TemplateField 列的添加有两种方式：直接添加或者将现有字段转换为模板字段。

GridView 控件添加字段列的方式非常简单，选中 GridView 控件后，在【属性】窗口中找到 Columns 属性，单击属性后的按钮图标弹出【字段】对话框，如图 7-14 所示。

图 7-14　添加字段列

在弹出的对话框中，开发人员选择可以用字段单击【添加】按钮，这样添加的内容就会显示在选定的字段中，然后在右侧可以设置字段列的相关属性，设计完成后直接单击【确定】按钮。

GridView 控件能细化到对每一个字段设置格式，所以在模板字段 TemplateField 中开发人员可以设置 6 个字段模板。另外，GridView 控件自身还提供了一个数据模板和分页模板，如表 7-12 所示。

表 7-12　GridView 控件的模板

模 板 名 称	说　　明
HeaderTemplate	头部模板，设置每一列头部的提示内容及格式
FooterTemplate	脚注模板，设置每一列底部的提示内容及格式
ItemTemplate	项目模板，设置列内容的格式
AlternatingTemplate	交替项，使奇数条数据及偶数条数据以不同的模板显示，该模板与 ItemTemplate 结合可产生两个模板交错显示的效果
InsertItemTemplate	数据添加模板
EditItemTemplate	编辑项目模板，这里针对该字段的模板，我们可以设置不同的服务器端控件来处理编辑状态下的不同类型数据
EmptyDataTemplate	当 GridView 控件的数据源为空时将显示该模板的内容
PagerTemplate	页模板，定义与 GridView 控件的页导航相关的内容

7.5.5　GridView 控件示例

在开发 Web 应用程序时数据的页面显示是非常令人头痛的一件事。许多情况下只是要求开发人员实现一个简单的功能，对性能和界面美观的要求都不高，但是需要编写一大堆的页面代码，费时费力。有了 GridView 控件，一切实现就会非常简单，本节练习使用 GridView 控件，主要介绍对该控件的常用操作，如显示列表、删除列表以及添加背景颜色等。

1. GridView 控件显示列表

经常访问论坛的用户可以知道，某一种类型的论坛发布的帖子可能有多个，它们可以通过列表的形式呈现给用户。

【练习 5】

下面使用 GridView 控件显示列表，SqlDataSource 控件指定数据源，主要步骤如下。

（1）添加新的 Web 窗体页，在页面的合适位置添加 SqlDataSource 控件，并为该控件配置数据源。

```
<asp:SqlDataSource ConnectionString="<%$ ConnectionStrings:DataControlConnec
tionString %>" SelectCommand="SELECT * FROM [ForumContent]" ID="sdList" runat=
"server"></asp:SqlDataSource>
```

（2）向页面中添加 GridView 控件，并且在【属性】窗口中分别设置 DataSourceID、Columns、CellPadding 以及 CellSpacing 属性等。为 Columns 属性添加 TemplateField 字段列，并且使用<%# Eval(字段名) %>绑定字段，页面的主要代码如下。

```
<asp:GridView ID="gvForum" runat="server" DataSourceID="sdList" AutoGenerateColumns=
"False" BackColor="White" BorderColor="#CCCCCC" BorderStyle="None" BorderWidth=
"0px" CellPadding="0" CellSpacing="0" GridLines="Horizontal" Width="100%"
onrowdatabound="gvForum_RowDataBound">
    <Columns>
        <asp:TemplateField>
            <HeaderStyle HorizontalAlign="Center" />
```

```
<HeaderTemplate>
    <li class="bg"><em> </em><span class="item"><strong>帖子
    标题</strong></span> <span class="name"><strong>论坛</strong>
    </span> <span class="author"><strong>作者</strong></span><span
    class="hit"><strong><a href="#">点击</a></strong></span> <span
    class="reply"><strong><a href="#">回复</a></strong></span> <span
    class="time"><strong><a href="#">操作</a></strong></span></li>
</HeaderTemplate>
<ItemTemplate>
    <li class="">
        <em><%# Eval("fcId") %></em>
        <span class="item"><a href="#" target="_blank"><%# Eval
        ("fcTitle")%></a> </span><span class="name"><a href="#"
        target="_blank"><%# Eval("fcName")%></a></span> <span class=
        "author"><%# Eval("fcAuthor")%></span><span class="hit"><%#
        Eval("fcClickNum")%></span> <span class="reply"><%# Eval
        ("fcReplayNum")%></span><span><asp:LinkButton ID="lbDel"
        runat="server">删除</asp:LinkButton> | <asp:LinkButton
        ID="lbEdit" runat="server">编辑</asp:LinkButton></span>
    </li>
</ItemTemplate>
</asp:TemplateField>
    </Columns>
</asp:GridView>
```

（3）添加内容完成后运行页面查看效果，运行结果如图 7-15 所示。

图 7-15　GridView 控件示例

2．为数据行添加背景颜色

GridView 控件将数据行绑定到数据时可以引发 RowDataBound 事件，当用户将鼠标悬浮到数据行时更改该行的背景色，鼠标离开时回到初始颜色。开发人员可以在绑定行的时候设置当前行的鼠标移动效果，相关代码如下。

```
protected void gvForum_RowDataBound(object sender, GridViewRowEventArgs e)
{
    if (e.Row.RowType == DataControlRowType.DataRow)
```

```
    {
        e.Row.Attributes.Add("onmouseover","currentcolor=this.style.background
        Color;this.style.backgroundColor='lightgreen'");
        e.Row.Attributes.Add("onmouseout", "this.style.backgroundColor=currentcolor");
    }
}
```

通过上述代码首先根据枚举类型 DataControlRowType 的值 DataRow 判断当前行是否为数据行，然后调用每行 Attributes 属性的 Add()方法指定操作。Add()方法传入两个参数：第一个参数表示特性的名称；第二个参数表示特性的值。currentcolor 变量用于记录变色前的背景色，当鼠标移开时背景色恢复到变色之前。直接刷新页面或重新运行页面查看效果，最终效果如图 7-16 所示。

图 7-16 鼠标悬浮时效果

3. 删除某一项

显示内容列表后，用户通常需要对这些内容进行操作，如编辑、删除或者查看详细信息等，删除某一项非常简单，主要步骤如下。

（1）首先更改 GridView 控件中 ItemTemplate 模板与删除按钮相关的内容，为 LinkButton 控件添加 OnClientClick 属性，用户单击删除链接时弹出提示，然后添加 CommandName 属性，代码如下。

```
<asp:LinkButton ID="lbDel" runat="server" OnClientClick='return confirm("您是
否确认删除？删除后不能更改！")' CommandName="Delete" Text="删除"></asp:LinkButton>
```

（2）为 SqlDataSource 控件添加 DeleteCommand 属性，该属性用来删除指定的某一项。另外如果删除语句包含参数需要设置相关的 DeleteParameters 属性，为删除语句添加相关的参数。主要代码如下：

```
<asp:SqlDataSource ConnectionString="<%$ ConnectionStrings:DataControlConnec
tionString %>" SelectCommand="SELECT * FROM [ForumContent]" DeleteCommand="DELETE
FROM [ForumContent] WHERE [fcId] = @fcId" ID="sdList" runat="server">
    <DeleteParameters>
        <asp:Parameter Name="fcId" Type="Int32" />
    </DeleteParameters>
</asp:SqlDataSource>
```

（3）查看 DataGridView 控件是否为 DataKeyNames 属性进行赋值，如果没有将 fcId 作为 DataKeyNames 的属性值。DataKeyNames 属性也可以通过分隔符设置多个主键字段，具体代码不再显示。

（4）添加完成后选中某一项单击【删除】链接弹出提示，效果如图 7-17 所示。

图 7-17　删除某项时的提示

在图 7-17 中，如果用户确定删除该项直接单击对话框中的【确定】按钮，如果取消删除，则直接单击【取消】按钮即可。

GridView 控件提供了 AutoGenerateDeleteButton 属性自动生成删除按钮，这种方式可以替换练习模板中所添加的删除按钮，但是它也需要 SqlDataSource 控件设置数据源，感兴趣的读者可以动手试一试。

4．分页显示内容

通过设置 GridView 控件的相关属性，完成对 GridView 控件内容的分页效果，最终效果如图 7-18 所示。

图 7-18　GridView 控件的内容分页显示

如果要实现以上的功能，主要步骤如下。

（1）指定 GridView 控件的 AllowPaging 和 PageSize 属性，将 AllowPaging 属性的值指定为 true，PageSize 的属性值指定为 5。

（2）选中 GridView 控件，在【属性】窗口中找到 PagerSettings 属性进行设置，主要代码如下。

```
<PagerSettings FirstPageText="首页" LastPageText="尾页" Mode="NextPrevious
FirstLast" NextPageText="下一页" PreviousPageText="上一页" />
```

（3）选中 GridView 控件，在【属性】窗口中找到 PagerStyle 属性进行设置，主要相关代码如下。

```
<PagerStyle BorderStyle="Solid" BorderWidth="0px" CssClass="pages" />
<style type="text/css">
```

```
    .pages
    {
        color: #999;
    }
    .pages a, .pages .cpb
    {
        text-decoration: none;
        float: left;
        padding: 0 5px;
        border: 1px solid #ddd;
        background: #ffff;
        margin: 0 2px;
        font-size: 11px;
        color: #000;
    }
</style>
```

5．为 GridView 控件自动套用格式

开发人员可以自己为 DataView 控件设置外观模式，系统提示了一些常用的套用格式。首先在窗体页的【设计】窗口选中 GridView 控件，然后单击右侧的按钮显示智能标记，选择【自动套用格式】选项后弹出对话框，效果如图 7-19 所示。

在图 7-19 中，开发人员可以选择自己需要的格式，也可以选择第一项移除所有的格式，设置完成后单击【确定】按钮即可。

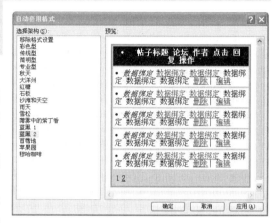

图 7-19　自动套用格式

7.6 DetailsView 控件

顾名思义，DetailsView 控件就是用来显示一个详细信息的视图控件，它能够实现展示、更新、插入、删除一条记录的功能。另外，DetailsVie 控件需要依赖数据源控件的功能执行更新、插入、删除等任务。

7.6.1　DetailsView 控件的概述

DetailsView 控件使用基于表的表格布局，在这种布局中数据记录的每个字段显示为控件中的一行。该控件常用于查看、更新、插入新记录，并且常用在主详细方案中的使用。默认情况下，DetailsView 控件将逐行显示记录的各个字段。另外，DetailsView 控件只会显示一条数据记录，且该控件不支持排序。

DetailsView 控件支持类似于 GridView 的 Fields 集合属性。除了 DetailsView 将每个字段显示一行而 GridView 将所有字段显示在一行之外，功能上与 GridView 控件的 Columns 集合相似。

DetailsView 控件本身有 4 个模板：PagerTemplate、EmptyDataTemplate、FooterTemplate 和 HeaderTemplate。该控件对每一个模板提供了一个样式属性，开发人员可以使用这些属性为对应的模板设置显示样式。另外，DetailsView 控件还为每个字段提供了 5 个模板，它们分别是：AlternatingItemTemplate、EditItemTemplate、HeaderTemplate、InsertItemTemplate 和 ItemTemplate。

7.6.2　DetailsView 控件的属性和事件

　　与其他控件一样，DetailsView 控件本身包含多个常用的属性和事件。如表 7-13 和表 7-14 分别所示了该控件的常用属性和常用事件。

表 7-13　DetailsView 控件的常用属性

属 性 名 称	说　　明
AllowPaging	获取或设置一个值，该值指示是否启用分页功能。默认值为 false
AutoGenerateDeleteButton	获取或设置一个值，该值指示是否为每个数据行添加"删除"按钮
AutoGenerateEditButton	获取或设置一个值，该值指示是否为每个数据行添加"编辑"按钮
AutoGenerateSelectButton	获取或设置一个值，该值指示是否为每个数据行添加"选择"按钮
AutoGenerateRows	获取或设置一个值，该值指示对应于数据源中每个字段的行字段是否自动生成并在 DetailsView 控件中显示
CurrentMode	获取 DetailsView 控件的当前数据输入模式
DataKey	获取一个 DataKey 对象，该对象表示所显示记录的主键
DataKeyNames	获取或设置一个数组，该数组包含数据源的键字段的名称
DefaultMode	获取或设置 DetailsView 控件中默认数据输入模式，其值有 ReadOnly（默认值）、Insert 和 Edit
DataItem	获取绑定到 DetailsView 控件的数据项
DataItemCount	获取基础数据源中的项数
DataItemIndex	从基础数据源中获取 DetailsView 控件中正在显示的项的索引
DataSource	获取或设置对象，数据绑定控件从该对象中检索其数据项列表
DataSourceID	获取或设置控件的 ID，数据绑定控件从该控件中检索其数据项列表
GridLines	获取或设置 DetailsView 控件的网格线样式，默认值为 Both
HorizontalAlign	获取或设置 DetailsView 控件在页面上的水平对齐方式
PageCount	获取在 GridView 控件中显示数据源记录所需的页数
PageIndex	获取或设置当前显示页的索引
PageSize	获取或设置 GridView 控件在每页上所显示的记录的条数

表 7-14　DetailsView 控件的常用事件

事 件 名 称	说　　明
DataBinding	当服务器控件绑定到数据源时发生
DataBound	在服务器控件绑定到数据源后发生
ItemCommand	当单击 DetailsView 控件中的按钮时发生
ItemCreated	在 DetailsView 控件中创建记录时发生
ItemDeleted	在单击 DetailsView 控件中的"删除"按钮时，但在删除操作之后发生
ItemDeleting	在单击 DetailsView 控件中的"删除"按钮时，但在删除操作之前发生
ItemInserted	在单击 DetailsView 控件中的"插入"按钮时，但在插入操作之后发生
ItemInserting	在单击 DetailsView 控件中的"插入"按钮时，但在插入操作之前发生
ItemUpdated	在单击 DetailsView 控件中的"更新"按钮时，但在更新操作之后发生
ItemUpdating	在单击 DetailsView 控件中的"更新"按钮时，但在更新操作之前发生
PageIndexChanged	当 PageIndex 属性的值在分页操作后更改时发生
PageIndexChanging	当 PageIndex 属性的值在分页操作前更改时发生

7.6.3　DetailsView 控件的示例

　　开发人员在上一节使用 GridView 控件显示论坛内容列表时没有实现编辑功能，DetailsView 控件可以显示某一项的详细信息，因此下面通过练习完成上一小节内容的查看并编辑某一项的功能。

1．查看详细内容

【练习6】

实现查看详细内容查看效果的主要步骤如下。

（1）添加名称为 DetailsView 的 Web 窗体页，在页面的合适位置添加 DetailsView 控件，并设置相关属性。

（2）选中该控件显示智能标记提示，然后在数据源处选择【新建数据源】选项弹出【选择数据源类型】对话框，效果如图 7-20 所示。

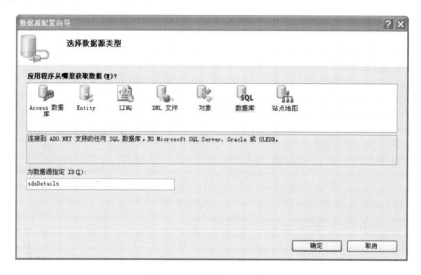

图 7-20　选择数据源类型

（3）选择数据源并输入名称后单击【确定】按钮，根据提示依次进行下一步操作，弹出【配置 Select 语句】对话框，效果如图 7-21 所示。

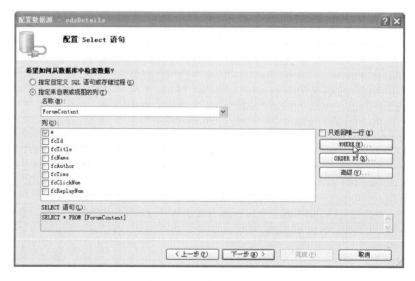

图 7-21　配置 Select 语句

（4）单击图中的 WHERE 按钮，弹出【添加 WHERE 子句】对话框，如图 7-22 所示。在弹出的对话框中选择 WHERE 子句的字段列名，然后将源字段指定为 QueryString。在参数属性中 QueryString 字段的值为从主页面中传入的参数名，选择输入完成后单击【添加】按钮会在 WHERE 子句中添加语句，最后单击【确定】按钮即可。

图 7-22　添加 WHERE 子句

（5）添加完成后为页面的 DetailsView 控件绑定内容，页面主要代码如下。

```
<asp:DetailsView ID="DetailsView1" runat="server" Height="150px" Width="100%"
AutoGenerateRows="False" DataKeyNames="fcId" DataSourceID="sdsDetails">
    <Fields>
        <asp:BoundField DataField="fcId" HeaderText="主题编号" InsertVisible=
        "False" ReadOnly="True" SortExpression="fcId" />
        <asp:BoundField DataField="fcTitle" HeaderText="标题" SortExpression=
        "fcTitle" />
        <asp:BoundField DataField="fcName" HeaderText="发布者" SortExpression=
        "fcName" />
        <asp:BoundField DataField="fcAuthor" HeaderText="作者" SortExpression=
        "fcAuthor" />
        <asp:BoundField DataField="fcTime" HeaderText="发布时间" SortExpression=
        "fcTime" />
        <asp:BoundField DataField="fcClickNum" HeaderText="点击量" SortExpre
        ssion="fcClickNum" />
        <asp:BoundField DataField="fcReplayNum" HeaderText="回复量" SortExpre
        ssion="fcReplayNum" />
    </Fields>
</asp:DetailsView>
<asp:SqlDataSource ConnectionString="<%$ ConnectionStrings:DataControlConnec
tionString %>" SelectCommand="SELECT * FROM [ForumContent] WHERE ([fcId] =
@fcId)" ID="sdsDetails" runat="server">
    <SelectParameters>
        <asp:QueryStringParameter Name="fcId" QueryStringField="fcId" Type=
        "Int32"/>
    </SelectParameters>
</asp:SqlDataSource>
```

上述代码 SqlDataSource 控件指定了从上一个页面传递过来的数据，并且接收的参数是 fcId。

（6）向 GridView 控件显示列表页面，添加、查看相关详细信息的代码，用于查看 DetailsView
控件显示的详细信息，代码如下。

```
<asp:HyperLinkField HeaderText="查看" Text="详细" DataNavigateUrlFields="fcId"
DataNavigateUrlFormatString="DetailsView.aspx?fcId={0}"/>
```

（7）运行页面单击页面进行查看，其效果如图 7-23 所示。

图 7-23　查看详细信息

2．编辑更新内容

上面的代码仅仅是实现了查看的效果，重新更改上面的代码，完成更新的功能，主要步骤如下。

（1）向 DetailsView 控件中添加 ItemTemplate 模板列，在该列中添加用于编辑的链接按钮，然后添加 EditTemplate 模板列，在该列中添加用于更新和取消更新的链接按钮，主要代码如下。

```
<asp:TemplateField>
    <ItemTemplate>
        <asp:LinkButton ID="L1" runat="server" CommandName="Edit" Text="编辑">
        </asp:LinkButton>
    </ItemTemplate>
    <EditItemTemplate>
        <asp:LinkButton ID="L0" runat="server" CommandName="Update" OnClient
        Click='return confirm("您确定要修改当前内容吗? ")' Text="更新"></asp:LinkButton>
        <asp:LinkButton ID="L2" runat="server" OnClientClick='return confirm
        ("您确定要返回到上页吗? ")' CommandName="Cancel" Text="取消"></asp:LinkButton>
    </EditItemTemplate>
</asp:TemplateField>
```

（2）为 SqlDataSource 控件添加 UpdateCommand 属性，并且添加需要更改的参数列表，代码如下。

```
<asp:SqlDataSource ConnectionString="<%$ ConnectionStrings:DataControlConnec
tionString %>" SelectCommand="SELECT * FROM [ForumContent] WHERE ([fcId] =
@fcId)" UpdateCommand="UPDATE [ForumContent] SET fcTitle =@fcTitle, fcName
=@fcName, fcAuthor =@fcAuthor where fcId=@fcId" ID="sdsDetails" runat="server">
    <SelectParameters>
        <asp:QueryStringParameter Name="fcId" QueryStringField="fcId" Type=
        "Int32"/>
    </SelectParameters>
    <UpdateParameters>
        <asp:Parameter Name="title" Type="String" />
        <asp:Parameter Name="name" Type="String" />
        <asp:Parameter Name="author" Type="String" />
```

```
        <asp:Parameter Name="fcId" Type="Int32" />
    </UpdateParameters>
</asp:SqlDataSource>
```

（3）如果某一列的值不需要更改（如主键列、点击量和回复量），则为这些列添加 ReadOnly 属性，并将该属性的值设置为 true。

（4）运行页面，单击页面上的【编辑】按钮后输入进行测试，完成后如果确定更改单击【更新】按钮，提示效果如图 7-24 所示。

图 7-24　更改内容提示效果

如果用户确定更改内容可以单击【确定】按钮进行提交，否则直接单击【取消】按钮即可。

7.7　FormView 控件

FormView 控件用于一次显示数据源中的一个记录。在使用 FormView 控件时可以创建模板显示和编辑绑定值。这些模板包含用于定义窗体的外观和功能的控件、绑定表达式和格式设置。FormView 控件通常与 GridView 控件一起用于主控详细信息方案。

7.7.1　FormView 控件概述

FormView 控件和 DetailsView 控件都能够实现一次显示、编辑、插入和删除一条数据记录的功能。它们非常相似，但是还不完全相同，主要区别在于：FormView 控件使用模板来自定义指定项的布局，该模板中包含用于创建窗体的格式、控件和绑定表达式，而 DetailsView 控件使用表格布局，并且将记录的每个字段都各自显示为表格的一行。

FormView 控件依赖于数据源控件的功能执行诸如更新、插入和删除记录的任务。即使 FormView 控件的数据源公开了多条记录，该控件一次也仅显示一条数据记录。ASP.NET 中 FormView 控件提供了 7 个模版，它们分别是 EditItemTemplate、EmptyDataTemplate、FooterTemplate、HeaderTemplate、InsertItemTemplate、ItemTemplate 和 PagerTemplate。这些模板列的具体用法和功能在前面的几个控件中都已经介绍，这里不再进行详细介绍。

> **提示**
> 无论是 FormView 控件的属性还是事件，它们都与 DetaisView 控件十分相似，这里不再进行详细介绍，读者可以亲自查看资料。

7.7.2 FormView 控件的分页

FormView 控件支持对数据源中的项进行分页。若要启用分页行为，可以将 AllowPaging 属性设置为 true，并且 FormView 控件的页大小始终为每页一行。

如果 FormView 控件被绑定到某个数据源控件或任何实现 ICollection 接口的数据结构（包括数据集），此控件将从数据源获取所有记录显示当前页的记录，并且会丢弃其余的记录。当用户移到另一页时 FormView 控件会重复此过程，显示另一条记录。

> **注意**
>
> 如果数据源未实现 ICollection 接口，FormView 控件将无法分页。例如，如果开发人员正在使用 SqlDataSource 控件，并将其 DataSourceMode 属性的值设置为 DataReader，则 FormView 控件无法实现分页。

有些数据源控件（如 ObjectDataSource）提供更高级的分页功能。在这些情况下，FormView 控件会在分页时利用数据源增加高级的功能，从而获得更好的性能和更大的灵活性。根据数据源是否支持检索总行数，请求的行数可能有所不同。

7.7.3 FormView 控件的示例

FormView 控件的模板页中可以添加相应的样式代码，自定义设置样式的格式。下面将介绍 FormView 控件的简单示例。

【练习7】

重新更改上面的部分代码，将 GridView 控件显示的列表页中的链接页面跳转到 FormView.aspx 页面。开发人员需要创建 FormView.aspx 页面，在该页面中添加 FormView 控件和 SqlDataSource 控件，实现显示某条记录的详细内容。与 FormView 控件相关的主要代码如下所示。

```
<asp:FormView ID="FormView1" runat="server" DataSourceID="sdsDetails">
    <ItemTemplate>
        <table>
            <tr>
                <td align="right"><h4>内容编号:</h4></td>
                <td><h4><%# Eval("fcId") %></h4></td>
            </tr>
            <tr>
                <td align="right"><h5>发布者:</h5></td>
                <td><h5><%# Eval("fcName") %></h5></td>
            </tr>
            <tr>
                <td align="right"><h5>标题:</h5></td>
                <td><h5><%# Eval("fcTitle") %></h5></td>
            </tr>
            <tr>
                <td align="right"><b>作者:</b></td>
                <td><font color="red"><%# Eval("fcAuthor") %></font></td>
            </tr>
            <tr>
                <td align="right"><b>发布时间:</b></td>
                <td><font color="red"><%# Eval("fcTime","{0:yyyy-mm-dd}") %>
                </font></td>
            </tr>
```

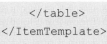

```
        </table>
      </ItemTemplate>
</asp:FormView>
```

重新运行页面单击查看效果，如图 7-25 所示。

图 7-25　FormView 控件示例

7.8 ListView 控件

ListView 控件与 DataList 控件和 Repeater 控件相似，此控件也可以适用于任何具有重复结构的数据。ListView 控件可以按照读者使用的模板和样式定义的格式显示数据，下面将介绍与 ListView 控件相关的知识。

7.8.1 ListView 控件概述

虽然 ListView 控件、DataList 控件和 Repeater 都可以重复显示数据，但是与它们不同的是 ListView 控件允许用户编辑、插入和删除数据，以及对数据进行排序和分页，这一切所有的实现都不需要编写代码。

开发人员利用 ListView 控件可以绑定从数据源返回的数据项并显示它们，也可以对它们分组。ListView 控件提供了 11 种模板，如表 7-15 所示。

表 7-15　ListView 控件的模板

模 板 名 称	说　　明
LayoutTemplate	定义 ListView 控件的主要布局和内容的根模板
ItemTemplate	定义显示控件中的项的内容
ItemSeparatorTemplate	定义显示控件中的各个项之间呈现的内容
GroupTemplate	定义控件中组容器的内容
GroupSeparatorTemplate	定义控件要在项组之前呈现的内容
EmptyItemTemplate	定义在使用 GroupTemplate 模板为空项时呈现的内容
EmptyDataTemplate	定义在数据源未返回数据时要呈现的内容
SelectedItemTemplate	为区分所选数据项与显示的其他项，而为该选项呈现的内容
AlternatingTemplate	数据交替模板，该模板与 ItemTemplate 结合可产生两个模板交错显示的效果
EditItemTemplate	数据编辑模板，对于正在编辑的数据项，该模板内容替换 ItemTemplate 项的内容
InsertItemTemplate	数据添加模板

7.8.2　ListView 控件的属性和事件

ListView 控件包含多个常用属性，通过这些属性可以设置控件的数据源、外观、主键列以及排序等，具体说明如表 7-16 所示。

表 7-16　ListView 控件的常用属性

属 性 名 称	说　　明
DataKeyNames	获取或设置一个数组，该数组包含了显示在 ListView 控件中的项的主键字段的名称
DataMember	当数据源包含多个不同的数据项列表时，获取或设置数据绑定控件绑定到数据列表的名称
DataSource	获取或设置对象，数据绑定控件从该对象中检索其数据项列表
DataSourceID	获取或设置控件的 ID，数据绑定控件从该控件中检索其数据项列表
GroupItemCount	获取或设置 ListView 控件中每组显示的项数
GroupPlaceholderID	获取或设置 ListView 控件中的组占位符的 ID
InsertItemPosition	获取或设置 InsertItemTemplate 模板在作为 ListView 控件的一部分呈现时的位置
SortDirection	获取要排序的字段的排序方向
SortExpression	获取与要排序的字段关联的排序表达式
SelectedIndex	获取或设置 ListView 控件中的选定项的索引
SelectedValue	获取 ListView 控件中的选定项的数据键值

除上述的常用属性外，ListView 控件也提供了一些事件，事件说明如表 7-17 所示。

表 7-17　ListView 控件的常用事件

事 件 名 称	说　　明
ItemCommand	当单击 ListView 控件中的按钮时发生
ItemCreated	在 ListView 控件中创建项时发生
ItemDataBound	在数据项绑定到 ListView 控件中的数据时发生
ItemDeleted	在请求删除操作且 ListView 控件删除项之后发生
ItemDeleting	在请求删除操作之后，ListView 控件删除项之前发生
ItemEditing	在请求编辑操作之后，ListView 项进入编辑模式之前发生
ItemInserted	在请求插入操作且 ListView 控件在数据源中插入项之后发生
ItemInserting	在请求插入操作之后，ListView 控件执行插入之前发生

7.8.3　ListView 控件的示例

随着网络技术的发展和普及，越来越多的功能可以在网络上实现，如网上缴费和网上购物等。彩信的出现也越来越普及手机用户的生活，用户可以登录网址添加联系人，然后向联系人发送彩信或接收其他用户彩信。下面主要通过 ListView 控件显示用户发送彩信时所存储的联系人列表，并且实现全选和全不选的效果。

【练习 8】

本次练习使用 ListView 控件显示联系人列表，SqlDataSource 控件绑定数据源列表内容，主要步骤如下。

（1）添加新的 Web 窗体页，在页面中添加 SqlDataSource 控件和 ListView 控件，并设置相关的属性，添加完成后的主要代码如下。

```
<asp:CheckBox ID="cbAll" runat="server" onclick="javascript:CheckAll();">
</asp:CheckBox>全选
<asp:ListView ID="ListView1" runat="server" DataSourceID=" sdsListView ">
```

```
    <ItemTemplate>
        <tr>
            <td style="width: 162px"><asp:CheckBox ID="cbCk" runat="server"
            /></td>
            <td style="width: 200px"><a href="#" onclick="#"><%#Eval("cpName")
            %></a></td>
            <td style="width: 180px"><%#Eval("cpPhone") %></td>
            <td>默认</td>
        </tr>
        <tr><td class="tablelistSpacer" style="padding: 0; border: 0;" colspan=
        "200"></td></tr>
    </ItemTemplate>
</asp:ListView>
<asp:SqlDataSource ConnectionString="<%$ ConnectionStrings:DataControlConnec
tionString %>" SelectCommand="SELECT * FROM [contactperson]" ID="sdsListView"
runat="server"></asp:SqlDataSource>
```

（2）单击 ListView 控件外部的 CheckBox 控件时调用 CheckAll()函数，如果控件选中实现全选效果，否则实现全不选效果，函数代码如下。

```
function CheckAll() {
    var checklist = document.getElementsByTagName("input"); //获取所有的 input 元素
    if (document.getElementById("cbAll").checked == true) { //判断 "全选" 是否选中
        for (var i = 0; i < checklist.length; i++) {      //循环遍历
            if (checklist[i].type == "checkbox") {   //判断是否为 checkbox 类型
                checklist[i].checked = true;          //选中
            }
        }
    } else {
        for (var i = 0; i < checklist.length; i++) { //循环遍历
            if (checklist[i].type == "checkbox") {   //判断是否为 checkbox 类型
                checklist[i].checked = false;         //取消选中
            }
        }
    }
}
```

（3）运行页面选中复选框查看效果，如图 7-26 所示。

图 7-26　ListView 控件示例

7.8.4　ListView 控件实现分页

除了本课介绍的数据源控件和数据绑定控件外，ASP.NET 中还提供了一种控件：DataPager。顾名思义，DataPager 控件就是和其他控件结合实现分页的，ListView 控件可以实现分页功能，也

213

是通过该控件来实现的。

DataPager 控件可以放在两个位置：一是独立于 ListView 控件，这种方法经常被使用；二是内嵌在 ListView 控件的<LayoutTemplate>标签内。

DataPager 包含多个属性，例如通过 PageSize 属性指定每页显示的记录数，Fields 属性获取 DataPagerField 对象的集合。如表 7-18 为 DataPager 控件的常用属性。

表 7-18　DataPager 控件的常用属性

属性名称	说明
PagedControlID	获取或设置一个控件的 ID，该控件包含的数据将由 DataPager 控件进行分页
PageSize	获取或设置为每个数据页显示的记录数
QueryStringField	获取或设置查询字符串字段的名称
Fields	获取 DataPagerField 对象的集合，这些对象表示在 DataPager 控件中指定的页导航字段
MaximumRows	获取为每个数据页显示的最大记录数
StartRowIndex	获取在数据页上显示的第一条记录的索引
TotalRowCount	获取由管理数据绑定控件所引用的基础数据源对象检索到总记录数
ViewStateMode	获取或设置此控件的视图状态模式，其值有 Inherit（默认）、Enabled 和 Disabled

 注意

并不是任何的控件都能和 DataPager 控件一起使用。除了 ListView 控件外，DataPager 控件只能和实现了 IPageableItemContainer 接口的控件使用。

【练习 9】

本次练习会重新扩展上个练习的代码，使用 ListView 控件和 DataPager 控件完成分页的效果，每页显示 6 条记录。在页面中添加 DataPager 控件，并且设置相关属性，代码如下。

```
<asp:DataPager ID="DataPager1" runat="server" PagedControlID="ListView1"PageSize="6":
    <Fields>
        <asp:NextPreviousPagerField ShowFirstPageButton="true" ShowLastPage
        Button="true" />
    </Fields>
</asp:DataPager>
```

通过上述代码将 DataPager 控件的 PagedControlID 的属性值设置为 ListView 控件的 ID，PageSize 的属性值为 6，表示每页显示 6 条记录。NextPreviousPagerField 标签内的 ShowLast PageButton 和 ShowFirstPageButton 的属性值设置为 true，表示允许显示【第一页】和【最后一页】链接按钮。

重新运行页面查看效果，最终运行效果如图 7-27 所示。

图 7-27　ListView 控件和 DataPager 控件实现分页

7.9 实例应用：分页显示文章列表———

7.9.1 实例目标

前面课节已经通过大量的示例介绍了 ASP.NET 中常用的数据源和数据绑定控件。在这些常用的数据绑定控件中，GridView 控件自身提供了分页功能，ListView 控件可以和 DataPager 控件实现分页。而 Repeater 控件和 DataList 控件自身没有提供分页功能，也不能使用 DataPager 控件来实现。

Repeater 控件和 DataList 控件常用的分页实现有以下三种方式。

❏ 写一个方法或存储过程，根据传入的页数返回需要显示的数据表。

❏ 使用 PagedDataSource 类来实现。

❏ 使用第三方控件的分页控件。

本节实例不仅能够显示后台数据库中的所有文章信息（包括标题、回复数、阅读数和发布时间等），而且还实现了分页查看的功能。

7.9.2 技术分析

本节实例实现的内容非常简单，因此所用的技术也比较少，主要技术如下。

❏ Repeater 控件显示文章列表。

❏ PagedDataSource 类实现分页效果。

❏ Eval()方法绑定数据。

PagedDataSource 是 ASP.NET 中提供的一个分页类，该类不能被继承。PagedDataSource 类中封装了数据绑定控件（如 GridView、FormView 和 DataList 等）与分页有关的属性，说明如表 7-19 所示，这些属性允许数据绑定控件执行分页操作。

表 7-19　PagedDataSource 类的常用属性

属 性 名 称	说 明
AllowCustomPaging	获取或设置一个值，指示是否在数据绑定控件中启用自定义分页
AllowPaging	获取或设置一个值，指示是否在数据绑定控件中启用分页
AllowServerPaging	获取或设置一个值，指示是否启用服务器端分页
Count	获取要从数据源使用的基数
CurrentPageIndex	获取或设置当前页的索引
DataSource	获取或设置数据源
DataSourceCount	获取数据源中的项数
IsFirstPage	获取一个值，该值指示当前页是否是首页
IsLastPage	获取一个值，该值指示当前页是否是最后一页
PageCount	获取显示数据源中的所有项所需要的总页数
PageSize	获取或设置要在单页上显示的项数
VirtualCount	获取或设置在使用自定义分页时数据源中的实际项数

7.9.3 实现步骤

完成本次实例需要三个过程：首先创建数据库，然后创建 Web 窗体页面，最后在后台页面中添加代码，其主要实现步骤如下。

（1）在 Microsoft SQL Server 2008 中创建数据库表 article，该表包含了与文章相关的主要信息，说明如表 7-20 所示。

表 7-20　article 表的具体字段

字 段 名	类 型	是否为空（是=Yes，否=No）	备 注
articleId	int	No	主键，自动增长列
articleTitle	nvarchar(50)	No	联系人名称
articleContent	text	No	内容
readCount	int	Yes	阅读数，默认值为 0
replayCount	int	Yes	回复数，默认值为 0
articleTime	date	Yes	文章添加时间，默认为当前日期

（2）创建新的 Web 窗体页，在页面的合适位置添加 Repeater 控件，并使用 Eval()方法绑定数据库中的字段。当显示文章内容时调用后台的 returnContent()方法处理内容，将绑定的数据作为参数传入，主要代码如下。

```
<asp:Repeater ID="Repeater1" runat="server">
    <ItemTemplate>
        <div class="wz_01">
            <div class="wz_01_d">
                <div class="wz_01_d_zt" align="left">
                    <a href="#" target="_blank"><%# Eval("articleTitle") %></a>
                </div>
            </div>
            <div style="text-align: left; letter-spacing: 2px; padding:10px;
            font-size:13px;">
                <%# returnContent(Eval("articleContent")) %>
            </div>
            <div class="wz_08" align="left">
                <div style="float: left; clear: both;">阅读数: <%# Eval("readCount")
                %>  评论数: <%# Eval("replayCount") %></div>
                <div> (<%# Eval("articleTime","{0:yyyy-mm-dd hh:mm:ss}") %>)
                </div>
            </div>
        </div>
        </ItemTemplate>
</asp:Repeater>
```

（3）在 Web 窗体页的合适位置添加用于分页显示时的上一页和下一页按钮，相关代码如下。

```
<div class="page">
    <asp:Label ID="Label1" runat="server" Text=""></asp:Label>    
    <asp:Button ID="btnPrev" class="btn1_mouseout" onmouseover="this.className=
    'btn1_mouseover'" onmouseout="this.className='btn1_mouseout'" runat="server"
    Text="上一页" OnClick="btnPrev_Click" />    
    <asp:Button ID="btnNext" class="btn1_mouseout" onmouseover="this.className=
    'btn1_mouseover'" onmouseout="this.className='btn1_mouseout'" runat="server"
    Text="下一页" OnClick="btnNext_Click" />
</div>
```

（4）在后台页面添加 returnContent()方法，在该方法中首先将内容进行解码，然后判断内容的长度是否大于 150，如果大于进行截取，否则直接返回内容，具体代码如下。

```
public string returnContent(object obj)
{
    string str = Server.HtmlDecode(obj.ToString());          //对内容解码
```

```
    if (str.Length > 150)                                    //判断长度
        return str.Substring(0, 150) + "...";                //截取内容
    else
        return str;
}
```

（5）继续向页面的后台中添加代码，首先声明全局变量 Pager 表示当前页，然后在页面的 Load 事件中添加代码，首次加载页面时将页面索引设置为 0，并且调用 ListBinding()方法显示文章列表，代码如下。

```
public int Pager
{
    get { return (int)ViewState["Page"]; }
    set { ViewState["Page"] = value; }
}
protected void Page_Load(object sender, EventArgs e)
{
    if (!IsPostBack)
    {
        ViewState["Page"] = 0;
        ListBinding();
    }
}
```

（6）通过 ListBinding()方法获取文章内容列表，并且直接分页读取内容，具体代码如下。

```
public void ListBinding()
{
    PagedDataSource pds = new PagedDataSource();
    pds.DataSource = GetList();
    pds.AllowPaging = true;
    pds.PageSize = 3;
    pds.CurrentPageIndex = Pager;
    btnPrev.Enabled = true;
    btnNext.Enabled = true;
    if (pds.IsFirstPage)
        btnPrev.Enabled = false;
    if (pds.IsLastPage)
        btnNext.Enabled = false;
    Label1.Text = "第"+(pds.CurrentPageIndex + 1).ToString()+"页 共" + pds.Page
    Count.ToString()+"页";
    Repeater1.DataSource = pds;
    Repeater1.DataBind();
}
```

上述代码首先使用 new 创建 PagedDataSource 的实例对象 pds，然后调用 GetList()方法设置 pds 对象的数据源。PageSize 属性用于设置显示的项数，CurrentPageIndex 属性设置当前页的索引。IsFirstPage 属性判断当前显示页是否为首页，如果是，则【上一页】按钮的 Enabled 属性值设置为 false。IsLastPage 属性判断当前显示页是否为尾页，如果是，则【上一页】按钮的 Enabled 属性值设置为 false。最后为 Repeater 控件的 DataSource 属性指定数据源，使用 DataBind()方法激活绑定控件。

（7）GetList()方法用于查找后台数据库中 article 表的所有文章记录，具体代码如下。

```
public DataView GetList()
{
    SqlConnection connection = new SqlConnection("Data Source=.;Initial Catalog
    DataControl;User ID=sa;Password=123456");
    string sql = "SELECT * FROM [article]";
    connection.Open();
    SqlDataAdapter sda = new SqlDataAdapter(sql, connection);
    DataSet ds = new DataSet("article");
    sda.Fill(ds);
    return ds.Tables[0].DefaultView;
}
```

上述代码首先创建 SqlConnection 的实例对象 conn，然后调用 Open()方法打开数据库连接。接着根据 SQL 语句和 conn 对象创建 SqlDataAdapter 的实例对象 sda，然后调用 sda 对象的 Fill(方法向 DataSet 对象中填充数据，最后调用 DataTable 对象的 DefaultView 属性获取视图，并且返回该对象。

（8）单击【上一页】或【下一页】按钮实现查看上一页和下一页的文章列表的功能，代码如下。

```
protected void btnPrev_Click(object sender, EventArgs e)
{
    Pager--;                    //当前页索引-1
    ListBinding();              //重新绑定页面
}
protected void btnNext_Click(object sender, EventArgs e)
{
    Pager++;                    //当前页索引+1
    ListBinding();              //重新绑定页面
}
```

（9）运行页面查看效果，并且可以单击【上一页】或【下一页】按钮进行测试，效果如图 7-28 所示。

图 7-28　文章列表分页显示

7.10 拓展训练

1. DataList 控件实现分页

经常上网的用户可以知道，博客中通常会涉及到许多内容的列表，如图 7-29 显示了常见的一种列表。读者可以分析表中的内容，使用 DataList 控件显示列表，并且需要实现分页效果。

图 7-29　DataList 控件显示列表

2. ListView 和 DataPager 控件的使用

本课中的 GridView 控件实现了论坛帖子的主要操作，如删除帖子、查看和编辑，读者重新更改上面的内容，根据 GridView 控件实现的效果图使用 ListView 控件来重新实现。读者可以使用 DataPager 控件实现分页，FormView 或 DetailsView 控件显示详细信息，并且需要在原来练习的基础上添加新的帖子。

3. DataList 控件的使用

无论是系统还是网站，读者都可以找到其友情链接内容，如图 7-30 所示了某个招聘网站下某种类型的合作公司名称。将这些公司存储到后台数据库中，然后使用 SqlDataSource 控件和 DataList 控件显示数据。

图 7-30　拓展训练 3 运行效果

7.11

一、填空题

1. 数据源控件_____专门处理类似站点地图的 XML 数据。

2. Repeater、DataList 和 GridView 这三个控件中，使用起来灵活度最高的是_____控件。

3. DetailsView 控件和 FormView 控件中，_____控件是由表格布局的。

4. 如果用户需要对 GridView 控件中的内容进行排序，直接通过设置_____属性的值即可。

5. _____控件通常和 DataPager 控件结合实现分页效果。

6. DataPager 控件的_____属性指定了需要进行分页的控件 ID。

7. ASP.NET 数据绑定控件对字段数据绑定有两个方法：Eval()和_____。

二、选择题

1. Repeater 与 GridView 控件相比最重要的区别在于_____。

   A. 外观比较漂亮

   B. 显示的数据量会受到一定的限制

   C. 显示的布局几乎不受限制

   D. 能够存储大量的数据

2. 关于页面数据绑定的说法，选项_____是不正确的。

   A. 单值绑定数据时通常会使用<%=内容 %>，其中内容可以是页面后台声明的公有变量、数组或集合

   B. Eval()和 Bind()方法通常绑定比较复杂的数据，比如 GridView 控件所显示的数据

   C. 数据绑定控件（如 Repeater 和 ListView）绑定数据时，必须通过 DataSourceID 属性进行指定

   D. 对字符串操作或格式化字符串的时候，必须使用 Eval()方法

3. 关于 GridView 控件的说法，下面选项_____是正确的。

   A. 读者将 AllowPaging 属性设置为 true 后，必须设置 PagerSettings 属性中的相关内容

   B. GridView 控件是比较复杂的一种高级控件，它内置分页、排序、编辑和删除等功能

   C. GridView 控件使用起来非常方便，因此任何显示列表的内容都可以使用该控件

   D. GridView 控件必须通过自身实现分页效果，不能通过其他的方式实现

4. Repeater 控件的模板不包括_____。

   A. GroupSeparatorTemplate

   B. SeparatorTemplate

   C. AlternatingItemTemplate

   D. FooterTemplate

5. 在 ASP.NET 中，已知在页面上为 DataList 控件设置了 ObjectDataSource 数据源，其对象类型是 Customer。如果读者要在页面上绑定 Address 字段，下面绑定表达式正确的是_____。

   A. <%# Eval（"Address"）%>

   B. <%# Eval(Customer.Address) %>

   C. <%# Customer.Address %>

   D. <%# "Customer.Address" %>

6. GridView 控件鼠标悬浮时可以更改数据行的背景色，鼠标移开后恢复到原来的颜色。在 GridView 控件的 RowDataBound 事件中添加相关代码。下面横线处应该填写的内容是_____。

```
protected void GridView1_RowDataBound(object sender, GridViewRowEventArgs e)
{
    if (e.Row.RowType == _____ )
    {
      e.Row.Attributes.Add("onmouseover","currentcolor=this.style.background
      Color;this.style.backgroundColor='green'");
      e.Row.Attributes.Add("onmouseout", "this.style.backgroundColor=currentcolor");
    }
}
```

A. DataControlCellType.EmptyDataRow

B. DataControlCellType.DataRow

C. DataControlRowType.EmptyDataRow

D. DataControlRowType.DataRow

7. 关于分页控件 DataPager 的说法，下面选项正确的是_____。

A. DataPager 控件就是和其他多个数据绑定控件结合实现分页，例如 Repeater、DataList、GridView、FormView 以及 ListView 等

B. DataPager 控件可以和 ListView 控件结合实现分页功能，但是不能和 Repeater、DataList 或 GridView 控件实现分页功能

C. DataPager 控件只能和 ListView 控件与 Repeater 控件实现分页功能，而其他控件（如 GridView 和 DetailsView）则不能

D. DataPager 控件实现分页功能时只需要设置 PageSize 属性，该属性用来设置每个数据页所要显示的记录数

三、简答题

1. 请说明 Eval() 方法和 Bind() 方法的主要区别。

2. 分析 Repeater、DataList 和 GridView 控件的优缺点，并说明它们的适用情况。

3. 比较 FormView 和 DetailsView 控件的区别，并举例说明。

4. 列举 GridView 控件使用自身的属性实现分页时所涉及到的主要属性，并加以说明。

5. 请说明 Repeater 控件使用 PagedDataSource 类实现分页的主要过程。

6. 请分别列举 Repeater、DataList 和 GridView 控件的模板，并且对这些模板页进行具体说明。

第 8 课
第三方控件应用

　　用户控件实现了对控件的自定义,而第三方控件是 Visual Studio 系统中没有提供的,由开发人员定义的实用的控件。第三方控件是由开发人员额外设计的程序,被用于在 Visual Studio 系统中直接加载使用,其使用方式与系统工具箱中的其他控件一样。

　　本课将主要讲述当前比较实用的第三方控件及其使用方法,如常见的文本编辑器、验证码控件、分页控件等。

本课学习目标:

❏ 了解常见的文本编辑器

❏ 学会至少一种文本编辑器的使用

❏ 了解常见的验证码控件

❏ 学会至少一种验证码控件的使用

❏ 了解分页的几种方式

❏ 掌握 AspNetPager 控件控件的使用

❏ 掌握模块处理的方法

❏ 了解代码生成工具

8.1 第三方控件简介

在实际开发工作中 ASP.NET 自带的服务器控件有时并不能满足开发的需求，例如没有可以控制文本格式的编辑器控件，用于安全性的验证码控件等。而开发人员在长期的项目开发中，设计了多种方式来实现这些需求，他们另外开发的这些控件就叫第三方控件。

第三方控件是由开发人员设计的程序，可以被加载在项目中，像控件一样被使用。当前开发技术中，第三方控件的种类繁多，每一个种类又有多种相关控件。因此本课将主要讲述常见的、实用的几种第三方控件。

除了文本编辑器，还有验证码控件、分页控件、时间选择控件等，它们完善的功能使开发过程变得容易。

在经历了不断地更新完善后，每一个种类的第三方控件都有几个代表控件，如文本编辑器中的 CKEditor 控件和 FreeTextBox 控件、验证码控件中的 SerialNumber 控件和 AuthCode 控件、分页控件中的 AspNetPager 控件等。

8.2 文本编辑器

在网页中有可以输入文字的服务器控件文本框，但文本框是无格式的，不能满足特定的文本编辑需求。如新闻页面，博客日志等，这些都需要对文字进行格式的控制，文本框显然不能满足。

8.2.1 在线编辑器控件简介

文本编辑器又称为富文本控件。富文本控件不需要编写 HTML 编码，可以像 Word 编辑器那样对录入的内容进行设置。提供在线编辑功能的控件有很多，常见的如下所示。

- ❏ **RichTextBox**　*最早的富文本控件，富文本控件因它而得名。*
- ❏ **CKEditor**　*也叫 FCKEditor 控件，经常被用户使用，它是国外的一个开源项目。*
- ❏ **CuteEditor**　*功能最为完善，但它自身也相当庞大。*
- ❏ **eWebEditor**　*国产软件，有中国特色。*
- ❏ **FreeTextBox**　*简单方便，在国内也被经常使用。*

CKEditor 控件是 FCKeditor 控件的升级版本，FCKeditor 在 2009 年发布更新到 3.0 并且改名为 CKEditor。CKEditor 控件是一个专门使用在网页上属于开放源代码的所见即所得的文字编辑器，也是一个轻量化的控件。CKEditor 控件不需要太复杂的安装步骤即可使用，可以与 PHP、JavaScript、ASP、ASP.NET、ColdFusion、Java 以及 ABAP 等不同的编程语言相结合。

FreeTextBox 控件是一个基于 Internet Explorer 浏览器的 ASP.NET 开源服务器控件。FreeTextBox 控件的使用更为简单，在新闻发布、博客写作、论坛社区等多种 Web 系统中都可以使用。

本节以 CKEditor 控件为例，讲述在线文本编辑器的使用。

8.2.2 CKEditor 控件的集成

CKEditor 控件与 ASP.NET 的 Web 窗体页集成主要包括 8 个步骤，其主要步骤如下。

（1）在 CKEditor 控件的官方网站下载最新版本 CKEditor ASP.NET 控件，并且解压下载后的文件。

（2）复制解压后有 CKEditor_Samples\ckeditor 文件夹，将 ckeditor 文件夹整体粘贴到网站的根目录下。

（3）添加对 CKEditor.NET.dll 文件的引用。首先打开【工具箱】，在其内部右击，并在弹出的对话框中选择【选择项】选项打开【选择工具箱项】对话框，如图 8-1 和图 8-2 所示。

图 8-1　选择工具箱的【选择项】　　　　　　　图 8-2　选择工具箱项

（4）在图 8-2 中单击【浏览】按钮弹出【打开】对话框，然后选择 bin\Release 文件夹下的 CKEditor.NET.dll 文件，单击【添加】按钮完成添加。

（5）在 Web.config 文件中添加关于 CKEditor 控件的配置，其具体代码如下。

```
<system.web>
  <pages>
    <controls>
      <add tagPrefix="CKEditor" assembly="CKEditor.NET" namespace="CKEditor.
      NET"/>
    </controls>
  </pages>
</system.web>
```

（6）直接将【工具箱】中添加的 CKEditor 控件拖曳到页面的合适位置，如果没有在 web.config 文件中配置该控件，则会自动添加一条 @Register 指令，否则直接添加显示对该控件的使用。Web 窗体页的主要代码如下。

```
<%@ Register Assembly="CKEditor.NET" Namespace="CKEditor.NET" TagPrefix=
"CKEditor" %> //可省
<CKEditor:CKEditorControl   ID="CKEditor1"   runat="server"   Width="700">
</CKEditor:CKEditorControl>
```

（7）运行页面效果，查看页面中添加的文字，效果如图 8-3 所示。

如图 8-3 所示，在 CKEditor 控件的左下角有着 "body p" 的字样，可见该行内容是页面 <body> 标签中的段落。

（8）CKEditor 编辑器只能供用户编辑使用，并不提供编辑内容的获取。可以使用 CKEditor 控件的 Text 属性获取文本信息。

CKEditor 控件版本不同，则显示的效果不同，但 CKEditor 控件的属性和用法不变。

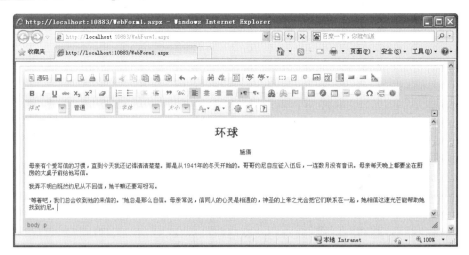

图 8-3　CKEditor 控件效果

8.2.3　配置编辑编辑器

ckeditor 文件夹下 ckeditor.js 为在线编辑器的核心文件，如果开发人员想要自动设置编辑器的背景色、皮肤或工具条等内容，可以在 config.js 文件中进行配置。

1．基本属性

基本属性包括语言配置属性 language、背景颜色配置属性 uiColor 和皮肤配置属性 skin。skin的属性值有三个：kama（默认值）、office2003 和 v2。

属性配置方法非常简单，如修改背景颜色，则向 config.js 文件中添加如下代码。

```
CKEDITOR.editorConfig = function (config) {
    config.uiColor = 'lightblue';
};
```

运行效果如图 8-4 所示。

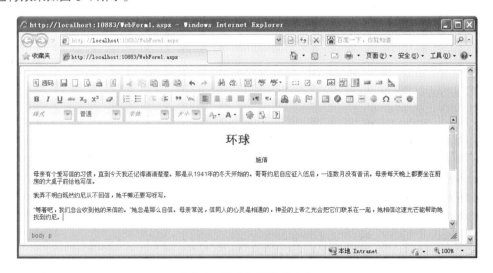

图 8-4　修改编辑器背景色

 提示

如果编辑器的 uiColor 属性和 skin 属性一起存在，则 skin 的属性值会覆盖 uiColor 的属性值。

2．设置工具栏

CKEditor 控件主要通过 toolbar 属性设置工具栏，toolbar 的属性值有两种：Basic（基础）和 Full（全能）。如表 8-1 列出了与工具栏相关的常用属性。

表 8-1　与工具栏相关的常用属性

属 性 名 称	说　　明
toolbar	设置工具栏的类型，其值有 Basic 和 Full
toolbar_Full	设置全能工具栏的相关属性
toolbar_Basic	设置基础工具栏的相关属性
toolbarCanCollapse	设置工具栏是否可以被收缩
toolbarLocation	设置工具栏的位置，如 top 和 bottom
toolbarStartupExpanded	设置工具栏默认是否展开

 注意

toolbar_Full 或 toolbar_Basic 后面的_Full 或_Basic 表示 toolbar 的名字，不能任意更改它们的值。

自定义全能或基础工具栏时需要设置模板、页面属性和页面源码等内容。表 8-2 列出了自定义工具栏时的常用属性。

表 8-2　自定义工具栏时的常用属性

属 性 名 称	说　　明
Source	设置页面源码选项
DocProps	设置显示页面属性
Save	是否设置显示"保存"按钮
Cut	是否设置显示"剪切"按钮
Find	是否设置显示"查找"按钮
Undo	是否设置显示"撤销"按钮
Redo	是否设置显示"重做"按钮
Find	是否设置显示"查找"按钮
PasteWord	是否设置显示"粘贴 Word 格式"按钮
Print	是否设置显示"打印"按钮
SpellCheck	是否设置显示"拼写检查"按钮（注意：需要安装插件）
Replace	是否设置显示"替换"按钮
SelectAll	是否设置显示"全选"按钮
JustifyLeft	是否设置显示"左对齐"按钮
JustifyCenter	是否设置显示"居中对齐"按钮
JustifyRight	是否设置显示"右对齐"按钮
JustifyFull	是否设置显示"分散对齐"按钮
Paste	是否设置显示"粘贴"按钮
NewPage	是否设置显示"新建"按钮
Preview	是否设置显示"预览"按钮
FontSize	是否设置显示"字体大小"按钮
FontName	是否设置显示"字体样式"按钮
FitWindow	是否设置显示"全屏编辑"按钮

例如自定义工具栏的相关属性，设置显示基础工具栏的信息。重新修改 config.js 中的代码，主要代码如下所示。

```
config.toolbarCanCollapse = false;          //不允许自动收缩工具栏
```

```
config.toolbarLocation = 'bottom';                    //工具栏显示在底部
config.toolbar = 'Basic';                             //基础工具栏
config.toolbar_Basic = [
    ['Source', '-', 'Save', 'NewPage', 'Preview', '-', 'Templates'],
   ['Cut','Copy','Paste','PasteText','PasteFromWord','-','Print', 'SpellChecker',
   'Scayt'],
    ['Undo', 'Redo', '-', 'Find', 'Replace', '-', 'SelectAll', 'RemoveFormat'],
    ['JustifyLeft', 'JustifyCenter', 'JustifyRight', 'JustifyBlock'],
    '/',
    ['Bold'], ['BGColor'], ['FitWindow', 'Maximize', 'ShowBlocks', '-', 'About']
];
```

上述代码中首先将 toobarCollapse 的属性值设置为 false 表示不允许自动收缩工具栏，然后通过 toolbarLocation 属性将工具栏显示在底部。toolbar 属性用来指定设置工具栏的类型。最后通过 toolbar_Basic 属性设置基础工具栏信息。在 toobar_Basic 属性中每个中括号 "[]" 都表示一个工具栏，而破折号 "-" 则作为工具栏集合的分隔符。斜线 "/" 表示强制换行工具栏所在的地方，这样 "/" 后的工具栏将会出现在新的一栏。

重新运行 Web 窗体页，页面的最终显示效果如图 8-5 所示。

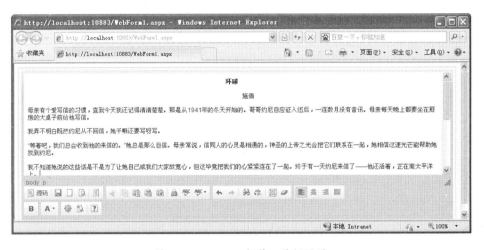

图 8-5　CKEditor 控件工具栏设置

　在 config.js 文件中添加设置相关属性时会区分字母的大小写，因此必须将属性的名称书写正确。

3．其他属性

除了可以设置皮肤、背景颜色、语言以及工具栏等相关属性外，在 config.js 文件中还可以设置其他的属性。如表 8-3 列出了 CKEditor 控件常用的其他属性。

表 8-3　与 CKEditor 控件的其他相关属性

属 性 名 称	说　　明
autoUpdateElement	当提交包含有此编辑器的表单时，是否自动更新元素内的数据
baseFloatZIndex	设置编辑器的 z-index 的值
colorButton_enableMore	设置是否在选择颜色时显示"其他颜色"选项
contentCss	设置需要添加的 CSS 文件，可使用相对路径和网站的绝对路径
contentsLangDirection	设置文字的显示方向
dialog_backgroudCoverColor	设置编辑框的背景色，默认值为 white

属 性 名 称	说　　明
dialog_backgroundCoverOpacity	设置背景的透明度，数据应该在 0.0~1.0 之间
disableObjectResizing	设置是否开启图片和表格的改变大小的功能
entities_greek	设置是否将难以显示的字符更改为相应的 HTML 字符
entities_latin	设置是否转换一些拉丁字符为 HTML 字符
entities_processNumerical	是否转换一些特殊字符为 ASCII 字符
font_defaultLabel	设置编辑器的默认字体
fontsize_defaultLabel	设置编辑器的默认字体大小
font_style	设置编辑器的默认式样
keystrokes	设置编辑器某些操作按钮的快捷键，如复制、粘贴、撤销和重做等
forceSimpleAmpersand	设置是否强制使用 "&" 来代替 "&amp"
forcePasteAsPlainText	是否强制复制来的内容去除格式
resize_enabled	设置编辑器是否实现拖曳改变尺寸的功能，默认值为 true
resize_maxHeight	设置拖曳时的最大高度
resize_minHeight	设置拖曳时的最小高度
resize_maxWidth	设置拖曳时的最大宽度
resize_minWidth	设置拖曳时的最小宽度

下面重新修改 config.js 文件中的代码，设置快捷键、拖曳的最小宽度和高度以及文字的显示方向等内容，其主要代码如下。

```
config.resize_minWidth = 800;
config.resize_minHeight = 400;
config.keystrokes = [
    [CKEDITOR.ALT + 121 /*F10*/, 'toolbarFocus'],          //获取焦点
    [CKEDITOR.ALT + 122 /*F11*/, 'elementsPathFocus'],     //元素焦点
    [CKEDITOR.SHIFT + 121 /*F10*/, 'contextMenu'],         //文本菜单
    [CKEDITOR.CTRL + 90 /*Z*/, 'undo'],                    //撤销
    [CKEDITOR.CTRL + 89 /*Y*/, 'redo'],                    //重做
    [CKEDITOR.CTRL + CKEDITOR.SHIFT + 90 /*Z*/, 'redo']    //重做
    [CKEDITOR.CTRL + 76 /*L*/, 'link'],                    //链接
    [CKEDITOR.CTRL + 66 /*B*/, 'bold'],                    //粗体
    [CKEDITOR.CTRL + 73 /*I*/, 'italic'],                  //斜体
    [CKEDITOR.CTRL + 85 /*U*/, 'underline'],               //下划线
    [CKEDITOR.ALT + 109 /*-*/, 'toolbarCollapse']
]
config.contentsLangDirection = 'rtl';                      //从右到左
config.colorButton_enableMore= false;  //设置选择颜色时是否显示 "其他颜色" 选项
```

上述代码中首先设置通过 minWidth 属性和 minHeight 属性设置拖曳时的最小宽度和高度。然后通过 keystrokes 属性设置操作编辑器按钮时的部分快捷键，其中数字表示键盘对应的 ASCII 字符。contentsLangDirection 属性将文字显示时字体的方向设置为从右到左。最后选择颜色时将【其它颜色】按钮禁用。

重新运行 Web 窗体页，使用 Ctrl+B 组合键将编辑器中的标题加粗，单击【字体颜色】按钮进行测试，运行的最终效果如图 8-6 所示。

图 8-6　运行效果图

获取编辑器的值插入数据时，可以直接使用 Eval()方法或 Bind()方法绑定。

注意

若插入数据时提示"在插入客户端中检测到有潜在危险的 Request.Form 值"，直接在页面的@Page 指令中添加 validateRequest="true"或修改 web.config 文件即可。

8.2.4　文件上传

网站中的文本编辑器有时需要图片的辅助，因此文本编辑器需要有图片的上传和布局等功能。使用 CKEditor 控件实现在线编辑器的图像显示功能，单击 图像按钮，效果如图 8-7 所示。

图 8-7　图像上传

图 8-7 是图像上传的界面，但界面中并没有浏览选择图片的功能，只能够手动输入图片地址，

因此 CKEditor 控件通常与 ckfinder 控件结合使用。

ckfinder 是一个强大而易于使用 web 浏览器的 Ajax 文件管理器，其主要特点如下所示。

- ❏ **文件夹树导航**　左侧导航列表。
- ❏ **缩略图**　使用户可以很快找到自己需要的东西。
- ❏ **多语言支持**　能够自动检测语言。
- ❏ **安全的文件上传**　所有上传的文件是根据发展商签的规则。
- ❏ **可完全控制**　用户可以创建、重命名、复制、移动和删除文件等。
- ❏ **完成的源代码**　包括服务器端的集成。
- ❏ 可以完全整合 FCKeditor 和 CKEditor。

利用 CKEditor 控件和 ckfinder 控件上传图片，首先需要把 ckfinder 控件在系统中进行加载，方法与 CKEditor 控件的加载方法一样。

（1）在 ckfinder 的官方网站下载最新版本的 ckfinder ASP.NET 控件，并且解压下载后的文件。

（2）在 ckfinder 文件夹中删除_source 文件夹，之后将整个 ckfinder 文件夹粘贴到网站的根目录下。

（3）找到 ckfinder\bin\Release 文件夹下的 CKFinder.dll 文件，添加对它的引用，其具体步骤与添加 CKEditor 控件的引用一样。

（4）添加后的控件名为 FileBrowser，在页面添加 FileBrowser 需要在页面添加如下两行代码。

```
<%@ Register assembly="CKFinder" namespace="CKFinder" tagprefix="CKFinder" %>
    <script type="text/javascript"src="/ckfinder/ckfinder.js"></script>
```

（5）为实现与 CKEditor 控件的结合，修改 ckeditor 文件夹下的 config.js 文件，在函数中添加如下的代码。

```
CKEDITOR.editorConfig = function( config )
{
    config.filebrowserBrowseUrl = '../ckfinder/ckfinder.html';
    config.filebrowserImageBrowseUrl = '../ckfinder/ckfinder.html?Type=Images';
    config.filebrowserFlashBrowseUrl = '../ckfinder/ckfinder.html?Type=Flash';
    config.filebrowserUploadUrl = '../ckfinder/core/connector/aspx/connector.
    aspx?command=QuickUpload&type=Files';
    config.filebrowserImageUploadUrl = '../ckfinder/core/connector/aspx/connector.
    aspx?command=QuickUpload&type=Images';
    config.filebrowserFlashUploadUrl = '../ckfinder/core/connector/aspx/connector.
    aspx?command=QuickUpload&type=Flash';
};
```

上述代码中 config.filebrowser*属性表示上传文件时调用的 ckfinder 文件夹下文件的相应路径，开发人员可以根据网站的结构进行更改。

（6）更改完成后重新运行 Web 窗体页，运行效果如图 8-8 所示。页面中多了【上传】选项，而且在【源文件】文本框后有了【浏览服务器】按钮。

（7）页面的设置并没有结束，此时控件默认是限制上传的。改变限制上传属性，步骤如下。

- ❏ 打开 ckfinder 文件夹下的 config.ascx 文件。
- ❏ 找到 CheckAuthentication()方法后将该方法的返回值设置为 true。
- ❏ SetConfig()方法中的 BaseUrl 属性值可以根据自己的项目结构进行填写，这里使用的是默认文件夹。

图 8-8　上传图片出错效果

此时控件的设置结束，单击如图 8-8 所示页面中的【浏览服务器】按钮，有如图 8-9 所示的窗口，选择【上传】选项和【添加文件】按钮，如图 8-9 所示。

图 8-9　上传文件

（8）选择需要上传的文件，完成图片上传，此时文件被放在图 8-9 所示的页面左侧的 images 文件夹下，如图 8-10 所示。

（9）在图 8-10 中的图片上右击，选择【选择】选项进入如图 8-11 所示的页面，单击【确定】按钮完成图片的选择。

图 8-10　图片上传　　　　　　　　　　图 8-11　选择图片

（10）在页面中添加文字、复选框、按钮或链接等内容，效果如图 8-12 所示。

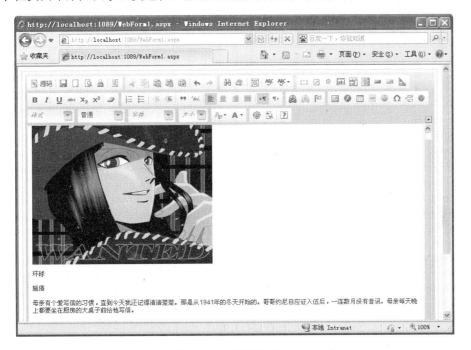

图 8-12　上传图片效果图

提示

上传文件到服务器成功后会自动在 BaseUrl 路径（默认为 ckfinder 下的 userfiles）下添加子文件夹 Images，用户也可以手动添加，包括 Flash、Files 和 Basket 等文件夹。

8.3　验证码

习惯上网的用户对验证码一定不会陌生，用户在登录或者注册时经常提示输入验证码。验证码是一张图片，它包含随机生成的数字和字母等。使用验证码最大的好处就是防止暴力破解密码。

8.3.1 验证码控件

第三方控件中的验证码控件不止一种，但最常用的是 SerialNumber 控件。SerialNumber 控件的使用比文本编辑器简单，在工具箱中加载 Webvalidates.dll 文件即可，不需要在项目中添加文件。

Webvalidates.dll 文件的加载方式与 CKEditor 控件的 CKEditor.NET.dll 文件加载方式一样步骤省略。Webvalidates.dll 文件在工具箱加载后，成为名称为 SerialNumber 的控件。

SerialNumber 控件的使用简单，如同其他服务器控件的使用方式一样，从工具箱中拖放至页面，或在控件名称处双击即可，如练习 1 所示。

【练习 1】

创建 Web 页面限制页面的加载，在页面中添加文本框、验证码控件和确定按钮，检验验证码是否输入无误，步骤如下。

（1）下载 Webvalidates.dll 文件，将其添加到【工具箱】中。

（2）创建 Web 页面，在页面中添加相应的样式和控件，如图 8-13 所示。

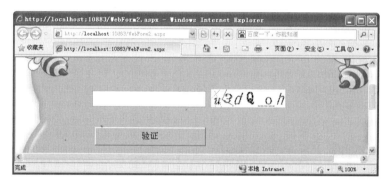

图 8-13　页面运行效果

（3）验证码控件需要在页面首次加载时生成并显示，使用 SerialNumber 控件的 Create()方法创建验证码，因此窗体加载时，Load 事件代码如下。

```
protected void Page_Load(object sender, EventArgs e)
{
    if (!IsPostBack)
    {
        snCode.Create();                //首次加载，生成验证码
    }
}
```

（4）在程序中添加对验证码输入判断的方法，验证用户输入是否有误，编辑 CheckCode()方法代码如下。

```
protected bool CheckCode()
{
    if (snCode.CheckSN(this.txtNum.Text.Trim()))
    {
        return true;
    }
    else
    {
```

```
        snCode.Create();              //验证码输入有误，重新生成验证码
        return false;
    }
}
```

（5）添加【确定】按钮的 Click 事件，判断用户输入是否有误，使用代码如下。

```
protected void btn_Click(object sender, EventArgs e)
{
    if (!CheckCode())
    {
        Label1.Text = "验证码不正确";
        return;
    }
    Label1.Text = "成功";
}
```

（6）运行页面，效果如图 8-13 所示。输入错误的验证码并单击【验证】按钮，效果如图 8-14 所示。

图 8-14　验证有误

图 8-14 与图 8-13 相比，除了提示验证有误，验证码也被更换。输入正确的验证码，再次单击【确定】按钮，如图 8-15 所示。

图 8-15　验证成功

8.3.2　自定义验证码类

验证码控件作用简单，有随机产生的图片，接收并验证用户输入信息的作用。对于定义好的第三方控件，使用起来相对容易，但其样式、灵活性和安全性不高，因此可以使用自定义的类来管理

验证码。

开发人员可以自定义类来实现验证码的显示功能，如练习 2 所示。

【练习 2】

创建新的页面，自定义一个现实验证码的类 StringUtilCode 包含三个方法，生成 8 位随机数的方法 GenerateCheckCode()、字符串加密的方法 EncryptPassword() 和用于显示显示验证图片的方法 CreateCheckCodeImage()，其主要步骤如下。

（1）首先创建 StringUtilCode 类，该类另外添加以下几个命名空间。

```
using System.Text.RegularExpressions;
using System.Drawing;
using System.Web.Security;
using System.Text;
using System.Drawing.Drawing2D;
using System.IO;
using System.Drawing.Imaging;
```

（2）定义 EncryptPassword() 方法用于对指定的字符串进行加密。在定义方法之前，首先定义类的变量，加密字符串 passWord，代码如下。

```
private static string passWord;
static public string EncryptPassword(string PasswordString, string Password
Format)
{
    switch (PasswordFormat)
    {
        case "SHA1":                      //采用 SHA1 的方式加密
        {
            passWord=FormsAuthentication.HashPasswordForStoringInConfigFile
            (PasswordString,"SHA1");
            break;
        }
        case "MD5":                       //采用 MD5 的方式加密
        {
            passWord = FormsAuthentication.HashPasswordForStoringInConfigFile
            (PasswordString,"MD5");
            break;
        }
        default:                          //其他方式
        {
            passWord = string.Empty;
            break;
        }
    }
    return passWord;
}
```

上述代码中 EncryptPassword() 方法主要传入两个参数，第一个参数表示要加密的字符串，第二个参数表示加密字符串的类型。在该方法中通过 switch 语句判断使用哪种方法进行加密，最后返回加密后字符串的值。

（3）定义 GenerateCheckCode()方法，用于随机生成 8 位随机数字或字母，具体代码如下所示：

```
private string GenerateCheckCode()
{
    int number;                              //随机数
    char code;
    string checkCode = String.Empty;         //验证码
    Random random = new Random();            //创建随机数
    for (int i = 0; i < 8; i++)              //随机生成8位验证码
    {
        number = random.Next();
        if (number % 2 == 0)
            code = (char)('0' + (char)(number % 10));
        else
            code = (char)('A' + (char)(number % 26));
        checkCode += code.ToString();
    }
    HttpCookie cookie = new HttpCookie("CheckCode", EncryptPassword(checkCode,
    "SHA1"));
    HttpContext.Current.Response.Cookies.Add(cookie);        //保存验证码
    return checkCode;
}
```

上述代码中，for 语句循环遍历生成 8 位随机数，通过更改循环次数可以设置验证码的个数。

随机数生成后调用 EncryptPassword()方法将验证码通过"SHA1"加密的方式保存到 Cookie
对象 CheckCode 中，最后返回加密后的验证码。

（4）自定义验证码类 StringUtilCode 中的 CreateCheckCodeImage()方法，生成验证图片，使
用代码如下。

```
public void CreateCheckCodeImage()
{
    string checkCode = GenerateCheckCode();                  //产生随机数
    if (checkCode == null || checkCode.Trim() == String.Empty)
                                                             //判断随机数如果为空
        return;
    Bitmap image = new Bitmap((int)Math.Ceiling((checkCode.Length * 11.5)), 21);
                                                             //创建位图
    Graphics g = Graphics.FromImage(image);                  //创建画布
    try
    {
        Random random = new Random();                        //生成随机生成器
        g.Clear(Color.White);                                //清空图片背景色
        for (int i = 0; i < 25; i++)                         //画图片的背景噪音线
        {
            int x1 = random.Next(image.Width);
            int x2 = random.Next(image.Width);
            int y1 = random.Next(image.Height);
            int y2 = random.Next(image.Height);
            g.DrawLine(new Pen(Color.Silver), x1, y1, x2, y2);
```

```
        }
        Font font = new Font("Arial", 12, (FontStyle.Bold | FontStyle.Italic));
                                                          //设置字体
        LinearGradientBrush brush = new LinearGradientBrush(new Rectangle(0, 0,
        image.Width, image.Height), Color.Blue, Color.DarkRed, 1.2f, true);
        g.DrawString(checkCode, font, brush, 2, 2);
        for (int i = 0; i < 100; i++)                      //画图片的前景噪音点
        {
            int x = random.Next(image.Width);
            int y = random.Next(image.Height);
            image.SetPixel(x, y, Color.FromArgb(random.Next()));
        }
        g.DrawRectangle(new Pen(Color.Silver), 0, 0, image.Width - 1, image.
        Height -    1);                                    //画图片的边框线
        MemoryStream ms = new MemoryStream();              //创建内存流
        image.Save(ms, ImageFormat.Gif);
        HttpContext.Current.Response.ClearContent();       //清空输出内容
        HttpContext.Current.Response.ContentType = "image/Gif";//设置输入的类型
        HttpContext.Current.Response.BinaryWrite(ms.ToArray());//将二进制转换
        HttpContext.Current.Response.End();
    }
    finally
    {
        g.Dispose();
        image.Dispose();
    }
}
```

上述代码中首先调用 GenerateCheckCode()方法创建产生的随机数，然后分别创建 Bitma 和 Graphics 的实例对象，它们分别表示创建位图和画布。

创建 Bitma 实例对象时，更改位图中数字可以控制显示验证图片的宽度和高度。在 try 块中第一个 for 语句用来循环绘制图片的背景噪音线，第二个 for 语句用来循环绘制图片的前景噪音点。

绘制完成后创建内存流 MemoryStream 的实例对象，然后将图片写入指定的流中。最后使用 Response 对象的 ClearContent()方法清空输出内容，ContentType 属性设置图片的输出类型，Write()方法将二进制字符串写入到内存流中。

在 finally 块中分别调用 g 对象和 image 对象的 Dispose()方法释放资源对象。

（5）页面运行时会自动访问图片 ImageUrl 的链接地址 CheckCode.aspx 页面，新建该页面后在页面的 Load 事件中添加如下的代码。

```
StringUtilCode util = new StringUtilCode();            //创建实例对象
protected void Page_Load(object sender, EventArgs e)
{
util.CreateCheckCodeImage();                           //调用显示验证码的方法
}
```

上述代码中首先创建自定义验证码类 StringUtilCode 的实例对象，然后在 Load 事件中调用 CreateCheckCodeImage()方法创建验证码。

（6）添加新的 Web 窗体页，然后在页面中设计用户的注册信息。设计完成后验证码部分和登录按钮的代码如下。

```
<div  style="background-image:  url('Styles/Pback.jpg');  background-repeat:
repeat-y;
    text-align: center; vertical-align: middle; height: 600px; width: 811px;">
    <table style="width: 100%; height: 58%">
        <tr>
            <td style="text-align: right; vertical-align: bottom; font-size:
            larger"
                class="style3">
                <asp:TextBox ID="txtCode" runat="server" Font-Size="Larger" Width=
                "237px"></asp:TextBox>
            </td>
            <td style="text-align: left; vertical-align: bottom" class="style1">
                <asp:Image ID="img" runat="server" onclick="javascript;CheckCode()"
                ImageUrl="CheckCode.aspx" alt="看不清楚" />
            </td>
        </tr>
        <tr>
            <td style="text-align: right; vertical-align: middle" class="style2">
                <asp:Button class="tj" ID="btnRegister" runat="server" Text="验证
                " Height ="38px" Width="237px" BackColor="#A3C6FE" Font-Size=
                "Larger" OnClick="btnRegister_Click" />
            </td>
            <td style="text-align: left; vertical-align: middle">
                <input type="hidden" name="registersubmit" value="true">
            </td>
        </tr>
    </table>
</div>
```

上述代码中 TextBox 控件用于接收用户输入的验证码，Image 控件显示验证码内容，Button 控件表示注册按钮。

（7）用户单击验证码图片时触发 Click 事件调用脚本函数 CheckCode()，其具体代码如下。

```
<script type="text/javascript">
function CheckCode() {
    var pic = document.getElementById("img");
    pic.src = "Checkcode.aspx?" + new Date().getTime();
}
</script>
```

（8）在单击【注册】按钮时触发按钮的 Click 事件，在该事件中判断用户输入的验证码，其具体代码如下。

```
protected void btnRegister_Click(object sender, EventArgs e)
{
//获取验证码中保存的验证码
    string cookiecode = Request.Cookies["CheckCode"].Value.ToString();
    string inputcode = txtCode.Text;                    //获取用户输入的验证码
//对用户输入的验证码加密
```

```
        inputcode = StringUtilCode.EncryptPassword(inputcode, "SHA1");
        if (cookiecode != inputcode)                    //如果验证码与保存的不等
        {
            Page.ClientScript.RegisterStartupScript(GetType(), "", "<script>alert
            ('验证码有误! ')</script>");
        }
        else
        {
            Page.ClientScript.RegisterStartupScript(GetType(), "", "<script>alert
            ('验证成功! ')</script>");
        }
    }
```

上述代码首先从 **StringUtilCode** 类中取出保存的验证码对象 CheckCode，并将其值保存到变量 cookiecode 中。然后调用该类的 ExcryptPassword()方法将用户输入的验证码采用 SHA1 的方式加密，并将加密后的值保存到变量 inputcode 中。最后判断 inputcode 与 cookiecode 的变量值是否相同，如果不同弹出错误提示。

（9）运行本案例向输入框中输入验证码进行测试，运行效果如图 8-16 所示。在单击【验证】按钮之后，验证了验证码的准确性，同时重新生成了新的验证码。

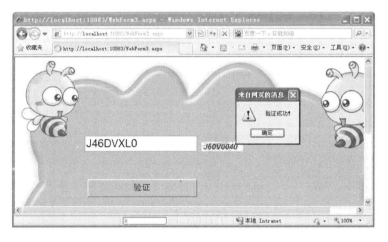

图 8-16　自定义验证码测试效果

试一试

练习 2 中的验证码区分大小写，所以必须按照生成的验证码进行输入。但是开发人员也可以在后台将输入的验证码进行大小写转换，感兴趣的读者可以亲自动手试试，实现不区分大小写的效果。

8.4 分页

大量的数据在一个页面中虽然可以放得下，但是过长的网页能够引起用户的疲劳感，因此使用分页技术将数据像书籍一样分页展示，可以解决这个问题。

8.4.1 分页技术

分页的方式有多种，如使用数据控件，在展示数据的同时实现分页；利用存储过程实现分页；

利用第三方控件实现分页。在 ASP.NET 中实现分页功能的主要方法如下。

- 使用 SQL 语句实现分页。
- 使用分页存储过程。
- 使用 PagedDataSource 类。
- 使用服务器控件自带的分页功能。
- 将 DataPager 控件与 ListView 或实现了 IPageableItemContainer 接口的控件结合使用。
- 第三方分页控件。

使用数据控件能够简单的实现分页，但数据空间属于服务器控件，其加载显示的过程加重了服务器的负担，而且数据空间的分页方式是固定单调的。同时，数据控件有着可定制性差、无法通过 Url 实现分页以及代码重用率低等问题。利用存储过程同样可以实现分页，但这样的技术加重了开发人员和服务器的负担。

在数据控件和存储过程不能很好地实现分页的情况下，开发人员通过开发第三方控件简单实现了分页技术。

在分页控件中，AspNetPager 控件是最常用的，AspNetPager 控件将分页导航功能与数据显示功能完全独立，即加快了数据显示速度，又提供了代码的可重用性。

8.4.2　AspNetPager 控件

AspNetPager 控件可以和 GridView、DataList 以及 Repeater 等数据绑定控件一起使用，使用该控件的主要优点如下。

- 支持通过 Url 进行分页。
- 支持 Url 分页方式下的 Url 重写功能。
- 支持使用用户自定义图片作为导航元素。
- 功能强大灵活、使用方便并且可定制性强。
- 兼容 IE 和 FireFox 等多个浏览器。

AspNetPager 控件包含多个常用属性，通过这些属性可以设置分页控件的显示样式。

Always 属性可以设置是否总显示 AspNetPager 分页控件；CurrentPageIndex 属性可以设置当前页的索引；RecordCount 属性可以获取所有的记录总数。表 8-4 列出了 AspNetPager 控件的常用属性。

表 8-4　AspNetPager 控件的常用属性

属 性 名 称	说　明
AlwaysShow	获取或设置一个值，该值指定是否总是显示 AspNetPager 分页控件，即使要分页的数据只有一页
AlwayShowFirstLastPage Number	获取或设置一个值，该值指定是否总是显示第一页和最后一页数据页索引按钮
CssClass	获取或设置由 Web 服务器控件在客户端呈现的级联样式表（CSS）类
CurrentPageButtonPostion	当前页数字按钮在所有数字分页按钮中的位置，其值有 Fixed（默认固定）、Beginning（最前）、End（最后）和 Center（居中）
CurrrentPageIndex	获取或设置当前显示面的索引
Direction	获取或设置在 Panel 控件中显示包含文本的控件的方向
FirstPageText	获取或设置为第一页按钮显示的文本
LastPageText	获取或设置为最后一页按钮显示的文本
NextPageText	获取或设置为下一页按钮显示的文本

续表

属 性 名 称	说　　明
PrevPageText	获取或设置为上一页按钮显示的文本
LayoutType	分页控件自定义信息区和分页导航区使用的布局样式，其值有 Div（默认值）和 Table
MoreButtonType	获取或设置"更多页"按钮的类型，该值仅当 PagingButtonType 设为 Image 时才有效
NavigationButtonsPosition	首页、上页、下页和尾页四个导航按钮在分页导航元素中的位置，可选值为：Left（左侧）、Right（右侧）和 BothSides（默认值，分布在两侧）
NavigationButtonType	获取或设置第一页、上一页、下一页和最后一页按钮的类型，该值仅当 PagingButtonType 设为 Image 时才有效。其值有 Image 和 Text（默认值）
PageCount	获取所有要分页的记录需要的总页数
RecordCount	获取或设置需要分页的所有记录的总数
ShowFirstLast	获取或设置一个值，该值指示是否在页导航元素中显示第一页和最后一页按钮
ShowMoreButtons	获取或设置一个值，该值指示是否在页导航元素中显示更多页按钮
CurrentPageIndex	获取或设置当前显示页的索引
ShowPageIndex	获取或设置一个值，该值指示是否在页导航中显示页索引数值按钮
ShowPageIndexBox	获取或设置页索引框的显示方式，以便用户输入或从下拉框中选择需要跳转到的页索引
CustomInfoHTML	获取或设置显示在用户自定义信息区的用户自定义 HTML 文本内容
SubmitButtonImageUrl	获取或设置提交按钮的图片路径，若该属性值为空则显示为普通按钮；否则显示为图片按钮且使用该属性的值做为图片路径

使用 AspNetPager 控件的 CustomInfoHTML 属性可以获取或设置自定义的 HTML 文本内容，可以使用"%"+属性名+"%"来表示其属性值。控件在运行时可以自动将"%"+属性名+"%"替换为相应的属性值，其中"属性名"仅适用的属性有 RecordCount、PageCount、CurrentPageIndex、StartRecordIndex、EndRecordIndex、PageSize、PagesRemain 和 RecordsRemain。

例如下面这段代码显示如何设置 AspNetPager 控件的相关属性。

```
<webdiyer:AspNetPager ID="AspNetP1" CssClass="pages" CurrentPageButtonClass
="cpb" PageSize="6" runat="server" CustomInfoHTML="共%PageCount%页，当前为第
%CurrentPageIndex%页" FirstPageText="首页" LastPageText="尾页" NextPageText="
下一页" PrevPageText="上一页" >
</webdiyer:AspNetPager>
```

 提示

CustomInfoHTML 属性中的属性名不区分大小写，所以"%PageCount%"可以写成"%pagecount%"。

除了常用属性外该控件还包括两个最常用的事件，其具体说明如下所示。

❏ **PageChanged**　该事件被引发时，AspNetPager 已完成分页操作。

❏ **PageChanging**　该事件在 AspNetPager 处理分页操作前引发，因此可以在事件处理程序中根据需要取消分页操作。

AspNetPager 控件与 SerialNumber 控件的使用方法一样，首先下载 AspNetPager.dll 文件，在项目中引用，然后拖曳 AspNetPager 控件到页面的合适位置，最后设置控件的相关属性、方法和事件。

8.4.3 实现分页

以 GridView 控件和 AspNetPager 控件的结合为例,实现数据的显示和分页功能,如练习 3 所示。

【练习 3】

使用 GridView 控件显示数据列表,使用 AspNetPager 控件显示数据分页,主要步骤如下。

(1)在 AspNetPager.dll 文件的官方网站上下载该文件,添加对该文件的引用。

(2)添加新的 Web 窗体页,在页面的.cs 文件中定义两个方法。一个方法用来获取数据记录的总数,使用代码如下。

```
private int TotalCount()
{
    SqlConnection conn = new SqlConnection(connstring);
    conn.Open();
    string sql = "select count(id) from Man";
    SqlCommand comd = new SqlCommand(sql, conn);
    int result = Convert.ToInt32(comd.ExecuteScalar().ToString());
    conn.Close();
    return result;                              //返回查询结果
}
```

(3)在页面中添加 GridView 控件和 AspNetPager 控件,并定义方法 BindData()为控件填充数据。BindData()方法使用代码如下。

```
private void BindData()                                //绑定数据
{
    SqlConnection conn = new SqlConnection(connstring);
    int page = AspNetPager1.PageSize;                  //获取每页显示的条数
    int pageindex = (AspNetPager1.CurrentPageIndex - 1) * page;
    string sqlpager = "select top " + page + " * from Man where id not in (select
    top " + pageindex + " id from Man) ";
    SqlDataAdapter ads = new SqlDataAdapter(sqlpager, conn);
    DataSet ds = new DataSet("Man");
    ads.Fill(ds);
    GridView1.DataSource = ds;
    GridView1.DataBind();
}
```

(4)为 AspNetPager 控件的属性赋值,其中将 PageSize 的属性值设置为 6。页面中 AspNetPager 控件属性的相关代码如下。

```
<webdiyer:AspNetPager    ID="AspNetPager1"    runat="server"    OnPageChanged=
"AspNetPager1_PageChanged"    CssClass="pages"    CurrentPageButtonClass="cpb"
PageSize="6" CustomInfoHTML="共 %PageCount% 页,当前为第 %CurrentPageIndex% 页 "
FirstPageText="首页" LastPageText="尾页" NextPageText="下一页" PageIndexBoxType
="TextBox"PrevPageText=" 上一页 "  ShowBoxThreshold="3"  ShowCustomInfoSection
="Left"  ShowPageIndexBox="Auto"  SubmitButtonText="Go"  TextAfterPageIndexBox=
"页" TextBeforePageIndexBox="转到" UrlPaging="True" AlwaysShow="True">
```

```
</webdiyer:AspNetPager>
```

（5）定义 AspNetPager 控件的 CssClass 的属性值 pages，CurrentPageButtonClass 的属性 cpb，页面中的样式代码如下。

```css
<style type="text/css">
.pages{color: #999;}
.pages a, .pages .cpb
{
    text-decoration: none;
    float: left;
    padding: 0 5px;
    border: 1px solid #ddd;
    background: #ffff;
    margin: 0 2px;
    font-size: 11px;
    color: #000;
}
.pages a:hover                //悬浮时的样式
{
    background-color: #E61636;
    color: #fff;
    border: 1px solid #E61636;
    text-decoration: none;
}
.pages .cpb
{
    font-weight: bold;
    color: #fff;
    background: #E61636;
    border: 1px solid #E61636;
}
</style>
```

（6）页面加载时需要显示 GridView 中的数据，因此首先需要获取总的记录数，然后为 GridView 填充数据，页面 Load 事件的代码如下。

```csharp
protected void Page_Load(object sender, EventArgs e)
{
    this.AspNetPager1.RecordCount = TotalCount();     //获取所有记录总数
    BindData();                                       //绑定数据
}
```

（7）单击 AspNetPager 控件的页数时重新绑定数据源，为 PageChanged 事件添加如下代码。

```csharp
protected void AspNetPager1_PageChanged(object sender, EventArgs e)
{
    BindData();
}
```

（8）运行页面，显示效果如图 8-17 所示。

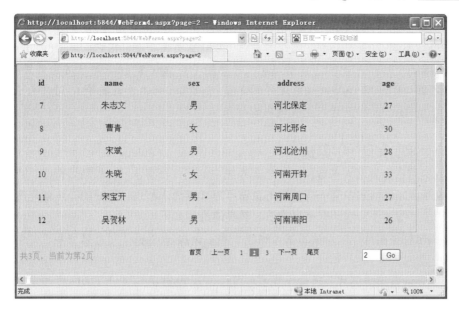

图 8-17　GridView 与 AspNetPager 实现分页

8.5　模块处理

ASP.NET 由控件和事件构成，相关控件对应相关的事件，构成一个完整的系统。但控件也有不能实现的功能，如页面图片或文字的安全性。

页面中的图片和文字是可以被利用的，但一些重要的资源若被共享，将会为网站造成损失。实现文字和图片安全性的方法，是添加水印效果，水印效果的管理需要使用模块处理程序。

模块处理机制的使用需要首先了解，ASP.NET 在处理 HTTP 请求时的两个机制 HttpModule 和 HttpHandler。

8.5.1　模块处理核心

HttpModule 机制和 HttpHandler 机制是 ASP.NET 在处理 HTTP 请求时的两个核心机制。ASP.NET 在处理页面请求时，其内部过程如图 8-18 所示。

图 8-18 中 Http 模块指 HttpModule，每一个 HTTP 请求可以经过多个模块，但是最终只能被一个 HttpHandler 处理。

HttpModule 实现了 IHttpModule 接口，用于页面处理前和处理后一些事件的处理。它是 HTTP 请求的"必经之路"，它可以在这个 HTTP 请求传递到真正的请求处理中心（HttpHandler）之前附加一些需要的信息，或者针对截获的这个 HTTP 请求信息做一些额外的工作，或者在某些情况下终止一些条件的 HTTP 请求，从而起到一个过滤器的作用。

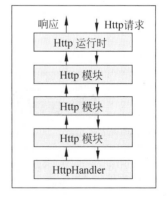

图 8-18　ASP.NET 处理的内部过程

HttpHandle 实现了 IHttpHandler 接口，它是 HTTP 请求的真正处理中心，对页面进行真正的处理。在 HttpHandler 中 ASP.NET 对客户端请求的服务器页面做出编辑和执行，并将处理后的信息附加在 HTTP 请求信息流中，再次返回到 HttpModule 中。

IHttpModule 和 IHttpHandler 的区别如下。

- ❑ 先后次序不同　先 IHttpModule 后 IHttpHandler。
- ❑ 请求处理不同　IHttpModule 无论客户端请求什么文件都会调用它，如 aspx、rar 和 html 等，IHttpHandler 只有 ASP.NET 注册过的文件类型（如 aspx 和 asmx 等）才会调用它。
- ❑ 任务不同　IHttpModule 对请求进行预处理（如验证、修改和过滤等），同时也可以对响应处理；IHttpHandler 按照请求生成相应的内容。

8.5.2　局部水印的实现

习惯上网的用户会发现大多数网站或管理系统中的图片都有水印，如新浪微博、企业门户网站以及销售系统等。如果网站中有一些重要的资源不想被其他人利用，最好的办法就是在图片上添加水印文字或图片。图片添加水印有多种方法，其具体说明如下。

- ❑ 直接编辑每张图片　可以使用图片编辑工具（如 PhotoShop）对每张图片进行编辑，但是费脑力、费人工。
- ❑ 编程实现批量编辑图片　通过编程添加图片（如 WinForms 加上 GDI+），但是有一个缺点，它的原始图片会被破坏。
- ❑ 显示图片时动态添加水印效果　不修改原始的图片，在服务器端发送图片到客户端前通过 Httphandle 进行处理。

在 ASP.NET 中可以很方便地创建后缀为.ashx 的 HttpHandler 的应用，本节通过案例演示如何使用局部 HttpHandler 方式实现封面图片水印的效果。

【练习 4】

本节案例通过创建 HttpHandler 应用程序实现封面图片的水印，主要步骤如下。

（1）选中项目后单击右键选择【新建项目】弹出【添加新项】对话框，如图 8-19 所示。在该对话框中选择【一般应用程序】，输入名称完成后单击【添加】按钮。

图 8-19　添加新项

（2）双击打开新建的一般处理程序文件，该文件会自动生成一个属性和一个方法。IsReusable属性用于设置是否可重用该 HttpHandler 的实例，ProcessRequest()方法是整个 HTTP 请求的最终处理方法。重写该方法其具体代码如下。

```
using System.Drawing;
using System.Drawing.Imaging;
public class Handler : IHttpHandler {
```

```
private const string WATERMARK_URL = "~/Images/WaterMark.jpg";
private const string DEFAULT_URL = "~/Images/pic2.jpg";
private const string cover = "~/Images/";
public void ProcessRequest(HttpContext context)
{
    System.Drawing.Image bookCover;
    string paths = context.Request.MapPath(cover+context.Request.Params
    ["imgid"].ToString() + ".jpg");
    if (System.IO.File.Exists(paths))                    //判断路径是否存在，如果存在
    {
        bookCover = Image.FromFile(paths);
        //加载水印图片
        Image watermark = Image.FromFile(context.Request.MapPath (WATERMARK_
        URL));
        Graphics g = Graphics.FromImage(bookCover);//实例化画布
        g.DrawImage(watermark, new Rectangle(bookCover.Width - watermark.Width,
        bookCover.Height- watermark.Height, watermark.Width, watermark.Height),
        0, 0,   watermark.Width,  watermark.Height,  GraphicsUnit.Pixel);
                                                    //在 image 上绘制水印
        g.Dispose();
        watermark.Dispose();                        //释放水印图片
    }
    else                                            //否则不存在，加载默认图片
        bookCover = Image.FromFile(DEFAULT_URL);
    context.Response.ContentType = "image/jpeg";    //设置输出格式
    bookCover.Save(context.Response.OutputStream, ImageFormat.Jpeg);
                                                    //将图片存入输出流
    context.Response.End();
    }
}
```

上述代码中首先导入需要的命名空间，然后声明全局变量表示水印图片以及默认图片。在 ProcessRequest() 方法中首先使用 Request 对象的 MapPath() 方法获取图片的路径，Request.Params 属性用于获取参数名。if 语句中使用 File 对象的 Exists() 方法判断请求路径是否存在，如果存在则加载水印图片，实例化画布后在图片上绘制水印，最后释放水印图片。全部完成后使用 Response 对象的 ContentType 属性设置输出的格式，然后将图片存入输出流。

（3）添加新的 Web 窗体页，在页面的合适位置添加 Image 控件，设置 Image 控件的 ImageUrl 的属性值为"~/Handler.ashx?imgid=a"。其中 imgid 表示向 Handler.ashx 文件中传递的参数，a 表示图片的名称。其具体代码如下。

```
<asp:Image ID="img1" runat="server" style="float:left" ImageUrl="~/Handler.
ashx?imgid=a" Width="150px"  Height="130px" />
```

（4）运行本案例进行测试，最终效果如图 8-20 所示。

提示

ProgressRequest()方法中 context 对象表示上下文对象，它被用于在不同的 HttpModule 和 HttpHandler 之间传递数据，也可以用于保持某个完成请求的相应信息。context 对象还为 HTTP 请求提供服务的内部服务器对象（如 Request、Session 和 Server 等）。

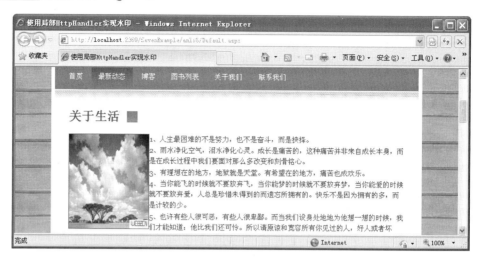

图 8-20　水印运行效果

8.5.3　封面图片水印的实现（全局 HttpHandler 方式）

上一节已经通过案例详细介绍了如何使用 HttpHandler 方式实现水印的效果，但是这样也存在缺点。如果图片有几十张甚至几百张时需要把图片的路径全部修改，这样使用非常麻烦，那么有没有一种简单的方法可以在不修改任何访问路径的情况下实现图片的水印效果？答案是肯定有的。本节就详细介绍如何通过全局 HttpHandler 的方式实现图片的水印功能。

【练习 5】

本案例中通过创建与 HttpHandler 相关的类实现封面图片的水印效果，其主要步骤如下。

（1）添加新的 Web 窗体页，然后在页面的合适位置添加图片，其最终设计效果如图 8-21 所示。

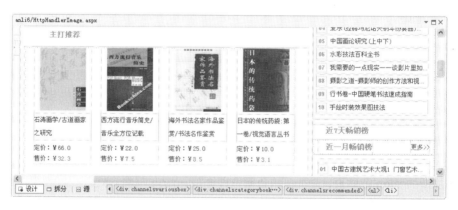

图 8-21　练习 5 设计效果

（2）创建名称为 HttpHandlerImage 的类，该类实现接口 IHttpHandler 并且实现该接口中的属性和方法。修改 IsReusable 属性中的 get 访问器的值，然后重新实现 ProcessRequest()方法，其主要代码如下。

```
public bool IsReusable
{
    get { return false; }
}
private const string WATERMARK_URL = "~/images/2_WarkImage.jpg";
```

248

```
private const string DEFAULT_URL = "~/images/pic2.jpg";
private const string cover = "~/images/";
public void ProcessRequest(HttpContext context)
{
    Image bookCover;
    if (System.IO.File.Exists(context.Request.PhysicalPath))
                                      //判断路径是否存在，如果存在
    {
     bookCover = Image.FromFile(context.Request.PhysicalPath);
     /* 参考案例 7-5 的代码 */
    }
    else                              //否则不存在加载默认图片
    {
     bookCover = Image.FromFile(DEFAULT_URL);
    }
    /* 参考案例 7-5 的代码输出图片 */
}
```

上述代码中主要通过 Request 对象的 PhysicalPath 属性获取与请求的 URL 相对应的物理文件系统路径，然后使用 Exists() 方法判断该路径是否存在。如果存在为图片添加水印，否则加载显示默认图片。

（3）如果要捕获封面图片的访问请求，还需要在 web.config 文件中进行配置。添加的代码如下：

```
<httpHandlers>
    <add verb="*" path="bookImage/*.jpg" type="HttpHandlerImage" />
</httpHandlers>
```

上述代码中 verb 代表谓词（如 GET、POST 和 FTP 等）列表，也叫动词列表。"*" 表示通配符处理所有请求。path 表示访问路径，它表示所有访问 "bookImage/*.jpg" 路径的请求都将交给 HttpHandlerImage 类处理。type 指定逗号分隔的类或程序集的组合，HttpHandlerImage 指编写的 HttpHandler 程序。

（4）运行本案例，最终效果如图 8-22 所示。

图 8-22　全局水印效果

> **注意**
> 通过这种配置方式在开发服务器上运行没有任何问题，但是如果在 IIS 上运行将没有任何效果。这时需要在 IIS 上对 jpg 文件进行配置处理。

8.6 实例应用：实现新闻发布

8.6.1 实例目标

通过第三方控件，创建新闻发布页面。使用编辑器获取输入信息，在新闻显示页面进行显示。新闻编辑完成需要输入验证码才能发布；新闻显示页面显示新闻列表，若列表过长则需要对新闻列表进行分页。

8.6.2 技术分析

新闻发布系统有两个页面，一个是新闻的添加页面，一个是新闻的显示页面。新闻的添加页面需要用到在线文本编辑器控件和验证码控件，而新闻显示页面需要使用分页控件。

新闻信息需要涉及最基本的新闻标题、类型、新闻内容、发布时间和作者等字段，存放在数据库中。因此创建新闻添加页面，需要有新闻标题、类型、新闻内容和作者等输入框，包含系统自带文本框和在线编辑器，还需要有验证码相关的控件。这里的验证码验证按钮除了验证输入是否正确，还需要在验证码无误的情况下将新闻信息添加至数据库。

8.6.3 实现步骤

首先创建两个页面，NewsAdd 页面用于实现新闻信息的编辑；NewsList 页面用于显示新闻列表。页面的添加步骤省略，首先要对 NewsAdd 页面进行编辑。

（1）NewsAdd 页面需要添加三个文本框、两个按钮、两个 Label 控件、一个 DropDownList 控件、一个文本编辑器和一个验证码控件，具体添加内容如下所示，步骤省略。

添加一个 TextBox 控件 Ntitle 接收新闻标题。

添加一个 Label 控件 TimeLabel 显示当前时间，在页面加载时赋值。

添加一个 DropDownList 控件 TypeList 显示新闻类型。

添加一个 TextBox 控件 Nfrom 接收新闻来源。

添加一个文本编辑器 CKEditorControl2。

添加一个验证码控件 SerialNumber1。

添加一个文本框 txtNum 接收用户输入的验证码。

添加一个 Label 控件显示验证码是否有误、是否完成新闻发布。

添加两个按钮，分别实现新闻发布和新闻列表页面的跳转。效果如图 8-23 所示。

（2）NewsAdd 页面的实现部分，首先是页面加载时的代码，页面加载时需要为 TimeLabel 赋值，并在页面第一次加载时显示验证码，代码如下。

```
protected void Page_Load(object sender, EventArgs e)
{
```

```
TimeLabel.Text=DateTime.Now.ToString();
if (!IsPostBack)
{
  SerialNumber1.Create();
}
}
```

图 8-23　NewsAdd 页面效果

（3）接着是【发布】按钮的功能，【发布】按钮在实现新闻内容的添加之前，首先要获取验证码并判断用户输入是否有误。而在添加新闻之前，需要定义新闻添加的存储过程，代码如下。

```
ALTER PROCEDURE NewsAdd
    @title nvarchar(30),
    @from nvarchar(30),
    @time nvarchar(20),
    @body ntext,
    @type nvarchar(30)
AS
        insert into News
    (
    Ntitle,
/* 部分代码省略 */
    )
```

```
    values
    (
    @title,
/* 部分代码省略 */
    )
    RETURN
```

（4）验证码的判断和新闻的添加是同步的，而【查看列表】按钮只是实现了页面的跳转，代码省略。【发布】按钮使用代码如下。

```
if (SerialNumber1.CheckSN(txtNum.Text.Trim()))
{
    string connectionString = "Data Source=.;Initial Catalog=Shop;Integrated
    Security=True";
    SqlConnection connection = new SqlConnection(connectionString);
    connection.Open();
    SqlCommand comAdd = new SqlCommand("NewsAdd", connection);
    comAdd.CommandType = CommandType.StoredProcedure;
    SqlParameter[] parm = new SqlParameter[]
    {
        new SqlParameter("@title",Ntitle.Text),
        new SqlParameter("@from",Nfrom.Text),
        new SqlParameter("@time",DateTime.Now.ToString()),
        new SqlParameter("@body",CKEditorControl2.Text),
        new SqlParameter("@type",TypeList.SelectedValue.ToString())
    };
    foreach (SqlParameter a in parm)
    { comAdd.Parameters.Add(a); }
    comAdd.ExecuteNonQuery();
    NumLabel.Text = "发布完成";
}
else
{
    SerialNumber1.Create();
    NumLabel.Text = "验证码有误";
}
```

（5）接下来是 NewsList 页面的创建和定义，NewsList 页面结构简单，只需要添加 GridView 控件 GridView1 和 AspNetPager 控件 AspNetPager1，步骤省略。

（6）分页的实现需要获取记录的总数，需要为 GridView 控件绑定数据，分别定义为两个方法。方法 TotalCount()用来获取记录的总数，但在定义之前，需要将连接字符串声明为全局变量，代码如下。

```
string connstring = "Data Source=.;Initial Catalog=Shop;Integrated Security=True";
private int TotalCount()
{
```

```
SqlConnection conn = new SqlConnection(connstring);
conn.Open();
string sql = "select count(Nid) from News";
SqlCommand comd = new SqlCommand(sql, conn);
int result = Convert.ToInt32(comd.ExecuteScalar().ToString());
conn.Close();
return result;
}
```

（7）BindData()方法用来实现 GridView 控件的数据绑定，使用代码如下。

```
private void BindData()                                //绑定数据
{
    SqlConnection conn = new SqlConnection(connstring);//创建 SqlConnection 对象
    int page = AspNetPager1.PageSize;                  //获取每页显示的条数
    int pageindex = (AspNetPager1.CurrentPageIndex - 1) * page;
    string sqlpager = "select top " + page + " Ntitle as 标题, Ntype as 类型, Ntime
    as 发布时间, Nfrom as 出自 from News where Nid not in (select top " + pageindex
    + " Nid from News) ";
    SqlDataAdapter ads = new SqlDataAdapter(sqlpager, conn);
    DataSet ds = new DataSet("News");
    ads.Fill(ds);                                      //使用 SqlDataAdapter 向 Fill()方法中填充数据
    GridView1.DataSource = ds;
    GridView1.DataBind();
}
```

（8）在两个方法定义之后，页面加载时的 Load 事件便可以直接获取记录总数和获取数据绑定，代码如下。

```
protected void Page_Load(object sender, EventArgs e)
{
    this.AspNetPager1.RecordCount = TotalCount();
    BindData();
}
```

（9）接着是 AspNetPager 控件的 AspNetPager1_PageChanged()方法，为 GridView 控件绑定数据，代码如下。

```
protected void AspNetPager1_PageChanged(object sender, EventArgs e)
{
    BindData();
}
```

（10）运行页面，如图 8-23 所示。在页面中填写内容、添加乳品，并单击【发布】按钮，效果如图 8-24 所示，新闻被成功发布。

（11）单击【查看列表】按钮，有如图 8-25 所示的页面。由于数据库中只有两条记录，因此下列的页码只显示 1 页。

253

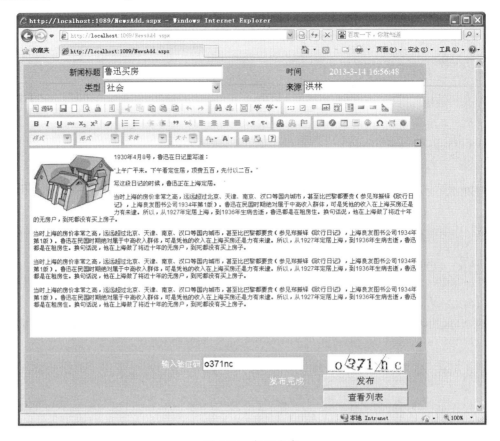

图 8-24　新闻发布

图 8-25　新闻列表

8.7 拓展训练

论坛内容的显示和添加

随着网络技术的发展，越来越多的用户喜欢在网络上畅所欲言，各个论坛成为用户争先发展的平台。实现论坛内容的显示和添加，要求如下。

❑ 使用 Repeater 控件显示论坛的列表信息。

❑ AspNetPager 控件实现数据的分页功能。

❑ 用户发帖时 CKEditor 和 ckfinder 相结合实现编辑器上传图片的内容。

❑ 通过自定义类实现验证码的显示功能。

8.8 课后练习

一、填空题

1. 常用的第三方编辑器控件有 RichTextBox、CuteEditor、_____、eWebEditor 和 FreeTextBox。

2. 分页控件的_____属性用于获取或设置所有记录的总数。

3. SerialNumber 控件需要加载的文件是_____文件。

4. ASP.NET 有两个核心机制：_____和 HttpHandler。

5. 下列代码中需要填入的是_____。

```
<%@  Register  Assembly="AspNetPager"  Namespace="_____"  TagPrefix=
"webdiyer" %>
```

6. HttpHanler 实现的接口是_____。

7. 验证码控件需要使用_____方法进行初始化，然后才会显示验证码图片。

二、选择题

1. 下面选项中，_____说法是正确的。

    A. 在线编辑器控件可以单独实现图片上传的功能

    B. 验证码控件的显示功能非常简单，直接拖曳控件到合适位置即可。不需要添加任何代码

    C. 如果想配置在线编辑器的相关内容可以在 ckeditor.js 文件中配置

    D. 可以使用验证码控件或自定义验证码类实现验证码的显示功能

2. 下列说法正确的是_____。

    A. CKEditor 控件与 ckfinder 控件结合，实现文件的浏览和上传

    B. 分页控件能够将过长的新闻或日志分页显示

    C. GridView 控件的 AlwaysShow 属性表示当数据只有一页时是否显示页码

    D. CKEditor 控件是定义好的文本编辑器，无法改变其背景色

3. 在 ASP.NET 中关于 HttpModule 和 HttpHandler 说法不正确的是_____。

    A. HttpModule 负责检验；HttpHandler 负责对请求的处理

    B. HTTP 请求到达处理程序 HttpHandler 之前，可能会被某 HttpModule 模块抛弃

    C. HttpHandler 程序中 IsReusable 属性设置为 false 时，表示该程序只能使用一次

    D. 每一个 HTTP 请求可以经过多个 HttpModule，但是最终只能被一个 HttpHandler 处理

4. 使用验证码控件时需要在后台使用_____方法，然后才会有验证码生成。

    A. Create()

    B. CheckCN()

    C. Init()

    D. New()

5. 保存用户控件需要使用的扩展名是_____。

    A. .aspx

    B. .ascx

    C. .ashx

    D. .asmx

6. 关于 AspNetPager 控件说法正确的是_____。

A. AspNetPager 是 ASP.NET 自带的服务器控件，它和第三方控件一样好用

B. AspNetPager 控件可以和多个数据绑定控件使用，如 GridView、Repeater 和 DataList 等

C. AspNetPager 控件不支持 Url 分页，也不支持 Url 分页下的 Url 重写功能

D. AspNetPager 控件的 NewIndex 属性可以用于获取当前页的索引

三、简答题

1. 简要概述第三方控件的意义。

2. 简要概述几种常见第三方控件。

3. 简单说明分页的几种方式。

4. 简单概括泛型的优点。

5. 简单说明常见集合类泛型与非泛型的对应。

第9课
ASP.NET 的目录和文件

如果开发人员想要长期保存程序中的数据，通常有两种方式：数据库和文件。数据库适用于大批量包含复杂的数据维护，而文件适用于相对简单的数据操作。无论是 Java 语言还是 C#语言都需要对文件和目录进行操作，当然 ASP.NET 也不例外，本课将详细介绍 ASP.NET 中的目录和文件。

通过对本课的学习，读者可以使用目录类熟练地对目录简单操作，也可以使用文件类熟练地对文件进行简单操作，还可以实现文件的上传、下载、加密以及解密等功能，最后还能够独立完成文件浏览器的制作。

本课学习目标：
- 熟悉 File 类和 Directory 类的常用方法
- 掌握 DirectoryInfo 类的常用属性
- 掌握如何使用 DirectoryInfo 类的方法操作目录
- 掌握 FileInfo 类的常用属性
- 掌握如何使用 FileInfo 类的方法操作文件
- 掌握 StreamWriter 和 StreamReader 类的常用方法
- 了解如何使用 StreamWriter 和 StreamReader 类读写文件
- 掌握文件上传和下载的实现
- 熟悉文件加密和解密的实现
- 掌握如何制作简易文件浏览器

9.1 流的概念

流是字节序列的抽象概念,它提供了一种向后备存储写入字节和从后备存储读取字节的方式,后备存储可以为多种存储媒介之一。流在各种程序(如 Java、C#和 C++)中都是常用的操作之一,如输入和输出设备、文件、TCP/IP 套接字等。

ASP.NET 中流最常用的是输入/输出流,也叫 I/O 流。主要涉及到流的三个操作:流的读取、流的写入以及流的查找。与流相关的类有很多,如 FileStream、BufferedStream、MemoryStream 以及 NetworkStream 等。

C#语言中所有表示流的类都是从 Stream 类继承的,该类是一个抽象类,它支持读取和写入字节。Stream 类及其派生类提供数据源和储存库的一般视图,使开发人员不必了解操作系统和基础设备的具体细节。

Stream 类及其派生类的 CanRead、CanWrite 和 CanSeek 属性决定了不同流所支持的操作。如图 9-1 为 Stream 类以及主要的派生类。

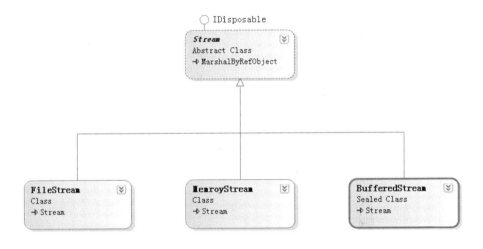

图 9-1　Stream 类的主要派生类

从图 9-1 中可以看出,Stream 类是一个抽象类,BufferedStream 类是一个密封类。BufferedStream 类和 FileStream 类、MemoryStream 类都继承自 Stream 类。

9.2 目录操作

ASP.NET 提供了 Directory 类和 DirectoryInfo 类可以对目录进行管理。这两个类完成对目录及其子目录的创建、移动、复制、删除以及浏览等操作,甚至还可以定义隐藏目录和只读目录。

9.2.1 Directory 类

Directory 类是一个静态类,因此在调用该类的静态方法之前不需要创建实例对象。这些静态方法用于创建、移动、枚举目录和子目录等。如表 9-1 中列出了 Directory 类常用的静态方法。

表 9-1　Directory 类的常用静态方法

方　法　名　称	说　　　明
CreateDirectory()	创建一个指定路径的目录
Delete()	删除一个指定路径的目录
Exists()	判断指定路径的目录是否存在，如果存在返回 true，否则返回 false
EnumerateDirectories()	返回指定路径中与搜索模式匹配的目录名称的可枚举集合，还可以搜索子目录
GetCreationTime()	返回指定目录的创建时间和日期
SetCreationTime()	为指定的文件或目录设置创建日期和时间
GetCurrentDirectory()	获取应用程序的当前工作目录
SetCurrentDirectory()	将应用程序的当前工作目录设置为指定的目录
GetDirectories()	获取指定目录中子目录，返回为字符串数组
GetDirectoryRoot()	返回指定路径的卷信息、根信息或两者同时返回
GetFiles()	获取指定目录下的文件，返回为字符串数组
GetFileSystemEntries()	获取指定目录中所有文件和子目录
GetLastAccessTime()	返回上次访问指定文件或目录的日期和时间
SetLastAccessTime()	设置上次访问指定文件或目录的日期和时间
GetLastWriteTime()	返回上次写入指定文件或目录的日期和时间
SetLastWriteTime()	设置上次写入目录的日期和时间
Move()	将指定目录及其内容移动到新的位置

例如，判断 "E:\ASP.NET" 目录是否存在，然后弹出相应的提示，代码如下。

```
string path = @"E:\ASP.NET";
if (Directory.Exists(path))
{
    Response.Write("<script>alert('ASP.NET 目录存在。')</script>");
}
else
{
    Response.Write("<script>alert('找不到 ASP.NET 目录。')</script>");
}
```

注意

使用 Directory 类时必须理解当前工作目录的概念。在应用程序运行时，某一时刻只能有一个当前工作目录。如果对目录或者文件使用相对目录引用，ASP.NET 将会使用当前目录作为相对引用的开始，如果使用绝对引用，则忽略当前工作目录。

9.2.2　DirectoryInfo 类

　　DirectoryInfo 类和 Directory 类一样，用于对目录进行管理。DirectoryInfo 类是一个密封类，公开用于创建、移动和枚举目录和子目录的实例方法，因此需要实例化才可以调用其方法，从而有效地对一个目录进行多种操作。DirectoryInfo 类在实例化后，可以获取目录的创建时间和最后修改时间等状态。

　　DirectoryInfo 与 Directory 类一样，不能被其他类所继承。该类提供了 13 个常用属性，这些属性如表 9-2 所示。其中后 9 个属性是 DirectoryInfo 类从父类 FileSystemInfo 类继承的属性。

表 9-2　DirectoryInfo 类的常用属性

属 性 名 称	说　明
Exists	判断指定路径的目录是否存在，如果存在返回 true，否则返回 false
Name	获取目录的名称
Parent	获取指定子目录的父目录名称
Root	获取目录的根部分
Attributes	获取或设置当前目录的 FileAttributes
CreationTime	获取或设置当前目录的创建时间
CreationTimeUtc	获取或设置当前目录的创建时间，其格式为 UTC 时间
Extension	获取表示文件扩展名部分的字符串
FullName	获取目录或文件的完整目录
LastAccessTime	获取或设置上次访问当前文件或目录的时间
LastAccessTimeUtc	获取或设置上次访问当前文件或目录的时间，其格式为 UTC 时间
LastWriteTime	获取或设置上次写入当前文件或目录的时间
LastWriteTimeUtc	获取或设置上次写入当前文件或目录的时间，其格式为 UTC 时间

【练习 1】

李亚利同学利用中午休息时间为某个系统添加了如何查看文件所在目录状态信息的功能，这些目录信息包含完成路径、创建时间、最后一次访问时间以及父目录等内容，主要步骤如下。

（1）新建一个 Web 窗体页面，在该页面中添加一个 TextBox 控件、一个 Button 控件和一个 Literal 控件并设置控件属性，代码如下。

```
目录路径: <asp:TextBox ID="txtPath" runat="server" Style="border: 1px solid
lightgray;"></asp:TextBox>
<asp:Button ID="btnRead" Style="border: 1px solid lightblue;" runat="server"
Text="目录信息" onclick="btnRead_Click" />
<asp:Literal ID="Literal1" runat="server"></asp:Literal>
```

（2）单击【目录信息】按钮完成读取文件信息的读取功能，为该按钮添加 Click 事件。在事件代码中首先调用 Exists 属性判断用户输入的目录是否存在，如果不存在显示提示信息；如果存在则实例化 DirectoryInfo 类的对象后调用不同的属性，代码如下。

```
protected void btnRead_Click(object sender, EventArgs e)
{
    if (Directory.Exists(txtPath.Text))            //判断是否存在
    {
        DirectoryInfo info = new DirectoryInfo(txtPath.Text);
                                            //实例化一个 DirectoryInfo 对象
        info.Attributes = FileAttributes.ReadOnly | FileAttributes.Hidden;
        Literal1.Text = "目录名称: " + info.Name
            + "<br/>完整路径: " + info.FullName
            + "<br/>最后一次访问该目录时间: " + info.LastAccessTime.ToString()
            + "<br/>最后一次修改目录时间: " + info.LastWriteTime.ToString()
            + "<br/>目录创建时间: " + info.CreationTime.ToString()
            + "<br/>父目录: " + info.Parent
            + "<br/>所在驱动器: " + info.Root.ToString();
    }
    else
```

```
    {
        Literal1.Text = "目录不存在，请检验路径是否正确。";
    }
}
```

（3）运行窗体页面输入内容后单击【读取目录】按钮，在下方的 Literal 控件会显示目录的相关信息，效果如图 9-2 所示。另外，运行之后读者还将发现 "H:\A_Java" 磁盘目录上增加了只读和隐藏属性，这说明 Attributes 属性起了作用。

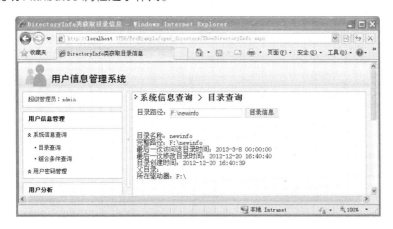

图 9-2　DirectoryInfo 类显示目录信息

除了属性外，DirectoryInfo 类还提供了多个操作目录的方法，开发人员调用这些方法可以对目录进行操作，如表 9-3 所示。

表 9-3　DirectoryInfo 类的常用方法

方 法 名 称	说　　明
Creat()	创建目录
CreateSubdirectory()	使用指定的安全性在指定的路径上创建一个或多个子目录
Delete()	删除指定的目录和文件
GetDirectiories()	获取当前目录的子目录
GetFiles()	获取当前目录的文件列表
GetFileSystemInfos()	返回表示某个目录中所有文件和子目录的列表
MoveTo()	将指定的目录及其内容移动到新位置

9.2.3　创建目录

顾名思义，创建目录是在某个磁盘文件下创建指定的文件夹。使用 Directory 类和 DirectoryInfo 类中的方法都可以用来创建目录。创建目录有以下三种方法：Directory 类的 CreateDirectory()方法以及 DirectoryInfo 类的 Create()方法和 CreateSubdirectory()方法。

【练习 2】

如果用户想要创建一个目录，可以直接单击电脑右键进行创建，如何通过程序进行创建，主要步骤如下。

（1）在新添加的 Web 窗体页中，分别添加一个 DropDownList 控件、一个 TextBox 控件和一个 Label 控件，然后添加四个 Button 控件，并且设置这些控件的相关属性，主要代码如下。

```
选择操作: <asp:DropDownList ID="DropDownList1" runat="server" Width="150px"
AutoPostBack="True" onselectedindexchanged="DropDownList1_SelectedIndexChanged">
```

261

```
        <asp:ListItem Value="1">创建目录</asp:ListItem>
        <asp:ListItem Value="2">移动目录</asp:ListItem>
        <asp:ListItem Value="3">遍历目录</asp:ListItem>
        <asp:ListItem Value="4">删除目录</asp:ListItem>
</asp:DropDownList>
目录路径: <asp:TextBox ID="txtPath" runat="server" Style="border: 1px solid
lightgray;"></asp:TextBox>
<asp:Button ID="btnCreate" Style="border: 1px solid lightblue;" runat="server"
Text=" 创建 " onclick="btnCreate_Click" />
<asp:Button ID="btnMove" Visible="false" runat="server" Text=" 移 动 " />
<asp:Button ID="btnScreen" Visible="false" runat="server" Text="遍 历 " />
<asp:Button ID="btnDele" Visible="false" runat="server" Text=" 删 除 " />
<asp:Label    ID="Label1"    runat="server"    ForeColor="Red"    style="font-
size:16px;"></asp:Label>
```

（2）用户选择 DropDownList 控件中的不同内容时更改显示 Button 控件，为 DropDownList 控件添加 SelectedIndexChanged 事件完成按钮控件的显示功能，主要代码如下。

```
protected void DropDownList1_SelectedIndexChanged(object sender, EventArgs e)
{
    if (DropDownList1.SelectedValue == "1")              //创建
    {
        btnCreate.Visible = true;
        btnDele.Visible = false;
        btnMove.Visible = false;
        btnScreen.Visible = false;
    }
    //省略其他内容
}
```

（3）当用户选择第一个选项时，输入内容完成后单击【创建】按钮实现添加功能。为该按钮添加 Click 事件，代码如下。

```
protected void btnCreate_Click(object sender, EventArgs e)
{
    if (DropDownList1.SelectedValue == "1")
    {
        if (string.IsNullOrEmpty(txtPath.Text))          //创建目录如果为空
        {
            Label1.Text = "请输入您要创建的目录, 格式是: F:\\我的作业";
        }
        else
        {
            if (Directory.Exists(txtPath.Text))          //如果创建的目录存在
            {
                txtPath.Text = "";
                Label1.Text = "该目录已经存在, 请重新输入目录路径";
            }
            else                                         //创建的目录不存在
            {
```

```
            DirectoryInfo info = new DirectoryInfo(txtPath.Text);
            info.Create();
            info.CreateSubdirectory("我的网页");
            info.CreateSubdirectory("我的文章");
            Label1.Text = "恭喜您，添加成功！您可以添加其他的目录了。";
        }
    }
}
else
{
    Label1.Text = "请您选择《创建目录》选项！";
}
}
```

上述代码中首先判断用户创建的目录是否为空，如果为空则显示提示信息，如果不为空则通过 Directory 类的 Exists()方法判断创建的目录是否存在。如果创建的目录存在则显示提示信息，否则创建 DirectoryInfo 类的实例对象 info，并且将目录路径作为参数传入到该对象中。然后调用 info 对象 Create()方法创建目录，再调用 CreateSubdirectory()方法创建两个子目录，添加完成后显示成功信息

（4）运行页面输入内容后单击【创建】按钮进行测试，添加目录成功的效果如图 9-3 所示。

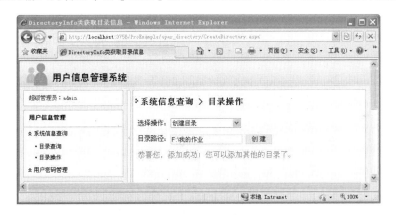

图 9-3　创建目录示例

9.2.4　移动目录

王渔利同学根据上述的方法创建目录完成后发现自己创建的目录出现了问题，他想把 E:\home\work 目录下的 chap1 文件放到 E:\ASP.NET 目录下，但是他不知道通过程序调用哪个方法来完成。很简单如果开发人员需要移动某个磁盘下的目录或某个目录下的子目录，有两种方法：一种是使用 Directory 类的 Move()方法；另一种是使用 DirectoryInfo 类的 MoveTo()方法。

1. Directory 类的 Move()方法

Directory 类的 Move()方法表示将文件或目录及其内容移动到新的位置。语法形式如下所示：

```
Directory.Move(string sourceDirName,string destDirName);
```

从上述语法中可以看出 Move()方法实现目录移动需要传入两个参数：第一个参数表示要移动目录的路径；第二个参数表示新位置路径，如果第一个参数是一个文件，则该参数也必须是一个文件名。

【练习3】

本次练习在上次练习的基础上做了更改，完成用户移动目录的实现效果，其主要步骤如下。

（1）在 Web 窗体页中添加用于用户输入目标路径的 TextBox 控件，并将该控件放置在 HTML 服务器控件 div 中，代码如下。

```
<div style=" display: none;" id="div1" runat="server">目标路径: <asp:TextBox
ID="txtPathDir"  runat="server"  Style="border:  1px  solid  lightgray;">
</asp:TextBox></div>
```

（2）在 DropDownList 控件的 SelectedIndexChanged 中添加用于显示上述内容的代码，当选中值为 2 时显示 HTML 服务器控件 div，否则不显示，主要代码如下。

```
protected void DropDownList1_SelectedIndexChanged(object sender, EventArgs e)
{
    if (DropDownList1.SelectedValue == "1")          //创建
    {
        //省略其他设置
        div1.Style.Add("display", "none");           //隐藏
    }else if (DropDownList1.SelectedValue == "2")    //复制
    {
        //省略其他设置
        div1.Style.Add("display", "block");          //显示 HTML 服务器控件 div
    }
    //省略其他内容选中项的判断设置
}
```

（3）单击用于移动文件的按钮时实现文件的移动功能。为按钮控件添加 Click 事件，代码如下。

```
protected void btnMove_Click(object sender, EventArgs e)
{
    if (DropDownList1.SelectedValue == "2")
    {
        if (string.IsNullOrEmpty(txtPath.Text) || string.IsNullOrEmpty
        (txtPathDir.Text))
        {
            Label1.Text = "目录路径和目标路径都不能为空，请您确保都已经输入。";
        }
        else
        {
            Directory.Move(txtPath.Text, txtPathDir.Text);            //移动目录
            Label1.Text = "恭喜您，移动成功！您可以移动其他的目录了。";
        }
    }
    else
    {
        Label1.Text = "请您选择《复制目录》选项！";
    }
}
```

（4）运行页面输入目录路径和目标路径后单击【移动】按钮进行测试，移动成功的效果如图 9-4

所示。

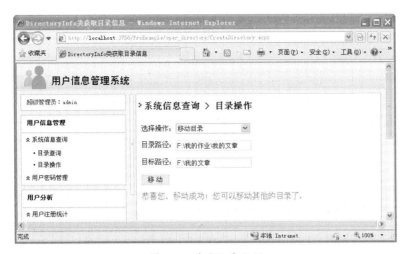

图 9-4　移动目录示例

（5）提示用户移动成功后可以根据路径查看是否移动成功，具体效果不再显示。

2．DirectoryInfo 类的 MoveTo()方法

DirectoryInfo 类的 MoveTo()方法实现移动目录功能时，需要在 MoveTo()方法中传入一个参数，此参数表示要将目录移动的目标位置的名称和路径，它可以是要将此目录作为子目录添加到其中的一个现有目录，其主要用法如下。

```
DirectoryInfo info = new DirectoryInfo(string sourceDirName);
Directory.Move(string destDirName);
```

开发人员重新更改上面的代码，将与 Directory 类移动目录相关的代码注释，使用 DirectoryInfo 类的 MoveTo()方法来代替，主要代码如下。

```
DirectoryInfo info = new DirectoryInfo(txtPath.Text);
info.MoveTo(txtPathDir.Text);
Label1.Text = "恭喜您，移动成功！您可以移动其他的目录了。";
```

添加完成后重新运行页面输入的内容进行测试，具体效果不再显示。

3．注意事项

无论是使用 Directory 类的 Move()方法还是 DirectoryInfo 类的 MoveTo()方法移动目录时，其源路径和目标路径必须具有相同的根。例如在上个练习的页面中输入目录路径的内容是"F:\我的文章"，目标路径的内容是"E:\我的文章"，单击【移动】按钮会发生错误，效果如图 9-5 所示。

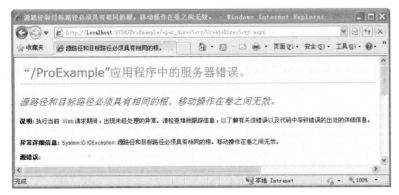

图 9-5　移动目录错误提示

从图 9-5 中的错误可以看出，用户在目录路径文本框和目标路径文本框中输入的目录路径必须在同一个磁盘下。

9.2.5　遍历目录

顾名思义，遍历目录是将指定目录下的所有相关的子目录（即文件夹）显示出来。Directory 类和 DirectoryInfo 类中分别提供了方法完成目录的遍历效果，下面将分别进行介绍。

1. Directory 类的遍历方法

Directory 类中与遍历目录相关的方法是 GetDirectories()和 GetFileSystemEntories()，说明如下。

❑ **GetDirectories()方法**　返回指定目录中子目录的名称。

❑ **GetFileSystemEntries()方法**　返回指定目录中所有文件和子目录的名称。

【练习 4】

在前几次练习的页面基础上实现遍历目录的功能，本次练习主要通过 GetFileSystemEntries() 方法来完成，主要步骤如下。

（1）为页面中的【遍历】按钮添加 Click 事件，该事件中的代码完成遍历目录的效果，主要代码如下。

```
protected void btnScreen_Click(object sender, EventArgs e)
{
    if (DropDownList1.SelectedValue == "3")
    {
        if (string.IsNullOrEmpty(txtPath.Text) )
        {
            Label1.Text = "目录路径和不能为空，请您确保已经输入。";
        }
        else
        {
            string[] str = Directory.GetFileSystemEntries(txtPath.Text);
                                                            //获取目录数组
            DataListShowDirectory.DataSource = str;         //绑定数据源
            DataListShowDirectory.DataBind();
        }
    }
    else
    {
        Label1.Text = "请您选择《遍历目录》选项！";
    }
}
```

上述代码中 Directory 类的 GetFileSystemEntries()方法返回一个 string 类型的数组，然后将该数据进行绑定。

（2）在页面的合适位置添加 DataList 控件，并且在 ItemTemplate 模板页中添加绑定数组的代码，如下所示。

```
<asp:DataList ID="DataListShowDirectory" runat="server">
    <ItemTemplate>
        <%#Container.DataItem%>
```

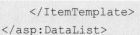
```
</ItemTemplate>
</asp:DataList>
```

（3）运行页面输入内容后单击【遍历】按钮进行测试，显示效果如图 9-6 所示。

图 9-6　Directory 类遍历目录

Directory 类的 GetDirestories()方法也可以遍历数组，读者可以亲自动手试一试。

2．DirectoryInfo 类的遍历方法

与 Directory 类一样，DirectoryInfo 类也提供了两种方法遍历目录。这两种方法如下所示。

❑ **DirectoryInfo 类的 GetDirectories()方法**　返回当前目录的子目录。

❑ **DirectoryInfo 类的 GetFileSystemInfos()方法**　返回表示某个目录中所有文件和子目录的强类型 FileSystemInfo 项的数组。

GetFileSystemInfos()方法返回数组类型 FileSystemInfo，该方法有三种构造方式，如下所示。

```
public GetFileSystemInfo();
public GetFileSystemInfo(string searchPattern);                //搜索条件
public GetFileSystemInfo(string searchPattern, SearchOption searchOption);
```

【练习 5】

重新更改上面的代码，使用 DirectoryInfo 类的 GetFileSystemInfos()方法来遍历所有目录以及目录下的子目录，主要步骤如下。

（1）添加与显示目录信息的类 DirectoryShow，该类包括目录名称、目录完整路径、创建时间以及最后一次访问时间这 4 个字段，将这些字段封装为属性，并且在该类中分别添加有参和无参的构造函数，主要代码如下。

```
public class DirectoryShow
{
    public DirectoryShow() { }
    public DirectoryShow(string name, string fullname, DateTime createtime,
    DateTime visitedtime)
    {
        this.dirName = name;
        this.dirFullName = fullname;
        this.dirCreateTime = createtime;
```

```
            this.dirVisitedTime = visitedtime;
    }
    private string dirName;
    public string DirName
    {
        get { return dirName; }
        set { dirName = value; }
    }
}
```

（2）在 Web 窗体页面中添加 Repeater 控件，该控件根据用户输入的目录路径显示其子目录，相关代码如下。

```
<asp:Repeater ID="Repeater1" runat="server">
    <HeaderTemplate>
        <table width="98%">
            <tr style="background-color: #FFFFE0">
                <td>目录名称</td>
                <td>创建时间</td>
                <td>最后访问时间</td>
                <td>完整路径</td>
            </tr>
    </HeaderTemplate>
    <ItemTemplate>
        <tr>
            <td><%#Eval("DirName")%></td>
            <td><%#Eval("DirCreateTime")%></td>
            <td><%#Eval("DirVisitedTime")%></td>
            <td><%#Eval("DirFullName")%></td>
        </tr>
    </ItemTemplate>
    <FooterTemplate>
        </table>
    </FooterTemplate>
</asp:Repeater>
```

（3）重新更改【遍历】按钮 Click 事件中的代码，在事件代码中主要通过 DirectoryInfo 类的方法获取目录列表，主要代码如下。

```
IList<DirectoryShow> filelist = new List<DirectoryShow>();      //创建集合对象
DirectoryInfo info = new DirectoryInfo(txtPath.Text);
FileSystemInfo[] systeminfo = info.GetFileSystemInfos();
foreach (FileSystemInfo item in systeminfo)
{
    if (item is DirectoryInfo)
    {
        DirectoryInfo di = item as DirectoryInfo;
        DirectoryShow ds = new DirectoryShow(di.Name, di.FullName, di.CreationTime,
        di.LastAccessTime);
        filelist.Add(ds);
```

```
    }
}
Repeater1.DataSource = filelist;
Repeater1.DataBind();
```

上述代码中首先声明集合 IList 的变量 filelist，接着创建 DirectoryInfo 类的实例对象后调用 GetFileSystemInfos()方法并保存到数组 systeminfo 中，然后遍历该数组的相关内容。如果内容是 DirectoryInfo 则将内容添加到 filelist 中，否则不进行添加。

（4）重新运行页面输入的内容进行测试，最终效果如图 9-7 所示。

图 9-7　DirectoryInfo 类遍历目录

9.2.6　删除目录

除了创建目录、移动目录和遍历目录外，删除目录也是最重要的一种操作。ASP.NET 提供了两种删除目录的方法：Directory 类的 Delete()方法和 DirectoryInfo 类的 Delete()方法。

1. Directory 类删除目录

Directory 类是一个静态类，因此调用 Delete()方法直接删除指定的目录即可。Delete()方法有两种构造形式，语法如下。

```
public Delete(string path);
public Delete(string path, bool recursive);
```

上述两种构造形式都可以删除目录，第一个构造方法表示从指定路径删除空目录，path 表示用户输入的指定目录；第二个构造方法表示删除指定的目录并删除该目录中的任何子目录，如果要删除 path 中的目录、子目录和文件则为 true，否则为 false。

【练习 6】

重新向目录 Web 窗体页中添加代码，首先使用第一种构造形式删除目录，这种形式要求非常严格，必须要求删除的目录为空目录，即该目录下没有子目录或文件。为【删除】按钮添加如下代码。

```
protected void btnDele_Click(object sender, EventArgs e)
{
    if (string.IsNullOrEmpty(txtPath.Text))
    {
        Label1.Text = "目录路径不能为空，请您确保已经输入。";
```

```
        }
        else
        {
            Directory.Delete(txtPath.Text);
            Label1.Text = "删除成功，您可以执行其他操作了。";
        }
    }
```

添加完成后读者可以运行页面输入的内容进行测试，如果目录存在，并且如果目录下存在其他目录或文件，弹出的错误提示如图 9-8 所示。

图 9-8　删除目录错误提示

从图 9-8 中可以看出 Delete()方法的第一种构造形式有一定的局限性，如果目录不为空，则不能使用该方法进行删除。重新更改上述代码，使用第二种形式进行删除，指定要删除的目录，并且向此方法的第二个参数中传入值 true，代码如下。

```
Directory.Delete(txtPath.Text, true);
```

刷新或重新运行页面进行测试，删除目录成功时的效果如图 9-9 所示。用户可以指定目录进行查看，确定提示的效果是否正确。

图 9-9　删除目录成功提示

2．DirectoryInfo 类删除目录

与 Directory 类一样，DirectoryInfo 类的 Delete()方法也可以有两种构造形式用来删除指定的目录，说明如下。

```
public Delete();                //如果 DirectoryInfo 的实例为空，则删除它
public Delete(bool recursive);//删除 DirectoryInfo 的实例，指定是否要删除子目录和文件
```

重新更改上个练习中的内容，使用 DirectoryInfo 类的实例对象调用 Delete()方法删除目录。按钮 Click 事件的主要代码如下。

```
try
{
    DirectoryInfo info = new DirectoryInfo(txtPath.Text);
    info.Delete(true);
    Label1.Text = "删除成功，您可以执行其他操作了。";
}
catch (Exception ex)
{
    Label1.Text = "删除失败，失败原因在于: " + ex.Message.ToString();
}
```

上述代码使用 try catch 语句处理错误信息，在 try 语句中首先创建 DirectoryInfo 对象，然后调用 Delete()方法进行删除，最后提示删除成功的提示信息。如果删除出现错误，则在 cath 语句中进行处理，Message 属性显示错误内容。

9.3　文件操作

　　目录和文件关系非常密切，介绍过目录处理以后，就需要提起文件处理。文件目录下的具体内容是具体的一个东西，如.txt 文件、.doc 文件或.rar 文件等。本节将详细介绍 ASP.NET 中与文件相关的类，以及如何对文件进行操作等。

9.3.1　File 类

File 类是一个静态类，它提供用于创建、复制、删除、移动和打开文件的静态方法，并且协助创建 FileStream 对象。

File 类中提供了多个常用的方法，File 类不需要实例化而是直接调用，常用方法如表 9-4 所示。

表 9-4　File 类的常用方法

方 法 名 称	说　　明
Create()	在指定路径中创建文件
Copy()	将指定文件复制到新文件
Delete()	删除指定路径的文件。如果指定的文件不存在则不发生异常
Exists()	判断指定的文件是否存在
Open()	打开指定的文件
Move()	将指定文件移到新位置，并提供指定新文件名的选项
OpenRead()	打开文件进行读取
OpenWrite()	打开文件进行写入
OpenText()	打开文本文件进行读取

例如，判断"F:\MyShow\phone.txt"文件是否存在，然后弹出相应的提示，代码如下。

```
string path = @"F:\MyShow\phone.txt";
if (File.Exists(path))
```

```
{
    Response.Write("<script>alert('phone.txt 文件存在')</script>");
}
else
{
    Response.Write("<script>alert('找不到指定目录的 phone.txt 文件。')</script>");
}
```

注意

如果不指明文件的路径，则会默认为当前应用程序的当前路径。

9.3.2 FileInfo 类

FileInfo 类是操作文件时使用最多的类之一，它可以用来创建、复制、删除、移动和打开文件等，而且还能创建 FileStream 对象。

与 File 类不同，FileInfo 类是一个实例对象操作的类，FileInfo 类提供了很多属性来获取文件的相关信息，例如文件大小、文件创建时间和最后一次更新时间等，这些属性如表 9-5 所示。

表 9-5　FileInfo 类的常用属性

属 性 名 称	说　　明
Attributes	获取当前从 FileSystemInfo 继承的 FileAttributes 属性
CreationTime	获取当前 FileSystemInfo 对象的创建时间
CreationTimeUtc	获取或设置当前文件或目录的创建时间，其格式为协调世界时（UTC）
Directory	获取父目录的实例
DirectoryName	获取表示目录的完整路径的字符串
Exists	获取指示文件是否存在的值
Extension	获取表示文件扩展名部分的字符串
FullName	获取目录或文件的完整目录
IsReadOnly	获取或设置确定当前文件是否为只读
LastAccessTime	获取或设置上次访问当前文件或目录的时间
LastWriteTime	获取或设置上次写入当前文件或目录的时间
Length	获取当前文件的大小
LastWriteTimeUtc	获取或设置上次写入当前文件或目录的时间，其格式为协调世界时（UTC）
Name	获取文件名

例如，想要查看 F:\MyShow\phone.txt 文件的文件名和大小，代码如下。

```
FileInfo fi = new FileInfo(@"G:\MyShow\phone.txt");    //创建对象实例
Response.Write("该文件的文件名: " + fi.Name);            //获取文件名
Response.Write("该文件的大小为: " + fi.Length);          //获取文件大小
```

【练习 7】

许多情况下用户需要了解某个文件的状态、创建时间以及这个文件有多大等信息，因此需要在开发人员为其开发的系统或网站中添加与文件有关的内容，要求使用程序的方式读取文件的相关信息，并在页面上显示。这些信息包括文件名称、文件大小、最后更新时间、最后查看时间、是否为只读、文件完整目录、文件扩展名、完整路径以及创建时间，其主要步骤如下。

（1）添加新的 Web 窗体页，并且在页面的合适位置添加一个 TextBox 控件、一个 Button 控件和一个 Literal 控件，代码如下。

```
文件路径: <asp:TextBox ID="txtPath" runat="server" Style="border: 1px solid lightgray;"></asp:TextBox>
```

```
<asp:Button ID="btnRead" Style="border: 1px solid lightblue;" runat="server"
Text="文件信息" onclick="btnRead_Click" />
<asp:Literal ID="Literal1" runat="server"></asp:Literal>
```

（2）为 Button 控件添加 Click 事件，在事件代码调用 FileInfo 类的相关属性获取文件信息，代码如下。

```
protected void btnRead_Click(object sender, EventArgs e)

    if (File.Exists(txtPath.Text))                         //判断是否存在
    {
        FileInfo info = new FileInfo(txtPath.Text);        //获取文件信息
        Literal1.Text = "获取到的文件名: " + info.Name + "<br/>"
        + "获取文件的大小: " + info.Length + "字节<br/>"
        + "最后一次更新时间: " + info.LastWriteTime.ToLongDateString() + info.
        LastWriteTime.ToLongTimeString() + "<br/>"
        + "最后一次查看该文件时间: " + info.LastAccessTime.ToLongDateString() +
        info.LastAccessTime.ToLongTimeString() + "<br/>"
        + "是否为只读文件: " + info.IsReadOnly.ToString() + "<br/>"
        + "文件的完整目录: " + info.FullName + "<br/>"
        + "文件扩展名为: " + info.Extension + "<br/>"
        + "目录的完整路径: " + info.DirectoryName + "<br/>"
        + "文件创建时间: " + info.CreationTime.ToLongDateString() + info.
        CreationTime.ToLongTimeString();
    }
    else
    {
        Literal1.Text = "没有找到文件。";                     //提示出错
    }
}
```

上述代码首先调用 File 类的 Exists()方法判断文件是否存在，如果存在创建 FileInfo 类的实例对象，并且将文件路径作为参数传递到该对象中，然后调用相关属性获取文件信息，如果文件不存在直接弹出错误提示。

（3）运行 Web 窗体页输入内容后单击【文件信息】按钮进行测试，最终效果如图 9-10 所示。

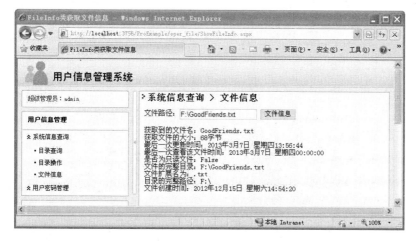

图 9-10 文件信息显示

默认情况下，FileInfo 类将向所有用户授予对新文件的完全读/写访问权限。另外如果要多次重用文件对象，可以调用 FileInfo 类的实例方法，而不是 File 类相应的静态方法，因为安全检查并不是每次都需要。如表 9-6 中列出了该类的一些实例方法。

表 9-6 FileInfo 类的实例方法

方 法 名 称	说 明
AppendText()	创建一个 StreamWriter，向 FileInfo 的此实例表示向文件追加文本
CopyTo()	将现有文件复制到新文件
Create()	创建文件
CreateText()	创建写入新文本文件的 StreamWriter 对象
Delete()	删除指定文件
Encrypt()	将某个文件加密，使得只有加密该文件的账户才能将其解密
MoveTo()	将指定文件移到新位置，并提供指定新文件名的选项
Open()	打开指定文件
OpenRead()	创建只读 FileStream 对象
OpenText()	创建使用 UTF8 编码、从现有文本文件中进行读取的 StreamReader 对象
OpenWrite()	创建写入的 FileStream 对象
Replace()	使用当前 FileInfo 对象所描述的文件替换指定文件的内容，这一过程将删除原始文件，并创建被替换文件的备份

例如，在 D 盘下创建一个 string.txt 文件，代码如下。

```
string path = @"D:\string.txt";          //指定文件路径
FileInfo fi = new FileInfo(path);         //实例化 FileInfo 对象
fi.create();
```

9.3.3 创建文件

ASP.NET 中创建文件有两种方法：一种是使用 File 类的 Create()或 CreateText()方法；另一种是使用 FileInfo 类的 Create()或 CreateText()方法。

1. File 类创建文件

File 类的 Create()方法表示在指定的路径中创建或覆盖文件；CreateText()方法表示创建或打开一个文件用于写入 UTF-8 的文本。这两个方法的语法构造如下所示。

```
public Create(string path);
public CreateText(string path);
```

无论是 Create()方法还是 CreateText()方法都能够创建文件，下面通过一个练习演示CreateText()方法的简单使用。

【练习 8】

在本次练习中，根据用户选择的内容判断对文件的操作，然后完成文件创建的功能。主要步骤如下。

（1）添加新的 Web 窗体页，在页面的合适位置添加一个 DropDownList 控件、两个 TextBox控件和四个 Button 控件，这些控件完成不同的操作。页面的主要代码如下。

```
选择操作: <asp:DropDownList ID="DropDownList1" runat="server" Width="150px"
AutoPostBack="True" OnSelectedIndexChanged="DropDownList1_SelectedIndexChanged">
    <asp:ListItem Value="1">创建文件</asp:ListItem>
    <asp:ListItem Value="2">复制文件</asp:ListItem>
    <asp:ListItem Value="3">移动文件</asp:ListItem>
```

```
            <asp:ListItem Value="4">删除文件</asp:ListItem>
</asp:DropDownList>
文件路径: <asp:TextBox ID="txtPath" runat="server" Style="border: 1px solid
lightgray;"></asp:TextBox>
<asp:Button ID="btnCreate" Style="border: 1px solid lightblue;" runat="server"
Text=" 创 建 " OnClick="btnCreate_Click" />
目标路径: <asp:TextBox ID="txtPathDir" runat="server" Style="border: 1px solid
lightgray;"></asp:TextBox>
<asp:Button ID="btnCopy" Visible="false" Style="border: 1px solid lightblue;"
runat="server" Text=" 复 制 " OnClick="btnCopy_Click" />
<asp:Button ID="btnMove" Visible="false" Style="border: 1px solid lightblue;"
runat="server" Text=" 移 动 " OnClick="btnMove_Click" />
<asp:Button ID="btnDele" Visible="false" Style="border: 1px solid lightblue;"
runat="server" Text=" 删 除 " onclick="btnDele_Click" />
```

（2）为窗体页面中的【创建】按钮添加 Click 事件，该事件中的代码完成文件创建的功能，代码如下。

```
protected void btnCreate_Click(object sender, EventArgs e)
{
    if (string.IsNullOrEmpty(txtPath.Text))
    {
        Label1.Text = "请输入您要创建的文件以及扩展名";
    }
    else
    {
        using (StreamWriter sw = File.CreateText(txtPath.Text)) //创建该文件
        {
            sw.WriteLine("我们中国人是有骨气的");                    //写入第一行
            sw.WriteLine("作者: 朱自清");                          //写入第二行
        }
        Label1.Text = "创建文件完成, 打开目录文件进行查看。";
    }
}
```

上述代码首先判断用户输入的文件路径是否为空，如果不为空则调用 File 类的 CreateText()方法创建文件，接着向此文件中写入两行内容，最后显示添加成功的提示。如果用户创建的文件已经存在则会替换原来的文件，如果不存在则直接创建。

（3）运行 Web 窗体页输入内容后单击【创建】按钮进行测试，最终效果如图 9-11 所示。

图 9-11　File 类创建文件

275

2. FileInfo 类创建文件

FileInfo 类的 Create()和 CreateText()方法的具体说明和构造形式可以参考 File 类中的相关内容。开发人员可以重新更改上个练习中 Button 控件 Click 事件中的代码,使用 FileInfo 类的 Create()方法创建文件,主要代码如下。

```
FileInfo fi = new FileInfo(txtPath.Text);
FileStream fs = fi.Create();
byte[] date = System.Text.Encoding.UTF8.GetBytes("我们都有一个梦想,这个梦想或大
或小,但是它都会支撑着我们...");
fs.Write(date, 0, date.Length);                    //向文件中写入数据
fs.Close();                                        //关闭文件流
Label1.Text = "创建文件完成,打开目录文件进行查看。";
```

上述代码首先创建 FileInfo 类的实例对象 fi,然后调用该对象的 Create()方法创建文件,接着向此文件中写入两行内容,最后显示添加成功的提示。Create()方法返回 FileStream 对象,该对象提供了要创建文件的读/写访问。

代码更新完成后刷新页面或重新运行页面,输入内容后单击按钮进行测试,最终效果不再显示。

9.3.4 复制文件

复制文件是将指定目录中的文件内容复制到另一个文件中。ASP.NET 提供了两种与复制相关的方法: File 类的 Copy()方法和 FileInfo 类的 CopyTo()方法。

1. File 类的 Copy()方法

开发人员使用 File 类的 Copy()方法复制文件时需要传入两个参数:第一个参数表示源文件的路径及文件名;第二个参数表示目标文件的名称,它不能是一个目录或现有文件。其语法如下所示。

```
File.Copy(string sourceFileName, string destFileName);
```

例如,需要将 E:\myname.txt 文件复制到 F:\work\content.txt 文件中,主要代码如下所示。

```
File.Copy("E:\myname.txt","F:\work\content.txt");
```

2. FileInfo 类 CopyTo()方法

与 File 类的 Copy()方法一样,FileInfo 类的 CopyTo()方法也实现了复制文件的功能,语法形式如下。

```
FileInfo info = new FileInfo("源文件");
info.CopyTo("目标文件");
```

从上述语法中可以看出,创建 FileInfo 对象时需要将源文件传入,调用 CopyTo()方法复制文件时需要将复制到新文件的名称作为参数传入。

【练习9】

本次练习实现将文件的内容复制到另一个文件中的效果,主要步骤如下。

(1)首先需要设置页面的显示效果,更改 DropDownList 控件 SelectedIndexChanged 事件的相关代码,完成第二个 TextBox 控件的显示,实现过程可以参考目录中的练习。

(2)为页面中的【复制】按钮添加 Click 事件,在该事件中调用 FileInfo 类的 CopyTo()方法实现复制文件的功能,代码如下。

```
protected void btnCopy_Click(object sender, EventArgs e)
```

```
{
    if (string.IsNullOrEmpty(txtPath.Text)||string.IsNullOrEmpty(txtPathDir.Text))
    {
        Label1.Text = "文件路径和目标路径都不能为空，请您确保都已经输入。";
    }
    else
    {
        if (File.Exists(txtPath.Text))                    //如果文件存在
        {
            if (txtPath.Text == txtPathDir.Text)          //如果文件与目标文件路径相同
            {
                txtPathDir.Text = "";
                Label1.Text = "文件路径和目标路径不能一致，请重新输入";
            }
            else                                          //执行复制文件操作
            {
                FileInfo fi = new FileInfo(txtPath.Text);
                fi.CopyTo(txtPathDir.Text);
                Label1.Text = "恭喜您，复制完成，您可以复制其他文件的内容了。";
            }
        }
        else
        {
            Label1.Text = "文件路径不存在，请重新输入。";
        }
    }
}
```

（3）运行页面输入内容后单击【复制】按钮进行测试，最终运行效果如图 9-12 所示。

图 9-12　FileInfo 类的 CopyTo() 方法复制文件

技巧

开发人员实现文件复制效果时首先要保证源文件路径存在，然后需要保证目标文件路径的文件没有被创建，如果已经创建则会提示"该路径的文件已经被创建"。

9.3.5 移动文件

移动文件是将当前文件移动到一个新的位置。如果用户创建文件的路径错误，通过 ASP.NET 提供的移动文件的相关方法可以重新移动文件到另一个位置。移动文件完成后会删除源目录中的文件，从而在新的目录中创建新文件。

1. File 类 Move() 方法

与复制文件的功能一样，使用 File 类的 Move() 方法实现移动文件的功能时需要两个参数：第一个参数表示源文件的名称（即要移动的文件的名称）；第二个参数表示目标文件的路径（即文件的新路径），其语法如下。

```
File.Move(string sourceFile, string toFile);
```

【练习 10】

本次练习将通过 Move() 方法完成文件的移动操作，实现过程非常简单。在前面练习的基础上为 Web 窗体页中的【移动】按钮添加 Click 事件，在该事件的代码中完成移动文件的操作，代码如下。

```
protected void btnMove_Click(object sender, EventArgs e)
{
    if (string.IsNullOrEmpty(txtPath.Text) || string.IsNullOrEmpty(txtPathDir.
    Text))
    {
        Label1.Text = "文件路径和目标路径都不能为空，请您确保都已经输入。";
    }
    else
    {
        if (File.Exists(txtPath.Text))
        {
            if (txtPath.Text == txtPathDir.Text)
            {
                txtPathDir.Text = "";
                Label1.Text = "您要移动的文件源路径和目标路径一致，请重新输入。";
            }
            else
            {
                File.Move(txtPath.Text, txtPathDir.Text);
                Label1.Text = "恭喜您，移动完成，您可以进行其他操作了。";
            }
        }
        else
        {
            Label1.Text = "您要移动的目标文件联存在，请重新输入！";
        }
    }
}
```

运行页面输入的内容完成后单击【移动】按钮进行测试，最终效果如图 9-13 所示。

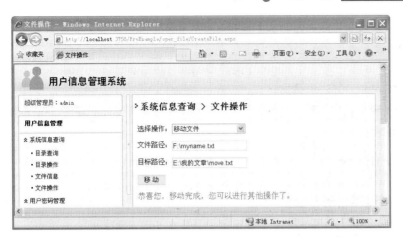

图 9-13　File 类的 Move()方法移动文件

2．FileInfo 类 MoveTo()方法

FileInfo 类的 MoveTo()方法实现移动文件功能时需要向 MoveTo()方法中传入一个参数，这个参数表示目标文件的路径和名称。MoveTo()方法的语法如下。

```
FileInfo 对象.MoveTo("文件的新路径");
```

重新更改上个练习中的代码，使用 MoveTo()方法完成文件的移动，主要代码如下。

```
FileInfo fi = new FileInfo(txtPath.Text);
if (fi.Exists)
{
    if (txtPath.Text == txtPathDir.Text)
    {
        txtPathDir.Text = "";
        Label1.Text = "您要移动的文件源路径和目标路径一致，请重新输入。";
    }
    else
    {
        fi.MoveTo(txtPathDir.Text);
        Label1.Text = "恭喜您，移动完成，您可以进行其他操作了。";
    }
}
else
{
    Label1.Text = "您要移动的目标文件不存在，请重新输入！";
}
```

读者可以重新运行或刷新练习的 Web 窗体页进行测试，最终效果不再显示。

提示

移动文件时如果源文件和目标文件相同不会引发异常，如果将一个同名文件移动到目录时会产生异常。移动文件实际上删除了源文件并且创建新的目标文件，它和复制文件都支持相对路径。

9.3.6　删除文件

删除文件可以调用 File 类或 FileInfo 类的 Delete()方法，使用 File 类的 Delete()方法删除文件时需要向该方法中传入要删除的文件路径，如果该路径不存在则不会引发异常。使用 FileInfo 类的

Delete()方法不需要传入参数，实例化 FileInfo 对象后直接调用此方法即可。

【练习 11】

无论是使用 File 类还是使用 FileInfo 类的 Delete()都可以删除，下面通过一个示例演示如何调用 FileInfo 类的 Delete()方法删除文件。

首先为 Web 窗体页中名称是"删除"的 Button 控件添加 Click 事件，在该事件中完成文件的删除功能，代码如下。

```
protected void btnDele_Click(object sender, EventArgs e)
{
    if (string.IsNullOrEmpty(txtPath.Text))
    {
        Label1.Text = "要删除的文件路径不能为空，请您确保已经输入。";
    }
    else
    {
        FileInfo fi = new FileInfo(txtPath.Text);
        fi.Delete();
        Label1.Text = "删除成功，您可以执行其他操作了。";
    }
}
```

运行页面输入内容后，单击【删除】按钮进行测试，效果如图 9-14 所示。

图 9-14　删除文件

9.4 文件的读写

上一小节已经详细介绍与文件相关的类，以及如何对文件进行简单的操作。通常情况下，开发人员创建文件完成后还需要向文件中添加内容，添加完成后还需要对文件内容进行读取。这时需要使用与文件读写相关的 StreamReader 和 StreamWriter 类。

9.4.1　写入文件

除了提供上述介绍的与目录和文件相关的类外，System.IO 命名控件还提供了 StreamWriter 类，该类用于写入文件信息。StreamWriter 类也叫写入器，它用于将数据写入文件流，只要将创建好的文件流传入就可以创建该类的实例。

如果要在一个文件中保存信息，必须具有文件的写入权限。StreamWriter 类以流的方式用一种特定的编码向文件中写入字符。该类包含 4 个常用的方法，如表 9-7 所示。

表 9-7　StreamWriter 类的常用方法

方 法 名 称	说　　　明
Write()	写入流，将字符串写入文件
WriteLine()	向文件写入一行字符串，也就是说在文件中写入字符串并换行
Flush()	清理当前编写器的所有缓冲区，并将缓冲区数据写入文件
Close()	关闭写入流并释放资源，应在写入完成后调用以防止数据丢失

StreamWrietr 类的一般步骤如下。

（1）创建 StreamWriter 类的实例对象。

（2）调用写入方法（如 Write()或 WriteLine()）将字符流写入到文件中。

（3）调用 Close()方法保存写入的字符并释放资源。

创建 StreamWriter 类的对象有 7 种形式，如下列出了常用的 3 种构造函数形式。

```
StreamWriter (Stream)                //用 UTF-8 编码为指定的 Stream 流作初始化
StreamWriter (String)                //使用默认编码为 String 指定的文件作流初始化
StreamWriter (Stream, Encoding)      //用指定的 Encoding 编码来初始化 Stream 流
//使用指定 Encoding 编码为 String 指定的文件作流初始化，Boolean 标识是否向文件中追加内容
StreamWriter (String, Boolean, Encoding)
```

> **提示**
>
> 实例化 StreamWriter 对象时如果指定的文件路径不存在，构造函数会自动创建一个新文件，如果存在可以选择改写还是追加内容进行操作。

【练习 12】

经常使用百度搜索的用户会在结果中看到来自百科的内容。单击某个内容进去之后可以看到该关键字的详细内容。本节练习不使用数据库将内容固定地保存到某个磁盘目录的文件中，使用 StreamWriter 类完成写入功能，主要步骤如下。

（1）添加新的 Web 窗体页，在页面的合适位置添加一个 TextBox 控件，该控件提供用户输入的词条名称，再添加一个 CKEditor 控件（它是第三方控件），该控件提供用户输入的词条内容，最后添加一个 Button 控件和一个 Literal 控件，分别用于执行提交操作和显示提交结果，代码如下。

```
词条名称: <asp:TextBox ID="txtName" runat="server" BorderColor="LightBlue">
</asp:TextBox>
词条内容: <br /><br />
<CKEditor:CKEditorControl ID="CKEditor1" runat="server" ></CKEditor:CKEditor
Control>
<asp:Button ID="btnWrite" runat="server" Text="写入文件" style="margin-
left:200px; border: 1px solid lightblue;" onclick="btnWrite_Click" />
<asp:Literal ID="Literal1" runat="server"></asp:Literal>
```

（2）为 Button 控件添加 Click 事件，该事件代码完成向文件中写入内容的功能，代码如下。

```
protected void btnWrite_Click(object sender, EventArgs e)
{
    string name = txtName.Text;                      //获取词条名称
    string content = CKEditor1.Text;                 //获取词条内容
    string fileURL = @"F:\filewrite.txt";            //保存路径
    StreamWriter sw = new StreamWriter(fileURL, false, Encoding.UTF8);
                                                     //创建 StreamWriter
```

```
        sw.WriteLine(name);                              //写入词条名称
        sw.WriteLine(content);                           //写入词条内容
        sw.Close();                                      //关闭写入流
        Literal1.Text = "内容写入成功, 找到 F:\\filewrite.txt 文件进行查看";
    }
```

（3）运行 Web 窗体页输入内容后单击【写入文件】按钮进行测试，最终效果如图 9-15 所示。

图 9-15 写入文件

（4）在对应的磁盘中找到相应的文件，并打开文件查看内容，效果不再显示。

9.4.2 读取文件

与写入文件对应的操作是读取文件，写入文件完成后一定要读取某个文件中的内容，这时需要用到 StreamReader 类。

StreamReader 类可以读取各种基于文本的文件，它会以一种特定的编码从字节流中读取字符，还可以读取文件的各行信息，因此该类通常被称为读取器。该类中常用的方法有 4 个，如表 9-8 所示。

表 9-8 StreamReader 类的常用方法

方 法 名 称	说　明
Read()	读取输入流中的下一个字符或下一组字符，没有可用时则返回-1
ReadLine()	从当前流中读取一行字符并将数据作为字符串返回，如果到达了文件的末尾则为空引用
ReadToEnd()	读取从文件的当前位置到文件结尾的字符串。如果当前位置为文件头则读取整个文件
Close()	关闭读取器并释放资源，在读取数据完成后调用

开发人员使用 StreamReader 的一般步骤如下。

（1）创建 StreamReader 类的实例对象。

（2）调用 StreamReader 类实例对象的方法读取数据。

（3）调用 Close()方法关闭读取器并且释放资源。

StreamReader 类默认采用 UTF-8 作为读取编码，而不是当前系统的 ANSI 编码。因为 UTF-8 可以正确处理 Unicode 字符并提供一个一致的结果。也可以在 StreamReader 的构造函数中指定其他编码。如下给出创建该类时常用的两种构造函数形式。

```
StreamReader (String)                    //为 String 指定的文件名初始化流
StreamReader (String, Encoding)          //用 Encoding 指定的编码来初始化 String 读取流
```

【练习 13】

在本节练习中，每一个文本文件代表一本书，它代表了这本书的简介。为了方便管理，所有文件都保存到一个特定的目录内，然后通过 StreamReader 类来进行读取，主要步骤如下。

（1）在新添加的 Web 窗体页中添加 Image 控件、Button 控件和 Literal 控件，它们分别显示书的图片、读取操作和显示该书的内容，主要代码如下。

```
<asp:Image ID="Image1" runat="server" ImageUrl="~/oper_file/images/zhi.jpg" />
<asp:Button ID="btnRead" runat="server" Text="读取文件" Style="margin-left:50px;
border: 1px solid lightblue;" OnClick="btnRead_Click" /><br /><br />
<asp:Literal ID="Literal1" runat="server"></asp:Literal>
```

（2）为 Button 控件添加 Click 事件，该事件代码完成读取文件中内容的功能，代码如下。

```
protected void btnRead_Click(object sender, EventArgs e)
{
    string fileURL = Server.MapPath("zhiwomen.txt");    //文件路径
    if (File.Exists(fileURL))                           //判断文件是否存在
    {                                                   //读取文件
        StreamReader rdFile = new StreamReader(fileURL, Encoding.UTF8);
        string content = rdFile.ReadToEnd();            //获取内容
        rdFile.Close();                                 //关闭文件
        Literal1.Text = Server.HtmlDecode(content);     //显示内容
    }
    else
    {
        Literal1.Text = "没有找到文件";                  //提示错误
    }
}
```

（3）运行 Web 窗体页输入内容后单击【读取文件】按钮进行测试，最终效果如图 9-16 所示。

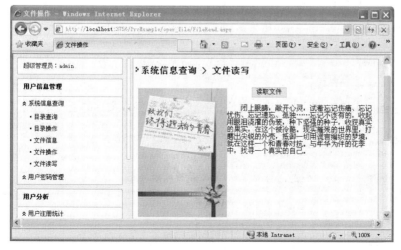

图 9-16　读取文件

9.5 文件的高级操作

除了读写文件外，还可以对文件进行多种操作（如文件上传和下载）。本节将主要介绍其他常用的文件操作，包括文件的上传、下载、加密和解密等内容。

9.5.1 文件上传

文件上传允许用户从客户端选择一个文件提交到服务器端进行保存。在实际应用中使用非常广泛，如上传个人简历、上传头像、上传产品照片以及上传程序代码文件等。

文件上传对 ASP 开发来说是相当烦琐的工作，因为客户端上传文件常用加密的 Form 类型提交。而在服务器端接收这些文件也非常烦琐，数据在使用之前必须以安全的 Byte 数组的方式接收并解密。因此大部分开发人员选择第三方组件来完成该功能。

.NET Framework SDK 提供了一组相关的类来完成文件的上传，它可以让用户浏览并选择用于上传的文件，或者输入文件的绝对路径。然后调用该控件的 SaveAs() 方法保存到服务器端，因此 ASP.NET 上传文件变得非常简单。

ASP.NET 主要使用 FileUpload 控件实现文件上传，该控件主要有三个相关的属性，如下所示：

❑ **HasFile 属性** 判断 FileUpload 控件是否包含文件，返回一个布尔值。

❑ **PostedFile 属性** 获取要上传文件的 HttpPostedFile 对象。

❑ **FileName 属性** 获取要上传文件的名称。

【练习 14】

本次练习使用 FileUpload 控件浏览并上传文件，为了方便管理要求将图片都保存到站点的 upload 目录中，而且要对上传的文件格式进行验证，允许有 bmp 格式、gif 格式和 jpg 格式，主要步骤如下。

（1）在 Web 窗体页面添加 FileUpload 控件，代码如下。

```
选择文件: <asp:FileUpload ID="FileUpload1" runat="server" />
```

（2）添加一个 Button 控件作为选择文件后的提交按钮，设置文本为"上传"，代码如下。

```
<asp:Button ID="btnUpload" runat="server" Text=" 上 传 " style="margin-
left:100px; border: 1px solid lightblue; height: 19px;" onclick="btnUpload_
Click" />
```

（3）添加显示提示信息的 Label 控件和显示图片的 Image 控件，代码如下。

```
<asp:Label ID="Label1" runat="server" Text="Label" ForeColor="Red"></asp:Label>
<asp:Image ID="Image1" runat="server" />
```

（4）单击【上传】按钮并添加 Click 事件，在该事件中完成文件的上传功能，代码如下。

```
protected void btnUpload_Click(object sender, EventArgs e)
{
    if (FileUpload1.HasFile)        //判断是否选择文件
    {
        string fileContentType = FileUpload1.PostedFile.ContentType;
                        //获取文件内容类型
        if (fileContentType == "image/bmp" || fileContentType == "image/gif" ||
```

```
                fileContentType == "image/pjpeg")
                {       //判断类型是否符合条件
                    string name = FileUpload1.PostedFile.FileName;  //客户端文件路径
                    FileInfo file = new FileInfo(name);
                    string fileName = file.Name;                    //文件名称
                    string webFilePath = Server.MapPath("upload/" + fileName);
                                                            //服务器端文件路径
                    if (!File.Exists(webFilePath))                  //判断相同文件是否存在
                    {
                        try
                        {
                            FileUpload1.SaveAs(webFilePath);  // 使用 SaveAs 方法保存文件
                            Label1.Text = "提示: 文件"+fileName+"上传成功! 路径是: "+"upload/
                            "+fileName;
                            Image1.ImageUrl = "upload/" + fileName;
                            Image1.Visible = true;
                        }
                        catch (Exception ex)
                        {
                            Label1.Text = "提示: 文件上传失败, 失败原因: " + ex.Message;
                        }
                    }
                    else
                    {
                        Label1.Text = "提示: 文件已经存在, 请重命名后上传";
                    }
                }
                else
                {
                    Label1.Text = "提示: 文件类型不符";
                }
            }
        }
```

上述代码中首先调用 HasFile 属性判断是否选择文件, 然后获取文件的类型并判断文件类型是否符合条件。如果符合条件则获取文件的路径和名称等内容, 调用 FileUpload 控件的 SaveAs()方法上传图片到服务器端并显示提示信息。

（5）运行 Web 窗体页选择文件后单击【上传】按钮进行测试, 最终效果如图 9-17 所示。

9.5.2 文件下载

上传是将文件从客户端保存到服务器端, 而下载则是将文件从服务器端下载到客户端, 因此文件下载与文件上传是一个相反的过程。文件下载时通常都是提供一个文件列表, 然后单击一个链接来完成下载过程。

文件下载过程的实现非常简单, 主要通过 Response 对象的相关属性和方法来实现文件的下载功能。

图 9-17 上传图片

【练习 15】

本次练习在页面中显示服务器端 upload 目录下所有需要下载的文件，然后单击页面中的链接按钮，根据弹出的提示框选择直接打开或者下载，主要步骤如下。

（1）在新建的 Web 窗体页中添加 Repeater 控件，该控件用来向页面显示文件信息，代码如下。

```
<asp:Repeater ID="Repeater1" runat="server">
    <HeaderTemplate>
        <table width="100%">
            <tr><td>文件名称</td><td>文件类型</td><td>字节大小</td><td>最后访问时
            间</td><td>操作</td></tr>
    </HeaderTemplate>
    <ItemTemplate>
        <tr align="left">
            <td><img src='images/072.gif' width='9' height='8' /><%# Eval
            ("Name") %></td>
            <td width="20%"><%# Eval("Extension") %></td>
            <td width="18%"><%# Eval("Length") %></td>
            <td width="25%"><%# Eval("CreationTime","{0:yyyy-MM-dd}") %></td>
            <td width="10%"><asp:LinkButton ID="linkBtn"runat="server" CommandName
            ="add" CommandArgument='<%# Eval("Name") %>' Text="下载" ForeColor=
            "Blue" OnClick="linkBtn_Click"> </asp:LinkButton></td>
        </tr>
    </ItemTemplate>
    <FooterTemplate></table></FooterTemplate>
</asp:Repeater>
```

（2）添加 Web 窗体页的 Load 事件，在该事件代码中加载显示 upload 目录下所有需要下载的文件，代码如下。

```
protected void Page_Load(object sender, EventArgs e)
{
    if (!Page.IsPostBack)                               //如果首次加载
    {
        string downpath = Server.MapPath("upload");     //返回指定的文件路径
        DirectoryInfo dirinfo = new DirectoryInfo(downpath);
                                                         //创建 DirectoryInfo 对象
        if (!dirinfo.Exists)                             //如果目录不存在
            Page.ClientScript.RegisterStartupScript(GetType(), "", "<script>alert
            ('该文件目录不存在')</script>");
        else
        {
            FileInfo[] filist = dirinfo.GetFiles();      //获取该目录下的所有文件
            IList<DownInfo> downinfo = new List<DownInfo>();//文件列表集合对象
            foreach (FileInfo fi in filist)              //遍历列表对象
            {
                DownInfo di = new DownInfo(fi.Name, fi.Extension, fi.Length, fi.
                CreationTime);
                downinfo.Add(di);
            }
            Repeater1.DataSource = downinfo;             //指定数据源
            Repeater1.DataBind();
        }
    }
}
```

上述代码中首先创建 DirectoryInfo 类的实例对象，然后判断该目录是否存在，如果存在则通过 GetFiles()方法获取该目录下的所有文件，最后遍历集合对象中的内容绑定到 Repeater 控件中。其中 DownInfo 是指一个实体类，表示下载文件的基本信息，该类中包含文件名称、文件大小、文件类型和最后访问时间四个字段。

（3）用户单击窗体页面中的【下载】链接按钮时完成文件下载的功能，为该控件添加 Click 事件，代码如下。

```
public void linkBtn_Click(object sender, EventArgs e)
{
    string downFile = ((LinkButton)sender).CommandArgument;
    string path = Server.MapPath("upload") + "\\" + downFile;
                                                         //服务器端下载文件的路径
    if (File.Exists(path))
    {
        FileInfo fi = new FileInfo(path);
        Response.ContentEncoding = System.Text.Encoding.GetEncoding("UTF-8");
        //解决中文乱码
        Response.AddHeader("Content-Disposition", "attachment; filename = " +
        Server.UrlEncode (fi.Name) );                   //将 HTTP 头添加到输出流
        Response.AddHeader("Content-length", fi.Length.ToString());
        Response.ContentType = "application/octet-stream";  //设置输出流的类型
        Response.WriteFile(fi.FullName);
```

```
                                    //将指定文件的内容作为文件块直接写入 HTTP 响应输出流
        Response.End();
    }
    else
        Page.ClientScript.RegisterStartupScript(GetType(), "", "<script>alert
        ('你要下载的文件不存在，可以地址发生改变。请确认后下载！')</script>");
}
```

上述代码首先获取链接按钮 CommandArgument 属性的值，然后使用 File 类的 Exists()方法判断要下载文件的路径是否存在。如果存在则创建 FileInfo 类的实例对象，借助通过 Response 对象的 AddHeader()方法用来设置 HTTP 标头名称和值。另外 ContentType 属性用于设置输出流的类型，WriteFile()方法表示将指定文件的内容写入到 HTTP 输出流中。

（4）运行 Web 窗体页查看效果，首次运行的页面效果如图 9-18 所示。

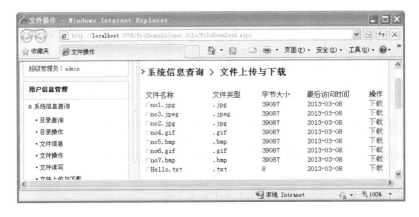

图 9-18　文件下载页面

（5）单击页面中某个文件后的【下载】链接按钮弹出【文件下载】提示框，效果如图 9-19 所示。

图 9-19　文件下载

在图 9-19 中，单击【打开】按钮直接打开用户选择的该文件；单击【保存】按钮选择保存的路径后进行下载；单击【取消】按钮直接取消本次操作。

9.5.3　文件加密

在安全领域中加密与解密是一个永远不缺的话题。加密的结果非常明显，它使明文变成密文，增强了安全性。最常见的加密算法有 DES、RSA 和 MD5。

静态类 File 提供了一个 ReadAllBytes()方法和 WiriteAllBytes()方法。ReadAllBytes()静态方法可以打开一个文件，将文件的内容读入一个字符串，然后关闭该文件；WriteAllBytes()方法用于创建一个新文件，在其中写入指定的字节数组，然后关闭该文件。这两个方法的语法如下。

```
public static byte[] ReadAllBytes (string path)
public static void WriteAllBytes ( string path,    byte[] bytes)
```

ReadAllBytes()方法和 WriteAllBytes()方法结合完成了文件加密和解密的一个过程，开发人员在使用 ReadAllBytes()方法读取文件时常见需要处理的异常如表 9-9 所示。

表 9-9 读取文件时常见异常

异 常 名 称	说　　明
ArgumentException	path 是一个零长度字符串，仅包含空白或者包含一个或多个由 InvalidPathChars 定义的无效字符
ArgumentNullException	path 为 null
PathTooLongException	指定的路径、文件名或者两者都超出了系统定义的最大长度
DirectoryNotFoundException	指定的路径无效（例如，它位于未映射的驱动器上）
IOException	打开文件时发生了 I/O 错误
UnauthorizedAccessException	当前平台上不支持此操作。path 指定了一个目录。调用方没有要求的权限
FileNotFoundException	未找到 path 中指定的文件
NotSupportedException	path 的格式无效
SecurityException	调用方没有所要求的权限

提示

ReadAllBytes()方法将根据现存的字节顺序标记来自动检测文件的编码，可检测到编码格式 GBK、UTF-8 和 UTF-32 等。

【练习 16】

本次练习将用户选择的文本文件进行加密和解密，主要步骤如下。

（1）在新添加的 Web 窗体页中添加一个 FileUpload 控件、一个多行输入的 TextBox 控件、一个 Literal 控件和两个 Button 控件，代码如下。

```
选择文件: <asp:FileUpload ID="FileUpload1" runat="server" />
文件内容: <asp:TextBox ID="TextBox1" runat="server" TextMode="MultiLine" >
</asp:TextBox>
<asp:Button ID="btnJia" runat="server" Text="加密文件" onclick="btnJia_Click" />
<asp:Button ID="btnJie" runat="server" Text="解密文件" onclick="btnJie_Click" />
<asp:Literal ID="Literal1" runat="server"></asp:Literal>
```

（2）为【加密文件】按钮添加代码，如下所示。

```
protected void btnJia_Click(object sender, EventArgs e)
{
    if (this.FileUpload1.PostedFile.ContentType != "text/plain")
                                                //判断文件是否为空
        Literal1.Text = "请选择一个文本文件! ";
    else
    {
        string filetype = FileUpload1.PostedFile.ContentType;   //获取文件类型
```

```
    string name = FileUpload1.PostedFile.FileName;    //获取文件名称
    byte[] all = File.ReadAllBytes(name);                 //按字节读取文件内容
    string[] allline = new string[all.Length];     //创建与内容相同大小的数组
    for (int i = 0; i < all.Length; i++)               //循环数组
        allline[i] = Convert.ToString(all[i], 16);    //转换为十六进制字符串
    File.WriteAllLines(name, allline);                  //写入文件
    Literal1.Text = "加密成功! ";                         //显示提示信息
    ReadContent(name);                                   //载入文件并显示到 TextBox
    }

}
```

上述代码采用的加密方法是将文件的内容全部读取到字节数组，再创建相同大小的字符串数组；然后将字节数组中的每个元素按十六进制转换为字符串，再保存到字符串数组，最后将它写入文件。

（3）运行页面选择文本文件进行加密，加密完成的结果显示到文本框中，效果如图 9-20 所示。

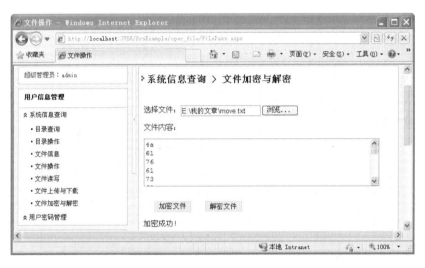

图 9-20 文件加密

9.5.4 文件解密

文件加密完成后当然需要解密，解密是一个逆过程，它是将乱码翻译为可直接使用的明文。解密的方法是一个逆加密过程，即按十六进制转换为字节，再按顺序写入文件。继续向上面的练习中添加代码，为【解密文件】按钮添加 Click 事件，代码如下。

```
protected void btnJie_Click(object sender, EventArgs e)
{
    if (this.FileUpload1.PostedFile.ContentType != "text/plain")
                                                    //判断文件是否为空
        Literal1.Text = "请选择一个文本文件! ";
    else
    {
        string name = FileUpload1.PostedFile.FileName;    //获取文件名称
        string[] allLine = File.ReadAllLines(name);       //按字符串读取文件内容
        byte[] allStr = new byte[allLine.Length];  //创建与内容相同大小的字节数组
        for (int i = 0; i < allLine.Length; i++)          //循环每个数组元素
```

```
    {
        int er = Convert.ToInt32(allLine[i], 16);       //将十六进制转为十进制
        allStr[i] = Convert.ToByte(er);                 //再转为字节
    }
    File.WriteAllBytes(name, allStr);                   //写入文件
    Literal1.Text = "解密成功! ";                        //显示提示信息
    ReadContent(name);                                  //载入文件并显示到 TextBox
    }
}
```

重新运行或刷新页面选择文件后单击【解密文件】进行测试，效果如图 9-21 所示。

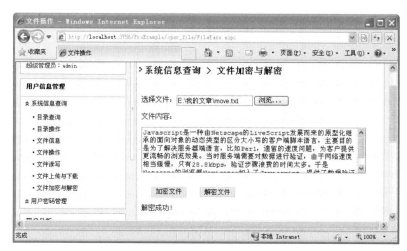

图 9-21　文件解密

9.6　实例应用：简易文件浏览器

9.6.1　实例目标

　　文件浏览器是一个非常实用的功能，在 Windows 中可以对文件和目录进行查看、新建、修改和删除等操作，在文件上传时可以选择文件保存的目录，还有在浏览网站的文件时需要指定所在的目录以及文件名称。

　　本节将创建一个简易的文件浏览器，使我们能够很好地掌握管理文件和目录的各种知识。本实例所要完成的主要目标是在程序中能够将指定目录设为根目录，列出所有该目录下的文件和文件夹，单击某文件夹，列出该文夹下的所有文件夹和文件。可以打开的文件或文件夹层次无限制，还可以显示当前位置。

9.6.2　技术分析

　　本节实例应用实现的目标非常明确，但是使用到的内容比较广泛，其主要技术如下。

❏ DirectoryInfo 类的属性判断当前目录是否存在。

❏ DirectoryInfo 类的相关方法获取目录下的所有子目录。

❏ FileInfo 类保存所有文件列表。

❑ IList 集合对象存储目录和文件列表。

❑ 内置对象 Session 和 ViewState 分别表示根目录和当前目录。

9.6.3 实现步骤

实现简易文件浏览器的主要步骤如下。

（1）添加新的 Web 窗体页，在页面的合适位置添加 table 元素，其表头包含文件名称、文件类型、大小和最后访问时间。

（2）在表格下方添加一个 Repeater 控件，为该控件的 ItemTemplate 模板添加代码，如下所示。

```
<asp:Repeater ID="Repeater1" runat="server">
    <ItemTemplate>
        <tr align="left">
            <td height="26">
                <img src='images/072.gif' width='9' height='8' />
                <asp:LinkButton ID="LinkButton1" runat="server" CommandArgument=
                '<%# Eval("Name") %>' OnCommand="lbDetail_Command"><%# Eval
                ("Name") %></asp:LinkButton>
            </td>
            <td width="187"><%# bool.Parse(Eval("IsFolder")+"")?"文件夹":"文件
            " %></td>
            <td width="81"><%# Eval("Size")+"字节" %></td>
            <td width="192"><%# Eval("LastTime","{0:yyyy-MM-dd hh:mm:ss}") %>
            </td>
        </tr>
    </ItemTemplate>
</asp:Repeater>
```

（3）根据要求还能够返回上一级目录，这里在 table 元素的上方添加一个 Button 控件，单击事件将在后面介绍，代码如下。

```
<asp:Button ID="btnUp" runat="server" Text="返回上级目录" OnClick="btnUp_Click" />
```

（4）在页面的合适位置添加 Literal 控件，该控件用来显示当前的目录信息，代码如下。

```
<a href="#">目录: <asp:Literal ID="LiterInfo" runat="server"></asp:Literal></a>
```

（5）打开窗体页的【设计】窗口查看效果，设计完成后的效果如图 9-22 所示。

图 9-22　实例应用设计效果

（6）在后台页面中添加 MyFileInfo 实体类，该类封装了与文件相关的信息，主要代码如下。

```
class MyFileInfo
{
    public MyFileInfo() { }
    public MyFileInfo(string name, bool folder, string size, DateTime lasttime)
    {
        this.name = name;
        this.isFolder = folder;
        this.size = size;
        this.lastTime = lasttime;
    }
    private string name;            //文件名称
    private bool isFolder;          //文件类型
    private string size;            //文件大小
    private DateTime lastTime;      //最后访问日期
    public string Name              //封装字段为属性
    {
        get { return name; }
        set { name = value; }
    }
}
```

（7）为 Web 窗体页添加 Load 事件，该事件加载显示目录下的信息，代码如下。

```
protected void Page_Load(object sender, EventArgs e)
{
    if (!IsPostBack)
    {
        string rootPath = @"D:\Download";                  //目录路径
        Session["RootPath"] = rootPath;                    //保存目录路径
        ViewState["CurrentPath"] = "/";                    //当前路径
        BindFileList("");                                  //绑定根文件目录
    }
    LiterInfo.Text = ViewState["CurrentPath"].ToString();  //显示当前路径
}
```

（8）上一步骤中的 BindFileList() 方法实现绑定文件信息到前台 Repeater 控件，在该方法中有一个参数，该参数指定了要浏览的目录，代码如下。

```
private bool BindFileList(string path)
{
    string root = Session["RootPath"] + "\\";
    DirectoryInfo dir = new DirectoryInfo(root + path);
    if (!dir.Exists)                                    //如果目录不存在，返回 flase
        return false;
    IList<MyFileInfo> files = new List<MyFileInfo>();
    DirectoryInfo[] dirs = dir.GetDirectories();        //获取当前目录下的所有子目录
    FileInfo[] fils = dir.GetFiles();                   //获取当前目录下的所有文件
    foreach (DirectoryInfo di in dirs)
    {
```

```
        MyFileInfo info = new MyFileInfo(di.Name, true, "0", di.LastAccessTime);
        files.Add(info);
    }
    foreach (FileInfo fi in fils)
    {
        MyFileInfo info = new MyFileInfo(fi.Name, false, fi.Length.ToString(),
        fi.LastAccessTime);
        files.Add(info);
    }
    Repeater1.DataSource = files;
    Repeater1.DataBind();
    return true;
}
```

在上述代码中首先创建 DirectoryInfo 类的实例对象 dir，然后调用此对象的 Exists 属性判断目录是否存在，如果不存在则返回 false。如果存在声明泛型集合 IList 的对象，接着分别调用 dir 对象的 GetDirectories()方法和 GetFiles()方法获取目录下的所有子目录和文件，然后通过两个 foreach 语句遍历目录和文件，最后绑定数据源。

（9）从列表中单击某个目录后可查看该目录下的所有文件和子目录，目录中的每个列表项是一个 LinkButton 控件，编写 Command 事件代码，如下所示。

```
protected void lbDetail_Command(object sender, CommandEventArgs e)
                                                    /* 进入下级文件夹*/
{
    string currentPath = ViewState["CurrentPath"] + "";
    string subPath = e.CommandArgument + "";
    string newPath = currentPath + subPath + "/";
    if (BindFileList(newPath))                       //绑定子文件夹
    {
        ViewState["CurrentPath"] = newPath;
        LiterInfo.Text = ViewState["CurrentPath"].ToString();
    }
}
```

（10）为按钮控件添加 Click 事件，当用户单击页面中的【返回上级目录】按钮时可以返回到上一个目录进行查看，代码如下。

```
protected void btnUp_Click(object sender, EventArgs e)        /* 返回上一级目录*/
{
    string currentPath = ViewState["CurrentPath"] + "";
    string newPath = string.Empty;
    int linePlace =GetSecondLinePlaceOnRight(currentPath);
                                        //查找从后往前倒数第二条斜线的位置
    if (linePlace > 0)              //如果位置大于 0，就截取，否则说明已到达根目录
    {
        newPath = currentPath.Substring(0, linePlace);
    }
    else
    {
        newPath = "";
    }
```

```
    this.BindFileList(newPath);                              //重新绑定子文件夹
    ViewState["CurrentPath"] = newPath;                      //存储当前目录
    LiterInfo.Text = ViewState["CurrentPath"].ToString();    //显示当前目录路径
}
```

（11）上一个步骤中调用 GetSecondLinePlaceOnRight()方法可以从保存的当前目录中截取父目录，代码如下。

```
private int GetSecondLinePlaceOnRight(string path)
{
    if (path == string.Empty)
        return 0;
    path = path.Substring(0, path.Length - 1);
    return path.LastIndexOf('/');
}
```

（12）运行 Web 窗体页面时程序会遍历 D:\Download 目录下的所有文件和目录并绑定到 Repeater 控件中进行显示，而且还有【返回上级目录】按钮和显示当前目录，其运行效果如图 9-23 所示。

图 9-23　遍历目录下的所有目录和文件

（13）单击一个类型为"文件夹"的名称即可进入该文件夹，同时列出该文件夹下的所有文件夹和文件，如图 9-24 所示。最后单击【返回上级目录】按钮可以返回，直到根文件夹后便无效。

图 9-24　查看某个目录下的子目录和文件

9.7 拓展训练

1. 文件操作

添加新的 Web 窗体页，在页面的后台使用 FileInfo 类的相关属性显示某个文件的相关信息，然后再调用 FileInfo 类的不同属性实现文件的创建、复制、移动和删除功能。

2. 完成故事接龙游戏

故事接龙是可以让网友自由写故事，并且由网友提供故事情节发展路线，供其他网友接龙。添加新的 Web 窗体页，在页面的合适位置添加 Repeater 控件显示文本文件中已经存在的故事，后面页面通过 StreamReader 类读取文件内容。用户在前台页面输入内容后单击按钮在后台中通过 StreamWriter 类写入内容到文本文件中，页面效果如图 9-25 所示。

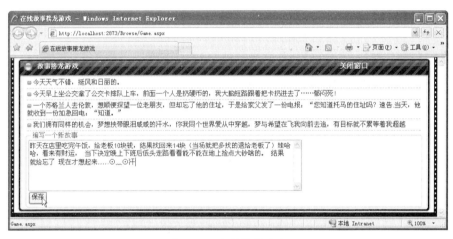

图 9-25　故事接龙游戏

3. 制作简易文件浏览器

本课最重要的是文件浏览器的制作，读者根据实例应用的步骤亲自动手完成一个文件浏览器，并且如果为目录下的文件添加链接按钮，单击该链接按钮可以完成文件的下载功能，效果如图 9-26 所示。

图 9-26　简易文件浏览器

9.8 课后练习

一、填空题

1. ＿＿＿＿＿＿＿类可以用来创建、移动、枚举或删除目录，它是一个静态类。

2. 陈寒同学在创建目录时可以使用_____类的 Create()方法。

3. 判断一个文件是否存在可以使用 File 类中的_____方法。

4. _____类提供了实现创建、移动和枚举文件的实例方法。

5. StreamWriter 类和_____类依次完成了对顺序文件的写入和读取操作。

6. FileUpload 控件的_____属性用来获取要上传文件的名称。

7. 文件解密是一个逆加密过程，它是按_____进制转换为字节，然后再按照顺序写入文件。

二、选择题

1. FileInfo 类的 Create()方法返回一个_____对象。

　　A. StreamReader

　　B. string

　　C. FileInfo

　　D. FileStream

2. 读取文件时，如果用户想要读取文件当前位置一直到结尾的内容，需要使用_____对象的_____方法。

　　A. StreamReader，ReaderLine()

　　B. StreamReader，ReaderToEnd()

　　C. StreamWriter，Read()

　　D. StreamWriter，ReadToEnd()

3. CreateDirectory()方法接受一个参数，表示要创建的目录，该方法返回表示新创建的目录或者子目录的对象。如下代码为正确使用该方法的选项代码的是_____。

　　A.

```
DirectoryInfo di;
di=Directory.CreateDirectory("E:\\C#");
```

　　B.

```
DirectoryInfo di;
DirectoryInfo dicreate = di.CreateDirectory("E:\\C#");
```

　　C.

```
FileInfo fi
fi = Directory.CreateDirectory("E:\\C#");
```

　　D.

```
FileInfo fi;
fi=Directory.CreateDirectory("E:\C#");
```

4. 关于文件和目录的说法，选项_____是不正确的。

　　A. FileInfo 和 DirectoryInfo 类都是静态类，而 File 和 Directory 类则表示实例类

　　B. FileInfo 和 DirectoryInfo 类都是实例类，它们都不包含无参的构造函数

　　C. 文件和目录的相关类中都提供了 Copy()方法，分别表示复制文件和复制目录

　　D. 用户遍历目录时只能使用 DirectoryInfo 类，而不能使用 Directory 类

5. 下面关于文件的操作中，说法正确的是_____。

　　A. ASP.NET 中只能够实现文件上传的功能，而不能够实现文件下载的功能

　　B. ASP.NET 中只能够实现文件下载的功能，而不能够实现文件上传的功能

　　C. ASP.NET 中既可以实现文件的加密，也可以实现文件的解密

　　D. ASP.NET 中既不能实现文件的加密，也不能够实现文件的解密

6. 如果 E:\moveinfo.txt 文件存在，并且 F:\Movie 目录也存在，开发人员想要把该文件的内容移动到 F:\Movie\moveinfo.txt 文本文件中，下面代码空白处应该填写_____。

```
string frompath = @"E:\movieinfo.txt";                    //获取源文件路径
string topath = @"E:\Movie\movieinfo.txt";                //获取目标文件路径
if (File.Exists(frompath))                                //如果源文件存在
{
    try
    {
        File._____ (frompath, topath);               //移动目录
        Label1.Text = "成功";
    }
    catch (Exception ex)
    {
        Label1.Text = "abc" + ex.Message.ToString();
    }
}
```

A. Move

B. MoveTo

C. Copy

D. CopyTo

三、简答题

1. 请分别说出 DirectoryInfo 类和 FileInfo 类的主要属性。

2. 请说出目录和文件创建、删除和移动时分别调用的方法。

3. 说出文件上传时主要使用的属性和方法。

4. 简要说明文件加密和解密时主要使用的方法。

5. 简述如何创建一个简易的文件浏览器。

第 10 课
Web Service 技术

Web Service 技术即为 Web 服务技术，它定义了一套统一的标准，用于不同平台上的通信。Web Service 使用可扩展的标记语言 XML 进行数据通信，实现不同平台下，系统功能的交互。

本课将主要介绍 Web Service 的含义、作用及使用方式，以实现 Web Service 的跨平台通信。

本课学习目标：

- ❑ 了解 Web 服务的特点
- ❑ 掌握 Web 服务的应用范围
- ❑ 掌握 Web 服务的相关技术和标准
- ❑ 掌握 Web 服务的架构
- ❑ 掌握 Web 服务的调用
- ❑ 掌握 Web 服务的创建
- ❑ 了解 Web 相关属性
- ❑ 学会使用第三方 Web 服务

10.1 Web 服务概述

Web 服务使用开放的 XML 标准来描述、发布、发现、协调和配置应用程序，用于开发分布式互操作的应用程序。它是一个独立的、松耦合的、自包含的、基于可编程的 Web 应用程序。

10.1.1 Web 服务简介

Web 服务的出现预示着一种新的应用程序架构的出现。从软件开发的角度来讲，Web 服务是 Web 服务器提供的一个应用程序，或者执行代码的程序块，它通过标准的 XML 协议来展示它的功能。

Web Service 就是一个应用程序，它提供了一个能够通过 Web 进行调用的 API。一个定义好的 Web Service 的应用程序可以被其他页面调用，直接发送一个 HTTP GET 请求即可获取需要的数据。而 Web Service 使用 XML 标准来描述，是它能够在不同的平台上被直接调用的基础。

从使用范围上来讲，Web 服务既可以作为一些应用服务发布给开发人员，也可以作为信息发布的接口，供用户调用。Web 服务的优点有很多，如下所示。

❏ Web 服务是可互操作的一种优秀的分布式应用程序。
❏ Web 服务具有普遍性，它使用 HTTP 和 XML 进行通信。任何支持这些技术的设备都可以拥有和访问 Web 服务。
❏ Web 服务可以轻松地穿越防火墙，真正实现自由通信。
❏ 使用 SOAP 协议步骤简单，可以通过该协议实现异地调用。

Web 服务最主要的优点就是可以实现不同应用程序在不同系统平台上开发出来的应用程序之间相互通信，实现分布式应用程序，它的主要特征如下。

❏ **完好的封装性**　使用者仅看到 Web Service 提供的功能列表。
❏ **松散耦合**　只要接口不变，其使用方法就不会改变。
❏ **使用标准协议规范**　使用开放的标准协议进行描述、传输和交换。
❏ **高度可互操作性**　可以跨越平台、语言进行调用。
❏ **高度可集成能力**。
❏ **动态性**　可以自动发现服务并进行调用。
❏ Web 服务与状态无关。

Web 服务可以看作是一个在后端信息基础设施上执行的另一个程序，也可以看作是部署在 Web 上的对象或组件。

Web 服务有两层含义：一是封装成单个实体并发布到网络上的功能集合体；二是功能集合体被调用后所提供的服务。

Web 服务在现有的各种异构平台的基础上，构筑一个通用的，与应用无关、语言无关的技术层，各种不同平台之上的应用依靠这个技术层来实施彼此的连接和集成。

客户端向 Web 服务器发出请求，Web 服务器向客户端返回响应结果然后断开连接。这种方式不存在永久性链接，因而避免了链接管理等复杂的问题。另外，Web 服务也可以随意扩展其接口，添加新的方法以后不会影响客户端的使用。

10.1.2 Web 服务应用范围

Web 服务的主要目标是跨平台的可互操作性。为了达到这个目标，Web Service 是完全基于

XML、XSD 等独立于平台、独立于软件供应商的标准。

Web 服务通常被用来浏览互相链接的文档，通过手工操作处理采购等商业事务，下载文件等。Web 服务不是可以任意使用的，要了解 Web 服务的应用范围，需要依据 Web 服务的特点。

Web 服务在应用程序跨平台和跨网络进行通信的时候有效。它适用于应用程序集成、B2B 集成、代码和数据重用，以及通过 Web 进行客户端和服务器通信的场合。

1．跨越防火墙

Web 服务的通信可以跨越防火墙，因此可以在一个用户界面和中间层有较多交互的应用程序中，使用 Web 服务。Web 服务可以在应用程序集成或其他场合下被重用，通过 Web 服务把应用程序的逻辑和数据暴露出来。

2．应用程序集成

在 Web 服务以外，不同平台上运行的不同语言需要集成起来，而这种集成将花费很大的开发力量。因此可以使用 Web 服务用标准的方法把功能和数据暴露出来，供其他应用程序使用。

3．B2B 的集成

Web 服务适用于不同平台不同语言，其操作的相互性是 Web 服务的优点。在 B2B 的模式下，使用 Web 服务能够很好地实现互操作，实现 B2B 的集成，同时减少了花费在 B2B 的集成上的时间和成本。

4．软件重用

Web 服务以外的代码重用，只是重用了定义好的类和方法，而 Web 服务在实现代码重用的同时，重用了代码中需要涉及的数据。对于一些在多种场合都需要使用的数据，使用 Web 服务来实现，就能在多种场合下直接调用 Web 服务来获取该功能和数据。如网购团购中的订单信息。火车、汽车和飞机的线路和票的信息等，这些信息都是可以公开的，在多种场合需要使用的。

Web 服务的应用范围还包括需要避免使用 Web 服务的情况。Web 服务在实现互操作性、远程调用和代码数据的共享情况下，无法确保其安全性。而在确定 Web 服务是安全的、可共享的之后，还有单机应用程序和局域网络的同构应用程序不需要使用 Web 服务，这两种情况下使用 Web 服务只能增加服务器负担。

▌10.1.3　相关技术和标准

Web 服务拥有一套完整的技术和标准，以实现其跨平台的可互操作性。这样的技术包括对 Web 服务的描述、调用和实现等。只有对 Web 服务有了定义描述，才能对其进行调用和实现。相关技术和标准如下所示。

❑ **Web 服务的描述**　XML 和 XSD。
❑ **Web 服务的访问**　SOAP。
❑ **Web 服务功能的描述文档**　WSDL。
❑ **Web 服务的资源共享**　UDDI。
❑ **Web 服务的远程调用**　RPC。

1．XML 语言和 XSD

XML 是可扩展的标记性语言，它是 Web 服务中表示和封装数据的基本格式。XML 易于建立和易于分析，最重要的是它既与平台无关、也与厂商无关。这是实现 Web 服务的互操作性的基础。

XML 解决了数据描述的问题，但它没有定义一套标准的数据类型，而标准的数据类型对于互操作性的实现是很重要的。W3C 制定了 XML Schema(XSD)解决这个问题，它定义了一套标准的数据类型，并给出了一种语言来扩展这套数据类型。

创建 Web 服务所使用的数据类型都必须被转换为 XSD 类型，开发人员所使用的工具通常能够自动完成这个转换。

2．SOAP 协议与 RPC

SOAP（Simple Object Access Protocal）即简单对象访问协议，它可以运行在任何其他传输协议之上，用于交换 XML 编码信息的轻量级协议，例如可以使用 SMTP（电子邮件协议）来传递 SOAP 消息。

SOAP 协议实现了 Web 服务的访问，但这种访问并不是直接的。Web 服务需要通过 SOAP 协议来封装，在封装后实现调用。它包含了四个部分，如下所示。

- ❑ 封装　SOAP 协议的封装包含了消息中包含什么；谁处理消息；消息是可选还是强制的。
- ❑ 数据的编码规则　SOAP 协议定义了一套编码机制用于交换应用程序定义的数据类型的实例。
- ❑ RPC 调用规范　RPC 调用规范同样是 Web 服务技术的一种，它定义了一个用于表示远程过程调用和响应的约定，与 SOAP 协议结合使用。
- ❑ SOAP 绑定　定义了一个使用底层传输协议来完成节点之间交换 SOAP 消息的约定。

SOAP 规范定义了 SOAP 消息的格式，以及怎样通过 HTTP 协议来使用 SOAP。SOAP 也是基于 XML 和 XSD 的，XML 是 SOAP 的数据编码方式。因此 SOAP 协议同样是独立于任何编程语言、对象模型、操作系统和平台的协议。

被封装的消息通过两种方式进行调用，使用 Request 方式和使用 Response Message 方式，如下所示。

- ❑ Request　调用远端对象的某个方法。
- ❑ Response　返回该方法运行后的输出结果。

Web 服务本身是实现应用程序间的通信，现在有两种应用程序通信的方法为 RPC 远程调用和消息传递。使用 RPC 时，客户端的概念是调用服务器上的远程过程，通常方式为实例化一个远程对象并调用其方法和属性。

3．WSDL 语言

WSDL（Web Service Description Language）即 Web 服务描述语言。当开发人员定义一个含有参数的方法时，需要有文档或注释对该方法的功能和参数做一个描述，以便该方法的调用和维护。Web Service 是一种定义好、供使用的程序，因此它同样需要有一种方式来对其功能进行描述，而 WSDL 语言即对 Web 服务进行描述的语言。

WSDL 语言使用机器能够识别的方式提供一个正式描述文档，WSDL 语言同样基于 XML 语言。WSDL 用于描述 Web 服务及其函数、参数和返回值，由于它是基于 XML 的，所以既是机器可阅读的，也是人可阅读的。

一些最新的开发工具既能根据 Web Service 生成 WSDL 文档，又能导入 WSDL 文档，生成调用相应 Web Service 的代码。

定义 WSDL 语言规范对 Web Service 的描述，其作用有以下几点。

- ❑ 开发工具可以自动处理通信细节。
- ❑ 分布式系统的文档　通过 WSDL 语言的快平台使系统在交互中能够顺利进行交流；系统的复杂度越高，WSDL 语言的描述越重要。
- ❑ 利于标准化。

WSDL 语言作为对 Web Service 的描述，有标准的描述规范，如表 10-1 列举了 WSDL 语言在描述时的规范。表 10-2 列举了 WSDL 语言调用时的规范。

表 10-1　WSDL 语言描述规范

标　　签	说　　明
types	描述数据类型
message	定义传入传出的消息格式
portType	定义了一个入口的类型(使用了怎样的 request/response 消息对)：单请求、单响应、请求/响应、响应/请求
binding	确定 portType 将会使用何种传输协议(SOAP/HTTP-POST/...)
port	定义了一个关联某个 binding 的服务入口
service	一组 port 组成的 Web Service

表 10-2　WSDL 语言调用

标　　签	说　　明
Service	可以通过一个或多个 ports 调用
Port	获取服务的方法，绑定到 portType
Binding	如何获取 portType，每个 portType 可以有多个绑定，如 HTTP, JMS, SMTP 等
portType	服务的抽象定义，即接口的思想

4. UDDI

UDDI（Universal Description,Discovery and Integration）即通用描述、发现与集成服务，它是一套基于 Web 的、分布式的、为 Web 服务提供的和信息注册中心的实现标准规范。

UDDI 是一种集成服务，目的是为电子商务建立标准。UDDI 也包含一组使企业能将自身提供的 Web Service 注册，以使别的企业能够发现访问协议的实现标准。对 UDDI 的目的详细解释如下。

❏ UDDI 是为加速 Web Service 的推广、加强 Web Service 的互操作能力而推出的一个计划。它是基于标准的服务描述和发现的规范；以资源共享的方式由多个运作者一起以 Web Service 的形式运作 UDDI 商业注册中心。

❏ UDDI 计划的核心组件是 UDDI 商业注册，它使用 XML 文档来描述企业及其提供的 Web Service。

❏ UDDI 是 IT 业界和商业界的领导者的合作。

为了实现 UDDI 服务，需要使用 Service Provider、Service Registry 和 Service Requestor，具体的使用方法如下所述。

❏ **Service Provider**　提供 e-Business Service，并通过 Service Registry 发布其提供可用的 Service。

❏ **Service Registry**　为 Service 的发布和定位提供支持。

❏ **Service Requestor**　通过 Service Registry 发现所需要的 Service，并绑定 Service Provider 提供的 Service 实施调用。

UDDI 服务最重要的是实现商业注册，在商业注册时需要提供以下信息。

❏ **White Page**　包含地址、联系方法和已知的企业标识。

❏ **Yellow Page**　包含基于标准分类法的行业类别。

❏ **Green Page**　包含关于该企业所提供的 Web Service 的技术信息，可以是指向文件或 URL 的指针，为 Web Service 发现机制服务。

当前可以直接使用的商业注册中心有 IBM 商业注册中心和 Microsoft 商业注册中心两个，其网址分别是 https://www-3.ibm.com/services/uddi/protect/registry.html 和 https://uddi.microsoft.com/register.aspx。任何企业都可以到其中的一个注册中心免费注册企业的信息和提供的服务。

注册中心之间可以同步数据，所以只要到任何一个中心注册，就可以把自己的企业信息发布到全球所有的注册中心上。Web Service 相关技术间的相互作用如图 10-1 所示。

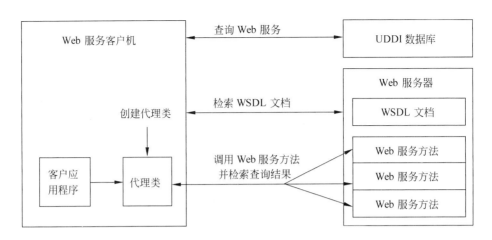

图 10-1　Web 服务的交互过程

10.1.4　Web 服务架构

Web 服务的体系结构是基于 Web 服务提供者、Web 服务请求者、Web 服务中介者三个角色和发布、发现、绑定三个动作构建的。

1．实现一个完整的 Web 服务包括以下步骤

（1）Web 服务提供者设计实现 Web 服务，并将调试正确后的 Web 服务通过 Web 服务中介者发布，并在 UDDI 注册中心注册。

（2）Web 服务请求者向 Web 服务中介者请求特定的服务，中介者根据请求查询 UDDI 注册中心，为请求者寻找满足请求的服务。

（3）Web 服务中介者向 Web 服务请求者返回满足条件的 Web 服务描述信息，该描述信息用 WSDL 写成，各种支持 Web 服务的机器都能阅读。

（4）利用从 Web 服务中介者返回的描述信息生成相应的 SOAP 消息，发送给 Web 服务提供者，以实现 Web 服务的调用。

（5）Web 服务提供者按 SOAP 消息执行相应的 Web 服务，并将服务结果返回给 Web 服务请求者。

2．Web 服务体系结构中的角色

❑ **服务提供者**　从企业的角度看，这是服务的所有者。从体系结构的角度看，这是托管访问服务的平台。

❑ **服务请求者**　从企业的角度看，这是要求满足特定功能的企业。从体系结构的角度看，这是寻找并调用服务，或启动与服务交互的应用程序。

❑ **服务注册中心**　这是可搜索的服务描述注册中心，服务提供者在此发布他们的服务描述。在静态绑定开发或动态绑定执行期间，服务请求者查找服务并获取服务的绑定信息。

❑ 服务请求者也可以从服务注册中心以外的其他来源得到服务描述。

3．Web 服务体系结构中的操作

（1）发布，为了使服务可访问，需要发布服务描述以使服务请求者可以查找它。

（2）查找，在查找操作中，服务请求者直接检索服务描述或在服务注册中心查询所要求的服务类型。对于服务请求者，可能会在两个不同的生命周期阶段中牵涉到查找操作。

❑ 在设计时为了程序开发而检索服务的接口描述。

❑ 在运行时为了调用而检索服务的绑定和位置描述。

（3）绑定，最后需要调用服务。在绑定操作中，服务请求者使用服务描述中的绑定细节来定位、联系和调用服务，从而在运行时调用或启动与服务的交互。Web Service 工作过程如下所示。

❑ 服务提供者将所提供的服务发布到服务代理的一个目录上。

❑ 服务请求者首先到服务代理提供的目录上搜索服务，得到如何调用该服务的信息。

❑ 根据得到的信息调用服务提供者提供的服务。

4. Web Service 的分类

Web 服务可分为面向企业应用的服务、面向电子商务用户的服务和面向其他接入设备的服务。

（1）Business-Oriented Web Service（面向企业应用的服务）

将企业内部的大型系统，如 ERP、CRM 系统等，封装成 Web Service 的形式在网络中提供。企业内部的应用更容易集成；企业间的众多合作伙伴的系统对接更加容易。

（2）Customer-Oriented Web Service（面向电子商务用户的服务）

主要针对原有 B2C 网站的改造，Web Service 技术为 B2C 网站增加了 Web Service 的应用界面，使得桌面工具可以提供跨越多个 B2C 服务的桌面服务。

如将机票预定、炒股等服务集成到一个个人理财桌面系统中，使用户使用 Internet 更加方便，能够获得更加便捷的服务。

（3）Device-Oriented Web Service（面向其他接入设备的服务）

如手持设备、日用家电等，将原有的网络服务封装成 Web Service，支持除 PC 以外的各种终端，如天气预报、E-mail 服务、股票信息等。

（4）System-Oriented Web Service（传统意义上的系统服务）

如用户权限认证、系统监控等服务。

将这些系统级服务封装成 Web Service，发布到 Internet 或者企业内部的 Intranet 上，其作用范围将从单个系统或局部网络拓展到整个企业网络或整个 Internet 上。

如一个跨国企业的所有在线服务可以使用同一个用户权限认证服务。

5. Web 服务的发布

每一种 Web 服务都需要一个命名空间（namespace）。所谓命名空间就是标识 Web 服务的一种附加方法。

如果创建了两个同名的 Web 服务，但是这两个 Web 服务在不同的命名空间内存在，调用就不会混淆。因此，在 Web 服务公开发布之前必须修改默认的命名空间。通常用自己公司的域名作为命名空间。为了发布 Web 服务方便其他用户使用，需要在一个可查找的目录登记自己的服务。

UDDI（统一描述、发现和集成服务）就是最好的目录。UDDI 是一种开发的、与供应商无关的标准。通过 UDDI 找到现有的 Web 服务或发布 Web 服务。而实际上，Web 服务并没有复制到 UDDI 的服务器上，UDDI 的作用不过是列出现有的服务指引人们找到服务所在的服务器。在这个意义上说，它是一种真正的信息索引目录而不是存储具体信息的仓库。

为了使用公共 UDDI 目录，必须注册一个账号，也可以在自己的机构内引入 UDDI，在自己的企业内部安装 UDDI 服务器。由于资源等问题，不用实现 Web 服务发布，只是在本机上调试。

10.2　Web 服务的创建和调用

Web 服务的用法包括对 Web 服务的创建和调用。其使用方式相当于类与页面的结合，可以如页面一样创建，也可以如类一样使用。

10.2.1 Web 服务的调用

Web 服务的使用方式简单，有两种形式，一种是在页面的.cs 文件程序中的调用；另一种是在前台页面的 Javascript 中调用。

1．在.cs 文件程序中调用

在后台程序中调用有两种方式，一种是通过命名空间和类名直接调用；另一种是通过添加 Web 引用的方式调用。

通过命名空间和类名直接调用，与类对象的用法一样。首先对类实例化，之后直接使用类对象。

通过添加 Web 引用的方式调用，首先需要添加 Web 引用，通过 URL 指向 Web 服务的文件，指定 Web 引用名，接着通过 Web 服务的文件和引用名进行调用，如练习 1 所示。

【练习1】

通过添加 Web 引用的方式，调用已存在的第三方 Web 服务，实现中英文翻译功能，主要步骤如下。

（1）打开新添加的项目并为该项目添加 Web 引用，方法是在项目名称处右击，选择【添加 Web 引用】选项，打开如图 10-2 所示的对话框。

（2）如图 10-2 所示的对话框中，有可选择的 Web 服务地址，本练习使用的 URL 为 http://webservice.webxml.com.cn/WebServices/TranslatorWebService.asmx 的 Web 服务地址，直接将该地址填入文本框。

（3）在接收了 Web 服务地址后，单击文本框后的箭头，开发工具将搜索该地址，如图 10-3 所示。左下角即为该地址的引用，在右侧填入自命名的 Web 服务引用名。本练习使用 "FanYiWebservice" 作为引用名，单击【添加引用】按钮完成引用。

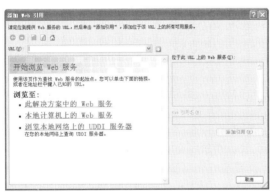

图 10-2　添加 Web 引用　　　　　　图 10-3　为 Web 服务定义引用名

（4）引用添加之后，在解决方案资源管理器的项目下，有了刚刚添加的引用，如图 10-4 所示。

（5）在项目中添加页面，实现中英文翻译。在页面的合适位置添加 TextBox 控件、Button 控件名称为【翻译】和 Label 控件显示翻译内容，步骤省略。

图 10-4　Web 引用

（6）编辑按钮的 Click 事件，实现互译功能。该功能需要使用 Web 服务中的 getEnCnTwoWayTranslator()方法实现，其具体代码如下。

```
protected void Button_Click(object sender, EventArgs e)
{
```

```
Label1.Text = "";
FanYiWebservice.TranslatorWebService yi = new FanYiWebservice. Translator
WebService();
string[] newtext = yi.getEnCnTwoWayTranslator(Ctext.Text);
for (int i = 0; i < newtext.Length; i++)
{
    Label1.Text += newtext[i] + "<br/>";
}
}
```

由于 getEnCnTwoWayTranslator()方法返回的是一个字符串型的数组，因此需要使用字符串数组获取数据，并遍历数组成员。

（7）运行页面，在文本框中输入天气，单击【翻译】按钮，效果如图 10-5 所示。

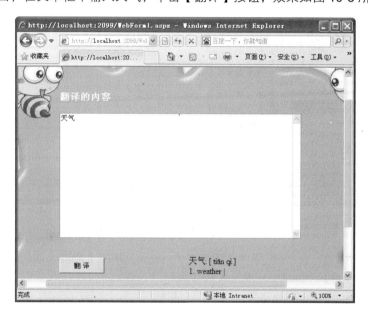

图 10-5　页面效果

2．在 Javascript 中调用

在 Javascript 中调用 Web 服务，首先需要添加 Web 服务，如添加一个 Web 服务，名称为 WebService.asmx，则使用如下语句。

```
<asp:ScriptManager runat="server">
<Services>
<asp:ServiceReference Path="WebService1.asmx" InlineScript="True" />
</Services>
</asp:ScriptManager>
```

接着是对 Web 服务的调用，调用时需要根据 Web 服务的命名空间和类名进行调用，如对 WebApplication1 命名空间下的 WebService1 类的 HelloWorld()方法进行调用，代码如下。

```
<script type="text/jscript">
    function a() {
        var hell = WebApplication1.WebService1.HelloWorld();
        alert(hell);
    }
```

```
        a();
    </script>
```

> **警告**
>
> 在 Javascript 脚本中对 Web 服务进行调用，必须保证 ScriptService 属性的设置。

10.2.2 自定义 Web 服务

Web 服务的创建需要在项目名称上右击，选择【添加】|【新建项】选项打开如图 10-6 所示的窗口，选择【Web 服务】为 Web 服务命名。

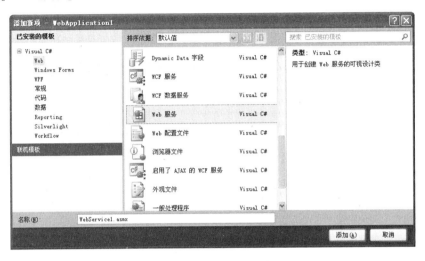

图 10-6 添加 Web 服务

如图 10-6 中可以看出，Web 服务的后缀名为.asmx，单击【添加】按钮完成创建，并打开刚刚创建的 Web 服务。此时，在 Web 服务中的代码如下。

```csharp
namespace WebApplication1
{
    /// <summary>
    /// WebService1 的摘要说明
    /// </summary>
    [WebService(Namespace = "http://tempuri.org/")]
    [WebServiceBinding(ConformsTo = WsiProfiles.BasicProfile1_1)]
    [System.ComponentModel.ToolboxItem(false)]
    // 若要允许使用 ASP.NET AJAX 从脚本中调用此 Web 服务，请取消对下行的注释。
    // [System.Web.Script.Services.ScriptService]
    public class WebService1 : System.Web.Services.WebService
    {
        [WebMethod]
        public string HelloWorld()
        {
            return "Hello World";
        }
    }
}
```

由上述代码可知，Web 服务默认的命名空间为 WebApplication1，有类 WebService1 和一个方法 HelloWorld()。方法中的代码与 C#中的方法定义格式一样，但在 Web 服务中，每一个方法前都要有[WebMethod]语句。上述代码已经是一个完整的 Web 服务，开发人员可以根据需要，在文件中定义所需的方法。

10.2.3　添加 Web 引用和服务引用的区别

Web 引用和服务引用都是用来添加 Web 服务的，.NET Framework 4 默认不再推荐 Web 服务，而是通过 WCF 来实现 Web 服务的功能，而.NET Framework 3.5 两者都支持，因此它们还存在一些区别，具体说明如下。

（1）添加 Web 引用使用的是 Web 服务，而添加服务引用使用的是 WCF 服务。

（2）Web 服务从.NET Framework 1.0 已经开始支持，而 Visual Studio 2010 升级后为了支持.NET Framework 3.0 版本上的 WCF Service Library，增加了添加服务引用功能。

（3）添加 Web 引用后由 wsdl.exe 生成客户端代码，添加服务引用后生成客户端代码命令svcutil.exe。

（4）普通的控制台和窗体等类型是没有添加 Web 引用的，同时存在添加服务引用与添加 Web 引用项目类型的 Web 服务程序，包括 Web Service 项目。

（5）添加 Web 引用生成的代码可以被.NET Framework 1.0 或者.NET Framework 2.0 的客户端调用。而添加服务引用生成的代理只能被.NET Framework 3.0 以上的客户端调用，且添加服务引用后不仅生成代理类，在 web.config 中还会生成相应的标记。

10.3　设置 Web 属性

了解 Web 属性后，才能完善对 Web 服务的认识，才能更好地使用 Web 服务。Web 服务的属性不多，但需要深入了解，其属性分为两种，一种是 WebService 的属性；另一种是 WebMethod 的属性。

10.3.1　WebService 的属性设置

如果要向 Web 服务类添加有关的附加信息，则需要使用 WebService 属性来实现。该属性由 System.Web.Service.WebServiceAttribute 类实现，包含的内容有 NameSpace、Name 和 Description 等。

1. NameSpace 属性

NameSpace 属性用于定义命名空间。此属性的值包含 XMLWebService 的默认命名空间。XML 命名空间提供了一种在 XML 文档中创建名称的方法，该名称可以由统一资源标识符（URI）标识。如果不指定命名空间，则使用默认命名空间 http://tempuri.org/。

在 Web 服务的类中将默认的命名空间修改为"http://www.iWebServices.com"，使用代码如下。

```
[WebService(Namespace = "http://www.iWebServices.com")]
public class WebService1 : System.Web.Services.WebService
{
    /* 省略该类的其他代码 */
}
```

每个 XML Web services 都需要一个惟一的命名空间，以便客户端应用程序能够将它与 Web 上的其他服务区分。http://tempuri.org/可用于处于开发阶段的 XML Web services，而已经发布的 XML Web services 应使用更为永久的命名空间。

2. Name 属性

Name 用于为 Web 服务设置一个与类不相同的名称。默认情况下，Web 服务的名称与类名相同。如将 Name 修改为 "WebSer"，使用代码如下。

```
[WebService(Namespace = " http://www.iWebServices.com ", Name = " WebSer ")
public class WebService1 : System.Web.Services.WebService
{
    /* 省略该类的其他代码 */
}
```

运行 Web 服务，效果如图 10-7 所示。该 Web 服务的名称已经被修改，其内容只有一个 HelloWorld()方法。

3. Description

Description 是 WSDL 文档的一部分，它用于向 Web 服务添加描述信息。描述性消息将在 XMLWebService 的说明文件生成后显示给 XMLWebService 的潜在用户。

如向 Web 服务添加描述 "返回 Hello World"，使用代码如下。

```
[WebService(Namespace = "http://www.iWebServices.com", Name = "WebSer",
Description = "返回 Hello World")]
public class WebService1 : System.Web.Services.WebService
```

运行 Web 服务，效果如图 10-8 所示。该 Web 服务的描述已经被添加，与图 10-7 相比，描述更为清楚。

图 10-7　WebSer　　　　　　　　　　　图 10-8　添加描述

10.3.2　WebMethod 的属性设置

介绍 Web 服务创建时，介绍了 Web 服务方法前需要使用[WebMethod]语句。WebMethod 是 Web 服务方法中的相关属性，当方法没有使用[WebMethod]语句，则该方法不能通过 Web 服务进行调用。只有使用 WebMethod 属性修饰的方法才可以被调用。另外除了定义 WebMethod 属性外，还必须声明 public 方法。

WebMethod 属性提供了很多选项来控制 Web 服务的方法属性。如 BufferResponse 选项定义方法的响应缓冲、CacheDurationn 选项定义缓存、MessageName 选项控制重载等。

1. BufferResponse

BufferResponse 选项用于启用 Web Service 方法响应的缓冲，默认值为 true。当设置为 true 时，表示响应从服务器向客户端发送之前，对整个响应进行缓冲；当设置为 false 时表示以 16KB

为块区缓冲响应。该选项使用代码如下。

```
[WebMethod(BufferResponse = false)]
public DataTable GetInfoList()
{
    //省略具体代码实现
}
```

2. CacheDuration

CacheDurationn 选项启用对 Web Service 结果的缓存,默认为 0。该属性的值指定 ASP.NET
应该对结果进行多少秒的缓存处理,如果为 0 则禁用对结果进行缓存。

为 Web 方法添加 CacheDurationn 选项,代码如下。

```
[WebMethod(CacheDuration=120)]
public DataTable GetInfoByID(int id)
{
    //省略具体代码实现
}
```

3. MessageName

Web 服务中禁止使用方法重载,但是可以通过使用 MessageName 选项消除由多个相同名称
的方法造成的无法识别问题。

MessageName 选项使用 Web 服务能够惟一确定使用别名的重载方法,其默认值是方法名称。
当指定 MessageName 选项时结果 SOAP 消息将反映该名称,而不是实际的方法名称。

例如如下代码在 Web 服务中声明了两个名称为 QueryNum 的方法,一个返回 Int 类型,一个
返回 Float 类型,具体内容如下。

```
[WebMethod]
public int QueryNum(int num1, int num2)
{
    return num1 + num2;
}
[WebMethod]
public float QueryNum(float num1, float num2)
{
    return num1 + num2;
}
```

运行上段代码其效果如图 10-9 所示。修改上述代码,在每个方法的 WebMethod 属性中添加
MessageName 选项,代码如下。

```
[WebMethod(MessageName="Queryint")]
public int QueryNum(int num1, int num2)
{
    return num1 + num2;
}
[WebMethod(MessageName = "Queryfloat")]
public float QueryNum(float num1, float num2)
{
    return num1 + num2;
```

```
}
```

执行结果如图 10-10 所示。可见单纯修改 WebMethod 属性中添加 MessageName 选项并不能实现重载，因为 WebServiceBinding 属性的 ConformsTo 选项禁止了这个应用。修改 ConformsTo 选项如下所示。

```
[WebServiceBinding(ConformsTo = WsiProfiles.None)]
```

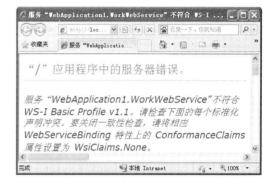

图 10-9　方法重载异常　　　　　　　　　　图 10-10　方法声明冲突

再次执行 Web 服务，效果如图 10-11 所示。

图 10-11　方法重载

4．Description

Description 选项提供 Web Service 方法的说明字符串，默认值为空字符串。当在浏览器测试 Web 服务时该说明显示在 Web 服务帮助页上。

重新修改上述代码，将 Description 选项添加到页面中，具体内容如下。

```
[WebMethod(MessageName = "Queryint", Description = "两个数字的和（Int 类型）")]
public int QueryNum(int num1, int num2)
{
    return num1 + num2;
}
[WebMethod(MessageName = "Queryfloat", Description = "两个数字的和（Float 类型）")]
public float QueryNum(float num1, float num2)
{
```

```
        return num1 + num2;
}
```

重新运行后缀名为.asmx 的 Web 服务页面，运行效果如图 10-12 所示。

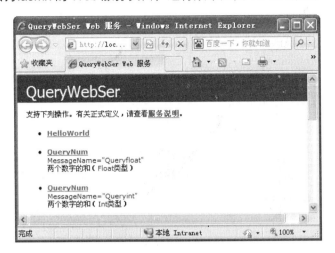

图 10-12　Description 选项的运行效果

5．EnableSession

EnableSession 选项表示是否启用 Web 服务方法的会话状态，默认值为 false。如果将它的值设置为 true，表示启用会话状态。

一旦启用会话，即可从 HttpContext.Current.Session 中直接访问会话状态集合。若它是从 Web Service 基类继承的，则可以使用 Web Service.Sessiion 属性来访问会话状态集合。

例如在 Web 服务中使用 EnableSession 选项启用会话状态，主要代码如下。

```
[WebMethod(EnableSession = true)]
public string GetUserCount()
{
    int count = 0;
    if (Session["count"] == null)
        count = 0;
    else
        count = Convert.ToInt32(Session["count"]) + 1;
    Session["count"] = count;
    return "现在访问数量是: " + count;
}
```

调用 GetUserCount()方法为访问量赋值，则首次执行，访问量为 0，之后每次刷新，访问量加 1。会话相关的对象即可在 Web 服务中使用。

6．TransactionOption

ASP.NET 的页面支持事务处理功能，使用 TransactionOption 选项标识 ASP.NET 页面，该页面的所有代码将处于一个事务处理中。

TransactionOption 选项的值是枚举类型 TransactionOption 的一个值，它位于 System.EnterpriseServices.TransactionOption 空间下。其可选值有 5 个，其具体说明如下。

❑ **Disabled**　忽略当前上下文中的任何事务。

❑ **NotSupported**　使用非受控事务在上下文中创建组件。

❑ **Required**　如果事务存在则共享该事务；如有必要则创建新事务。

❑ **RequiresNew**　使用新事务创建组件，而与当前上下文的状态无关。

❑ **Supported**　如果事务存在则共享该事务。

如下代码声明了 TransactionOption 选项的简单使用。

```
[WebMethod(TransactionOption=TransactionOption.Required)]
public int InsertUser()
{
    //省略其他代码

}
```

10.4　第三方 Web 服务

在当今的网络技术中有多种可以直接使用的 Web 服务，如 http://www.webxml.com.cn/zh_cn/web_services.aspx 提供了如图 10-13 所示的 Web 服务，如手机归属地查询、2500 多个城市天气预报、股票行情数据等。

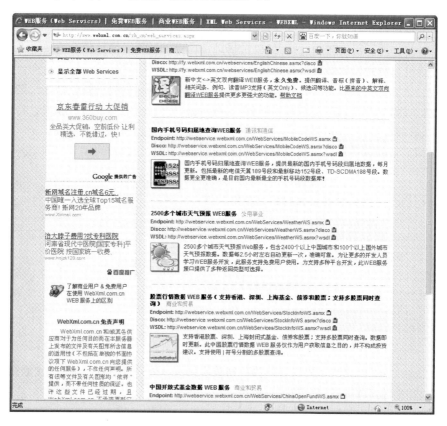

图 10-13　提供 Web 服务的网站

以在该网站上提供的手机号码归属地查询 Web 服务为例，介绍如何使用第三方 Web 服务，如练习 2 所示。

【练习 2】

如图 10-13 所示，在【国内手机号码归属地查询 WEB 服务】标题的下方，有该 Web 服务的文件地址和描述，通过该 Web 服务实现手机归属地的查询，步骤如下。

（1）首先将该 Web 服务在项目中添加，在项目名称处右击，选择【添加 Web 引用】选项，并在弹出对话框中输入地址 http://webservice.webxml.com.cn/WebServices/MobileCodeWS.asmx，如图 10-14 所示。

图 10-14　MobileCodeWs

（2）图 10-14 中显示了 MobileCodeWs 类名、类下面的两个方法以及对方法的描述。其中，getDatabaseInfo()方法没有参数，返回各省份城市的记录数量，这是我们不需要的。而getMobileCodeInfo()方法需要两个参数，手机号码和商业用户的 ID。商业用户 ID 为空字符串，而手机号码需要获取用户的输入信息。

（3）创建页面，添加文本框、按钮和 Label 控件，分别用来获取用户输入的信息，执行查询和现实查询结果，步骤省略。

（4）编辑【查询】按钮的代码，需要判断文本框是否为空，获取用户查询号码，并执行 Web服务的调用和查询信息的显示，代码如下。

```
protected void Button1_Click(object sender, EventArgs e)
{
    if (TextBox1.Text == "")
    {
        Label.Text = "号码不能为空";
    }
    else
    {
        MobileWeb.MobileCodeWS mobile = new MobileWeb.MobileCodeWS();
        Label.Text = mobile.getMobileCodeInfo(TextBox1.Text, "");
    }
}
```

（5）执行页面程序，在文本框中输入号码"15662446316"，查询结果如图 10-15 所示。查询结果为含有号码、归属地和手机卡类型的字符串。

图 10-15　手机归属地查询

练习 2 中的例子只需要一个参数和一个返回值，接下来以城市天气预报为例，了解 Web 服务的使用，如练习 3 所示。

【练习3】

互联网上有中国气象局 http://www.cma.gov.cn/ 发布的天气，数据每 2.5 小时更新一次，准确可靠。而 http://www.webxml.com.cn/WebServices/WeatherWebService.asmx 即为相关的 Web 服务，如图 10-16 所示。

图 10-16　天气预报 Web 服务

根据如图 10-16 所示的文件地址和描述，通过该 Web 服务实现城市天气预报查询，步骤如下。

（1）首先将该 Web 服务在项目中添加，在项目名称处右击，选择【添加 Web 引用】选项，并在弹出的对话框中输入地址 http://www.webxml.com.cn/WebServices/WeatherWebService.asmx。

（2）根据图 10-16 所示的信息，该 Web 服务含有 5 个方法，其中 getWeatherbyCityName() 方法根据城市或地区名称查询获得未来三天内天气的情况、现在的天气实况、天气和生活指数，这个方法是最需要的。

图 10-16 中所示的调用方法，只有一个参数 theCityName = 城市中文名称（国外城市可用英文）或城市代码（不输入默认为上海市），如：上海 或 58367，如有城市名称重复请使用城市代码

查询（可通过 getSupportCity 或 getSupportDataSet 获得）。

返回数据是一个一维数组 String(22)，共有 23 个元素，数组中各个元素所代表的信息如下所示。

- ❑ String(0) 到 String(4)：省份，城市，城市代码，城市图片名称，最后更新时间。
- ❑ String(5) 到 String(11)：当天的气温，概况，风向和风力，天气趋势开始图片名称(以下称: 图标一)，天气趋势结束图片名称(以下称: 图标二)，现在的天气实况，天气和生活指数。
- ❑ String(12) 到 String(16)：第二天的气温，概况，风向和风力，图标一，图标二。
- ❑ String(17) 到 String(21)：第三天的气温，概况，风向和风力，图标一，图标二。
- ❑ String(22) 被查询的城市或地区的介绍。

（3）用户输入的查询信息并不一定符合参数的需求，因此需要有一个提示按钮，用来显示城市信息和城市的代码。可以使用 getSupportDataSet()方法获取，在另一个页面使用 GridView 进行显示。

（4）添加 Web 引用，步骤省略。之后添加 WeatherCity.aspx 页面用于显示城市和城市代码。页面中添加 GridView 控件，步骤省略。在页面的.cs 文件中使用代码如下。

```
protected void Page_Load(object sender, EventArgs e)
{
    Weather.WeatherWebService weath = new Weather.WeatherWebService();
    DataSet ds = new DataSet();
    ds = weath.getSupportDataSet();
    DataTable dt = ds.Tables[1];
    GridView1.DataSource = dt;
    GridView1.DataBind();
}
```

（5）执行 WeatherCity.aspx 页面，效果如图 10-17 所示。表格的第三列是城市名称，第四列是城市代码都是可以使用的参数。

（6）根据步骤（2）中的信息，将天气信息的查询结果按照一定格式输出。页面中需要有文本框，接收城市名称或城市代码。需要有按钮打开 WeatherCity.aspx 页面以查询城市名称或城市代码。页面的步骤省略，效果如图 10-18 所示。

图 10-17　城市及代码列表　　　　　　　　　图 10-18　页面效果

（7）为【查询】按钮添加代码，检测文本框是否为空，并根据文本框内容，将查询结果显示出来，按钮代码如下。

```
protected void Button1_Click(object sender, EventArgs e)
```

```
{
    if (CityText.Text == "")
    {
        CityText.Text = "请输入城市名称或代码";
    }
    else
    {
        Weather.WeatherWebService weath = new Weather.WeatherWebService();
        string[] strWerth = weath.getWeatherbyCityName(CityText.Text);
        cityLabel.Text = strWerth[0];
        numLabel.Text = strWerth[1];
        tLabel.Text = strWerth[5];
        windLabel.Text = strWerth[7];
        moreLabel.Text = strWerth[6];
        tomorrowLabel.Text = String.Concat(strWerth[12], strWerth[13]);
    }
}
```

（8）执行天气查询页面，在文本框中输入"上海"，效果如图 10-19 所示。天气预报的 Web 服务引用完成。

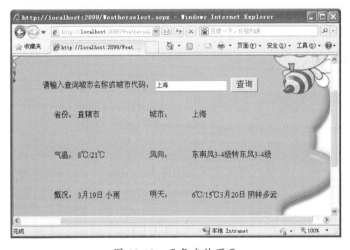

图 10-19　天气查询页面

有了提供第三方 Web 服务的网站，可以直接远程调用 Web 服务。在了解了 Web 服务的创建和属性设置之后，对远程的 Web 服务调用中，能够对需要使用的引用名、类名和方法很快找到并使用，即可实现对第三方 Web 服务的使用。

10.5　实例应用：数据处理

10.5.1　实例目标

创建并使用一个用于数据处理的 Web 服务，并在页面中调用。要求包含数值的相加（两个整型数值相加或两个字符串数值的合并）和整型数值的乘方等。

10.5.2　技术分析

创建并调用 Web 服务，首先需要对 Web 服务进行创建。其定义的过程主要是方法的定义，在接收了需要的参数后进行计算，并返回计算结果。本实例通过页面.cs 文件对 Web 服务进行调用。

由于需要有重载方法，因此需要在重载方法前添加 WebMethod 属性添加 MessageName 选项值。

10.5.3　实现步骤

本实例的实现首先是 Web 服务的创建。新建项目，并在项目名称处右击，选择【添加】|【新建项】选项，打开【添加新项】窗口，选择【Web 服务】，为 Web 服务命名 Maths。单击【添加】按钮完成创建，接着是对 Web 服务的编辑。

（1）在 Web 服务中，需要有实现相加的方法 numadd()，需要两个参数，需要有方法的重载，因此需要将 WebServiceBinding 属性的 ConformsTo 选项修改为 WsiProfiles.None，并为两个方法定义 MessageName 选项的值，使用代码如下。

```
namespace WebApplication1
{
    [WebService(Namespace = "http://tempuri.org/")]
    [WebServiceBinding(ConformsTo = WsiProfiles.None)]
    [System.ComponentModel.ToolboxItem(false)]
    // [System.Web.Script.Services.ScriptService]
    public class Maths : System.Web.Services.WebService
    {
        [WebMethod(MessageName = "addint")]
        public int numadd(int a,int b)
        {
            return (a + b);
        }
        [WebMethod(MessageName = "addstring")]
        public string numadd(string a, string b)
        {
            return (String.Concat(a,b));
        }
    }
}
```

（2）添加方法 numpow()接收两个数据，执行数值的乘方运算，第一个参数是乘方的底数，第二个参数是乘多少次，numpow()方法使用的代码如下。

```
[WebMethod(MessageName = "power")]
public int numpow(int num, int pow)
{
    int rnum = 1;
    for (int i = 0; i < pow; i++)
    {
        rnum = rnum * num;
    }
```

```
    return rnum;
}
```

（3）为上述 3 个方法添加描述，修改其 WebMethod 属性，添加 Description 选项的代码如下。

```
[WebMethod(MessageName = "addint",Description = "两个整型数的和")]
[WebMethod(MessageName = "addstring", Description = "两个字符串合并")]
[WebMethod(MessageName = "power", Description = "整型数字乘方，参数 int num, int
pow，返回 num 的 pow 次方")]
```

此时对 Web 服务的创建定义完成，执行 Web 服务，效果如图 10-20 所示。

（4）接下来是页面的创建和定义。新建页面，添加两个文本框（firstText 和 secondText）和 3 个按钮。按钮分别实现数值的相加、字符的合并和数值的乘方，效果如图 10-21 所示。

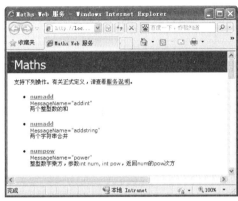

图 10-20　Maths 执行效果

图 10-21　数值添加效果图

（5）最后添加 Web 引用，并调用 Maths 中的方法。添加引用步骤省略，【数值相加】按钮使用代码如下。

```
protected void Button1_Click(object sender, EventArgs e)
{
    int num1 = Convert.ToInt32(firstText.Text);
    int num2 = Convert.ToInt32(secondText.Text);
    MathsWeb.Maths mathweb = new MathsWeb.Maths();
    numLabel.Text = mathweb.numadd(num1,num2).ToString();
}
```

执行页面，效果如图 10-21 所示。在页面执行中看不出按钮的执行是否是调用的 Web 服务。

（6）为【字符合并】按钮添加代码，效果如图 10-22 所示。将第二个字符串放在了第一个的后面，使用代码如下。

```
protected void Button2_Click(object sender, EventArgs e)
{
    string num1 = firstText.Text;
    string num2 = secondText.Text;
    MathsWeb.Maths mathweb = new MathsWeb.Maths();
    numLabel.Text = mathweb.numadd(num1, num2).ToString();
}
```

图 10-22　字符合并效果

（7）最后是【计算乘方】按钮，其实现效果如图 10-23 所示。【计算乘方】按钮使用代码如下。

```
protected void Button3_Click(object sender, EventArgs e)
{
    int num1 = Convert.ToInt32(firstText.Text);
    int num2 = Convert.ToInt32(secondText.Text);
    MathsWeb.Maths mathweb = new MathsWeb.Maths();
    numLabel.Text = mathweb.numpow(num1, num2).ToString();
}
```

图 10-23　乘方运算效果

10.6 拓展训练

实现整型数组处理

创建一个用于整型数组处理的 Web 服务，要求实现对数组的从小到大的排序和从大到小的排序。

创建一个项目，调用这个 Web 服务，接收用户输入的数组，实现对数组的排序和显示。

10.7 课后练习

一、填空题

1. Web 服务文件的后缀名为_____。

2. Web 服务中的方法能够被调用，需要在方法前添加_____属性。

3. WebMethod 属性中用来描述方法说明的选项是_____选项。

4. 当 Web 服务中出现方法重载的错误时，需要设置 WebMethod 属性的_____选项。

5. 以下代码块中，空白处的内容应该为_____。

```
[WebMethod(_____)]
public string getCurrentUserInfo()
{
    if (Session["User"] == null)
        return "";
    else
        return Session["User"].ToString();
}
```

6. Web 服务包含发布、_____、绑定三个动作。

7. Web 服务包含三个角色，Web 服务提供者、_____、Web 服务中介者。

二、选择题

1. WebService 属性和 WebMethod 属性都有的选项是_____。

   A. MessageName

   B. Name

   C. EnableSession

   D. Description

2. Web 服务功能的描述文档是_____。

   A. SOAP

   B. WSDL

   C. UDDI

   D. RPC

3. UDDI 是_____。

   A. Web 服务的访问

   B. Web 服务功能的描述文档

   C. Web 服务的资源共享

   D. Web 服务的远程调用

4. Web 服务的数据传输标准是_____，可以实现跨平台、跨语言的相互通信和数据共享。

   A. XML

   B. SOAP

   C. JAVA

   D. HTTP

5. Web 服务中的重载方法，需要设置不同的_____选项。

   A. Name

   B. CacheDurationn

   C. MessageName

   D. MessageName

6. 下面关于 Web Service 说法的选项中，_____项描述是错误的。

   A. Web Service 描述语言 WSDL 是 XML 格式的文件

B. 我们不可能调用其他网站，如新浪上发布的 Web Service

C. 用户测试 Web 服务时的返回结果是 XML 格式的文件

D. 使用 Web Service 可以进行穿越防火墙的通信

三、简答题

1. 简要概述 Web 服务的特点。

2. 简要概述 Web 服务的优点。

3. 简单说明 Web 服务的使用范围。

4. 简单概括 Web 服务相关技术。

5. 简单说明 Web 服务的框架构成。

第11课
ASP.NET 网站的配置和发布

俗话说：麻雀虽小，五脏俱全。虽然前几课已经详细介绍了 ASP.NET 中相关的主要知识，但是细心的读者可能发现前面没有介绍网站的部署发布信息，大多数时候需要对用户的权限进行授权，还有 Web.config 配置文件，它究竟包含了哪些东西呢？ASP.NET 中提供了与这些内容相关的机制来介绍它们的实现，本课将详细介绍这些知识。

通过对本课的学习，读者可以了解配置文件的基本知识，也可以了解 Web.config 文件的优点、基础结构以及常用配置节，还可以了解与身份验证和授权有关的内容，还可以熟练掌握网站部署的三种方式。除此之外，读者还可以了解与配置管理有关的信息，如两个主要的配置管理工具：MMC ASP.NET 插件和 Web 站点管理工具。

本课学习目标：

- ❑ 了解 ASP.NET Web 应用程序的配置文件
- ❑ 熟悉 Web.config 配置文件的优点和基本结构
- ❑ 掌握 Web.config 配置文件的基本配置节和常用设置
- ❑ 掌握 ASP.NET 的身份验证和授权
- ❑ 熟悉常用的应用程序的配置设置的方式
- ❑ 掌握如何通过发布预编译站点的方式部署网站
- ❑ 掌握如何通过复制站点的方式部署网站
- ❑ 熟悉如何通过 XCopy 的方式部署网站

11.1 配置文件

.NET Framework 提供的配置管理包括范围广泛的设置，允许管理员管理 Web 应用程序及其环境。这些设置存储在 XML 配置文件中，其中一些控制计算机范围的设置，而另一些控制应用程序特定的配置。

相关人员可以使用任何文本编辑器编辑 XML 配置文件，如记事本或 XML 编辑器。XML 标记区分大小写，使用时必须确保使用正确的大小写形式。如图 11-1 所示了管理员可以使用的用于配置 ASP.NET Web 应用程序的配置文件。

在图 11-1 所示的内容中，Machine.config 和 Web.config 文件共享许多相同的配置部分和 XML 元素。Machine.config 文件用于将计算机范围的策略应用到本地计算机上运行的所有 .NET Framework 应用程序。Machines.config 文件包含了整个服务器的配置信息，该文件的具体位置在 %system32%Microsoft.NET Framework[版本号]Config 目录，它包含了运行一个 ASP.NET 服务器需要的所有配置信息。

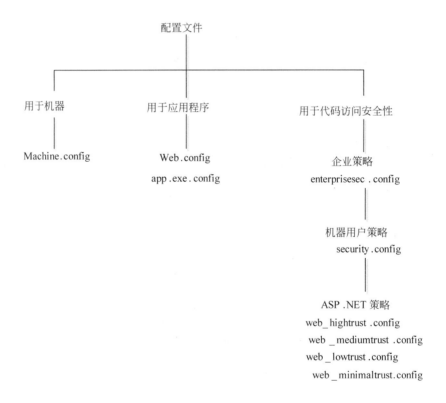

图 11-1　配置 ASP.NET Web 应用程序的配置文件

> **注意**
>
> Windows 可执行文件（如 WinForm 应用程序）是使用配置文件进行配置的。这些文件的名称源自应用程序可执行文件的名称，例如文件 App.exe.config，其中 app 是指应用程序名。

程序员对配置文件所做的更改将被动态应用，通常无须重启服务器或任何服务，除非更改了 Machine.config 中的 \<processModel\> 节点元素。另外，图 11-1 中所示的文件分配在不同的位置，如表 11-1 示出了配置文件的位置。

表 11-1 配置文件的位置

配 置 文 件	说　　明	说　　明
Machine.config	每 台 计 算 机 每个 .NET Framework 安装版一个	%system32%Microsoft.NET Framework[version]Config
Web.config	每个应用程序有零个、一个或多个	\inetpub\wwroot\web.config \inetpub\wwroot\Your Application\web.config \inetpub\wwroot\Your Application\SubDir\web.config
Enterprisesec.config	企业级 CAS 配置	%system32%\Microsoft.NET\Framework\{version}\CONFIG
Security.config	计算机级 CAS 配置	%system32%\Microsoft.NET\Framework\{version}\CONFIG
Security.config	用户级 CAS 配置	\Documents and Settings\{user}\Application Data\Microsoft\CLR Security Config\{version}
Web_hightrust.config Web_mediumtrust.config Web_lowtrust.config Web_minimaltrust.config	ASP.NET Web 应用程序 CAS 配置	%system32%\Microsoft.NET\Framework\{version}\CONFIG

11.2 Web.config 文件

细心的用户可以发现，当程序开发人员直接创建网站或在解决方案中新建网站时，VS .NET Framework 会自动创建一个 Web.config 文件，包括默认的配置设置，所有的子目录都继承它的配置设置。Web.config 文件包含了各种专门针对一个具体应用的一些特殊的配置，比如 Session 的管理、错误捕捉以及连接字符串配置。本节将详细介绍与 Web.config 文件有关的知识。

11.2.1 Web.config 的优点

ASP.NET 应用程序的配置信息都存放于 Web.config 配置文件中，它不允许外部用户直接通过 URL 请求访问 Web.config 文件，以提高应用程序的安全性。

一个 Web.Config 文件可以从 Machine.Config 继承和重写部分配置信息。因此，对于 ASP.NET 而言，针对一个具体的 ASP.NET 应用或者一个具体的网站目录，是有两部分设置可以配置的，一是针对整个服务器的 Machine.Config 配置，另外一个是针对该网站或者该目录的 Web.Config 配置，一般地，Web.Config 存在于独立网站的根目录，它对该目录和目录下的子目录起作用。

提示

Web.config 文件仅仅影响单个 Web 应用程序，如果要影响特定 Web 服务器上的所有 Web 应用，可以在 Machine.config 中设置。即使 Machine.config 文件里面包含的参数比标准 Web.config 文件中包含的参数多，但实际上它们并不相互排斥。

Web.config 配置可以嵌套其他的 Web.config 配置文件，这样主应用程序的 Web.config 文件位于应用程序的根目录下，而其他 Web.config 文件位于应用程序的子目录下。子目录中的 Web.config 文件会重写根目录下的 Web.config 文件。所以子目录下的 Web.config 文件中的设置会改变应用程序的主 Web.config 文件中的设置。

Web.config 配置文件使 ASP.NET 应用程序的配置变得灵活、高效和容易实现，同时 Web.config 配置文件还为 ASP.NET 应用程序提供了可扩展的配置，使应用程序能够自定义配置，不仅如此，Web.config 配置文件还包括其他多个优点，如下所示。

（1）配置设置易读性

由于 Web.config 配置文件是基于 XML 文件类型，所有的配置信息都存放在 XML 文本文件中，可以使用文本编辑器或者 XML 编辑器直接修改和设置相应配置节，相比之下，也可以使用记事本进行快速配置而无须担心文件类型。

（2）更新的即时性

在 Web.config 配置文件中某些配置节被更改后，无须重启 Web 应用程序就可以自动更新 ASP.NET 应用程序配置。但是在更改有些特定的配置节时，Web 应用程序会自动保存设置并重启。

（3）本地服务器访问

在更改了 Web.config 配置文件后，ASP.NET 应用程序可以自动探测到 Web.config 配置文件中的变化，然后创建一个新的应用程序实例。当用户访问 ASP.NET 应用程序时会被重新定向到新的应用程序。

（4）安全性

由于 Web.config 配置文件通常存储的是 ASP.NET 应用程序的配置，所以 Web.config 配置文件具有较高的安全性，一般的外部用户无法访问和下载 Web.config 配置文件。当外部用户尝试访问 Web.config 配置文件时，会导致访问错误。

（5）可扩展性

Web.config 配置文件具有很强的扩展性，通过 Web.config 配置文件，开发人员能够自定义配置节，在应用程序中自行使用。

（6）保密性

开发人员可以对 Web.config 配置文件进行加密操作而不会影响配置文件中的配置信息。虽然 Web.config 配置文件具有安全性，但是通过下载工具依旧可以进行文件下载，对 Web.config 配置文件进行加密，可以提高应用程序配置的安全性。

11.2.2　Web.config 的基本结构

使用 Web.config 配置文件进行应用程序配置，极大地加强了应用程序的扩展性和灵活性，对于配置文件的更改也能够立即应用于 ASP.NET 应用程序中。读者可以打开网站中的 Web.config 配置文件，通过观察可以发现 Web.config 文件是基于 XML 格式的类型文件，由于 XML 文件的可伸缩性，使 ASP.NET 开发的 Web 应用程序的配置变得灵活、高效、并且更加容易实现。

Web.config 配置文件分为以下格式。

（1）配置节处理程序声明，其特点在于节处理程序位于配置文件的顶部，包含在 <configSections> 标记中。

（2）特定应用程序配置位于 <appSetting> 中，可以定义应用程序的全局常量设置等信息。

（3）配置节设置，位于 <system.Web> 节点中，其控制 ASP.NET 运行时的行为。

（4）配置节组，使用 <sectionGroup> 标记可以自定义分组，可以放到 <configSections> 内部或其他地方。

Web.config 配置文件的 <configuration> 标记中存放了所有的配置信息，在该配置节中，包括配置节处理应用程序声明，以及配置节设置两个部分，其中对处理应用程序的声明存储在 <configSections> 配置节内。如下演示了 Web.config 文件的简单示例。

```
<?xml version="1.0"?>
<configuration>
    <configSections>
        <sectionGroup type="System.Web.Configuration.SystemWebExtensions Section
```

```
    Group, System.Web.Extensions, Version=3.5.0.0, Culture=neutral, PublicKey
    Token =31BF3856AD364E35" name="system.web.extensions">
        <sectionGroup type="System.Web.Configuration.ScriptingSectionGroup,
        System.Web.Extensions, Version=3.5.0.0, Culture=neutral, Public
        KeyToken=31BF3856AD364E35" name="scripting">
            <section type="System.Web.Configuration.ScriptingScriptResource
            HandlerSection, System.Web.Extensions, Version=3.5.0.0, Culture
            =neutral, PublicKeyToken=31BF3856AD364E35" requirePermission =
            "false" allowDefinition="MachineToApplication" name="script
            ResourceHandler"/>
            <sectionGroup  type="System.Web.Configuration.ScriptingWeb Services
            SectionGroup, System.Web.Extensions, Version=3.5.0.0, Culture
            =neutral, PublicKeyToken=31BF3856AD364E35" name="web Services"
            ></sectionGroup>
        </sectionGroup>
    </sectionGroup>
  </configSections>
</configuration>
```

配置节设置区域中的每个配置节都有一个应用程序声明。节处理程序是用来实现 ConfigurationSection 接口的.NET Framework 类。节处理程序声明中包括了配置设置节的名称，以及用来处理该配置节中的应用程序的类名。

配置节设置区域位于配置节处理程序声明区域之后。对配置节的设置还包括子配置节的子配置，这些子配置节同父配置节一起描述一个应用程序的配置，通常情况下这些同父配置节由同一个配置节进行管理，示例代码如下。

```
<ststem.web>
  <pages>
    <controls>
      <add namespace="System.Web.UI" tagPrefix="asp" assembly="System.
      Web.Extensions, Version=3.5.0.0, Culture=neutral, PublicKeyToken=
      31BF3856AD364E35"/>
      <add namespace="System.Web.UI.WebControls" tagPrefix="asp" assembly
      ="System.Web.Extensions, Version=3.5.0.0, Culture=neutral, Public
      KeyToken=31BF3856AD364E35"/>
    </controls>
  </pages>
</system.web>
```

虽然 Web.config 配置文件是基于 XML 文件格式的，但是在 Web.config 配置文件中并不能随意添加配置节或修改配置节的位置，例如 pages 配置节就不能存放在 configSections 配置节之中。开发人员在创建 Web 应用程序时，系统通常会自行创建一个 Web.config 配置文件在文件中，系统通常已经规定好了 Web.config 配置文件的结构。

11.2.3　Web.Config 的基本配置节

在 Web.config 配置文件中包括很多的配置节，这些配置节都用来规定 ASP.NET 应用程序的相应属性。ASP.NET 中将 Web.config 配置的配置节分为两类：基本配置节和高级配置节。高级配置节通常用于指定界面布局样式，如母版页、默认皮肤，以及伪静态等高级功能，下面主要介绍常用的基本配置节。

1. <configuration>：根配置节

所有 Web.config 的根配置节都存储在<configuration>标记中，该配置节在其内部封装了其他的配置节。基本应用示例代码如下。

```
<configuration>
    <system.web></system.web>
    <system.webServer></system.webServer>
</configuration>
```

2. <configSections>：处理声明配置节

该配置节主要用于自定义的配置节处理程序声明，该配置节由多个<section>配置节组成。开发人员可以将这些配置节处理程序声明嵌套在 sectionGroup 元素中，以帮助组织配置信息。通常 sectionGroup 元素表示要应用配置设置的命名空间。示例代码如下。

```
<configSections>
    <sectionGroup name="system.web.extensions" type="System.Web.Configuration
    SystemWebExtensionsSectionGroup,System.Web.Extensions,Version=3.5.0.0,
    Culture =neutral, PublicKeyToken=31BF3856AD364E35">
        <sectionGroup type="System.Web.Configuration.ScriptingSectionGroup,
        System.Web.Extensions, Version=3.5.0.0,Culture=neutral,PublicKeyToken
        =31BF3856AD364E35" name="scripting">
          <section name="script ResourceHandler" requirePermission="false" type
          ="System.Web.Configuration.ScriptingScriptResourceHandlerSection,
          System.Web.Extensions, Version=3.5.0.0, Culture=neutral, PublicKey
          Token=31BF3856AD364E35" allowDefinition="MachineToApplication" />
        </sectionGroup>
    </sectionGroup>
</configSections>
```

从上述代码中可以看出，<section>配置节包括 name 和 type 两种属性。其中 name 属性指定配置数据配置节的名称，而 type 属性指定与 name 属性相关的配置处理程序类。

3. <appSettings>：用户自定义配置节

<appSettings>配置节为开发人员提供 ASP.NET 应用程序的扩展配置，通过使用该配置节能够自定义配置文件。例如向<appSettings>配置节中添加了两个自定义配置节，这两个自定义配置节分别为 Name 和 E-mail，用于定义该 Web 应用程序开发者的信息，以便在其他页面中使用该配置节，配置代码如下。

```
<appSettings>
    <add key="Name" value="Guojing"/>
    <add key="E-mail" value="soundbbg@live.cn"/>
</appSettings>
```

<appSettings>配置节通过 Add 添加自定义的配置节，自定义配置节包括两个属性，它们分别是 key 和 value，其说明如下。

❑ **key 属性**　该属性指定自定义属性的关键字，以方便在应用程序中使用该配置节。

❑ **value 属性**　该属性表示自定义属性的值。

如果程序员需要在页面中使用该配置节，可以通过使用 ConfigurationSettings 对象的

appSettings()方法来获取自定义配置节中的配置值，只需要向该方法中传入 Web.config 中 appSettings 配置节中自定义的 key 的值即可，示例代码如下。

```
protected void Page_Load(object sender, EventArgs e)
{
    TextBox1.Text = ConfigurationSettings.AppSettings["name"].ToString();
    //获取自定义配置节
}
```

4．<customErrors>：用户错误配置节

<customErrors>配置节能够指定当出现错误时系统自动跳转到一个错误发生的页面，同时也能够为应用程序配置是否支持自定义错误。<customErrors>配置节包括两种属性，这两种属性分别为 mode 和 defaultRedirect。其中 mode 包括 3 种状态，这 3 种状态分别为 On、Off 和 RemoteOnly，它们的说明如下。

❑ On 表示启动自定义错误。

❑ Off 表示不启动自定义错误。

❑ RemoteOnly 表示给远程用户显示自定义错误。

另外，<customErrors>配置节下的 defaultRedirect 属性配置了当应用程序发生错误时跳转的页面。向<customErrors>配置节中添加错误配置节时需要通过子配置节<error>，它标记用于特定状态的自定义错误页面。子配置节<error>包括两个属性，分别为 statusCode 和 redirect。

❑ **statusCode 属性**　此属性用于捕捉发生错误的状态码。

❑ **redirect 属性**　此属性指定发生该错误后跳转的页面。

例如，在<customErrors>配置节下添加两个子配置节<error>，当出现 403 错误时，系统自动跳转到 NoAccess.html 页面以提示 403 错误；当出现 404 错误时，系统会自动跳转到 FileNotFound.html 页面以提示 404 错误。开发人员能够编写 NoAccess.html 和 FileNotFound.html 页面进行用户提示。

```
<customErrors mode="RemoteOnly" defaultRedirect="GenericErrorPage.htm">
    <error statusCode="403" redirect="NoAccess.html" />
    <error statusCode="404" redirect="FileNotFound.html" />
</customErrors>
```

5．<globalization>：全局编码配置节

<globalization>用于配置应用程序的编码类型，ASP.NET 应用程序将使用该编码类型分析 ASPX 等页面，常用的编码类型包括四种。

❑ **UFT-8**　Unicode UTF-8 字节编码技术，ASP.NET 应用程序默认编码。

❑ **UTF-16**　Unicode UTF-16 字节编码技术。

❑ **ASCII**　标准的 ASCII 编码规范。

❑ **GB2312**　中文字符 GB2312 编码规范。

开发人员在配置<globalization>配置节时，其编码类型可以参考上面的编码类型，如果不指定编码类型，则 ASP.NET 应用程序默认编码为 UTF-8，其使用格式如下。

```
<globalization  requestEncoding="utf-8" responseEncoding="utf-8" fileEncoding
="utf-8" />
```

上述格式中，<globalization>配置节包含三个参数：requestEncoding、responseEncoding 和

fileEncoding，它们的说明如下。

❑ **requestEncoding**　它用来检查每一个发来请求的编码。

❑ **responseEncoding**　用于检查发回的响应内容编码。

❑ **fileEncoding**　用于检查 aspx 或者 asax 等文件解析的默认编码。

6．<sessionState>：Session 状态配置节

<sessionState>配置节用于完成 ASP.NET 应用程序中会话状态的设置。其常用格式如下所示。

```
<sessionState mode="InProc" stateConnectionString="tcpip=127.0.0.1:42424" sql
ConnectionString="datasource=127.0.0.1; Trusted_Connection=yes"  cookieless=
"false"  timeout="20"  />
```

从上述语法格式中可以看出，<sessionState>配置节包括以下五种属性。

❑ **mode**　此属性指定会话状态的存储位置，其值有 Off、Inproc、StateServer 和 SqlServer。它们的说明如下。

　　➢ **Off**　设置为该值时表示禁用该设置。

　　➢ **InProc**　表示在本地保存会话状态。

　　➢ **StateServer**　表示在服务器上保存会话状态。

　　➢ **SqlServer**　表示在 SQL Server 保存会话设置。

❑ **stateConnectionString**　用来指定远程存储会话状态的服务器名和端口号。

❑ **sqlConnectionString**　用来连接 SQL Server 的连接字符串，当在 mode 属性中设置 SqlServer 时，则需要使用到该属性。

❑ **Cookieless**　指定是否使用客户端 cookie 保存会话状态。

❑ **Timeout**　指定在用户无操作时超时的时间，默认情况为 20 分钟。

7．<compilation>：调试配置节

<compilation>配置主要用来设置当前项目是否启动调试状态，其格式如下。

```
<compilation defaultLanguage="c#" debug="true" />
```

从上述格式中可以看出，<compilation>配置节有两个属性：defaultLanguage 和 debug。说明如下。

❑ **defaultLanguage**　定义后台代码语言，可以选择 C#和 VB.NET 两种语言。

❑ **debug**　如果值为 true 启动 aspx 调试；如果为 false 不启动 aspx 调试，因此可以提高应用程序运行时的性能。一般程序员在程序开发时将其值设置为 true，交付给客户时设置为 false。

11.2.4　Web.config 的常用设置

上面已经对 Web.config 配置文件以及该文件下的基本配置节进行了介绍。通常情况下，程序员可以利用上面介绍的配置节来设置常用的内容，上面介绍不同的配置节时内容已经设置，下面将详细介绍其他常用的设置。

1．配置数据库信息

在 Web.config 配置文件中配置数据库有两种方式：一种是在<appSettings>节下进行配置；另外一种是在<configuration>根配置节下的<connectionString>子配置节中进行配置。

如下示例代码演示配置信息。

```
<connectionStrings>
    <add name="ApplicationServices" connectionString="data source=.\SQLEXPRESS;
```

```
        Integrated Security=SSPI;AttachDBFilename=|DataDirectory|\aspnetdb.mdf;
        User Instance=true" providerName="System.Data.SqlClient" />
    </connectionStrings>
```

如果程序员需要在 Web 窗体页的后台获取该该配置节中的信息，可以通过 ConfigurationManager 对象的 ConnectionString 属性来获取。

```
protected void Page_Load(object sender, EventArgs e)
{
    stringconn=ConfigurationManager.ConnectionStrings["ApplicationServices"].
     Connec ti onString;
}
```

2．配置特定文件和子目录

ASP.NET 中通过使用具有适当的 path 属性的<location>配置节可以将配置设置应用于特定的资源，path 属性可以用于标识要应用惟一配置设置的特定文件或子目录。在 path 属性中只能使用一个文件路径。

多个 location 元素可以存在于同一个配置文件中，并为相同的配置节指定不同的范围。例如，在 Web.config 配置文件中添加<location>节点，并向该配置节中添加内容。示例代码如下。

```
<configuration>
    <system.web>
        <sessionState cookieless="true" timeout="10" />
    </system.web>
    <location path="sub1">    <!-- Configuration for the "Sub1" subdirectory. -->
        <system.web>
            <httpHandlers>
                <add verb="*" path="Sub1.Scott" type="Sub1.Scott" />
                <add verb="*" path="Sub1.David" type="Sub1.David" />
            </httpHandlers>
        </system.web>
    </location>
    <location path="sub2">     <!-- Configuration for the "Sub2" subdirectory.
     -->
        <system.web>
            <httpHandlers>
                <add verb="*" path="Sub2.Scott" type="Sub2.Scott" />
                <add verb="*" path="Sub2.David" type="Sub2.David" />
            </httpHandlers>
        </system.web>
    </location>
</configuration>
```

在上述代码中添加了两个<location>配置节，设置该配置节的 path 属性，然后分别向<location>下添加相关的内容，指定 HttpHandler 处理时的相关信息。

3．锁定配置设置

默认情况下，位于子目录中的配置文件重写并扩展父配置文件中定义的所有配置设置。在应用程序承载情况下，相关人员（如程序员或管理员）经常要对不可更改的站点进行锁定或进行某些设置以防止修改。例如，他们可能需要锁定被承载的应用程序的安全设置，从而降低系统受攻击的风险。

相关人员可以向<location>配置节中添加 allowOverride="false" 的属性来锁定配置设置。如果较低级别的配置文件尝试重写在这个锁定的<location>中定义的任何配置节，则刚才添加的属性将通知配置系统引发错误。

下面的示例配置文件锁定两个不同的 ASP.NET 应用程序（application1 和 application2）的信任级别。该配置文件示例可以存储在主系统级别上，也可以存储在站点级别上，还可以使用其他可能的锁定特性，如 lockItem、lockAttributes 和 lockElements 等。

```
<configuration>
    <location path="application1" allowOverride="false">
      <system.web>
        <trust level="High"/>
      </system.web>
    </location>
    <location path="application2" allowOverride="false">
      <system.web>
        <trust level="Medium"/>
      </system.web>
    </location>
</configuration>
```

如果开发人员想要尝试使用下面代码示例中的配置设置，来重写上面代码示例中的配置设置，将生成配置系统错误。

```
<configuration>
    <system.web>
        <trust level="Full"/>
    </system.web>
</configuration>
```

11.3 身份验证和授权

在大多数情况下，使用 ASP.NET 技术建立的每个页面并不是对 Internet 上的每个人都开放，有时应用程序中的页面或部分只能由一组拥有访问权限的用户访问。所以本节将介绍身份验证和授权的相关信息，它们可以保护应用程序中的数据，防止应用程序被误用。

11.3.1 身份验证

身份验证是确定用户身份的过程，它通过凭证或一些身份表单来完成。身份验证不一定是必需的，如果没有经过验证，那么该用户被称为匿名用户，没有身份验证的访问则可以称为匿名访问。

在用户通过身份验证后，开发人员就可以确定该用户是否有权继续操作。如果没有进行身份验证，就不能进行实体授权。

ASP.NET 有一个健壮的安全框架，该框架提供了基本配置文件的身份验证。它的身份验证非常灵活，支持四种模式验证，如表 11-2 所示。

表 11-2　身份验证类型

身份验证类型	说　明
Windows	使用 Windows 验证，这是默认值
Forms	为验证请求将被重新定向到一个特定的网页，该网页会从用户那里获取凭证，并且把凭证提交给应用程序用于身份验证
Passport	Microsoft 提供给网站开发人员的集中式商业验证服务，它是基于 Microsoft Passport 的身份验证
None	无验证，允许匿名访问，或手动编码控制用户访问

不同的身份验证模式是通过设置来建立的，而这些设置可以在应用程序的 web.config 文件中应用，或与应用程序服务器的 IIS 实例一起使用。除了上述所述的身份验证外，开发人员还可以开发自己的验证方法。如果没有给资源请求应用验证过程，千万不要授予对资源的访问权限。

1．Windows 身份验证

在 ASP.NET 应用程序中，Windows 身份验证将 IIS 所提供的用户标识视为已经通过身份验证的用户。IIS 提供了大量用于验证用户标识的身份验证机制，其中包括匿名身份验证、Windows 集成的（NTLM）身份验证、Windows 集成的（Kerberos）身份验证、基本（base64 编码）身份验证、摘要式身份验证以及基于客户端证书的身份验证。

在 Web.config 配置文件中设置 Windows 身份验证，如下所示。

```
<system.web>
    <authentication mode="Windows"></authentication>
</system.web>
```

Windows 身份验证的安全性比较高，但是只能用于 Windows 操作平台，并且要求访问者在 Web 服务器所在的区域中拥有一个用户账号。所以该验证方式仅仅适合于某些公司内部站点使用，不适用于页面大众的商业站点。

2．Forms 身份验证

Forms 表单的验证方式最初由亚马逊网站开发使用，到现在为止使用相当广泛。这种身份验证方式通过使用 Cookie 来维护页面之间的状态。Forms 验证方式的使用非常简单，例如程序员希望所有访问管理员后台的用户都到管理员的登录页面去登录，可以使用下面代码。

```
<system.web>
    <authentication mode="Forms" >
        <forms name="AdminUser" loginUrl="Login.aspx" timeout="60"></forms>
    </authentication>
</system.web>
```

除了上述代码使用的三个属性外，<forms>配置节中还有多个其他属性。如下所示了<forms>子配置节的常用语法。

```
<system.web>
    <authentication mode="Forms" >
        <forms name=".ASPXAUTH" loginUrl="login.aspx" defaultUrl=" default.aspx"
        protection="All" timeout="30" path="/" requireSSL="false" sliding
        Expiration="false"
        enableCrossAppRedirects="false" cookieless="UseDeviceProfile" domain="" />
    </authentication>
</system.web>
```

根据上述语法形式获取相关的属性，如表 11-3 对这些属性进行了说明。

表 11-3　<form>配置节的常用属性

属 性 名 称	说　　明
name	指定用于身份验证的 Cookie 名称，默认情况下该值是.ASPXAUTH
loginUrl	指定为登录而要重写的 URL。默认值为 Default.aspx
defaultUrl	默认页的 URL。通过 FormsAuthentication.DefaultUrl 属性得到该配置值
timeout	指定以整数分钟为单位，表单验证的有效时间即是 Cookie 的过期时间
path	Cookie 的指定路径。默认为正斜杠"/"，表示该 Cookie 可用于整个站点
requireSSL	在进行 Forms 身份验证时，与服务器交互是否要求使用 SSL。可以通过 FormsAuthentication.RequireSSL 属性得到该配置值
slidingExpiration	是否启用"弹性过期时间"，如果该属性设置为 false，从首次验证之后 timeout 时间后 Cookie 即过期；如果该属性为 true，则从上次请求该开始过 timeout 时间才过期，这表示首次验证后，如果保证每 timeout 时间内至少发送一个请求，则 Cookie 将永远不会过期。通过 FormsAuthentication.SlidingExpiration 属性可以得到该配置值
enableCrossAppRedirects	是否可以将以进行了身份验证的用户重定向到其他应用程序中。通过 FormsAuthentication.EnableCrossAppRedirects 属性可以得到该配置值。为了安全考虑，通常总是将该属性设置为 false
cookieless	定义是否使用 Cookie 以及 Cookie 的行为
domain	Cookie 的域。通过 FormsAuthentication.CookieDomain 属性可以得到该配置值

如果开发人员使用 Forms 身份进行验证时，除了仅仅设置还是不行的，还需要对用户的登录和注销事件进行一些简单处理。例如登录成功后需要获取表单验证所指定的路径，以及对表单进行验证，代码如下。

```
string strRedirect = Request["ReturnUrl"];
              //取出返回的 url，用于获取用户请求的页面
System.Web.Security.FormsAuthentication.SetAuthCookie("username", true);
              //给用户发放凭证
if (strRedirect == null)
   strRedirect = "Successes.aspx";
Response.Redirect(strRedirect, true);
```

用户退出时也需要做特殊的处理，代码如下：

```
System.Web.Security.FormsAuthentication.SignOut();
```

3. Passport 身份验证

Passport 身份验证是 Microsoft 公司提供的一种单点登录的方式，单点登录就是一种跨域、跨站点的登录验证方式。使用 Passport 身份验证需要付费，并且需要注册通行证服务，所以国内采用这种验证方式登录的站点并不是很多。

在 Web.config 配置文件中设置 Windows 身份验证，如下所示。

```
<system.web>
   <authentication mode="Passport"></authentication>
</system.web>
```

11.3.2　授权

由于在默认情况下，站点允许匿名用户进行访问，因此仅仅在 Web.config 配置文件中设置身份验证可能看不到任何效果，这时还需要进行授权。

授权是确定已验证的用户是否有权访问应用程序中的某个部分、某个点或只访问应用程序提供的特定数据集。对用户和组进行身份验证和授权后，就可以根据用户类型或配置定制站点。

例如，某个系统包括前台和后台两个部分，后台所有的页面都存在于 Admin 目录文件夹中，因此可以在该文件夹下添加一个新的 Web.config 配置文件，然后在该配置中对访问权限进行设置，代码如下。

```
<configuration>
   <system.web>
      <authorization>
         <deny users="?"/>
         <allow roles="admin"/>
      </authorization>
   </system.web>
</configuration>
```

上述代码中<authorization>配置节用来配置授权信息，在该配置节中主要通过两个子配置节<deny>和<allow>来进行配置。deny 表示拒绝，allow 表示允许，拒绝所有的匿名用户，允许角色是 admin 的用户。这两个子配置节中主要的属性有三个：user、roles 和 verbs。其具体说明如下。

- ❑ **user**　一个使用逗号进行分隔的用户名列表，列表中的用户被授予（或拒绝）对资源的访问。其中“？”表示匿名用户，而“*”则代表所有用户。
- ❑ **roles**　逗号进行分隔的角色列表，这些角色被授予（或拒绝）对资源的访问。
- ❑ **verbs**　逗号进行分隔的谓词列表，比如 GET、HEAD、POST 或 DEBUG 等。

注意

<authorization><authorization>配置节中配置的内容非常重要，系统总是按照从前向后逐条匹配的方式进行匹配，执行最先的是匹配者。另外，有关具体用户和角色的设置在下节的站点匹配工具中还会介绍。

11.4　配置管理

Web.config 配置的内容可以简单，也可以复杂，如果开发人员根据路径找到 Machine.config 配置文件并且打开，可以看到该文件有许多陌生的单词，如果一不小心改错了怎么办？ASP.NET 技术提供了非常丰富的编辑工具，包括开发人员同时使用的 IDE 环境，IDE 提供了编辑配置节的智能提示。

细心的程序员可以发现，当在 Web.config 配置文件中输入内容时会弹出提示，也许部分程序员可能对这些提示有些不满意，没有关系，他们还可以使用配置管理工具。ASP.NET 中为开发人员提供了多种建立应用程序的配置设置的方式，这些方式有三种，说明如下。

- ❑ 使用 Configuration API 以编程方式来管理设置。
- ❑ 使用 ASP.NET Microsoft 管理控制台（MMC）。MMC 允许服务器管理员为所有的网站或特定的网站创建配置设置。与网站管理工具不同，MMC 将 Web 服务器的整个配置层次结构的控制权交给您。

□ 使用网站管理工具（即站点管理工具），网站所有者使用该工具可以在本地或远程管理他们的网站。

1. MMC ASP.NET 插件

MMC ASP.NET 插件是一个交互式的编辑工具，它是对管理控制台（Microsoft Management Console，MMC）的管理单元（snap-in）的扩展。MMC ASP.NET 工具的使用非常简单，在 IIS 服务器中找到新建的站点，选中该站点右击【属性】菜单项弹出如图 11-2 所示的对话框。

在图 11-2 中选择 ASP.NET 选择页，在其页面中选择【编辑工具】按钮弹出对话框，在弹出的对话框中进行设置，具体效果不再显示。

图 11-2　Web.config 的智能提示

2. Web 站点管理工具

Web 站点管理工具（Web Site Administration Tool）也叫网站管理工具，它可以管理 Web 应用程序的多个方面。Web 站点管理工具是一个基本 Web 的应用程序，它主要通过一个简单、易用的 Web 接口管理 Web 站点的配置。

开发人员可以单击头部菜单栏中的【网站】|【ASP.NET 配置】菜单项，也可以单击【解决资源方案管理器】中的工具栏，如图 11-3 所示。这两种方式都可以方便地打开站点管理工具。

开发人员单击图 11-3 中【ASP.NET 配置】选项时可以打开资源管理工具进入欢迎页面，页面运行效果如图 11-4 所示。

图 11-3　打开资源管理工具

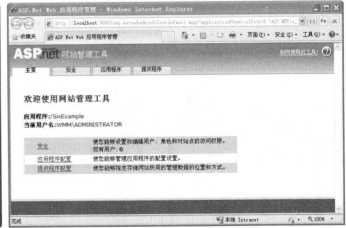

图 11-4　【主页】选项卡

从图 11-4 中可以看出，除了【主页】选项卡外，还包含其他三个选项卡：安全、应用程序和提供程序。

（1）【安全】选项卡

【安全】选项卡用于设置和编辑用户、角色和站点的访问权限，单击图 11-4 名称为"安全"的选项卡，其效果如图 11-5 所示。

上一节与身份验证和授权配置部分并没有详细介绍具体的用户和角色设置，是因为在可以添加更加有意义的用户和角色，直接单击图 11-5 对应的内容向导进行设置即可。例如，单击图中【创建用户】选项的效果如图 11-6 所示，在该图中输入内容完成后直接单击【创建用户】按钮进行添加。

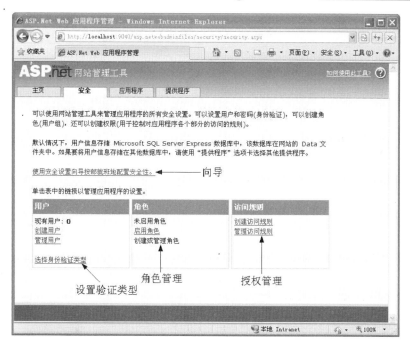

图 11-5　【安全】选项卡

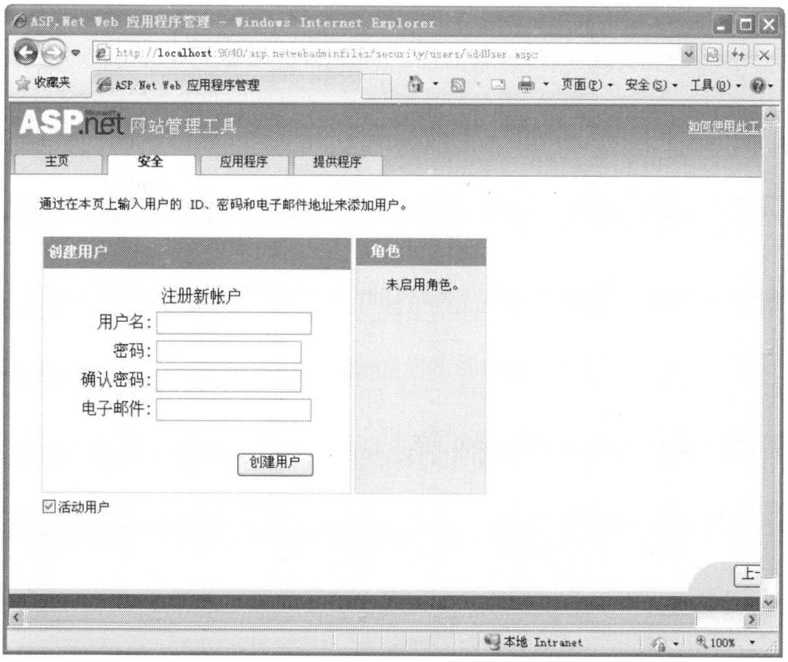

图 11-6　创建用户

（2）【应用程序】选项卡

【应用程序】选项卡提供了许多与应用程序有关的配置，包含应用程序设置、SMTP 邮件服务器设置、调试和跟踪设置、整个 Web 应用程序的启动和调试以及默认错误页等，效果如图 11-7 所示。

在图 11-7 中，应用程序的设置对应配置文件中<appSetting>配置节，它采用键/值对应的形式来表示，这部分的内容也可以被称为自定义配置节，自定义配置有助于配置文件的扩展。在最早的配置文件中，没有数据库连接字符串的独立配置节，所以将连接字符串存入自定义配置节中。

图 11-7 【应用程序】选项卡

（3）【提供程序】选项卡

在【提供程序】选项卡中可以配置网站管理数据（如成员资格）的存储方式。相关人员可以对站点的所有管理数据只使用一个提供程序，也可以为每种功能指定不同的提供程序，效果如图 11-8 所示。

单击名称是"为每项功能选择不同的提供程序（高级）"的链接按钮选择程序，效果如图 11-9 所示。

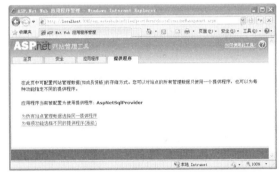

图 11-8 【提供程序】选项卡

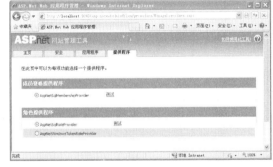

图 11-9 为每项功能选择不同的提供程序

单击图 11-9 中不同选项的【测试】按钮可以实现对成员资格提供程序或角色提供程序进行测试的功能。例如，开发人员可以单击角色提供程序中的【测试】按钮，弹出效果如图 11-10 所示。

图 11-10 测试角色提供程序

注意

该配置默认在站点目录下的 App_Data 目录中创建了一个 SQL Server 数据库。如果在 Windows 2003 操作系统下，首次使用时需要分配相应的访问权限。

11.5 网站部署

部署是一个获得应用程序并将它安装到另一台机器上的过程，可以通过执行安装程序来完成。在部署网站之前需要进行两个操作：首先，在 Web.config 配置文件中关闭调试功能，如果调试功能打开会降低应用程序的性能；其次，需要使 Release（发行版）的方式编译应用程序（直接单击工具栏中的配置即可）。

部署准备工作做好之后就可以发布网站了，下面将通过三种不同的方式来介绍网站的部署发布。

11.5.1 发布预编译站点

发布预编译站点是最常用的一种站点部署方式，这种方式又被称为部署预编译。当 ASP.NET 技术使用预编译发布站点时，可以将每个页面都编译为一个应用程序 DLL 和一些占位符文件。简单来说，预编译的站点目录中不再包含.cs 文件。

预编译方式发布网站非常简单，在【解决资源方案管理器】中选中 Web 项目，右击【发布网站】选项，弹出【发布网站】对话框，效果如图 11-11 所示。

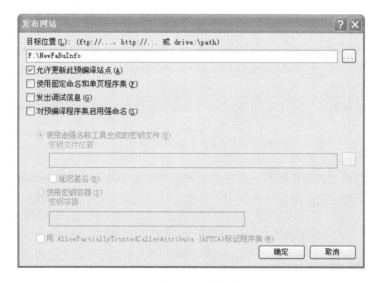

图 11-11　发布站点

从图 11-11 中可以看出，该图主要包含四个常用的操作。

（1）允许更新此预编译站点

该项默认选中时表示将编译和复制站点，但是不会对.aspx 页面进行任何修改。也就是说，在预编译完成后，可以在不影响程序正常运行的情况下对页面进行修改。如果该项不选中，则页面中的所有代码都会被剥离，并放置在 DLL 文件中，这时如果修改页面，该页面将无法正常运行。

（2）使用固定命名和单页程序集

默认不选中，这时编译过程将所有的页面代码和后台代码打乱编译成多个 DLL，这样代码就不容易被修改。不过，这可能会引起更新的不便，如果将来可能会更新站点的一部分（例如某个页面）就可以将其选中。

（3）发出调试信息

默认不选中，如果选中则会发出调试的相关信息。

（4）对预编译程序集启用强命名

默认不选中，如果选中可以指定 DLL 过程中使用的键。这样预编译过程创建的 DLL 就成为强程序集——使用程序员适中的键来签名，选中该项时的效果如图 11-12 所示。

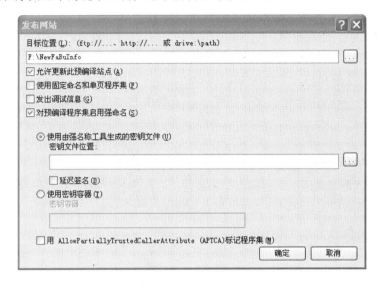

图 11-12　选中效果

> **注意**
>
> 在预编译过程中，图片、配置文件和 HTML 等静态文件不会被编译。因此使用这种方式时，只是复制这些静态文件到目标目录中。

发布预编译站点是最常用的站点发布形式。一般而言，程序员都是通过 FTP 工具连接站点的。虽然发布预编译站点可以使用 FTP 方式直接连接服务器，但完全覆盖式的发布常常令人觉得心惊胆战。

最大的缺点是对站点的更新维护，如果直接发布到运行中的站点，万一发布过程中发生问题，有可能造成严重的异常。因此在实际应用中，一般先将站点在本地进行预编译，然后打包上传或单个文件以 FTP 方式上传。

■ 11.5.2　复制站点

顾名思义，复制站点是指将文件从当前位置复制到另一个位置，ASP.NET 中有四种发布位置的选择：文件系统、本地 IIS、FTP 站点和远程站点。

复制站点的方式也很简单，单击菜单栏中【网站】|【复制网站】菜单项，或者在【解决资源方案管理器】中单击【复制网站】选项，效果如图 11-13 所示。

单击图 11-13 中的【复制网站】选项时显示相关信息，找到【连接】按钮并单击弹出【打开网站】的对话框，在该对话框中选择【本地 IIS】选项，效果如图 11-14 所示。

新建或者选择图 11-14 中的某个站点，完成后直接单击【打开】按钮。创建连接完成后选择左侧的所有内容，然后单击相关按钮添加到右侧，复制网站完成后的效果如图 11-15 所示。

图 11-13　复制站点 　　　　　　　　　　　　　图 11-14　复制站点的位置

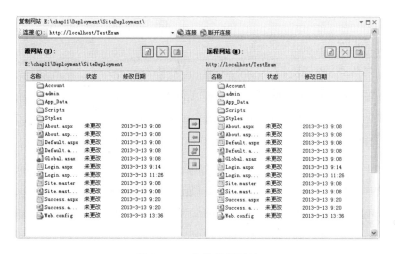

图 11-15　完成复制网站

11.5.3　XCopy 方式

与前两种方式相比，XCopy 方式是最简单的一种部署 Web 应用程序的方法。事实上，ASP.NET 的部署本身就是将页面文件、资源文件和程序集等内容复制到站点目录下即可。XCopy 的语法如下。

```
xcopy 源目录 目标目录 /f /e /k /h
```

例如，开发人员想要将以前开发完成的某个 Web 项目通过这种方式进行发布，首先切换到 C 盘，然后输入复制的内容。效果如图 11-16 所示。

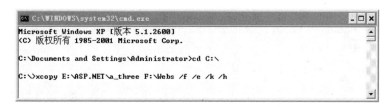

图 11-16　xcopy 方式进行复制

图 11-16 中的代码是表示将 E:\ASP.NET\a_three 项目通过 XCopy 方式发布到 F:\Web 目录下，

输入完成后按 Enter，成功时的效果如图 11-17 所示。

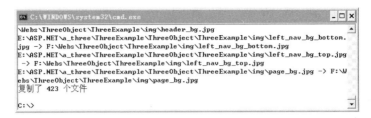

图 11-17　xcopy 方式复制成功

11.6 实例应用：后台管理的身份验证和部署

11.6.1　实例目标

在本节之前，已经通过大量的示例分别介绍了 Web.config 文件、身份验证、授权和网站部署三种方式。本节实例应用将前面介绍的知识结合起来实现一个后台管理系统。实现功能如下所示。

- ❑ 根据身份验证用户登录是否成功。
- ❑ 用户登录成功显示登录的相关信息。
- ❑ 用户在线实现注销的效果。
- ❑ 将 Web 项目部署到 IIS 服务器中，并且能够正常访问。

11.6.2　技术分析

本节实例应用实现上述功能时使用到的主要技术如下。

- ❑ 在 Web.config 配置文件中设置身份验证和授权。
- ❑ 在登录后台使用 FormsAuthenticationTicket 类对用户的身份进行标识。
- ❑ Cookie 和 Session 对象分别设置登录信息和过期时间。
- ❑ FormsAuthentication 的 SignOut()方法实现在线注销的功能。
- ❑ 通过发布预编译站点的方式向 IIS 中发布信息。

11.6.3　具体步骤

完成后台管理的身份验证和部署功能的具体步骤如下。

（1）添加新的解决方案，在该解决方案中添加新的网站，向该网站中添加与后台相关的文件，包括 CSS 文件和 Images 文件。

（2）在项目中添加名称为 Work 的文件夹，然后向该文件中添加 Login.aspx 和 Index.aspx 页面。Login.aspx 页面用于用户登录，该页面包括两个 TextBox 控件和一个 ImageButton 控件，其设计效果如图 11-18 所示。开发人员可以根据该效果图进行设置。

（3）Index.aspx 窗体页是后台管理系统的整个页面，该页面包含 Header、Left 和 Right 三个部分，它们分别显示头部信息、左侧导航信息和主要内容信息。其页面的设计效果不再显示，Header 和 Right 部分会在后面步骤中介绍。

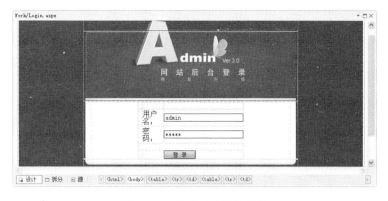

图 11-18　登录页面设计效果

（4）在 Web.config 配置文件中设置 Web 项目下的身份验证并且授权，允许所有的用户访问 Web 站点下的文件，代码如下。

```
<system.web>
    <authentication mode="Forms" >
        <forms name="AdminUser" loginUrl="~/Work/Login.aspx" timeout=" 60"></
        forms>
    </authentication>
    <authorization>
        <allow users="*"/>
    </authorization>
</system.web>
```

（5）在 Web.config 配置文件中继续添加代码，为 Work 目录设置权限，拒绝所有的匿名用户，仅仅允许用户名为 admin 的用户，代码如下。

```
<location path="Work">
    <system.web>
        <authorization>
            <deny users="?"/>
            <allow users="admin"/>
        </authorization>
    </system.web>
</location>
```

（6）打开 Work 目录下的 Login.aspx 页面，为页面中的【登录】按钮添加 Click 事件，该事件用于 Forms 身份验证，代码如下。

```
protected void imgBtn_Click(object sender, ImageClickEventArgs e)
{
    if (this.txtName.Text == "admin" && this.txtPass.Text == "admin")
    {
        FormsAuthenticationTicket ticket = new FormsAuthenticationTicket(1,
        this.txtName.Text, DateTime.Now, DateTime.Now.AddMinutes(30), true,
        "User");//创建一个验证票据
        string cookieStr = FormsAuthentication.Encrypt(ticket);//进行加密
        HttpCookie cookie = new HttpCookie(FormsAuthentication.FormsCookieName,
        cookieStr);//创建一个cookie, cookie名为web.config设置的名,值为加密后的数据
```

```
      cookieStr
      cookie.Path = FormsAuthentication.FormsCookiePath;//设置 cookie 保存路径
      cookie.Expires = DateTime.Now.AddMinutes(30);
      Response.Cookies.Add(cookie);
      Session["time"] = cookie.Expires;
      string strRedirect;
      strRedirect = Request["ReturnUrl"];//取出返回 url
      if (strRedirect == null)
          strRedirect = "~/Work/Index.aspx";
      Response.Redirect(strRedirect, true);
  }
  else
  {
      Response.Write("<script>alert('帐号或密码错误!');self.location.href=
      'Login.aspx'</script>");
  }
}
```

上述代码中，首先判断用户输入的用户名和密码是不是"admin"，如果不是弹出错误信息。如果是首先创建身份验证票据 FormsAuthenticationTicket 的实例对象 ticket，接着调用 FormsAuthentication 类的 Encrypt()方法对 ticket 对象进行加密，然后设置 Cookie 对象的相关内容。Session 对象用于保存 Cookie 对象的有效时间，strRedirect 变量存储用户请求的页面，如果该页面为空则直接跳转到 Index.aspx 页面，否则跳转到用户请求页。

（7）Index.aspx 页面头部显示了后台管理系统的 Logo，以及登录成功时的用户名和注销按钮。头部设计效果如图 11-19 所示。

图 11-19　头部设计效果

（8）为 Header.aspx 页面的 Load 事件中添加代码,加载时通过系统提示的 User 对象的 Identity 属性的 Name 属性获取当前的用户，代码如下。

```
protected void Page_Load(object sender, EventArgs e)
{
    lblUser.Text = User.Identity.Name;
}
```

（9）为图 11-19 中的【注销】按钮添加 Click 事件，在该事件中调用 FormsAuthentication 对象的 SignOut()方法注销登录时的信息，并且调用 Response 对象的 Write()方法跳转页面，代码如下。

```
protected void LinkButtonExit_Click(object sender, EventArgs e)
{
    FormsAuthentication.SignOut();//注销票
    Response.Write(" <script> parent.window.location.href= 'default.aspx '
    </script> ");
}
```

（10）主页面的右侧主要显示用户登录成功时的信息，包括当前登录名、上线时间、身份过期和 IP 地址等信息。页面加载时通过相关的对象获取这些信息，代码如下。

```
protected void Page_Load(object sender, EventArgs e)
{
    this.lblNowTime.Text = DateTime.Now.ToString();        //当前时间
    this.lblUser.Text = User.Identity.Name;                //用户名
    this.lblIP.Text = Request.UserHostAddress;             //IP 地址
    this.lblOnTime.Text = DateTime.Now.ToString();
    this.lblUsers.Text = User.Identity.Name;
    this.lblExpries.Text = Convert.ToDateTime(Session ["time"]).Minute.
    ToString();
}
```

（11）对 Work 目录下，除 Login.aspx 页面外的其他页面进行测试，效果如图 11-20 所示，注意观察该图的 URL 地址。

（12）如果页面的相关功能在本地测试没有问题后就可以向 IIS 服务器部署了，这里采用发布预编译站点的方式。首先重新生成项目，如果没有错误，将调试状态 Debug 更改为 Release。

（13）选中项目，右击【发布网站】选项，在弹出的提示框中选择部署发布的位置。接着在弹出的对话框中选择【本地 IIS】选项，并且单击【添加虚拟目录】的提示目录进行添加，效果如图 11-21 所示。

图 11-20　登录页面效果　　　　　　　　图 11-21　添加新的站点

（14）输入内容完成后单击【确定】按钮，然后选中新添加的站点，单击【打开】按钮进行发布，如果 VS 2010 中提示"发布成功"则表示已经完成。

（15）直接在【开始】|【运行】中输入 inetmgr 打开 IIS 信息服务器找到添加的站点项目，效果如图 11-22 所示。

图 11-22　IIS 信息服务器

（16）部署发布完成后可以在其他计算机上进行访问，开发人员可以在【开始】|【运行】中输入"http:192.168.0.9/ProgramFaBu/Work/Index.aspx"运行页面，或者直接单击图 11-22 中 Inex.aspx 页面的右键并选择【浏览】选项，效果如图 11-23 所示。开发人员可以与图 11-20 进行比较，观察它们的区别。

图 11-23　部署成功其他机器访问 Web 页面

（17）输入内容完成后单击【登录】按钮进入主页面，效果如图 11-24 所示。

图 11-24　主页面效果

（18）单击图 11-24 中的【注销】按钮正常退出系统，重新返回登录页面，具体效果不再显示。

11.7 拓展训练

1. 使用复制站点方式部署网站

更改 11.6 节中的实例应用，通过复制站点的方式重新向 IIS 服务器部署网站，部署成功后重新运行页面在本地测试。

2. 使用 XCopy 方式部署网站

更改 11.6 节中的实例应用，通过复制站点的方式重新向 IIS 服务器部署网站，部署成功后重新运行页面在其他计算机上进行测试。

3. 订餐系统的用户登录和订购功能

在 Web 项目中添加新的窗体页，这些窗体页完成订餐系统用户登录和添加订购的功能。主要功能是：当用户访问订购页面时首先需要进行登录，登录完成后进入该页面进行输入内容和添加提交。订购页面包含订购时的用户名、订餐时的商品名称、价格、联系电话以及联系地址等。提交系统完成后跳转到成功页，提交失败则跳转到失败页，效果如图 11-25 所示。

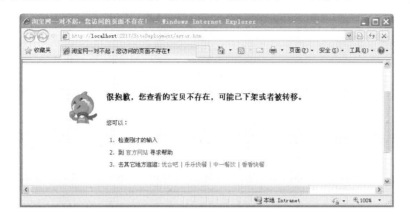

图 11-25　失败页效果

要求：读者需要根据前面的功能在 Web.config 文件中进行配置，全部功能实现后任意选择一种方式进行网站部署。

11.8 课后练习

一、填空题

1. _____文件包含了整个服务器的配置信息。

2. 身份验证的类型包括 Windows、_____、Passport 和 None。

3. <sessionState>配置节中_____属性指定在用户无操作时超时的时间。

4. _____身份验证是微软公司提供给网站开发人员的集中式商业验证服务。

5. 使用 XCopy 方式进行网站部署时，其语法格式是 "xcopy 源目录 目标目录 /f ? /k /h"，其中 ? 处应该填写_____。

二、选择题

1. 下面选项_____不是 Web.config 文件的优点。

　A. Web.config 文件基于 XML 文件类型，所有的配置信息都存放在 XML 文本文件中，可以使用文本编辑器或者 XML 编辑器直接修改和设置相应配置节

　B. Web.config 配置文件具有很强的扩展性，通过该文件，开发人员能够自定义配置节

　C. 开发人员可以对 Web.config 文件进行加密操作而不会影响到配置文件中的配置信息，因此保密性比较好

　D. 由于 Web.config 配置文件通常存储的是 ASP.NET 应用程序的配置，所以 Web.config 配置文件的安全性较低

2. 在子目录 Admin 文件夹的 Web.config 配置文件中包括如下代码，下面这段代码说明了_____。

```
<authorization>
    <deny users="*"/>
</authorization>
```

    A. 只有管理员可以访问 admin 目录

    B. 所有匿名用户都可以访问 admin 目录

    C. 所有匿名用户都不可以访问 admin 目录

    D. 所有用户都不可以访问 admin 目录

3. 如果需要添加用户角色，使用_____工具比较方便。

    A. Web 站点管理工具

    B. MMC ASP.NET 插件

    C. 内置发布工具

    D. XCopy

4. 下面关于部署的说法正确的是_____。

    A. 部署就是将站点文件复制到相关 Web 目录中

    B. 发布预编译站点，如果将来需要更新某个页面，最好不要选择"使用固定命名和单页程序集"复选框

    C. 发布预编译站点可以将源代码编译到 dll 中

    D. 使用复制站点和 XCopy 方式进行网站部署时，部署完成的项目不会包含.cs 文件

5. 在子目录 Admin 文件夹的 Web.config 配置文件中有如下代码，根据代码可以知道允许访问此子目录的角色有_____。

```
<authorization>
    <allow roles="user"/>
    <allow roles="manager"/>
    <deny users="*"/>
    <allow roles="admin"/>
</authorization>
```

    A. admin

    B. user 和 manager

    C. admin 和 manager

    D. user、manager 和 admin

6. _____配置节不仅能够指定当出现错误时系统自动跳转到一个错误发生的页面，同时也能够为应用程序配置是否支持自定义错误。

    A. <customErrors>

    B. <sessionState>

    C. <configuration>

    D. <appSettings>

三、简答题

1. 请说出 Web.config 配置文件与 Machine.config 文件的区别。

2. ASP.NET 的身份验证类型有哪些？请进行解释。

3. 试说明授权中与<allow>和<deny>配置节有关的主要属性。

4. 分别描述网站部署的三种方式。

5. 说出 Web 站点管理工具的简单使用。

第 12 课
网上订餐系统

随着麦当劳、德克士和肯德基等洋味十足的快餐店越来越密集地出现在大街小巷，越来越多的消费者光顾。然而走进这些店铺，消费者可以看到的都是铺天盖地排长队等待购买的人群、领餐后茫然寻找座位的人群，以及人太多等不及购买而进去又徘徊出来的人。除了这些洋味快餐店外，国内大多数大型和中小型餐饮或其他行业也都会出现类似的现象。

针对上面的现象，广大消费者特别需要一种实际的解决方法，而这时网络的快速的发展使一些人看到了商机，因此操作简单、功能完善的订餐系统应运产生。本课将通过搭建三层框架实现一个简单的、基于 B/S 架构的网上订餐系统，实现用户注册、登录、订餐以及评论等功能。

本课学习目标：

❑ 了解网上订餐系统的开发前景和主要功能

❑ 熟悉网上订餐系统的功能结构图

❑ 熟悉与网上订餐系统相关的数据库表

❑ 掌握 DBHelper 类中的主要方法

❑ 掌握三层框架的搭建和它们之间的引用

❑ 掌握如何使用用户控件实现头部和顶部

❑ 熟悉本课网上订餐的流程过程

❑ 掌握第三方控件（如在线编辑器和验证码）的使用

❑ 掌握数据绑定控件的使用方法

12.1 系统概述

系统概述是对网上订餐系统的一个简单介绍。本节内容包括开发背景、功能结构图以及功能介绍等内容。

12.1.1 开发背景

随着人们生活水平的提高，对饮食的要求已不仅仅是解决温饱，很多人在进行紧张工作之余选择享受美食，得到美的精神享受和放松。传统的就餐方式往往会出现人们到餐厅就餐需要排队或没有位置的现象。因此，开发图文并茂、信息能够及时更新和查看网上餐厅的系统成为解决上面问题的主要途径。

21世纪全球网络化使科技在突飞猛进，人们的生活越来越离不开网络，计算机已经普及到社会和经济生活的各个领域。人们进行信息交流的深度与广度不断增加，使相关行业的服务和管理也需要跟随时代的步伐，电子商务得到了极大的普及和发展。

业内专家普遍认为，电子商务是一种个性化服务的生产方式，餐饮业长期以来就是个性化、多样化的生产服务。餐饮业的电子商务形成的初期，传统的饮食业大多数都是以实际门面来进行宣传与交流的。作为网络普遍化的社会，还缺少了一些更为现代化的元素，而电子商务就是一种最能体现个性化和多样化服务的商务模式。因此，有眼光的餐饮业经营者不应该总是停留在盲目的价格战和地域站阶段，而是应该在信息化领域和电子商务领域抢得先机。

网络技术的广泛发展使网上订餐业务在中国开始盛行，也可以为广大消费者提供更多的口味，近几年网上订餐已经发展成一种新型的就餐方式。它与传统的就餐方式相比，网上订餐有很多优势。这样的订餐方式效果很好，既可以让顾客觉得方便、快捷，又对每个订单的信息保管妥善，并且处理及时，实现了高度智能化管理。网上订餐方式将成为餐饮业销售的新模式与新的增长点。

12.1.2 功能结构

一个完整的网上订餐包括许多功能，例如用户注册和登录、餐馆商品展示、用户在线点餐、用户管理查看自己的订餐单、积分兑换、单据导入导出以及其他的扩展功能，如图12-1表示了一个完整订餐或点餐系统的功能结构图。

12.1.3 功能介绍

不同的系统实现的功能可大可小、可多可少，而一个完整的系统则包括许多功能，大体上可以分为两类：基础功能和高级功能。

1. 基础功能

基础功能包括多个模块：积分兑换、会员中心、商家中心、订单管理、会员管理、商家管理、帮助中心以及广告管理等。

（1）积分兑换

订单送积分，评论送积分，用户可以使用这些积分兑换相应的礼品，增加系统的人气从而鼓励用户网上订餐。

（2）会员中心

会员注册成功后有独立的会员中心，包括部分内容，例如管理个人资料、订单信息、地址信息和评论信息等。

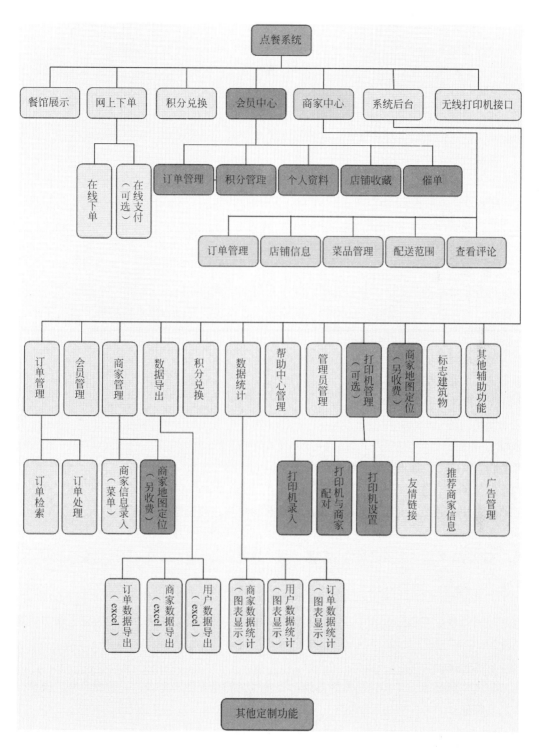

图 12-1　订餐系统功能结构图

（3）商家中心

商家有独立的管理平台，可以自主设置营业时间、更新菜单、更新资料、查收订单以及更新订单状态，真正实现完全自主管理。

（4）订单管理

系统订单管理能够即时查看网上订单，对订单进行相应的分发，实时更新状态可以以 excel 格式导出订单，这样方便打印机处理。

（5）会员管理

管理员可以对网站会员进行管理，例如进行资料导出、更新会员资料、查看消费情况以及获得的积分情况等。

（6）商家管理

对商家的全部信息进行统一管理，包括基本信息管理、菜谱管理、配送范围管理和订单管理。

（7）帮助中心

顾名思义，帮助中心就是为了帮助用户尽快地了解该系统。可以包含订单系统流程说明、网站服务说明和客户问题解答等内容。

（8）广告管理

前台页面显示广告内容，能够实时更新广告位。

2．高级功能

高级功能是对基础功能的扩展，这些功能是在基础功能的基础上实现的。也就是说，这些功能可以不实现，也可以实现一部分，还可以全部实现。这些功能可以根据系统的需要进行添加，高级功能包括许多种。常用的高级功能如下。

（1）财务统计

对系统营业额按照不同的条件进行查询统计，用户可以查看餐馆营业额、某个时间段内营业额或者今日营业额等各项数据指标。

（2）无线打印机

集成 GPRS 无线打印机接口，随时可以使用自己或第三方公司自主研发的 GPRS 无线打印机进行订单的下发打印，真正实现全程自动化管理。

（3）短信通知

订单通过短信通知下发给商家，发送送餐信息给用户，使信息流通更加顺畅。

（4）地图搜索

集成 Google 地图进行商家定位与搜索，用户只需要定位自己的位置就可以看到附近可以配送的商家。

（5）运费计算

系统可以设置是否增加运费（高级定制功能：根据商家地址以及用户的配送地址动态计算最短路径并按照计费标准进行计算）。

（6）界面整体定制

可根据客户的需求以及客户自身的品牌形象定位进行全新的界面设计，整体风格的调整，以符合客户的品牌形象。

12.1.4　开发环境

从图 12-1 中可以看出一个完整的订餐系统非常复杂。本课不会实现一个复杂的网上订餐系统，而是利用这本书的主要知识点完成一个简单的订餐系统。这个系统包括用户登录、用户注册、商品查看、订餐到购物车以及操作购物车中的商品等。

一个系统的开发离不开技术。本课的网上订餐系统是基于三层框架的 B/S 系统。除此之外，还需要了解其他的内容。

❑ 电脑操作系统　Windows XP 系统。
❑ 系统开发工具　Visual Studio 2010。
❑ 系统后台数据库　Microsoft SQL Server 2008。
❑ 系统开发语言　C#和 JavaScript。
❑ 系统页面设计　HTML。
❑ 主要开发技术　ASP.NET。
❑ 浏览器　Internet Explorer 8.0 或者 Chrome 25。

12.2 数据库设计

数据库是整个系统的核心部分，几乎所有的网站和系统都需要后台数据库的支持。数据库应该充分了解客户各方面的需求，合理的数据库设计可以增强系统的安全性、稳定性和执行效率。

在 Windows 操作系统（例如 Windows XP）中，Access 和 SQL Server 都是最常见的后台数据库，根据网上订餐系统的总体架构为该系统设计 8 个数据库表。本系统采用的是 SQL Server 2008 数据库，建立一个名称为 OnlineOrder 的实例数据库，下面详细介绍该数据库包含表的信息。

1. 用户表

用户表（UserInfo）包含了用户最基本的信息，该表的设计非常简单，主要包含 5 个字段，具体字段如表 12-1 所示。

表 12-1　用户表（UserInfo）

字 段 名 称	类　　型	是否为空	备　　注
userId	int	否	主键 ID，自动增长列
userName	nvarchar(20)	否	用户登录名
userPass	nvarchar(20)	否	用户登录密码
userEmail	nvarchar(50)	否	用户邮箱
userRemark	nvarchar(20)	是	备注信息，默认值是空字符串

2. 活动公告表

活动公告表（ActivityBulletin）包含了用来显示最新的活动动态，管理员可以在后台添加公告，或者直接通过后台数据库添加公告，添加完成后在页面上显示。该表主要包含 4 个字段，说明如表 12-2 所示。

表 12-2　活动公告表（ActivityBulletin）

字 段 名 称	类　　型	是否为空	备　　注
abId	int	否	主键 ID，自动增长列
abTitle	nvarchar(20)	否	公告标题
abDetails	nvarchar(200)	否	公告内容
userRemark	nvarchar(20)	是	备注信息，默认值是空字符串

3. 食物表

食物表（Food）是整个系统最重要的一张表，它保存了用户订餐时可以选择的食物（如宫保鸡丁、蒜苔炒肉）。食物表中包含 5 个字段，它们分别是：foodNo、foodName、foodPrice、foodMaterials 和 foodRemark。如表 12-3 对这些字段进行了详细说明。

表 12-3　食物表（Food）

字 段 名 称	类　型	是否为空	备　注
foodNo	int	否	主键 ID，自动增长列
foodName	nvarchar(30)	否	食物名称
foodPrice	float	是	食物价格，默认值是 7.00
foodMaterials	nvarchar(50)	是	所需材料，默认值是空字符串
foodImageUrl	nvarchar(50)	是	食物图片，默认值是一张空图片
foodBoolRecommended	bit	是	是否推荐为精品菜肴，0=false，1=true
foodRemark	nvarchar(100)	是	备注信息，默认值是空字符串

4．区域表

顾名思义，区域表（UserOrderOrea）就是存储了与地区相关的信息，本课以郑州市为例子，所以向该表中添加数据时直接添加郑州市的相关地方即可。UserOrderOrea 表包含 4 个字段，如表 12-4 所示。

表 12-4　区域表（UserOrderOrea）

字 段 名 称	类　型	是否为空	备　注
uooId	int	否	主键 ID，自动增长列
uoOreaName	nvarchar(20)	否	区域名称
uoParentId	int	是	父级 ID，默认值是 0
uoRemark	nvarchar(20)	是	备注信息，默认值是空字符串

5．订单表

订单表（UserOrder）保存了用户订单的信息，包括订单号、用户 ID、所有食物的总数量和总价格、订餐时间和送餐时间以及送货方式等字段，如表 12-5 对该表的字段进行了说明。

表 12-5　订单表（UserOrder）

字 段 名 称	类　型	是否为空	备　注
uoId	int	否	主键 ID，自动增长列
uoUserId	int	否	用户 ID，外键，对应 UserInfo 表
uoTotalNumber	int	否	订购所有食物的总数量
uoTotalPrice	float	否	订购所有食物的总金额
uoOrderTime	datetime	是	订货时间，默认值是当前时间
uoSongHuoTime	datetime	否	送货时间
uoType	int	是	送货方式：1=货到付款，2=支付宝支付。默认是 1
boolInvoice	bit	是	是否索要发票：0=false，1=true。默认值是 0
uoRemark	nvarchar(200)	是	备注信息，默认值是空字符串

6．订单详细表

简单来说，订单详细表（UserOrderDetail）是对订单详细信息的细化，该表所包含的字段如表 12-6 所示。

表 12-6　订单详细表（UserOrderDetail）

字 段 名 称	类　型	是否为空	备　注
uoId	int	否	外键，对应 UserOrder 表
uoUserId	int	否	外键，对应 UserOrder 表
uodFoodId	int	否	外键，对应 Food 表
uodFoodName	nvarchar(30)	否	食物名称

续表

字 段 名 称	类　型	是否为空	备　注
uodUnitPrice	float	否	食物单价
uodNumber	int	否	订餐数量
uodUnitTotalPrice	float	否	食物价格：uodUnitPrice*uodNumber

7. 订单地址表

订单地址表（UserOrderAddress）也可以叫做用户订单信息表、用户详细信息表或者用户表，它保存了用户收货时与地址有关的信息。该表有 6 个字段，这些字段的说明如表 12-7 所示。

表 12-7　订单地址表（UserOrderAddress）

字 段 名 称	类　型	是否为空	备　注
uoaId	int	否	主键，自动增长列
uoaUserId	int	否	外键，对应 UserInfo 表
uoaDetailAddress	nvarchar(100)	否	送货详细地址，包括区域和详细地址
uoaReviceName	nvarchar(20)	否	收货人名称
uoaPhone	nvarchar(20)	否	收货人电话
uoaTel	nvarchar(20)	是	固定电话，默认值是空字符串

8. 留言建议表

留言建议表（Comment）是针对所有的顾客而言的，该表包含 5 个字段，这些字段的具体说明如表 12-8 所示。

表 12-8　留言建议表（Comment）

字 段 名 称	类　型	是否为空	备　注
commId	int	否	主键，自动增长列
commName	nvarchar(20)	是	姓名
commEmail	nvarchar(50)	是	邮箱
commPhone	nvarchar(20)	是	联系电话
commContent	text	否	评论内容
commTime	datetime	是	添加评论时间，默认值是当前日期

12.3 准备工作

在本节之前，首先分析了网上订餐系统产生的背景，一个完整系统所包含的功能，以及开发环境等，然后设计了实现简单订餐系统所需要的数据表。接下来开始实现系统，实现的第一步是为整个系统创建一个项目，并搭建系统的运行环境。但是在实现这些内容之前，需要了解一下 DBHelper 帮助类和三层结构。

12.3.1　DBHelper 类

DBHelper 类是一个帮助类，该类是数据访问的公共类，并且该类是密封类，不允许被其他类继承。DBHelper 类是基于企业库进行精简，去掉事务处理支持，但是它的使用非常简单。

首先需要向该类中添加字符串 connString，该字符串读取配置文件中数据库连接的字符串。connString 是静态只读的，变量声明如下。

```
public static readonly string connString =
```

```
ConfigurationManager.ConnectionStrings["ConnStr"].ConnectionString;
```

注意

DBHelper 类中读取 Web.config 配置文件中的数据库连接时需要使用 ConfigurationManager 对象，但是使用该对象之前必须添加对 System.Configuration 空间的引用。

接着向该类中添加用于执行数据库信息的增、删、改、查（多条或单条记录）的方法，其中对内容进行添加、删除和修改时可以调用同一个方法 ExecuteNonQuery()。该方法中需要传入 4 个参数，第 1 个参数表示连接字符串，调用时使用 SqlHelper.connString 赋值；第 2 个参数表示命令类型，如果是 sql 语句，则为 CommandType.Text，否则为 CommandType.StoredProcdure；第 3 个参数表示 SQL 参数，如果没有参数，则为 null；最后一个参数返回受影响的行数。

```csharp
public static int ExecuteNonQuery(string connString, CommandType commandType,
string sql, params SqlParameter[] para)
{
    using (SqlConnection conn = new SqlConnection(connString))
    {
        SqlCommand cmd = new SqlCommand();          //创建 SqlCommand 对象
        cmd.Connection = conn;                       //设置数据库连接
        cmd.CommandType = commandType;               //设置类型
        cmd.CommandText = sql;
        if (para != null)                            //如果参数不为空
        {
            foreach (SqlParameter sp in para)
            {
                cmd.Parameters.Add(sp);
            }
        }
        conn.Open();
        return cmd.ExecuteNonQuery();
    }
}
```

查询方法有两种：一种是查询记录时返回多条数据记录，例如查询某个表中的所有记录；另外一种是查询单条记录，例如查询某个表中 ID 为 1 的记录。以查询多条记录为例，向该类中添加 GetDataSet()方法，该方法返回 DataSet 类型。另外，该方法中也包含 4 个参数，具体说明可以参考 ExecuteNonQuery()方法。

```csharp
public static DataSet GetDataSet(string connString, CommandType commandType,
string sql, params SqlParameter[] para)
{
    using (SqlConnection conn = new SqlConnection(connString))
                                                    //创建数据库连接
    {
        SqlDataAdapter da = new SqlDataAdapter();   //创建 SqlDataAdapter 对象
        da.SelectCommand = new SqlCommand();
        da.SelectCommand.Connection = conn;
        da.SelectCommand.CommandText = sql;
        da.SelectCommand.CommandType = commandType;
```

```
if (para != null)                               //如果参数不为空
{
    foreach (SqlParameter sp in para)
    {
        da.SelectCommand.Parameters.Add(sp);
    }
}
DataSet ds = new DataSet();
conn.Open();
da.Fill(ds);
return ds;
    }
}
```

试一试

在本节中只显示了 DBHelper 类中的两个方法，其他方法（例如，查询单条记录和返回第一行第一列的值）读者可以亲自动手试一试。

12.3.2 搭建框架

ASP.NET 开发系统时常常使用三层来搭建框架，三层主要是指表现层（User Interface，UI）、业务逻辑层（Business Logic Layer，BLL）和数据访问层（Data Access Layers，DAL）。

1. 表现层

表现层用于用户接口的展示，以及调用业务逻辑层的类和对象来"驱动"这些接口。简单来说，表现层调用业务逻辑层的相关内容实现向用户的展示功能。ASP.NET 中，该层包括.aspx 页面、用户控制、服务器控制以及某些与安全相关的类和对象。

2. 业务逻辑层

业务逻辑层在数据访问层之上，也就是说 BLL 层调用 DAL 层的类和对象。DAL 访问数据并将其转给 BLL。

在 ASP.NET 中，该层可以用 SqlClient 或 OleDb 从 SQL Server 或 Access 数据库取数据，把数据通过 DataSet 或 DataReader 的形式给 BLL，BLL 处理数据给表现层。有时候，例如直接把 DataSet 或 DataReader 传递给表现层的时候，BLL 是一个透明层。

3. 数据访问层

数据层是数据库或者数据源。它在.NET 中通常是一个 SQL Server 或 Access 数据库，但不仅限于此两种形式，它还可能是 Oracle 和 mySQL，甚至是 XML。

通常情况下，除了使用这三层之外，还需要一个新的项目——实体类层，该层存放了数据库中的表所映射的所有实体类。

网上订餐系统的创建和搭建框架的主要步骤如下。

（1）打开 Visual Studio 2010 后选择【文件】|【新建项目】命令打开【新建项目】对话框，选择 Visual C++下的【类库】类型创建一个类库，并且重新解决方案的名称是 xiangmu，效果如图 12-2 所示。

（2）选中新建的解决方案名称后单击右键，重新选择【添加项目】选项弹出【新建项目】对话框，然后选择【类库】类型添加名称是 BLL 的类库。

（3）重复上一步的步骤，继续添加名称为 Model 的用于存放实体的类库，以及名称为 DBUtility 的存放 DBHelper 类的公共方法的类库，然后向该类库中添加与数据库表对应的实体类。

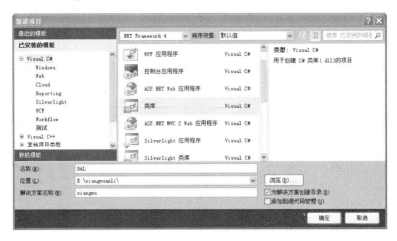

图 12-2　新建类库（数据访问层）

（4）继续选中新建的解决方案名称后单击右键，然后选择【新建网站】选项弹出【添加新网站】选项，在弹出的对话框中选择网站路径后单击【确定】按钮即可，效果如图 12-3 所示。

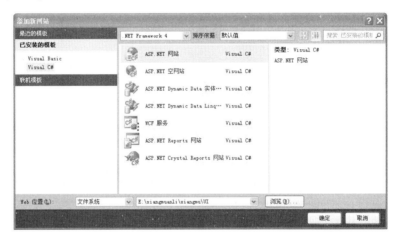

图 12-3　添加新网站

到此，在当前的解决方案中共包含了 5 个项目，其中除了 UI 是网站项目外，其他都是类库项目。另外 UI 也是整个解决方案的启动项目（可以将其设置为启动项目，单击右键即可），整个解决方案的效果如图 12-4 所示。

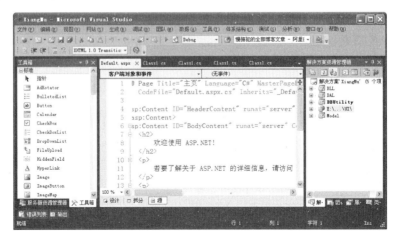

图 12-4　搭建项目完成后的效果

12.3.3 添加引用

由于系统采用了分层设计，因此当需要访问当前层外的数据时必须建立到外部层的引用。各个层之间的引用关系是：DAL 层需要添加对 DBUtility 和 Model 层的引用，BLL 层需要添加对 Model 和 DAL 层的引用，而 UI 层需要添加对 BLL 和 Model 层的引用。

在 Visual Studio 2010 中添加引用的方法非常简单，例如以 BLL 项目的引用为例。主要添加过程如下。

在【解决方案资源管理器】窗口中展开 BLL 项目，然后右击【引用】节点下选择【添加引用】命令，如图 12-5 所示。从弹出【添加引用】对话框的【项目】选项卡中选择要引用的项目，这里需要引用 DAL 和 Model 两个项目，效果如图 12-6 所示。选择完成后最后单击【确定】按钮完成引用。

图 12-5 选择【添加引用】命令

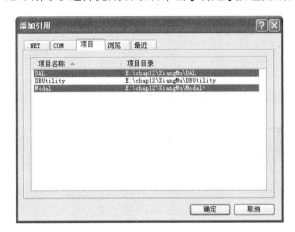

图 12-6 选择引用的项目

12.3.4 Web.config 配置

Web.config 配置文件中可以设置多个内容，在该系统中需要设置 3 个内容：连接数据库的配置、身份验证和授权以及自定义错误配置。

1. 连接数据库的配置

从上一课中可以知道，在 Web.config 配置文件中连接数据库有两种方法，在这里通过向根配置节<configuration>中添加子配置节<connectionStrings>。

```xml
<connectionStrings>
    <add name="ConnStr" connectionString="Data Source=.\SQLEXPRESS; Initial
    Catalog=OnlineOrder; Integrated Security=True" providerName ="System.
    Data.SqlClient"/>
</connectionStrings>
```

2. 身份验证和授权

该系统要求身份验证是 Forms 类型，然后在<forms>配置节中指定为登录而要重写的 URL 是 Login.aspx 页面。

```xml
<authentication mode="Forms">
    <forms loginUrl="~/Login.aspx" timeout="2880"/>
</authentication>
```

在本系统中，允许用户访问根项目下的所有目录和文件，但是 cart 文件夹下的内容除外。cart

文件夹下存放了不能够直接访问的页面和文件, 访问这些内容时需要登录, 主要包含在购物车页面。

```
<location path="cart">
    <system.web>
        <authorization>
            <deny users="?"/>
        </authorization>
    </system.web>
</location>
```

3. 自定义错误配置

部分情况下还需要程序开发人员自定义错误配置信息, 当用户访问页面出错时跳转到错误页面。本系统中无论是出现 403 错误, 还是出现 404 错误, 都要重新跳转至 error.htm 页面。

```
<customErrors mode="On" defaultRedirect="error.htm">
    <error statusCode="403" redirect="error.html" />
    <error statusCode="404" redirect="error.html" />
</customErrors>
```

12.3.5 公共页面

大部分的系统中都包含一些共同的页面, 在本系统中将其顶部的信息使用用户控件来定义, 然后将该用户控件添加到需要使用的页面中。使用的主要步骤如下。

（1）添加 Header.ascx 用户控件页面, 然后向该页面中添加页面设计的相关内容。这些内容包括 Logo、用户登录和其他友好链接。

（2）显示头部时需要在 Load 事件中判断用户是否登录, 如果登录则显示与登录有关的信息（如登录名和退出）, 如果没有登录则显示相关提示内容（如请登录和请注册）, 代码如下。

```
protected void Page_Load(object sender, EventArgs e)
{
    Image1.ImageUrl = "~/images_index/logo.gif";
    if (Session["UserInfo"] == null)
    {
        logins.Visible = true;
        unlogins.Visible = false;
    }
    else
    {
        logins.Visible = false;
        unlogins.Visible = true;
        UserInfo user = Session["UserInfo"] as UserInfo;
        Literal1.Text = user.UserName;
    }
}
```

（3）用户登录后在显示的头部页面中显示用户登录的名称和文本是"退出"的按钮, 单击该按钮时注销用户登录的信息, 并且跳转到 Login.aspx 页面, 代码如下。

```
protected void lbExit_Click(object sender, EventArgs e)
{
```

```
    Session["UserInfo"] = null;
    Session.Abandon();
    FormsAuthentication.SignOut();//注销票
    Response.Redirect("~/Login.aspx");
}
```

（4）将公共头部页面拖动到测试页面进行测试，效果如图 12-7 所示。

图 12-7　头部效果

12.4　用户注册

任何一个系统或是网站都离不开用户注册。顾名思义，用户注册就是通过提交请求的形式成为该系统或网站的会员用户，然后享受该系统或网站的优惠活动（例如积分兑换和订餐优惠等）。

实现用户注册的主要步骤如下。

（1）添加用户注册页面，在页面的合适位置从【工具箱】中拖动 4 个 TextBox 控件、4 个 RequiredFieldValidator 控件、一个 CustomValidator 控件、一个 RegularExpressionValidator 控件以及一个 ImageButton 控件，它们分别表示用户输入、测试用户输入以及提交用户输入的内容。

（2）分别设置页面中添加的控件的相关属性，并且将每个验证控件的 Display 属性的值设置为 Dynamic，页面最终设计效果如图 12-8 所示。

图 12-8　注册页面设计效果

（3）单击页面中的图片按钮根据用户输入的内容进行添加，为该按钮添加 Click 事件，代码如下。

```
protected void ImageButton1_Click(object sender, ImageClickEventArgs e)
{
    UserInfo info = new UserInfo();
    info.UserName = txtName.Text;
    info.UserPass = txtPass.Text;
```

```
        info.UserEmail = txtMail.Text;
        if (UserInfoBLL.GetUserInfo(txtName.Text) == null)        //如果用户不存在
        {
            if (UserInfoBLL.AddUserInfo(info))
            {
                Page.ClientScript.RegisterStartupScript(GetType(), "", "<script>
                alert('添加用户成功，返回成功页面进行登录！');window.location.href=
                'Login.aspx';</script>");
            }
            else
            {
                Page.ClientScript.RegisterStartupScript(GetType(), "", "<script>
                alert('添加用户失败，请重新输入内容！')</script>");
            }
        } else                                                    //如果用户已经存在
        {
            Page.ClientScript.RegisterStartupScript(GetType(), "", "<script>alert
            ('用户名已经存在，请重新添加！')</script>");
        }
    }
```

上述代码首先创建 UserInfo 实体类的实例对象，并为该对象中的属性进行赋值。然后调用业务逻辑层的 GetUserInfo()方法判断该用户名是否存在，如果不存在调用 AddUserInfo()方法向后台数据库添加用户。

（4）GetUserInfo()方法和 AddUserInfo()方法都是业务逻辑层 UserInfoBLL 中的方法，这两个方法都返回布尔类型。其中 GetUserInfo()方法根据用户名判断用户是否已经存在，而 AddUserInfo()方法根据用户在页面输入的内容进行添加。业务逻辑层与这两个方法相关的代码如下。

```
public static UserInfo GetUserInfo(string name)
{
    return UserService.GetUserInfo(name);
}
public static bool AddUserInfo(UserInfo user)                    //判断是否成功
{
    int result = UserService.AddUserInfo(user);
    if (result > 0)
        return true;
    else
        return false;
}
```

（5）上一步骤中的两个方法代码分别调用数据访问层 UserService 中的相关方法，相关代码如下。

```
public static UserInfo GetUserInfo(string name)
{
    UserInfo user = null;
    string sql = "select * from UserInfo where userName=@name";
    SqlParameter[] sps = new SqlParameter[1];
```

```
        sps[0] = new SqlParameter("@name", name);
        using (SqlDataReader dr=DBHelper.ExecuteReader(DBHelper.connString,
        CommandType.Text, sql, sps))
        {
            if (dr.Read())
            {
                user = new UserInfo();
                user.UserId = Convert.ToInt32(dr["userId"]);
                user.UserName = dr["userName"].ToString();
                user.UserPass = dr["userPass"].ToString();
                user.UserRemark = dr["userRemark"].ToString();
            }
        }
        return user;
    }
    public static int AddUserInfo(UserInfo user)
    {
        string sql = "insert into UserInfo(userName,userPass,userEmail) values
        (@name,@pass,@mail)";
        SqlParameter[] sps = new SqlParameter[]{
            new SqlParameter("@name",user.UserName),
            new SqlParameter("@pass",user.UserPass),
            new SqlParameter("@mail",user.UserEmail)
        };
        return DBHelper.ExecuteNonQuery(DBHelper.connString, CommandType.Text, sql,
        sps);
    }
```

上述代码 GetUserInfo()方法返回用户实体类 UserInfo，在该方法中主要通过 DBHelper 类 ExecuteReader()方法返回的 SqlDataReader 对象进行读取。如果根据用户名获取的用户存在则返回实体对象信息，如果不存在则返回 null。AddUserInfo()方法则是通过 SqlParameter 对象保存参数相关内容，最后调用 DBHelper 类中的 ExecuteNonQuery()方法完成用户数据的添加。

（6）运行用户注册页面，输入内容后单击按钮进行测试，验证控件验证的效果如图 12-9 所示。

图 12-9　验证错误信息

（7）重新输入内容单击按钮测试，如果用户名已经存在则弹出错误提示对话框，效果如图 12-10

所示。

图 12-10　用户名存在时的效果

12.5 用户登录

添加用户完成可以使用数据库已经存在的用户进行登录，也可以使用刚刚添加的用户进行登录。用户登录页面包括用户名、密码和验证码等信息，完成用户登录功能的主要步骤如下。

（1）添加用户登录页面，并且从【工具箱】中向该页面中添加 3 个 TextBox 控件、一个 ImageButton 控件和一个 LinkButton 控件，它们分别表示登录名、登录密码、用户输入的验证码、执行登录操作以及更换验证码，然后设置这些控件的相关属性。

（2）在页面的合适位置添加第三方验证码控件（具体添加方法不再介绍，参考第 8 课），添加完成后在 Load 事件中通过调用控件的 Create()方法加载显示验证码。Load 事件中的代码如下。

```
protected void Page_Load(object sender, EventArgs e)
{
    if (!IsPostBack)
        SerialNumber1.Create();                    //首次加载显示验证码
}
```

（3）单击页面中用户登录的 ImageButton 控件实现用户登录的功能，为该按钮控件添加 Click 事件。

```
protected void ImageButton1_Click(object sender, ImageClickEventArgs e)
{
    string name = txtUserName.Text;
    string pass = txtUserPass.Text;
    string code = txtCode.Text;
    if (!CheckCode())
    {
        Page.ClientScript.RegisterStartupScript(GetType(), "", "<script>alert
        ('对不起，您的验证码错误！请重新输入。')</script>");
    }
```

```
else
{
    if (!UserInfoBLL.IsUserLoginSuccess(name, pass))
    {
        Page.ClientScript.RegisterStartupScript(GetType(), "", "<script>
        alert('对不起，用户名或密码输入错误，登录失败！')</script>");
    }
    else
    {
        UserInfo info = UserInfoBLL.GetUserInfo(name);
        Session["UserInfo"] = info;
        FormsAuthenticationTicket ticket = new FormsAuthenticationTicket(1,
        this.txtUserName.Text, DateTime.Now, DateTime.Now.AddMinutes(30),
        true, "User");//创建一个验证票据
        string cookieStr = FormsAuthentication.Encrypt(ticket);//进行加密
        HttpCookie cookie = new HttpCookie(Forms Authentication.
        FormsCookieName, cookieStr);//创建一个 cookie，cookie 名为 web.config
        设置的名,值为加密后的数据 cookieStr,
        cookie.Path = FormsAuthentication.FormsCookiePath;
                                    //设置 cookie 保存路径
        cookie.Expires = DateTime.Now.AddMinutes(30);
        Response.Cookies.Add(cookie);
        string strRedirect;
        strRedirect = Request["ReturnUrl"];//取出返回 url
        if (strRedirect == null)
            strRedirect = "~/Index.aspx";
        Response.Redirect(strRedirect, true);
    }
}
}
```

上述代码首先获取用户输入的登录名、登录密码和验证码，紧接着调用 CheckCode()方法判断验证码是否正确，如果正确则调用业务层的 IsUserLoginSuccess()方法判断用户是否登录成功。如果登录成功保存用户的信息，并且通过 FormsAuthenticationTicket 类来添加验证票据对象，最后跳转页面。

（4）CheckCode()方法返回一个布尔类型的值，在该方法中调用验证码控件自带的 CheckSN()方法进行验证，如果正确返回 true；否则重新显示验证码并返回 false。该方法的代码如下。

```
public bool CheckCode()                          //判断输入的验证码是否正确
{
    if (SerialNumber1.CheckSN(txtCode.Text))     //如果验证码正确
        return true;
    else
    {
        SerialNumber1.Create();                  //重新生成验证码
        return false;
    }
}
```

（5）为页面中的 LinkButton 控件添加 Click 事件代码，重新调用 Create()方法显示验证码，具体代码不再显示。

（6）运行页面查看效果，如图 12-11 所示。用户可以在该页面中输入内容后单击按钮进行测试，其效果不再显示。

图 12-11　登录页面效果

12.6 系统首页

用户登录完成后可以进入系统的主界面，即系统首页。系统的首页非常简单，主要包括精品推荐、不同价格的食物展示、订餐电话、活动公告以及用户所选择的购物信息。首页的最终运行效果如图 12-12 所示。

从图 12-12 中可以看到，首页要实现的页面功能非常简单，主要步骤如下。

（1）在页面的合适位置添加 DataList 控件，设置该控件的 RepeatColumns 属性的值，然后在相关位置通过 Eval()方法动态绑定数据，页面代码如下所示。

```
<asp:DataList ID="dlListShow" runat="server" RepeatColumns="4">
    <ItemTemplate>
        <div class="x_box" onmouseover="kj.addClassName(this,&#39; x_sel&#39;);" onmouseout="kj.delClassName(this,&#39;x_sel&#39;);" onclick='thisjs.cart_add({id:&#39;<%#Eval("foodNo") %>&#39;,name:&#39; <%#Eval("foodName") %>&#39;,pic:&#39;<%#Eval("foodImageUrl") %>&#39;, price :&# 39;<%#Eval("foodPrice") %>.00&#39;,type:&#39;1&#39;});'
            <li class="x_tit">【<%#Eval("foodName") %>】</li>
            <li class="x_intro">主料: <%#Eval("foodMaterials")%></li>
            <li class="x_pic">
                <asp:Image ImageUrl='<%# Eval("foodImageUrl")%>' runat="server" />
            </li>
            <li class="x_tip menu_state_on"><%#Eval("foodPrice") %>.00</li>
```

```
        </div>
    </ItemTemplate>
</asp:DataList>
```

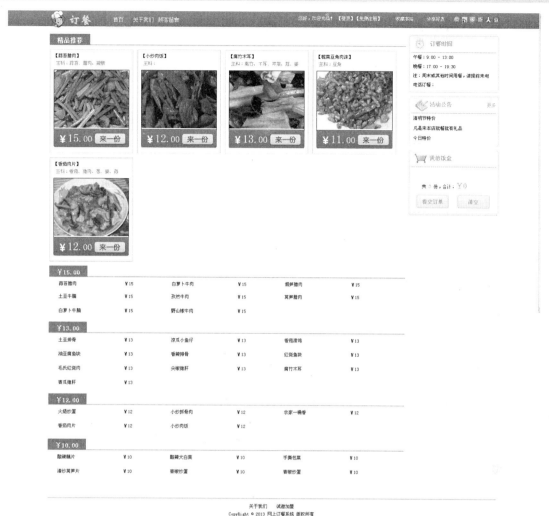

图 12-12　首页效果

（2）接着向页面中添加 4 个 DataList 控件，它们分别用来显示不同价格的食物。然后设置这 4 个控件的相关属性，并且使用 Eval()方法进行绑定。这 4 个控件的代码绑定基本一样，其中一个控件的相关代码如下。

```
<asp:DataList ID="dlPrice15" runat="server" RepeatColumns="3">
    <ItemTemplate>
        <li onmouseover='thisjs.mouseover(&#39;<%#Eval("foodNo") %>&#39)';
        onmouseout='thisjs.mouseout(&#39;<%#Eval("foodNo") %>&#39);' onclick
        ='thisjs.cart_add({id:&#39;<%#Eval("foodNo") %>&#39;, name:&#39;
        <%#Eval ("foodName") %>&#39;,pic:&#39;<%#Eval("foodImageUrl") %>&#
        39;,price:&#39;<%#Eval("foodPrice")  %>.00&#39;,type:&#39;1&#39;});'
        id='id_li_<%#Eval("foodNo") %>'>
        <span class="x_nosel" id='id_nosel_<%#Eval("foodNo") %>'>  </span>
        <span class="x_title" id='id_title_<%#Eval("foodNo") %>'><%#Eval
        ("foodName") %></span> <span class="x_price">¥<%#Eval("foodPrice")
```

```
        %></span>
        </li>
    </ItemTemplate>
</asp:DataList>
```

（3）接着向页面右侧部分添加显示活动公告的列表控件 DataList，直接使用 Eval()方法绑定公告的标题，代码如下。

```
<asp:DataList ID="dlBulletList" runat="server">
    <ItemTemplate>
        <li><a href="#" target="_blank"><%#Eval("abTitle") %></a></li>
    </ItemTemplate>
</asp:DataList>
```

（4）页面中与购物车有关的代码如下。

```
<form id="subCart" method="post" action="cart/Cart.aspx">
    <div class="x_list" id="id_cart_box"><li id="id_cart_59"></li></div>
    <div class="x_info a1" id="id_cart_info">共 <font style="font-size: 14px;
    color: #FF821E">0</font> 份，合计: <font style="font-size: 20px;color:
    #FF821E">¥0</font></div>
    <div class="x_btn">
        <input type="button" name="btn_ok" value="提交订单" class="btn_bg1"
        onclick="thisjs.cart_submit();">  
        <asp:Button ID="btn_clear" runat="server" Text="清空" class="btn_bg1"
        OnClientClick="thisjs.clear()" />
    </div>
</form>
```

（5）向首页的 Load 事件中添加代码，分别显示首页的精品推荐食物、不同价格的食物列表和公共列表的控件数据绑定，主要代码如下。

```
protected void Page_Load(object sender, EventArgs e)
{
    dlListShow.DataSource = FoodBLL.GetFoodListByRecommended(); //绑定推荐商品
    dlListShow.DataBind();
    dlPrice15.DataSource = FoodBLL.GetFoodListByFoodPrice(15);
                                                //绑定价格是 15 的商品
    dlPrice15.DataBind();
    /* 省略其他价格显示控件的绑定 */
    dlBulletList.DataSource = ActivityBulletinBLL.GetBulletList();
                                                //绑定活动公告列表
    dlBulletList.DataBind();
}
```

12.7 订餐管理

订餐管理包括两部分功能：将用户选中的商品添加到购物车（即订餐）；单击购物车中的按钮跳转到购物车列表页面。

12.7.1　订餐

订餐功能非常简单,当用户将鼠标移动到精品推荐或价格食物上时会有添加图片,直接单击食物即可完成添加,效果如图 12-13 所示。

图 12-13　订餐效果

在图 12-13 中,主要实现了四个功能:第一个是将食物添加到我的饭盒中;第二个是删除饭盒中的单个实物;第三个是单击【清空】按钮清空饭盒中的所有食物。第四个则是单击【提交订单】按钮跳转页面。这些功能主要是通过 JavaScript 动态脚本来实现的,下面将进行说明。

1. 添加食物到饭盒

当用户单击食物时触发其 Click 事件,在该 Click 事件中调用名称为 cart_add 的脚本函数,向该函数中传入一个食物类的实体对象,包括食物 ID、名称、材料、图片路径以及价格等内容,代码如下。

```
this.cart_add = function (o) {
    var obj = kj.obj("#id_cart_box");
    var obj_cart_num = kj.obj("#id_cart_num_" + o.id);
    if (obj_cart_num) {
        var obj_cart_price = kj.obj("#id_cart_price_" + o.id);
        obj_cart_num.value = kj.toint(obj_cart_num.value) + 1;
        obj_cart_price.innerHTML = "￥" + kj.toint(obj_cart_num.value) *
        o.price;
    } else {
        var obj_li = document.createElement("li");
        obj_li.id = "id_cart_" + o.id;
        obj_li.innerHTML = '<input type="hidden" name="cartid[]" value="' + o.id
        + '"><input type="hidden" name="price[]" id="id_price_' + o.id + '"
        value="' + o.price + '"><span class="col1">' + o.name + '</span><span
        class="col2"><input type="text" name="num' + o.id + '[]" value="1"
        id="id_cart_num_' + o.id + '" class="pTxt4" onfocus="this.select()"
        onkeyup="thisjs.change_num(' + o.id + ')"></span><span class="col3"
        id="id_cart_price_' + o.id + '">￥' + kj.toint(o.price) + '</span><span
        class="col4" onmouseover="this.className=\'col5\'" onmouseout= "this.
        className=\'col4\'" title="删除" onclick="thisjs.del(' + o.id +
        ')"> </span>';
```

```
            obj.appendChild(obj_li);
        }
        this.refresh_price();
    }
```

上述代码中 o 表示的就是一个 Object 对象，如果要获取其内容，直接通过 "." 来获取即可。appendChild()方法表示向 id_cart_box 中追加内容，最后会调用 refresh_price()函数来刷新价格。

refresh_price()函数表示重新刷新饭盒中食物的价格，在该函数中需要通过 for 语句遍历饭盒中的食物，然后计算价格，计算完成后重新通过 innerHTML 属性显示内容，最后将价格返回。该函数的内容如下。

```
this.refresh_price = function () {
    var obj = kj.obj("#id_cart_box .col3");
    var price = 0;
    for (var i = obj.length - 1; i >= 0; i--) {
        price += kj.toint(obj[i].innerHTML);
    }
    kj.obj("#id_cart_info").innerHTML = '共 <font style="font -size: 14px;
    color:#FF821E">' + obj.length + '</font> 份, 合计: <font style ="font-size:
    20px;color:#FF821E">¥' + price + '</font>';
    this.total = price;
    return price;
}
```

2. 删除饭盒中的单个食物

单击图 12-13 中每条食物后面的删除按钮可以删除单个食物的信息，该按钮调用 del()函数直接进行删除，删除成功后重新刷新价格，只需要向该函数中传入要删除的参数 ID 即可。

```
this.del = function (id) {
    kj.remove("#id_cart_" + id);
    this.refresh_price();
}
```

3. 删除饭盒中的单个食物

用户直接单击图 12-13 中的按钮清空饭盒中的所有食物，单击该按钮时调用 clear()函数。

```
this.clear = function () {
    var obj = kj.obj("#id_cart_box");
    obj.innerHTML = '';
    this.refresh_price();
}
```

4. 提交饭盒中的食物

选中食物后可以直接单击图中的提交按钮，调用 cart_submit()函数提交，在该函数代码中获取用户需要的食物，然后将其保存到变量 str_ids 中，也可以调用 cookie_set()函数进行保存，最后提交内容。

```
this.cart_submit = function () {
    var obj = kj.obj("#id_cart_box li");
    if (obj.length < 1) {
```

```
        alert("温馨提示: 目前您的购物车是空的, 需要您先点餐! ");     //检查是否已点餐
        return false;
    }
    if (this.mintotal > 0 && this.total < this.mintotal) {
                                                //点餐价格是否达到起送价
        alert("温馨提示: 由于人力成本等问题, 外卖定餐起送价不得低于" + this.mintotal +
    "元, 请您多多包涵! ");
        return false;
    }
    var i, val, j, arr_1 = [];
    obj = kj.obj("#id_cart_box :cartid[]");
    for (i = 0; i < obj.length; i++) {
        val = kj.toint(kj.obj("#id_cart_num_" + obj[i].value).value);
        for (j = 0; j < val; j++) {
            arr_1[arr_1.length] = obj[i].value;
        }
    }
    var str_ids = "0:" + arr_1.join("|");
    //kj.cookie_set("cart_ids", str_ids, 24);
    window.location.href = "cart/cart.aspx?cartinfo="+str_ids;
}
```

12.7.2　购物车

购物车的实现非常重要, 主要步骤如下。

（1）向页面中添加控件设计购物车页面, 该页面包含用户提交的食物内容、送货地址内容、送货方式、送货时间以及是否索要发票等内容。页面设计效果如图 12-14 所示, 设计人员可以根据效果图添加主要的控件（注意: 使用 Repeater 控件显示数据, 并且没有数据时显示提示信息）。

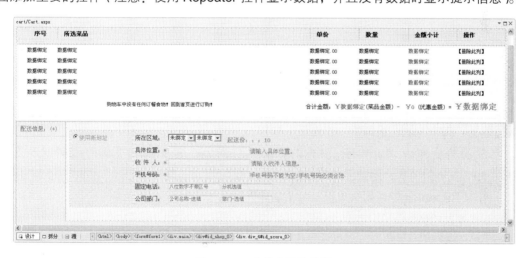

图 12-14　购物车设计效果

（2）页面加载时接受从首页页面传递过来的内容, 在页面的 Load 事件中添加代码, 如下所示。

```
public IList<Cart> cartlist = null;
protected void Page_Load(object sender, EventArgs e)
{
```

```
    if (Request.QueryString["cartinfo"] != null)
    {
        string cartinfos = Request.QueryString["cartinfo"];    //接受参数的值
        cartinfos = cartinfos.Substring(2);                    //截取内容
        string[] ids = cartinfos.Split('|');                   //拆分内容
        cartlist = new List<Cart>();
        Cart cart;
        foreach (string id in ids)                             //遍历内容
        {
            Food food = FoodBLL.GetFoodInfoByNo(id);
            if (food != null)
            {
                cart = new Cart();
                cart.Id = Convert.ToInt32(food.FoodNo);
                cart.CartFoodName = food.FoodName;
                cart.CartFoodPrice = food.FoodPrice;
                cart.CartFoodNum = 1;
                cart.CartFoodTotalUnitPrice = cart.CartFoodNum * cart.Cart
                FoodPrice;
                cartlist.Add(cart);
            }
        }
        Repeater1.DataSource = cartlist;
        Repeater1.DataBind();
        if (!IsPostBack)
        {
            DropDownList1.DataSource = UserOrderOreaBLL.GetOreaList(0);
            DropDownList1.DataTextField = "uooOreaName";
            DropDownList1.DataValueField = "uooId";
            DropDownList1.DataBind();
        }
    }
}
```

上述代码首先获取从首页传递过来的 cartinfo 参数的值，紧接着进行处理，然后通过 foreach 语句进行遍历。在 foreach 语句中，首先获取食物的内容是否为空，如果不是为空赋值后添加到集合中，然后将集合作为 Repeater 控件的数据源。另外，首次加载页面时还需要动态绑定 DropDownList 控件的内容，绑定完成后分别设置 DataTextField 属性和 DataValueField 属性的值。

（3）单击 Repeater 控件列表中每行的【删除此列】按钮时可以删除单行记录，为该按钮添加 Command 事件，代码如下。

```
protected void LinkButtonDel_Command(object sender, CommandEventArgs e)
{
    if (e.CommandName == "delete")                             //命令名称
    {
        int id = Convert.ToInt32(e.CommandArgument);          //值
        for (int i = 0; i < cartlist.Count; i++)
        {
```

```
            Cart car = cartlist[i] as Cart;
            if (car.Id == id)
            {
                cartlist.Remove(car);
            }
        }
        Repeater1.DataSource = cartlist;
        Repeater1.DataBind();
    }
}
```

上述代码首先分别通过 CommandName 和 CommandArgument 来获取命令的名称和参数，然后通过 for 语句遍历集合中的内容，如果找到相应的值则调用 Remove()方法删除，删除完成后重新绑定数据源。

（4）当用户选择不同的地区时可以加载该地区下的子区域，为 ID 是 DropDownList1 的控件添加 SelectedIndexChanged 事件。该事件中的代码根据用户选择的区域的值显示其子区域的列表，代码如下。

```
protected void DropDownList1_SelectedIndexChanged(object sender, EventArgs e)
{
    DropDownList2.Items.Clear();
    int selvalue = Convert.ToInt32(DropDownList1.SelectedValue);
    DropDownList2.DataSource = UserOrderOreaBLL.GetOreaList(selvalue);
    DropDownList2.DataTextField = "uooOreaName";
    DropDownList2.DataValueField = "uooId";
    DropDownList2.DataBind();
}
```

（5）运行页面进行测试，单击区域时的效果如图 12-15 所示。

图 12-15　选择区域时的效果

（6）为配送信息相关的地址内容添加验证控件时需要添加 ValidationGroup 属性的值，并且为页面最终的提交按钮添加 ValidationGroup 属性，该属性的值与验证控件的 ValidationGroup 属性的值相同。这样做是为了避免单击【删除此列】的验证信息，其主要效果如图 12-16 所示。

（7）页面验证通过后会提交本页的全部内容，这时会调用【确认提交】按钮的 Click 事件代码完成后台数据库的添加功能。该按钮的 Click 事件代码主要包含三部分内容：添加订单表、添加详细订单表和添加送货地址表。首先添加订单表，与之相关的代码如下。

图 12-16　验证效果图

```
protected void ImageButton1_Click(object sender, ImageClickEventArgs e)
{
    if (cartlist.Count > 0)
    {
        UserOrder order = new UserOrder();
        order.UoOrderTime = DateTime.Now;
        order.UoRemark = txtRemark.Text;
        if (DropDownList3.SelectedValue == "0")
            order.UoSongHuoTime = DateTime.Now.ToString();
        else
        {
            order.UoSongHuoTime=DateTime.Now.Year.ToString()+"-"+DropDown
            List3. SelectedValue;
        }
        order.UoTotalNumber = cartlist.Count;
        order.UoTotalPrice = TotalMoney();
        order.UoType = rdoRevice.Checked ? 1 : 2;
        order.UoUserId = ((UserInfo)Session["UserInfo"]).UserId;
        if (UserOrderBLL.AddOrderInfo(order))          //订单添加成功后添加订单详细
        {
            //省略添加详细表和地址表
        }
        else
        {
            Page.ClientScript.RegisterStartupScript(GetType(), "", "<script>
            alert('添加订单失败')</script>");
        }
    }
}
```

上述代码首先判断集合中的内容是否大于 0，如果大于 0 则获取购物车页面用户输入的相关内容，并且调用业务逻辑层 UserOrderBLL 的 AddOrderInfo() 方法进行添加，如果添加失败则弹出错误提示。

（8）添加订单成功后可以添加订单详细内容，继续在上一步骤中的 Click 事件中添加代码，这些代码完成订单详细的添加，代码如下。

```
bool success = true;
foreach (Cart item in cartlist)
{
    UserOrderDetail orderdetail = new UserOrderDetail();
    orderdetail.UoId = UserOrderBLL.GetMaxId();
    orderdetail.UodUnitTotalPrice = item.CartFoodTotalUnitPrice;
    //省略获取其他内容
    if (!UserOrderDetailBLL.AddOrderDetailInfo(orderdetail))
    {
        success = false;
        break;
    }
}
if (!success)
{
    Page.ClientScript.RegisterStartupScript(GetType(), "", "<script>alert('添
        加详细订单失败')</script>");
}
else
{
    //省略添加地址内容表
}
```

上述代码通过 foreach 语句遍历集合中的内容，并且调用业务层的 AddOrderDetailInfo() 方法进行添加，然后将添加的结果保存到 success 变量中，如果添加失败则直接跳出。然后根据 success 的值判断是否添加成功，如果添加失败弹出提示，否则添加与送货地址有关的内容。

（9）继续向上一步的代码中添加与送货地址有关的代码，实现添加送货地址的功能。

```
UserOrderAddress orderaddress = new UserOrderAddress();
orderaddrsss.UoaUserId = ((UserInfo)Session["UserInfo"]).UserId;
orderaddress.UoaTel = txtGuding1.Text + "-" + txtGuding2.Text;
orderaddress.UoaReviceName = txtReviceName.Text;
orderaddress.UoaPhone = txtPhone.Text;
string address = "";
if (!string.IsNullOrEmpty(DropDownList1.SelectedValue))
{
    address += DropDownList1.SelectedValue;
}
if (!string.IsNullOrEmpty(DropDownList2.SelectedValue))
{
    address += DropDownList2.SelectedValue;
}
orderaddress.UoaDetailAddress = address + txtAddressDetail.Text;
```

```
if (!UserOrderAddressBLL.AddAddressInfo(orderaddress))
{
    Page.ClientScript.RegisterStartupScript(GetType(), "", "<script>alert('添
    加订单地址失败')</script>");
}
```

上述代码中首先声明 UserOrderAddress 类的实例对象 orderaddress，然后将 orderaddress 对象的值设置为购物车页面用户输入的内容，最后通过调用业务逻辑层的 AddAddressInfo()方法进行添加，并且添加失败时弹出提示。

（10）运行页面全部内容输入完成后单击【确认提交】按钮进行提交，添加成功时弹出成功提示，效果如图 12-17 所示。

图 12-17　添加成功时的提示效果

试一试

本节通过在购物车后台页面接收上一个页面传递过来的参数 cartinfo 实现列表显示功能。实际上，在购物车页面也可以通过 JavaScript 脚本来获取从上个页面传递的内容。感兴趣的读者亲自动手一试，完成类似的效果。

12.8 麻辣评论

任何用户都可以对该系统提出宝贵的意见或建议，也可以对系统中的某些功能进行评论。总之用户可以畅所欲言发表自己的独特见解。

实现麻辣评论时的主要步骤如下。

（1）添加新的 Web 窗体页，然后向页面中添加三个 TextBox 控件，分别表示用户姓名、邮箱和联系电话，这些内容全部都是选填的，然后设置这些控件的相关属性。

（2）继续向页面中添加用户输入时的在线编辑控件，该控件是一个常用的第三方控件。添加完成后页面的代码如下。

```
<CKEditor:CKEditorControl runat="server" ID="ckeContent"></CKEditor: CKEditor
Control>
```

（3）切换窗体页面到【设计】窗口，最终设计效果如图12-18所示。

图12-18 评论页面设计效果

（4）单击图12-18中的【提交】按钮向后台数据库添加用户输入的建议，为该按钮添加Click事件。

```
protected void btnSub_Click(object sender, EventArgs e)
{
    Comment comment = new Comment();
    comment.CommName = string.IsNullOrEmpty(txtName.Text)?"匿名用户":txtName.
    Text;
    comment.CommPhone = txtTel.Text;
    comment.CommEmail = txtEmail.Text;
    comment.CommContent = ckeContent.Text;
    comment.CommentTime = DateTime.Now;
    if (CommentBLL.AddCommentInfo(comment))
    {
        Page.ClientScript.RegisterStartupScript(GetType(), "", "<script>alert
        ('添加建议成功! ')</script>");
    }
    else
    {
        Page.ClientScript.RegisterStartupScript(GetType(), "", "<script>alert
        ('添加建议失败，请重新输入')</script>");
    }
}
```

上述代码首先声明Comment类的实例对象comment，接着分别为该对象中的属性进行赋值，然后调用业务层的 AddCommentInfo()方法判断是否添加成功，最后根据结果弹出成功或错误时的提示。

（5）运行页面输入内容进行测试，最终效果如图12-19所示。

图 12-19　评论建议效果

12.9 发布网站

本系统开发测试完成后就可以部署发布了，发布网站有三种方式，本节需要通过发布网站的方式进行部署发布，主要步骤如下。

（1）打开 Web.config 配置文件，找到<compilation>配置节下的 debug 属性，将此属性的值设置为 false。

（2）将 Visual Studio 2010 中工具栏中的 Debug 更改为 Release。

（3）选中解决方案的名称后单击右键，重新生成解决方案，或直接按 Ctrl+Shift+B 键重新生成。

（4）如果生成的项目没有出错，选中所添加的网站项目 UI 后单击右键，然后选择【发布网站】选项弹出【发布网站】的对话框。在弹出的对话框中选择要发布到 IIS 服务器上的路径，完成后的效果如图 12-20 所示。

图 12-20　发布网站

（5）单击图 12-15 中的【确定】按钮发布网站，发布完成后打开 IIS 信息服务器，找到发布项目的路径后单击右键选择【浏览】选项，如果效果如图 12-21 所示，则表示已经成功发布。

图 12-21　在 IIS 上浏览效果

（6）发布完成后也可以在局域网内进行访问了，登录页面时的效果如图 12-22 所示。

图 12-22　局域网访问登录页面的效果

（7）如果内容出错则会跳转到错误页面，其效果如图 12-23 所示。

图 12-23　访问页面出错

习题答案

第 1 课　ASP.NET 的入门知识

一、填空题
1. ASP.NET
2. 公共语言运行时
3. 公共语言规范
4. C#
5. IIS

二、选择题
1. D
2. C
3. A
4. C
5. B

第 2 课　ASP.NET 的内置对象

一、填空题
1. Session
2. Application
3. Cookie
4. Server
5. .txt
6. Page
7. ViewState

二、选择题
1. D
2. C
3. C
4. B
5. D
6. A

第 3 课　ASP.NET 的服务器控件

一、填空题
1. Literal
2. CommandName
3. AutoPostBack
4. Checked
5. AlternateText
6. Multiline
7. ActiveViewIndex

二、选择题
1. B
2. C
3. C
4. D
5. B

第 4 章　导航和母版页

一、填空题
1. siteMap
2. 根
3. XML 文件
4. TreeView 控件
5. 栏式布局
6. Web.sitemap
7. .master

二、选择题
1. B
2. B
3. A
4. D
5. C
6. B

第 5 课　ASP.NET 的高级控件

一、填空题
1. 客户端
2. ControlToValidate
3. RequiredFieldValidator

4. RangeValidator

5. .ascx

6. Register

二、选择题

1. A

2. D

3. C

4. C

5. B

6. B

7. A

第 6 章　ADO.NET 数据库技术

一、填空题

1. DataAdapter

2. DataView 对象

3. Close()

4. SqlCommand

5. Read()

6. NewRow()

7. CommandText

二、选择题

1. C

2. C

3. A

4. D

5. B

6. D

7. B

第 7 课　ASP.NET 的数据控件

一、填空题

1. SiteMapDataSource

2. Repeater

3. DetailsView

4. AllowSorting

5. ListView

6. PagedControlID

7. Bind()

二、选择题

1. C

2. C

3. B

4. A

5. A

6. D

7. B

第 8 课　第三方控件应用

一、填空题

1. CKEditor

2. RecordCount

3. Webvalidates.dll

4. HttpModule

5. Wuqi.Webdiyer

6. IHttpHandler

7. Create()

二、选择题

1. D

2. A

3. C

4. A

5. B

6. B

第 9 课　ASP.NET 的目录和文件

一、填空题

1. Directory

2. DirectoryInfo

3. Exists()

4. FileInfo

5. StreamReader

6. FileName

7. 十六

二、选择题

1. D

2. B

3. A

4. B

5. C

6. A

第 10 课　Web Service 技术

一、填空题

1. .asmx
2. WebMethod
3. Description
4. MessageName
5. EnableSession=true
6. 发现
7. Web 服务请求者

二、选择题

1. D
2. B
3. C
4. A
5. D
6. B

第 11 课　ASP.NET 网站的配置和发布

一、填空题

1. Machines.config
2. Forms
3. timeout
4. Passport
5. /e

二、选择题

1. D
2. C
3. A
4. C
5. B
6. A